U0158563

面向新工科的电工电子信息基础课程系列教材

教育部高等学校电工电子基础课程教学指导分委员会推荐教材

现代模拟集成电路设计

孙　楠　刘佳欣　揭　路　编著

清華大学出版社

北　京

内容简介

本书围绕先进工艺节点，基于跨导效率的设计方法介绍现代模拟集成电路的分析与设计方法。全书大体上分为三部分：第一部分(第1～7章)对模拟集成电路中的基本器件晶体管，以及基本的分析与设计方法进行介绍，包括晶体管的长沟道模型与小信号模型、晶体管的基本电路结构、晶体管的性能指标、基于跨导效率的模拟电路设计方法、模拟电路的带宽分析方法、模拟电路中的噪声等。第二部分(第8～10章)介绍模拟电路设计中常见的一些问题与设计技巧，如器件偏差、差分结构、负反馈技术等，并引入模拟电路中最常见的电路结构，即运算放大器与开关电容电路。第三部分(第11～14章)详细介绍了运算放大器的分析与设计方法，并提供完整的运算放大器设计实例作为参考。此外，第15章和第16章还介绍了基准源电路以及集成电路的工艺演进。

本书既可作为集成电路设计领域的本科生和研究生教材，也可供相关科研人员和工程技术人员参考。

图书在版编目(CIP)数据

现代模拟集成电路设计/孙楠，刘佳欣，揭路编著. —北京：清华大学出版社，2024.1
面向新工科的电工电子信息基础课程系列教材
ISBN 978-7-302-63927-5

Ⅰ. ①现… Ⅱ. ①孙… ②刘… ③揭… Ⅲ. ①模拟集成电路－电路设计－高等学校－教材 Ⅳ. ①TN431.102

中国国家版本馆 CIP 数据核字(2023)第115959号

责任编辑：文　怡
封面设计：王昭红
责任校对：胡伟民
责任印制：沈　露

出版发行：清华大学出版社
网　　址：https://www.tup.com.cn，https://www.wqxuetang.com
地　　址：北京清华大学学研大厦A座　　**邮　　编**：100084
社 总 机：010-83470000　　**邮　　购**：010-62786544
投稿与读者服务：010-62776969，c-service@tup.tsinghua.edu.cn
质量反馈：010-62772015，zhiliang@tup.tsinghua.edu.cn
课件下载：https://www.tup.com.cn，010-83470236
印 装 者：三河市龙大印装有限公司
经　　销：全国新华书店
开　　本：185mm×260mm　　**印　张**：18.5　　**字　　数**：440千字
版　　次：2024年1月第1版　　**印　　次**：2024年1月第1次印刷
印　　数：1～1500
定　　价：75.00元

产品编号：097176-01

前言

本人于2002—2006年在清华大学接受了本科教育，2006—2010年在哈佛大学和麻省理工学院接受了博士教育（研究生课程一半在哈佛大学、一半在麻省理工学院修习），之后在得克萨斯大学奥斯汀分校（UT Austin）任教10年，直到2020年全职回到清华大学任教。

从我在美国求学和工作的经历来看，美国顶尖高校在教学过程中非常重视直觉理解。以密勒补偿技术为例，一种讲授方法是根据基尔霍夫方程推导出完整的传递函数表达式及零极点位置，并根据计算结果解释补偿原理。这种方法虽然准确严谨，但是难以理解，只能说推导的结论是这样的，学生只能被动去记忆推导过程和结论。另一种方法是讲授对电路的理解。我记得在麻省理工学院的模拟电路课上，教授三言两语就把密勒补偿的本质讲了出来，只经过几个简单近似就找到了零极点的位置，中间没有繁复的公式推导，但是给我以醍醐灌顶的感觉。

我在后来十余年的教学科研工作中，越发体会到直觉理解的重要性。第一，如果没有直觉理解，只是依赖公式推导，很快就会遗忘。第二，只有直觉理解才能达到活学活用，才能指导创新。据我所知，几乎所有重要的电路创新都不是靠推公式推出来的，而是靠直觉思考指引的。公式推导是准确描述某种技术的工具，但是引导人们发明该技术的"指南针"是直觉理解。第三，只有直觉理解，才能激发兴趣，让人感受到模拟电路的"美"。无论是学生、研究人员，还是工程师，兴趣和美感都是最重要的推动力。繁复的公式往往会掩盖电路的"美"，让人望而却步，但是如果我们能够把背后精妙的直觉理解讲出来，相信更多的人会喜欢上模拟电路设计。这一点对于我国芯片设计产业的发展尤为重要，因为我们需要培养更多一流人才选择模拟电路设计作为一生的职业。

我写作本书的目的是把美国顶级高校对模拟电路的讲授方法带回国，提供给读者一本注重直觉理解的模拟集成电路设计教材。我希望它尽可能简单易懂，而不是纷繁芜杂、故弄玄虚。我希望它是一本有温度的书，不是冰冷地给出公式和结论，而是用通俗的语言娓娓道来。我最希望的是读者因为读了这本书而体会到模拟电路的"美"，发现设计模拟电路并不复杂，其实是直观的、有趣的。

在模拟集成电路设计领域，已有两本经典的英文教材，一本是格雷教授的 *Analysis and Design of Analog Integrated Circuits*，另一本是拉扎维教授的 *Design of Analog CMOS Integrated Circuits*。这两本书都经过多次改版，内容丰富，也注重直觉理解，那么是否还有必要再用中文写一本新的教材呢？我觉得是需要的。国内绝大多数模拟电路设计的课程都是用中文讲授的，需要有配合中文授课的教材。另外，虽然英语在国内

前言

普及率持续提高，但是还有很多学生和工程师不习惯看英文原版教材，通过英文阅读吸收知识的效率并不高。这两本经典英文教材在国内虽然有中文翻译版，但是限于英文和中文文法以及表达方式的不同，依照英文原文直译的中文版阅读起来可能并不顺畅。国内的集成电路产业亟待发展，高水平中文教材是整个学术和产业生态系统中的重要一环。为了培养更多一流的学生和工程师，国内学者有责任、有必要坚持母语写作，给读者提供更多高质量的中文原著。

除了注重直觉理解之外，本书的另一个显著特点是主要针对先进工艺节点进行讲授。目前已出版的模拟集成电路设计教材往往采用理想模型或者长沟道工艺进行讲授，例如 0.5μm CMOS 工艺甚至是以 BJT 工艺为主。这与教材的初次创作时间有关，尤其是经典教材往往是十数年甚至数十年前创作的。在那个时间点，绝大多数模拟电路还是在微米尺寸 CMOS 工艺(甚至是 BJT 工艺)下进行设计的。时至今日，集成电路工艺得到了飞速发展，模拟集成电路也越发采用先进纳米尺寸的工艺节点进行设计。在先进工艺节点下，电路设计的方法和采用的技术与老工艺已经有明显差别，这就要求教材与时俱进。本书中绝大多数的设计实例采用了 40nm CMOS 工艺。选择这个工艺节点是经过深思熟虑的。一方面，我们希望工艺节点尽可能先进，充分展现出在先进工艺节点下设计模拟电路与老工艺的不同，同时能够匹配当前(2023 年)主流模拟集成电路产品的工艺节点需求，保证时效性。另一方面，我们不希望这个工艺节点过于先进(如 5nm FinFET 工艺)，否则会不具代表性，因为目前大多数模拟产品并没有采用如此先进的节点，在 FinFET 工艺下适用或不适用的技术可能与体硅(Bulk CMOS)工艺刚好相反。本书虽然主要以 40nm CMOS 工艺作为范例，但也会讨论老工艺与 FinFET 工艺的特点，例如在附录中展示了 FinFET 工艺下的器件特性。

由于很多经典的教材是在老工艺节点的背景下写作的，因此在讲解模拟电路设计方法时，往往假设长沟道 I-V 方程成立，并采用过驱动电压 V_{OV} 作为核心参数进行设计。这种设计方法在先进纳米尺寸工艺下已不再适用。纳米尺寸器件有强烈的短沟道效应，用长沟道模型进行描述会导致很大偏差。此外，出于对高能效的追求，目前模拟电路中晶体管往往偏置在弱反型或亚阈值区，这与长沟道 I-V 方程所假设的强反型工作区也是不相符的。为了解决这些问题，本书采用了基于跨导效率 g_m/I_D 的设计方法。这套方法约在 20 年前创立，目前已经发展成为先进工艺下进行模拟电路设计的主流方法。

本书还有一个特点是重实践。电路分析和设计理论固然重要，但更重要的是能够指导实践，解决实际问题。我们担心读者在阅读一本教材之后，虽然通晓各种理论，但是面对一个实际设计任务不知如何下手。因此，本书在讲解电路设计技术时尽可能结合实例，采用真实的晶体管模型，将各种非理想因素对实际电路性能的影响考虑在内。为了帮助读者理解如何使用书中提到的技术设计典型模拟电路，我们专门写作了“运放设计实践”一章，一步一步指导读者采用 g_m/I_D 设计方法在 40nm 工艺节点下设计出满足实际性能指标的单级和两级跨导运算放大器。同时，在附录中也添加了“仿真方法”这一小节，帮助读者搭建仿真测试环境，让读者能够在阅读本书的同时真正上手进行设计和仿真。要学习模拟电路设计，只读书肯定是不够的。“纸上得来终觉浅，绝知此事要躬行。”对工程实践来说，尤为如此，不动手就学不会。

感谢我的两位合著者，电子科技大学的刘佳欣教授和清华大学的揭路教授。本书最初的文字稿来自课堂讲义以及录屏，是按照给学生上课的形式组织的，很多部分的讲授方法和顺序与一本教材的要求不符。刘佳欣和揭路提出了许多宝贵的修改意见，并对本书第 8～13 章的初稿进行了全面的改写和补充。还要感谢我的三位助教古明阳、詹明韬、张智帅，以及参与本书写作的我课堂上的学生王佳维、杨泽坤、罗志镪、李文颖、苏海津、牛泽霖、张奥东。同学们在三位助教的悉心组织下，花费了大量时间精力把课堂讲义和语音组织成了最初的文字稿，并按照统一的格式重绘了 350 余幅图表，此后又配合我们三位老师进行了多轮文字和图表的修改。没有你们的付出，我们不可能在一年半的时间内完成本书的写作。

感谢多位知名高校的老师帮助审阅本书的初稿，包括清华大学的仲易，北京大学的唐希源、沈林晓，西安电子科技大学的李登全、沈易，西安交通大学的张岩龙，西安邮电大学的辛昕。你们的建议帮助本书显著提升了质量。本书首先是作为教材在清华大学 2023 年秋季学期“高等模拟电路设计”课程上试用的，感谢许多同学对本书提出了宝贵的反馈意见。此外，衷心感谢斯坦福大学的 Boris Murmann 教授在 2011 年无私分享了他的授课 PPT，我的课堂讲义是基于他的 PPT 框架进行组织的。虽然他没有直接参与本书的写作，但是本书在内容编排上借鉴了很多他的智慧。还要感谢清华大学出版社对本书的大力支持，尤其文怡编辑对本书进行了非常细致的修订，使得本书的文字质量得到显著提升。

最后，感谢我的家人在本书写作过程中给予我的支持，没有你们提供一个温馨稳定的大后方，我不可能在繁忙的日常工作中还能抽出时间写作本书。特别感谢我的父亲，虽然我有写作本书的想法，但是由于实在太忙而多次想打退堂鼓，是您的激励让我坚持了下来。

感谢作为读者的您决定花费时间阅读本书，这是对我们作者的信任。受限于我们的水平，书中可能还存在多处不尽完善之处，非常欢迎您对本书进行批评指正(我的邮箱 nansun@tsinghua.edu.cn)。我们会在后续教材的修订和改版中根据反馈进行认真修改和完善。

孙　楠

2023 年 11 月

目录

目录

目录

目录

目录

目录

第1章 晶体管的长沟道模型

晶体管是集成电路设计中的基本器件。本章将对晶体管的基本工作原理进行介绍，按照长沟道模型推导出晶体管的直流电压-电流关系，并对晶体管的工作区进行划分。接下来，本章根据晶体管工作的机理分析晶体管中的电容效应。由于晶体管是四端器件，背栅效应也很重要，本章最后将对晶体管的背栅效应进行分析。

1.1 MOS 晶体管基本工作原理

首先简单回顾 MOS 晶体管的基本工作原理。MOS 管是由栅极(G)、源极(S)、漏极(D)与衬底(B)构成的四端器件。栅极通过电场效应对源漏间的沟道进行控制。以 NMOS 为例，假设衬底接地(电压为 0V)，当栅极电压为 0V 时，从源极到漏极之间是两个背靠背连接的反偏 pn 结，因此器件是关断的，如图 1-1 所示。此时，即使漏源存在压差 V_{DS}，漏源之间也没有电流。

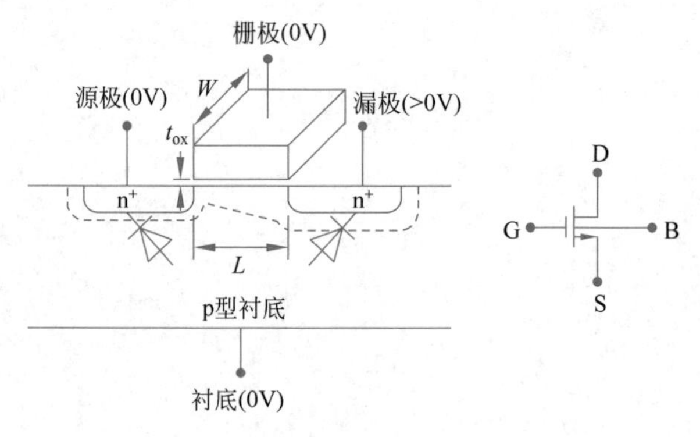

图 1-1　NMOS 示意图：器件关断

当在栅极施加正电压后，电子被栅极吸引，栅极下方源漏间的 p 型衬底就会产生反型层，出现 n 型沟道，如图 1-2 所示。此时，当漏极施加了高于源极的电压时就会产生电流。我们把沟道形成时的栅源电压称为“阈值电压”。直观上看，该电压阈值是晶体管能否导通的判决标准。接下来将推导此电流与漏源、栅源电压的关系。

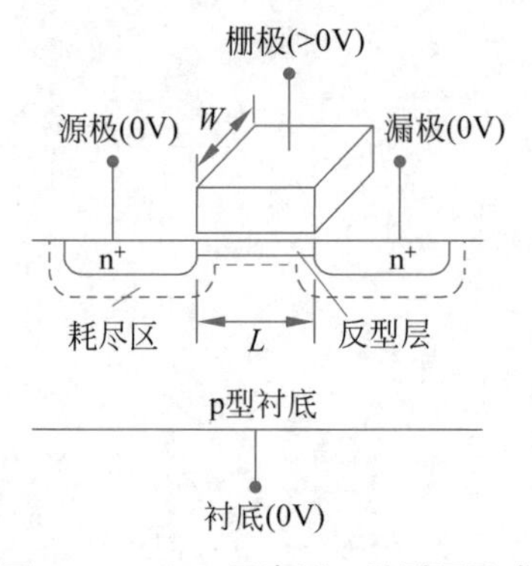

图 1-2　NMOS 示意图：反型层形成

1.2 晶体管的电压-电流关系

如果晶体管的栅源电压小于阈值电压，沟道没有形成，此时漏极电流为0，晶体管工作在截止区。随着栅源电压的增加，沟道逐渐积累电荷，图1-3展示了当n型沟道形成时晶体管的截面图。以沟道与源极的交点为原点，沿沟道水平方向建立横坐标轴，总长度为L。对沟道应用电荷薄层模型，假设反型沟道中x处的反型层单位面积电荷$Q_n(x)$只与栅源电压V_{GS}、阈值电压V_t和x处的电势相关，可以表示为

$$Q_n(x)=C_{ox}[V_{GS}-V_t-V(x)]$$

式中C_{ox}为栅极与沟道构成的平行板电容器的单位面积电容。

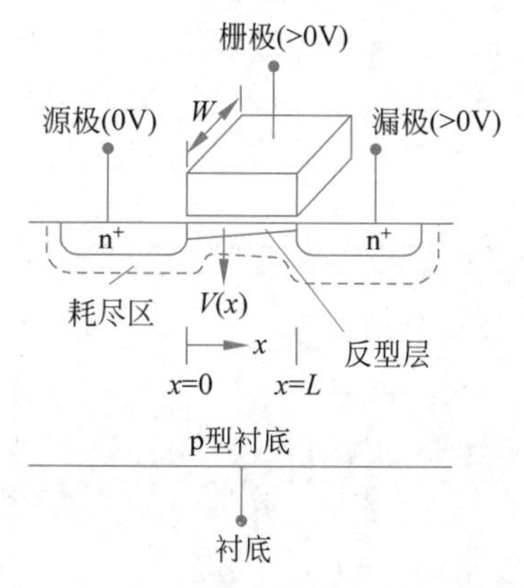

图1-3 NMOS示意图：基于电荷薄层模型推导

沟道中的电流与电荷密度Q_n、电子速度v和沟道宽度W成正比：

$$I_D=Q_n(x)vW$$

而电子移动的速度v是迁移率μ与电场强度E的乘积：

$$v=\mu E(x)$$

因此，得到

$$I_D=C_{ox}[V_{GS}-V_t-V(x)]\mu E(x)W$$

由电势V与电场E的关系

$$E(x)\mathrm{d}x=\mathrm{d}V(x)$$

可以得到如下微分方程：

$$I_D\mathrm{d}x=\mu WC_{ox}[V_{GS}-V_t-V(x)]\mathrm{d}V$$

对等式两端沿沟道进行积分

$$I_D\int_0^L\mathrm{d}x=\mu WC_{ox}\int_0^{V_{DS}}[V_{GS}-V_t-V(x)]\mathrm{d}V$$

可以得到

$$I_D=\mu C_{ox}\frac{W}{L}\left[(V_{GS}-V_t)-\frac{V_{DS}}{2}\right]V_{DS} \tag{1-1}$$

当V_{DS}远小于$V_{GS}-V_t$时，有

$$I_D \approx \mu C_{ox} \frac{W}{L}(V_{GS}-V_t)V_{DS}$$

此时晶体管漏源电流与漏源电压近似成正比，因此晶体管的漏源之间可以近似为一个线性电阻，对应的阻值为

$$R=\frac{V_{DS}}{I_D}=\frac{1}{\mu C_{ox}\frac{W}{L}(V_{GS}-V_t)}$$

晶体管工作在线性区，其电压-电流关系如图 1-4 左侧所示。

当 $V_{DS}>V_{GS}-V_t$ 时，式(1-1)的结果表明电流随 V_{DS} 的增大而减小，这与我们的直觉相反。实际上，当 $V_{DS}=V_{GS}-V_t$，即 $V_{GD}=V_t$ 时，漏端发生了沟道的夹断(图 1-5)，漏极电流达到最大值，如图 1-4 所示。当 V_{DS} 继续增大时电流将保持不变，如图 1-4 右侧所示，因此将这一晶体管的工作区域称为饱和区。将 $V_{DS}=V_{GS}-V_t$ 代入式(1-1)得到饱和区电流公式为

$$I_D=\frac{1}{2}\mu C_{ox}\frac{W}{L}(V_{GS}-V_t)^2$$

综上，晶体管漏源电流的公式总结如下：

$$\begin{cases} I_D=0 & \text{(截止区)} \\ I_D=\mu C_{ox}\frac{W}{L}\left[(V_{GS}-V_t)-\frac{V_{DS}}{2}\right]V_{DS} & \text{(线性区)} \\ I_D=\frac{1}{2}\mu C_{ox}\frac{W}{L}(V_{GS}-V_t)^2 & \text{(饱和区)} \end{cases}$$

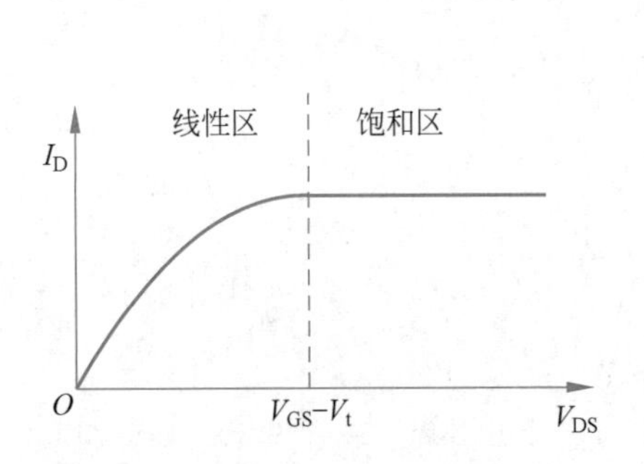

图 1-4　NMOS 电流-电压特性曲线示意图

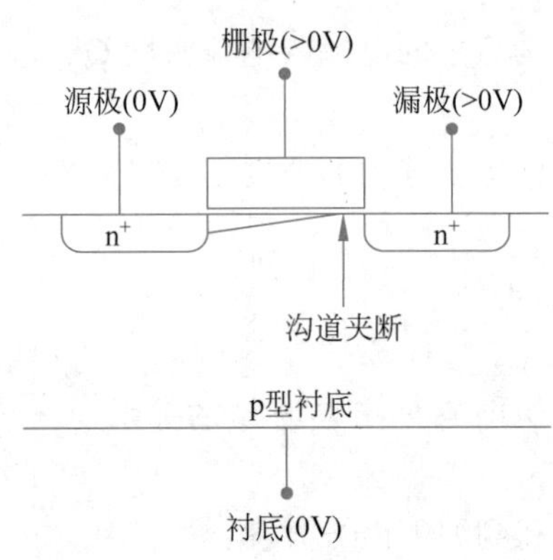

图 1-5　NMOS 沟道夹断

1.3 晶体管工作区的划分

如前所述，晶体管可以根据偏置电压的不同划分成三个工作区，如图 1-6 所示。在线性区，晶体管可以近似为一个电阻，其漏源电流 I_D 与漏源电压 V_{DS} 成正比。在饱和区，晶体管可以看成一个压控电流源，其漏源电流 I_D 受栅源电压 V_{GS} 的控制，而不随漏源电压 V_{DS} 变化。实际上，由于沟道长度调制效应、漏致势垒降低(Drain Induced Barrier

Lowering, DIBL)效应等,晶体管电流也会随 V_{DS} 变化而改变。

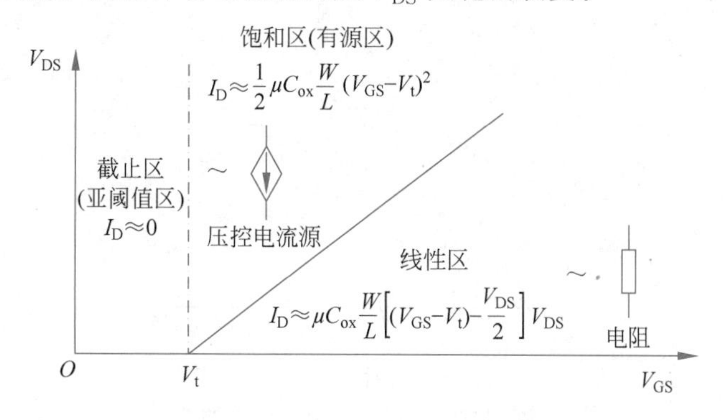

图 1-6　NMOS 工作区域与近似的功能

当 $V_{GS}<V_t$ 时,可认为晶体管处于截止状态,漏源电流 I_D 等于 0。严格来说,即使 $V_{GS}<V_t$,I_D 也不严格等于 0。对于模拟电路设计来说,这个工作区更准确的说法是亚阈值区,此时晶体管并不完全截止。很多低功耗模拟电路是工作在亚阈值区的。亚阈值区在之后的章节会进行更详细的介绍。

本节的模型是基础的 MOS 电流-电压模型,又称为"长沟道模型"、"平方律模型"或"弱场模型"。由于忽略了短沟道效应,该模型无法准确描述先进 CMOS 工艺中的晶体管。此外,它也没有描述亚阈值区的特性。虽然长沟道模型有这些局限性,但是因为它足够简单且对电流趋势的预测基本正确,可以使人们对电路设计有直观理解,仍是电路设计中常用的模型。对模型的使用总是在准确性、复杂性和可操作性之间进行折中。相比长沟道模型,SPICE 中使用的晶体管模型(如 BSIM 模型或 PSP 模型)要精确得多,但是 BSIM 模型需要数百个参数以及非常复杂的数学公式。这样的模型适用于计算机仿真,但是不适用于手工计算。设计人员需要简单模型来对电路进行快速手算分析,长沟道模型往往是最常用的模型,尽管它的准确度有限。

1.4 晶体管本征电容

根据前面对电流-电压关系的推导可知,晶体管的工作本质是通过栅源电压 V_{GS} 去控制沟道电荷,形成反型层。电压对电荷的控制作用自然被等效为一个电容。

如何确定电容的取值?简单起见,首先对沟道还未夹断,即晶体管处于线性区的情况进行分析。如图 1-7 所示,当晶体管处于线性区时,绝缘的栅氧化层处在导电的沟道和晶体管的栅极之间,形成了一个平行板电容,用 C_{gc} 表示。除了 C_{gc},沟道和衬底还存在一个 pn 结电容:此时沟道为 n 型区域,而衬底为 p 型区域,反偏的 pn 结内存在势垒电容,用 C_{cb} 表示。

电容 C_{gc} 的大小可以直接使用平板电容的计算公式得到

$$C_{gc}=\frac{WL\varepsilon_{ox}}{t_{ox}}=WLC_{ox} \tag{1-2}$$

式中 W、L 分别为晶体管沟道的宽和长;C_{ox} 为平行板电容器的单位面积电容,由绝缘层

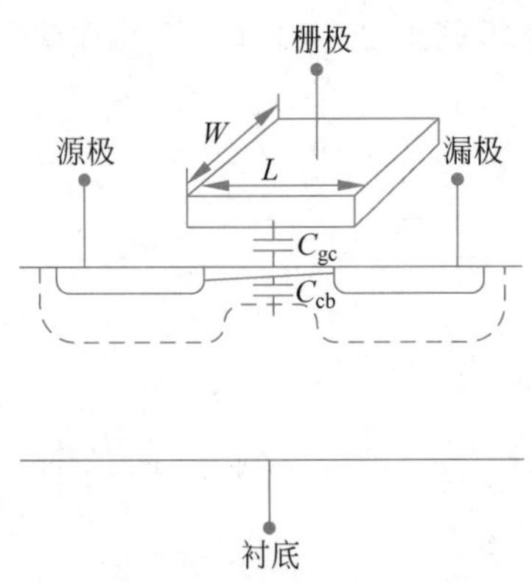

图 1-7　线性区沟道电容分布情况

的介电常数 ε_{ox} 以及绝缘层厚度 t_{ox} 决定。在先进集成电路工艺中，绝缘层往往不只是二氧化硅，而是采用了一些高介电常数 κ 的材料，如二氧化铪（HfO_2）等。

当晶体管处于线性区时，电容 C_{gc} 处于晶体管的内部，而沟道整体分布于源漏之间，所以需要通过建模 C_{gd} 和 C_{gs} 来反映电容 C_{gc} 对外部端口的影响。最简单的建模方法是假设 C_{gc} 平均分布于 C_{gd} 和 C_{gs} 中。当然，这一假设在实际中并不严格成立。由于漏源之间存在电压差，沟道中电荷并不是均匀分布在漏源之间的，所以等效的 C_{gd} 与 C_{gs} 并不相同，但这一近似能够使分析更为便捷。于是得到

$$C_{gs}=C_{gd}=\frac{1}{2}WLC_{ox}$$

接下来分析晶体管在饱和区的电容分布情况。当晶体管进入饱和区时沟道会夹断，当沟道夹断之后，近似认为漏极电压对沟道的电荷分布不再有影响，也就不存在电容效应，所以认为 $C_{gd}\approx 0, C_{gs}=C_{gc}$。在沟道夹断之后，电荷沿沟道的分布是不均匀的，所以需要对式(1-2)的计算结果进行修正。可以证明，此时栅源电容满足

$$C_{gs}=C_{gc}=\frac{2}{3}WLC_{ox}$$

上述结果的推导过程参见附录 A。

当晶体管处于截止区时，晶体管内不存在可以导电的沟道，此时栅极和源极、栅极和漏极之间的电容为 0。栅极和衬底之间的等效电容 C_{gb} 可以视为电容 C_{gc} 和 C_{cb} 的串联，如图 1-8 所示，即 $C_{gb}=\left(\frac{1}{C_{gc}}+\frac{1}{C_{cb}}\right)^{-1}$。$C_{cb}$ 的表达式为

$$C_{cb}=\frac{\varepsilon_{Si}}{x_d}WL$$

式中 ε_{Si} 为硅的介电常数；x_d 为耗尽层厚度。

当晶体管工作在线性区和饱和区时，沟道在栅极和衬底之间形成了一个屏蔽层，因此 C_{gb} 可以近似为 0。

图 1-9 总结了晶体管工作在截止区、线性区和饱和区时的本征电容分布情况。

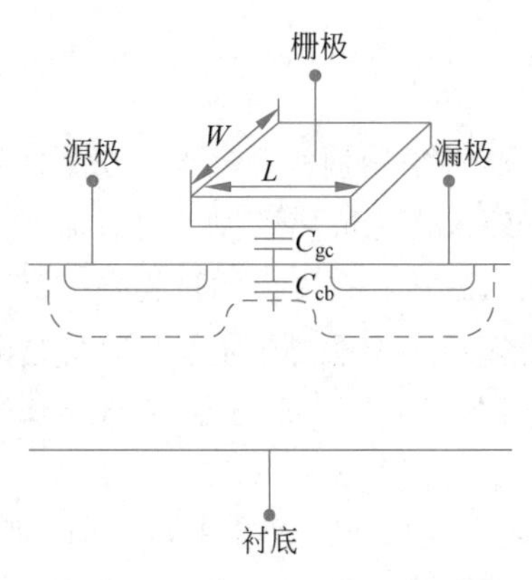

图 1-8　截止区沟道电容分布情况

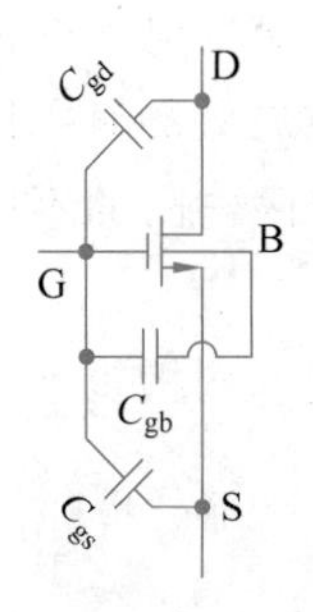

电容	截止区	线性区	饱和区
C_{gs}	0	$\frac{1}{2}WLC_{ox}$	$\frac{2}{3}WLC_{ox}$
C_{gd}	0	$\frac{1}{2}WLC_{ox}$	0
C_{gb}	$\left(\frac{1}{C_{cb}}+\frac{1}{C_{gc}}\right)^{-1}$	0	0

图 1-9　晶体管截止区、线性区和饱和区时的本征电容分布情况

1.5 晶体管寄生电容

除了上述与晶体管工作本质密切相关的本征电容外，晶体管还包括其他一些寄生电容。这部分电容通常由交叠电容和 pn 结电容两部分构成。MOS 管寄生电容模型如图 1-10 所示。

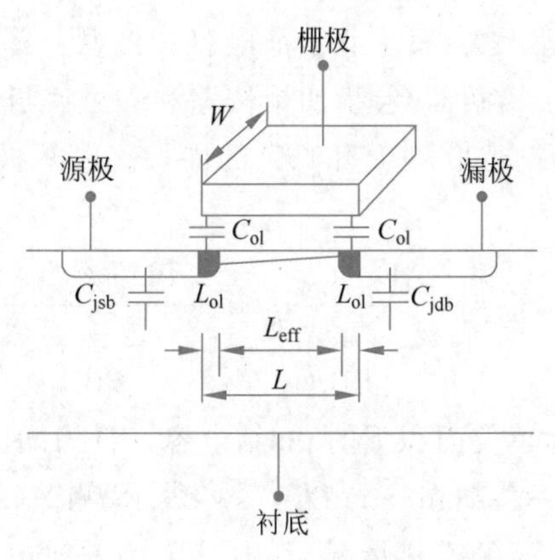

图 1-10　MOS 管的寄生电容模型

1.5.1 交叠电容

在晶体管的制造过程中,通常采用栅极自对准工艺,即利用栅极作为掩膜对有源区(晶体管的源、漏区)进行离子注入。完成离子注入之后需要进行退火来恢复源漏区的晶格结构,这个过程称为有源区的激活。在退火的过程中,载流子会进行扩散,使有源区的范围扩大到栅极的下方,与栅极产生交叠,进而产生了交叠电容。除了有源区扩散导致栅极与有源区之间在垂直方向上产生的交叠电容,栅极金属板侧壁与有源区的连线之间也会形成侧壁交叠电容。

交叠电容是由工艺制备或者金属走线产生的,与晶体管的基本工作原理无关,属于非本征电容,在一定程度上可以通过优化工艺和版图设计等方式减小。例如,要减小侧壁交叠电容,可以把有源区展宽后从远离栅极的方向走线,使得侧壁交叠电容的极板间距增大,电容值减小。然而这样的版图布局将占用更大的面积并产生更大的有源区的电阻。在实际设计中,应根据应用场景对电容大小、版图面积以及有源区电阻的不同要求来选择相适应的版图方案。

垂直方向上的交叠电容可视为平板电容,其大小与载流子扩散进入栅极板下方的长度和晶体管的宽度成正比,对垂直交叠电容可以建模为

$$C_{\mathrm{ol}}=C_{\mathrm{ox}}L_{\mathrm{ol}}W=C'_{\mathrm{ol}}W$$

式中 C'_{ol} 为单位宽度的垂直交叠电容; L_{ol} 为交叠长度,如图 1-10 所示。

在 40nm 工艺中,晶体管单位宽度交叠电容约为 0.12fF/μm。在高速电路中,fF 量级的电容会显著影响电路性能。因此,在设计电路时不能仅仅考虑晶体管的本征电容,还应注意寄生电容对电路的影响。

1.5.2 pn 结电容

pn 结电容是指晶体管有源区的侧壁和底板与衬底之间形成的 pn 结寄生电容。该电容同样与晶体管的工作机理无关,属于非本征电容。直观上看,对于一个有源区(源极或漏极),它与衬底之间有五个接触面,包括四个侧壁和一个底板。其中底板寄生电容取决于有源区的面积,侧壁寄生电容取决于有源区的周长。以漏极和衬底之间的 pn 结电容为例,有

$$C_{\mathrm{jdb}}=\frac{\mathrm{AD}\cdot C_{\mathrm{j}}}{\left(1+\frac{V_{\mathrm{DB}}}{\mathrm{PB}}\right)^{\mathrm{mj}}}+\frac{\mathrm{PD}\cdot C_{\mathrm{jsw}}}{\left(1+\frac{V_{\mathrm{DB}}}{\mathrm{PB}}\right)^{\mathrm{mjsw}}}$$

式中 AD 为漏区面积,C_{j} 为单位面积下的 pn 结电容,PD 为漏区周长,C_{jsw} 为单位周长下侧壁 pn 结电容,字母"j"表示"结(junction)","sw"表示"侧壁(sidewall)"。分母反映非线性 pn 结电容容值随两端电压的变化情况,其中 V_{DB} 为漏衬电压,PB 为有源区与衬底之间 pn 结的内建电势,mj 和 mjsw 表示调制指数。在 40nm CMOS 工艺中,相关参数的取值如表 1-1 所示。

表 1-1　40nm CMOS 工艺中 pn 结寄生电容参数值

40nm 工艺	C_j/(fF/μm^2)	C_{jsw}/(fF/μm)	mj	mjsw	PB/V
NMOS	1.4	0.11	0.34	0.016	0.71
PMOS	1.4	0.06	0.35	0.020	0.71

在实际设计中，晶体管 pn 结电容的大小与版图布局密切相关。对同样尺寸的晶体管，采用不同的插指数形成的寄生电容也不同。

图 1-11 中展示了两种不同版图结构的晶体管，它们的宽度和长度都是相同的。图 1-11(a)所示的晶体管采用单插指结构，沟道长度为 L、宽度为 W；图 1-11(b)所示的晶体管采用双插指结构，可以视为两个沟道长度为 L、宽度为 $W/2$ 的晶体管的并联，总沟道宽度为两个晶体管的宽度之和，也为 W。

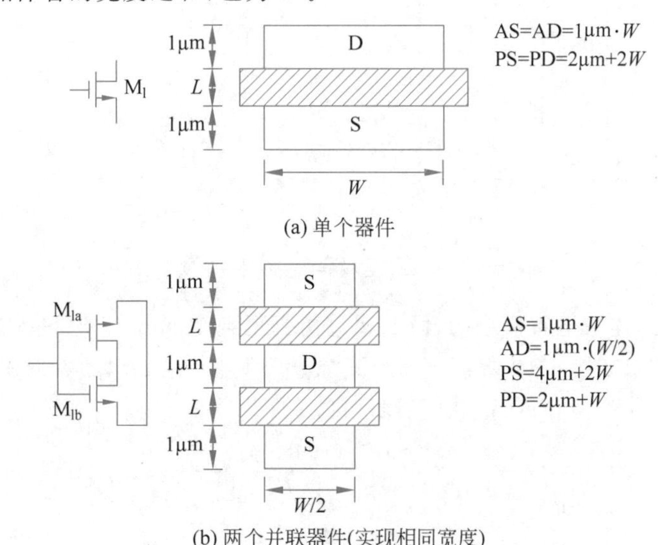

图 1-11　相同沟道尺寸晶体管的两种版图设计

AS—源区面积；PS—源区周长；AD—漏区面积；PD—漏区周长。

通常而言，信号的输出节点位于 MOS 管的漏端，所以希望减小漏端的寄生电容，使得其对电路性能的影响尽可能小。采取图 1-11(b)所示的版图结构可以使漏区的面积和周长都减小，从而减小漏衬 pn 结寄生电容对电路的影响，但其代价是增大了源衬 pn 结寄生电容。举例来说，如果电路采用共源放大器结构，由于源衬电压保持不变，源衬 pn 结电容对电路性能的影响很小。因此采用图 1-11(b)所示的版图对于电路的整体性能是更优的。同理，对于源极跟随器等输出节点接到源端的电路，可以将源极置于中间，以减小源端寄生电容。

晶体管的寄生电容与版图设计息息相关。随着工艺的演进，电路中的连线间距缩小，侧壁交叠电容在总交叠电容中占比逐渐升高。寄生电容的获取需要在完成版图设计后通过寄生参数提取得到，所以在原理图仿真中并未考虑侧壁交叠电容。同样，在原理图设计阶段也无法确定 AD、PD、PS、AS 等版图参数，无法准确计算 pn 结电容的大小。仿真器通常默认使用最小的 AD、PD、PS、AS 取值用于仿真，可能会与实际版图提取出的

AD、PD、PS、AS值存在误差。有经验的电路设计人员应该在设计原理图时预先考虑版图中寄生电容的影响，对设计进行相应调整，使得版图仿真结果与预期值更为接近。

1.5.3 包含寄生电容的晶体管电容模型

包含寄生电容的晶体管电容模型如图1-12所示。相比只考虑本征电容的电容模型，晶体管的栅源电容 C_{gs} 和栅漏电容 C_{gd} 新加入了交叠电容的部分，栅极与衬底之间的电容 C_{gb} 没有明显变化，源衬电容 C_{sb} 和漏衬电容 C_{db} 增加了pn结寄生电容的部分。

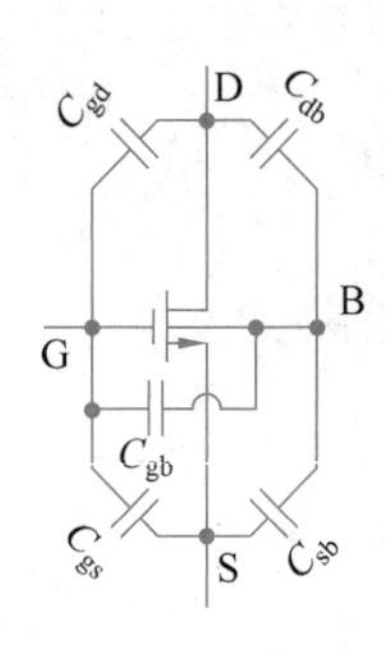

电容	截止区	线性区	饱和区
C_{gs}	C_{ol}	$\frac{1}{2}WLC_{ox}+C_{ol}$	$\frac{2}{3}WLC_{ox}+C_{ol}$
C_{gd}	C_{ol}	$\frac{1}{2}WLC_{ox}+C_{ol}$	C_{ol}
C_{gb}	$\left(\frac{1}{C_{cb}}+\frac{1}{C_{gc}}\right)^{-1}$	0	0
C_{sb}	C_{jsb}	$C_{jsb}+C_{cb}/2$	$C_{jsb}+\frac{2}{3}C_{cb}$
C_{db}	C_{jdb}	$C_{jsb}+C_{cb}/2$	C_{jdb}

图1-12 考虑寄生电容的晶体管电容模型

为了加深对晶体管电容模型的理解，通过仿真得到180nm工艺下晶体管电容在不同工作区的取值，结果如图1-13所示。固定漏源电压 $V_{DS}=0.2V$，随着栅源电压 V_{GS} 的增大，晶体管依次工作于截止区、饱和区、线性区。

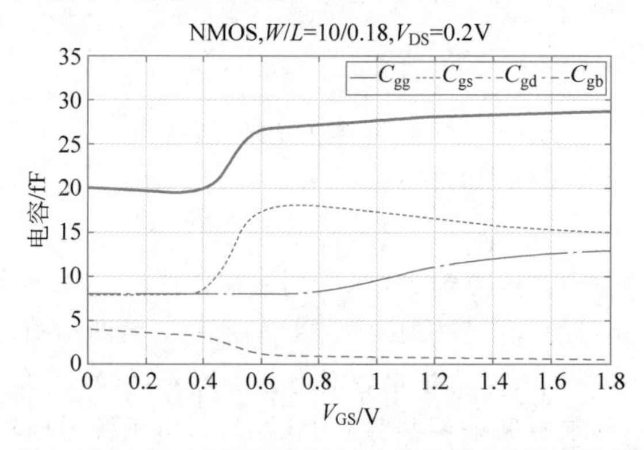

图1-13 180nm工艺下不同工作区的栅电容仿真结果

栅极总电容为

$$C_{gg}=C_{gb}+C_{gd}+C_{gs}$$

当晶体管工作在截止区时，栅衬电容 C_{gb} 为栅极-沟道电容和沟道-衬底电容的串联。而在饱和区和线性区，栅衬电容由于沟道反型层的屏蔽作用变得很小，其取值接近0。

栅漏电容 C_{gd} 在亚阈值区只包含交叠电容 C_{ol}。在饱和区，晶体管沟道夹断，栅漏电容仍然只包含交叠电容 C_{ol}。当晶体管工作在线性区时，沟道电容的一部分会与交叠电容 C_{ol} 并联，共同组成栅漏电容 C_{gd}，所以 C_{gd} 的取值在线性区会有所上升。

栅源电容 C_{gs} 在亚阈值区同样只包含交叠电容 C_{ol}，在饱和区则为交叠电容 C_{ol} 和栅极-沟道电容的并联。当晶体管进入线性区后，沟道电容的一部分体现在了 C_{gd} 中，所以 C_{gs} 曲线应随 V_{gs} 的增大先上升后下降。

总电容 C_{gg} 为三个电容之和，总体呈上升趋势，与图 1-13 相符。

当晶体管工作于线性区时，由于晶体管漏源之间存在电位差，栅漏电容 C_{gd} 与栅源电容 C_{gs} 的大小并不严格相等。图 1-12 中给出的计算公式只是一种简单的近似。只有在漏源电压 V_{DS} 接近 0 的情况下电荷沿沟道的分布才基本对称，此时栅漏电容和栅源电容的大小相等。在我们的仿真设定中，漏源电压 $V_{DS}=0.2V$，不满足接近 0 的条件，所以在晶体管由饱和区向线性区变化的过程中，两个电容的取值会变得更为接近，但并不会完全相等。

从电容取值的变化曲线来看，在栅源电压 V_{GS} 逐渐升高的过程中，晶体管电容值的变化是连续的，并没有发生显著的突变。这说明了晶体管的各工作区之间并不存在严格的边界，工作区的变化是一个连续的过程。

40nm 工艺下不同工作区的栅电容仿真结果如图 1-14 所示。其中 C_{gg}、C_{gd} 与 C_{gb} 的变化趋势与图 1-13 中 180nm 工艺下的仿真结果相似，但线性区的 C_{gs} 并未出现明显的下降。实际上，由于短沟道效应，晶体管栅极与沟道之间的电容会随着 V_{GS} 的增加而增大，这一效应抵消了 C_{gs} 由于晶体管进入线性区的降低。

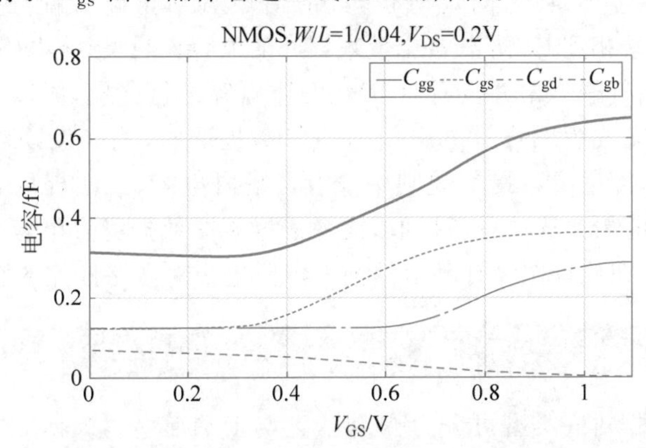

图 1-14　40nm 工艺下不同工作区的栅电容仿真结果

在 40nm 工艺中，当晶体管工作在饱和区时，栅漏电容 C_{gd} 近似为恒定值（交叠电容 C_{ol}），并且取值约为栅源电容 C_{gs} 的 40%，说明交叠电容 C_{ol} 在总电容占比不可忽略。例如，对于长度为 40nm、宽度为 1μm 的晶体管而言，相应的交叠电容 $C_{ol}\approx0.12$fF，仿真得到的 $C_{gs}\approx0.3$fF。在先进工艺中，考虑版图连线引入的侧壁交叠电容后 C_{ol} 的占比将更大，会显著影响电路的频率响应特性。

上述分析仅使用了简单的二端口电容模型对晶体管各端口之间的电容效应进行了建模，严格来说这样做是不准确的。对于晶体管这样的多端口器件而言，完整的电容效应需要用更为复杂的多端口跨容模型进行分析，详细内容可以参见附录 B。

1.5.4 阱电容

目前大多数CMOS工艺为N阱工艺，采用p型半导体作为衬底，直接在衬底上做n型掺杂即可实现NMOS晶体管。而PMOS的制造则需要先在p型衬底上通过离子注入产生n型区域，称为N阱，再在N阱中做p型掺杂。PMOS管的N阱会与p型衬底构成pn结，因此形成阱电容C_W，如图1-15所示。C_W的大小与N阱的面积和侧壁周长成正比，与1.5.3节中描述的pn结电容相同。

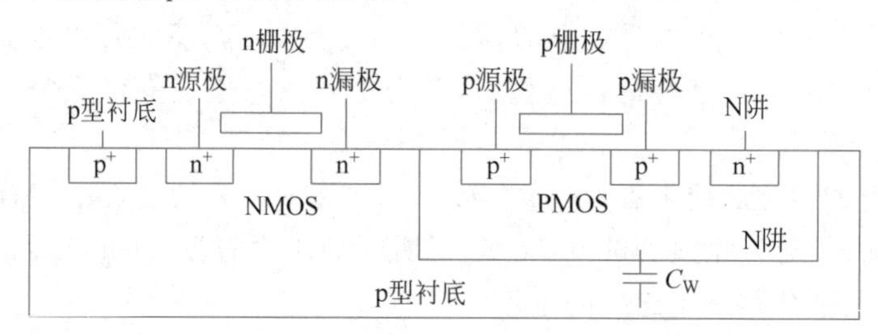

图1-15 N阱工艺

在N阱工艺中，所有NMOS的衬底都是与p型衬底相连的，通常接到最低电位（地电位）。PMOS的衬底（N阱）可以选择与电源相连，也可以选择与源端相连。当PMOS的衬底与电源相连时，N阱为固定电位，此时阱电容对电路性能没有影响。然而，当PMOS的衬底与源端相连时，阱电容会带来额外的电容负载，影响电路的工作速度。

注意，SPICE器件模型中并没有对PMOS阱电容进行建模，所以在原理图仿真中没有考虑阱电容。在完成版图设计并进行寄生参数提取时，才能发现阱电容对电路的影响。在某些情况下，寄生参数提取规则中没有考虑阱电容，无法提取相应参数。此时需要修改提取规则中的相关选项重新提取，或者根据版图数据将阱电容手动添加到提取结果中。当然，最好是在原理图设计环节提前考虑阱电容对电路性能的影响。

1.6 背栅效应

CMOS工艺根据衬底类型可分为N阱工艺与P阱工艺。N阱工艺的衬底是p型掺杂，NMOS可以直接在衬底上制造，而PMOS则需要在n型掺杂的阱中制造。在P阱工艺中，NMOS是在p型掺杂的阱中制造，如图1-16所示。在N阱工艺中，所有NMOS的衬底都是连在一起的，连接到最低电位（地电位）；而P阱工艺所有的PMOS的衬底连在一起并需连接到最高电位，在芯片应用时需要提供保证最高电位的电源，这比衬底直接接地要复杂，是N阱工艺占据主导的原因之一。

为了优化沟道的掺杂浓度以优化器件性能，可以将NMOS与PMOS分别制造于P阱与N阱中，这称为双阱工艺。因为衬底电阻率较低，双阱工艺中NMOS或PMOS的衬底还是无法很好隔离。为了实现N阱工艺中NMOS间衬底的隔离，可以在N阱中再制作一个P阱，将NMOS制造于这个P阱中，这称为三阱工艺。N阱、P阱、双阱以及三阱工艺示意图如图1-17所示。

目前最为常见的工艺为N阱工艺，因此本书主要分析N阱工艺下的设计。在N阱

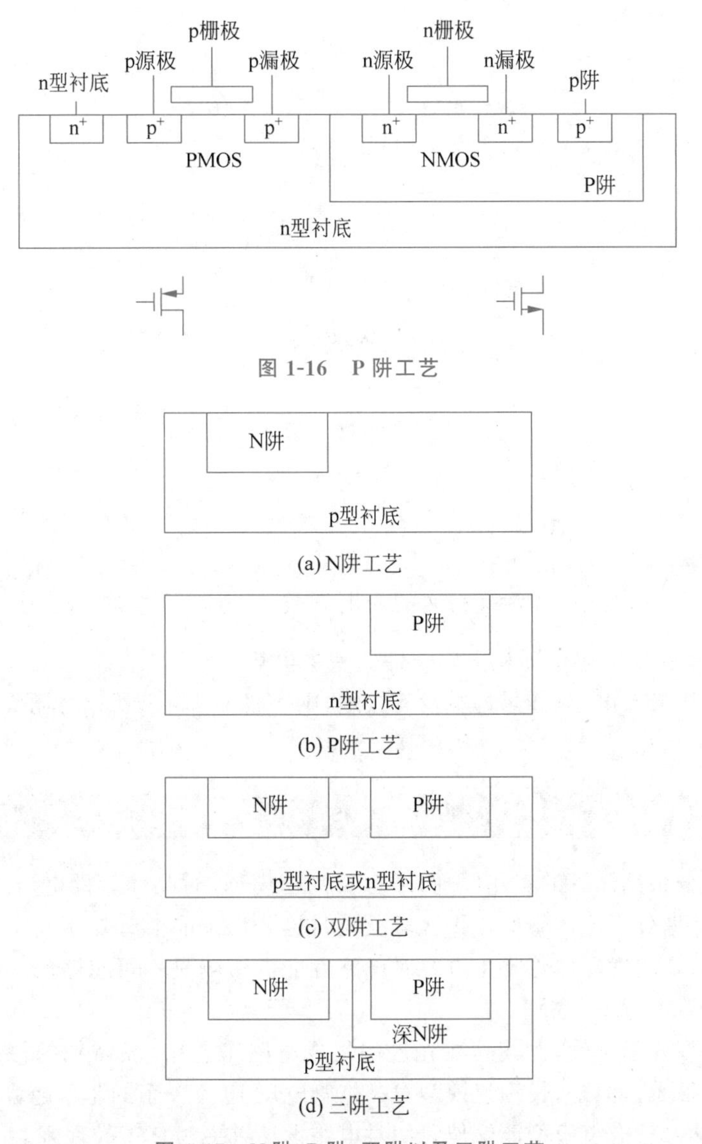

图 1-16 P 阱工艺

(a) N阱工艺

(b) P阱工艺

(c) 双阱工艺

(d) 三阱工艺

图 1-17 N 阱、P 阱、双阱以及三阱工艺

工艺中所有 NMOS 的衬底都连接到地,因此存在 NMOS 衬底与源极电位不相同的情况。PMOS 由于在 N 阱中,可以自由选择其衬底(N 阱)的连接方式,只需保证源漏与衬底间的 pn 结反偏即可。

背栅效应是指衬底电势的变化会影响沟道电势,从而影响漏源电流。这个效应可以等效为晶体管阈值电压 V_t 的改变。直观的理解是,衬底相当于背面的栅极,也会如栅极一样通过电容效应控制沟道。如图 1-18 所示,正的源极-衬底电压 V_{SB} 使得源极的耗尽区扩大。增大的耗尽区负电荷“排斥”电子,因此需要更大的 V_{GS} 才能在沟道形成反型层,这等效于阈值电压 V_t 增大了。

根据半导体器件物理特性,可以推导得到 V_t 与 V_{SB} 的关系:

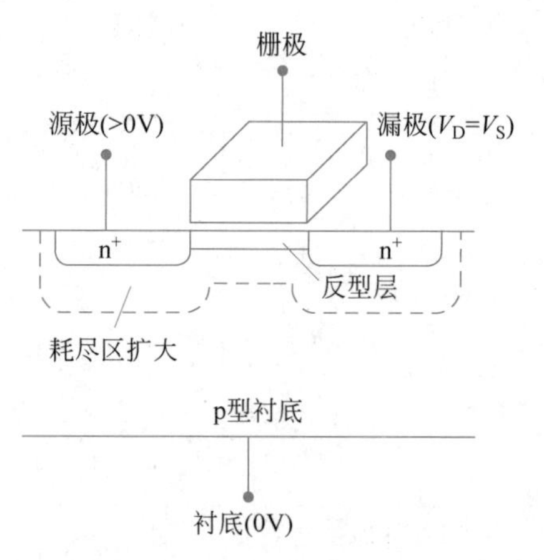

图 1-18 NMOS 背栅效应示意图

$$V_t = V_{t0} + \gamma(\sqrt{2\phi_f + V_{SB}} - \sqrt{2\phi_f}) \tag{1-3}$$

式中 $\gamma = \dfrac{\sqrt{2\varepsilon_{Si} q N_a}}{C_{ox}}$，其中 ε_{Si} 为硅衬底的介电常数，q 为电子电量，N_a 为衬底掺杂浓度，C_{ox} 为栅氧化物介质的单位面积电容；ϕ_f 为费米电势。

由于衬底接最低电位，如果源端没有接地，则一般 $V_{SB}>0$，所以背栅效应通常会导致阈值电压 V_t 的增加。

1.7 本章小结

本章通过分析晶体管的工作原理，结合长沟道模型，对晶体管的电压-电流关系做了相应的推导，并划分了晶体管的工作区域。同时也分析了晶体管在不同工作区域时的电容效应，特别需要注意晶体管寄生电容对电路性能的影响是不可忽略的。本章最后对晶体管的背栅效应进行了分析。

长沟道模型并不精确，尤其是在先进的集成电路工艺中，晶体管的特性与长沟道模型的预测相差很大。但是，长沟道模型对晶体管电压-电流关系的基本趋势的描述是正确的，因此通过学习长沟道模型能够使我们对电路设计有更为直观的理解。

第2章 放大器线性化分析

对信号进行放大是模拟电路中常见的需求，本章将介绍如何利用晶体管的电流-电压特性实现信号的放大。为了便于分析电路，本章给出晶体管的基本小信号模型及其推导过程，并结合晶体管的电容模型逐步完善晶体管小信号模型。最后将介绍放大器的基本评价指标。

2.1 基于晶体管大信号模型的放大器增益分析

放大的基本原理是用信号控制受控元件以获得更大的“影响”。考虑到晶体管在饱和区是一个压控电流源，可以用输入电压控制晶体管产生压控电流，再使电流流过电阻产生输出电压。该电压相对输入电压的增益就是压控电流源的电压-电流转换系数乘以电阻。通过提高这一转换系数以及增大电阻，可以获得高增益。

以图 2-1(a)所示的共源放大器为例(称为“共源”是因为该放大器结构中晶体管的源极交流接地，之后章节会分别讲解共栅、共漏组态)，输出电压 V_o 是电源电压减去电阻负载上的电压，即流过电阻的电流乘以电阻。根据长沟道模型，当输入电压 V_i 小于晶体管阈值电压 V_t 时，晶体管关断，流过电阻的电流为 0，输出电压为 V_{DD}。当输入电压 V_i 高于晶体管阈值电压 V_t，并且 $V_o=V_{DS}>V_i-V_t$ 时，NMOS 管工作在饱和区，可以采用长沟道模型写出输出电压随输入电压变化的表达式：

$$V_o=V_{DD}-I_DR_L=V_{DD}-\frac{1}{2}\mu C_{ox}\frac{W}{L}(V_i-V_t)^2R_L \tag{2-1}$$

随着 V_i 进一步升高，V_o 进一步减小，NMOS 进入线性区。此时，可以根据晶体管在线性区的电流表达式获得输出电压与输入电压的关系，总趋势如图 2-1(b)所示。当输入电压 V_i 在某个点附近有一个小幅度扰动时，输出电压 V_o 也会发生相应的变化，此时放大器的增益就是 V_i-V_o 电压传输特性曲线的斜率。如图 2-1(b)中电压传输特性所示，当晶体管工作在饱和区时，随着输入电压增大，输出电压显著减小，实现反向放大。但是，当 V_i 进一步增大，晶体管进入线性区后，V_o 的下降则不明显。因此要求输入电压 V_i 必须在合理的范围内，保证晶体管工作在饱和区，这样电路才能提供较高的反相电压增益。因此，需要对 MOS 管进行合理的偏置。

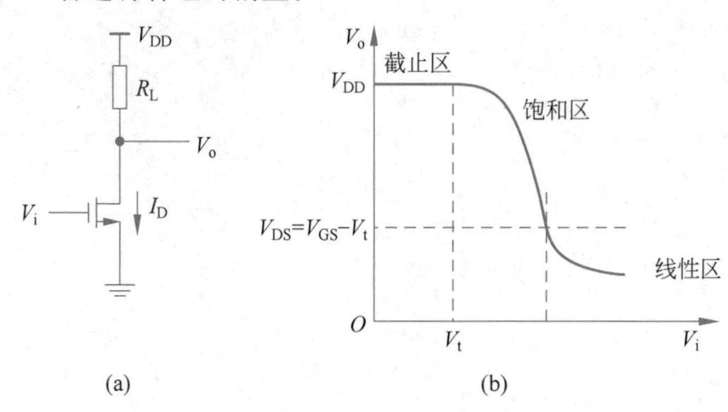

图 2-1　共源组态放大器与电压传输特性曲线

如图 2-2(a)所示，V_I 表示输入端静态偏置电压。选取合适的 V_I 使电路工作在斜率最陡的区域，对应着晶体管工作在饱和区。在图 2-2(b)中，$V_{OV}=V_{GS}-V_t=V_I-V_t$，称为过驱动电压。在实际应用中，放大器的输入信号是叠加在偏置电压上的一个小信号，用 ΔV_i 表示，它会导致输出电压产生一个变化 ΔV_o。

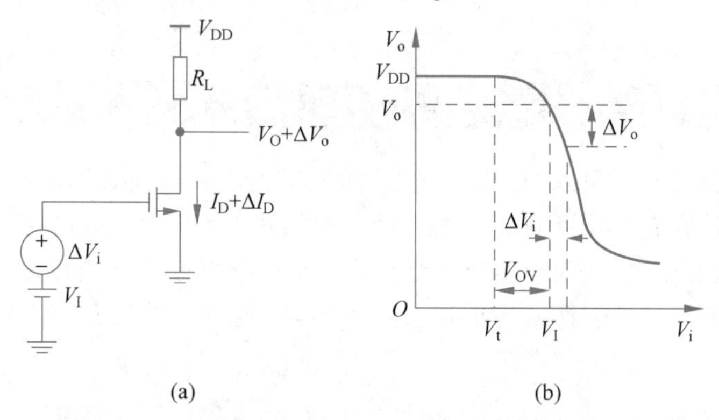

图 2-2 共源组态放大器的偏置与小信号增益

下面推导该放大器的小信号增益，即 $\Delta V_o/\Delta V_i$。根据 MOS 饱和区电压-电流关系，可以得到

$$V_o+\Delta V_o=V_{DD}-\frac{1}{2}\mu C_{ox}\frac{W}{L}(V_{OV}+\Delta V_i)^2 R_L \tag{2-2}$$

将式(2-1)代入式(2-2)，得到

$$\Delta V_o=-\frac{2I_D}{V_{OV}}R_L\Delta V_i\left[1+\frac{\Delta V_i}{2V_{OV}}\right]$$

假设 $\Delta V_i \ll V_{OV}$，则有

$$\Delta V_o\approx-\frac{2I_D}{V_{OV}}R_L\Delta V_i$$

也就是说，在输入信号的变化量 ΔV_i 很小的情况下，可以认为输出信号的变化量 ΔV_o 与 ΔV_i 近似呈线性关系，而 ΔV_o 与 ΔV_i 的比例系数称为增益。从图像的角度来讲，就是在整个输入-输出关系图上选取一个点，在这一点附近输出变化量等于输入变化量乘以曲线在这一点的斜率，这一点的斜率称为小信号增益，如图 2-3 所示。

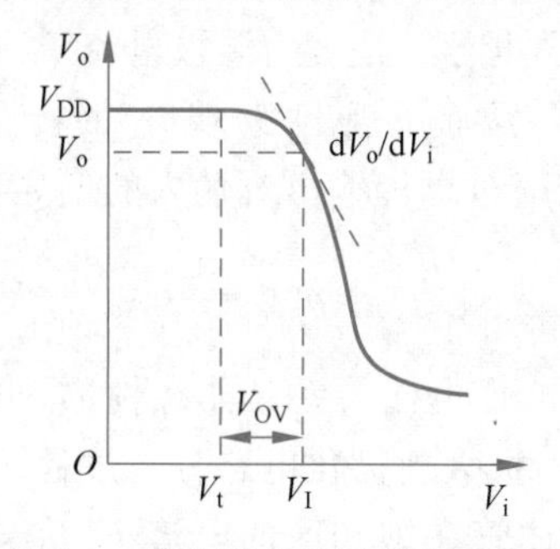

图 2-3 放大器小信号增益示意图

以上是基于大信号电压电流关系的小信号增益分析方法：首先推导输入-输出的大信号转移曲线，然后在曲线的静态工作点上引入微扰，通过泰勒展开的方式舍弃高阶小量，从而得到小信号增益。然而，这种方法是比较烦琐的。实际电路中存在相当多的非线性器件(如 MOS 管和二极管)，难以求得准确的转移表达式，更谈不上对表达式进行小信号分析了。

2.2 晶体管的小信号模型

为了解决这一问题，引入“小信号模型”的分析方法。其核心思想在于，对晶体管等非线性器件，可以在它工作点附近小的区间内对其进行线性近似，得到该器件在小信号条件下对应的线性模型，从而将整个电路在这个工作点附近进行线性化。将电路线性化之后，就可以用简单线性表达式来推导小信号增益。这种方法比利用大信号非线性方程求解容易得多。

2.2.1 晶体管饱和区小信号模型

在进行小信号分析之前，首先需要确定器件的工作状态。以晶体管为例，晶体管的工作区分为截止区、线性区以及饱和区。当 $V_{GS}-V_t>0$，$V_{DS}>V_{GS}-V_t$ 时，晶体管工作在饱和区，晶体管电流 I_D 由 V_{GS} 决定。此时，在 V_{GS} 上加入微扰信号 ΔV_{GS}，就会在静态电流 I_D 的基础上叠加一个小信号电流 ΔI_D。代入饱和区晶体管的电流-电压关系式

$$I_D+\Delta I_D=\frac{1}{2}\mu C_{ox}\frac{W}{L}(V_{GS}+\Delta V_{GS}-V_t)^2$$

可以得到

$$\Delta I_D=\frac{1}{2}\mu C_{ox}\frac{W}{L}(2V_{OV}\Delta V_{GS}+\Delta V_{GS}^2)\approx\frac{2I_D}{V_{OV}}\Delta V_{GS}$$

此时的小信号输出电流 ΔI_D 与小信号输入电压 ΔV_{GS} 之间满足线性关系，从而可以将其视为线性受控源，具体地说是压控电流源，从电压 V_{GS} 到电流 I_D 的转换增益称为跨导 g_m，可以表示为

$$g_m=\frac{\Delta I_D}{\Delta V_{GS}}=\frac{2I_D}{V_{OV}}$$

之所以称为“跨导”而不是“电导”，是因为漏极电流 I_D 并不由漏极电压 V_{DS} 决定，而是由另一个端口电压 V_{GS} 决定，从而呈现出“跨端口”的特性。上述通过微扰进行小信号分析的方法在数学上可以直接通过求解输出对输入的偏导数完成，即

$$g_m=\frac{\Delta I_D}{\Delta V_{GS}}=\frac{\partial I_D}{\partial V_{GS}}=\mu C_{ox}\frac{W}{L}(V_{GS}-V_t)=\frac{2I_D}{V_{OV}}$$

也就是说，虽然晶体管的电压-电流关系是非线性的，但在晶体管的工作点附近可以将其视为线性压控电流源，从而极大地简化电路分析过程。

在之前的分析中，假定晶体管在饱和区的电流 I_D 完全由 V_{GS} 决定，这是一个经过简化的模型。实际上晶体管电流会随着 V_{DS} 的增加而小幅度上升，这是晶体管的沟道

长度随 V_{DS} 上升而变短引起的，称其为沟道长度调制效应。在短沟道晶体管中，还存在漏致势垒降低效应，即漏源电压 V_{DS} 的增加会影响沟道电荷分布，从而导致输出电流增加。

为了将上述效应在模型中体现，一种简单的方法是在晶体管漏极电流的公式中引入与 V_{DS} 调控电流 I_D 相关的系数 λ，即

$$I_D=\frac{1}{2}\mu C_{ox}\frac{W}{L}(V_{GS}-V_t)^2(1+\lambda V_{DS})$$

此时，晶体管的电流不仅由 V_{GS} 决定，也会随着 V_{DS} 的变化而变化。那么在小信号模型中，可以引入另一个压控电流源来表达 I_D 与 V_{DS} 的关系，其电导为

$$g_{ds}=\frac{\partial I_D}{\partial V_{DS}}=\frac{1}{2}\mu C_{ox}\frac{W}{L}(V_{GS}-V_t)^2\lambda=\frac{\lambda I_D}{1+\lambda V_{DS}}\approx\lambda I_D$$

进一步分析，考虑到电流 I_D 的方向是从漏端流向源端，所以这一压控电流源在二端口网络的电压-电流特性与一个存在于漏端和源端之间的电阻完全等效，称为晶体管的输出电阻，即

$$r_o=\frac{1}{g_{ds}}=\frac{1}{\lambda I_D}$$

通过上述分析，得到了最基本的晶体管在饱和区的小信号模型，如图 2-4 所示。这一模型中包含栅(G)、源(S)、漏(D)三个端口，在漏源之间存在一个压控电流源以及一个电阻，分别表示栅源电压以及漏源电压对漏极电流的影响。压控电流源的跨导以及电阻的阻值都由晶体管的偏置点决定。

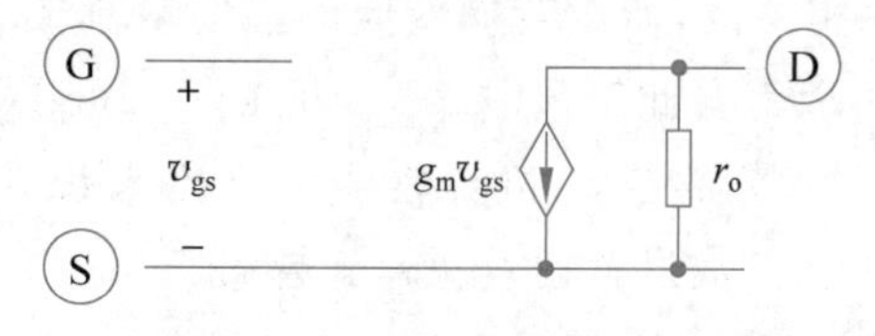

图 2-4 晶体管基本小信号模型

第 1 章介绍了晶体管的寄生电容的相关内容，考虑到晶体管的寄生，可以得到如图 2-5 所示的工作在饱和区的晶体管小信号模型。该模型通常能够满足手工计算的精度需求，所以广泛用于手工计算。注意对于 PMOS 需要额外考虑阱电容对电路性能的影响。

为了进一步完善饱和区的晶体管小信号模型，需要考虑背栅效应对于晶体管小信号电流的调制作用。如第 1 章所述，由于存在背栅效应，衬底的电压变化会改变阈值电压，进而改变漏源电流。因此，可以参考 g_m 的定义方式来定义衬底的跨导，即

$$g_{mb}=\frac{\partial I_D}{\partial V_{BS}}=-\frac{\partial I_D}{\partial V_{SB}}$$

考虑到 V_{BS} 对 I_D 的影响是经由 V_{BS} 对阈值电压 V_t 的影响，可以得到

$$g_{mb}=\frac{\partial I_D}{\partial V_{BS}}=-\frac{\partial I_D}{\partial V_{SB}}=-\frac{\partial I_D}{\partial V_t}\frac{\partial V_t}{\partial V_{SB}}$$

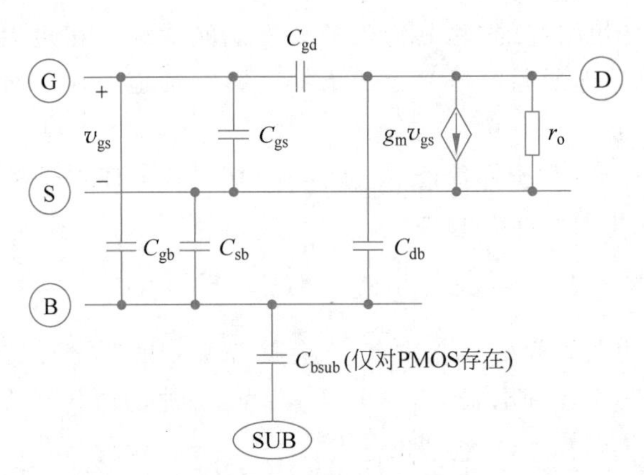

图 2-5　包含寄生电容晶体管小信号模型原理图

进而可以得出 g_m 和 g_{mb} 之间的关系为

$$\frac{g_{mb}}{g_m}=-\frac{\frac{\partial I_D}{\partial V_{SB}}}{\frac{\partial I_D}{\partial V_{GS}}}=-\frac{\partial I_D}{\partial V_t}\frac{\partial V_t}{\partial V_{SB}}\frac{\partial V_{GS}}{\partial I_D}=\frac{\partial V_t}{\partial V_{SB}}$$

由式(1-3)中 V_t 与 V_{SB} 的关系可得

$$\frac{g_{mb}}{g_m}=\frac{\gamma}{2\sqrt{V_{SB}+2\phi_f}}$$

因为 γ 是与工艺参数相关的，所以背栅效应的强弱与具体工艺相关。40nm 工艺的仿真结果如图 2-6 所示，可以得知此工艺中 $g_{mb}\approx 0.1g_m$。可以看到，栅极对沟道起着主要的控制作用，衬底（即背栅）的控制相对较弱。对比来说在 180nm 工艺下，$g_{mb}\approx 0.2g_m$。总的来说，随着工艺的演进背栅效应越来越弱。

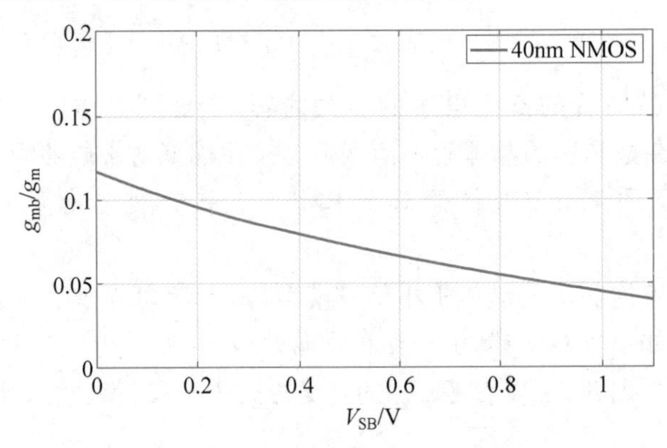

图 2-6　g_{mb}/g_m 的仿真结果

将背栅效应考虑进器件模型中，可以得到如图 2-7 所示的晶体管小信号模型。

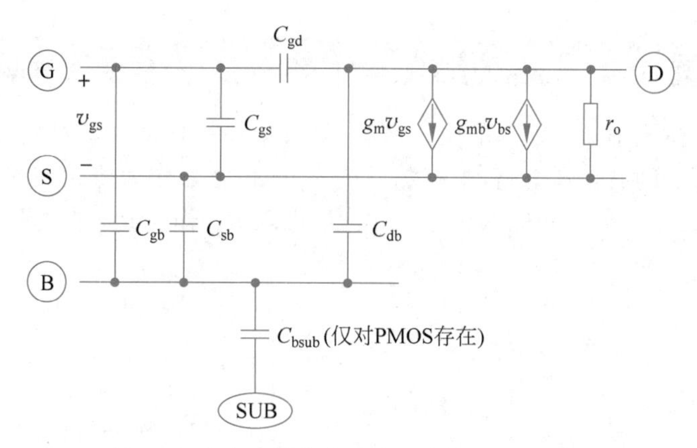

图 2-7 考虑背栅效应后的晶体管小信号模型

2.2.2 晶体管线性区小信号模型

当晶体管工作在线性区，分析电路的小信号参数时，需要使用晶体管的线性区小信号模型。忽略衬底效应以及衬底寄生电容，晶体管线性区的小信号模型如图 2-8 所示。

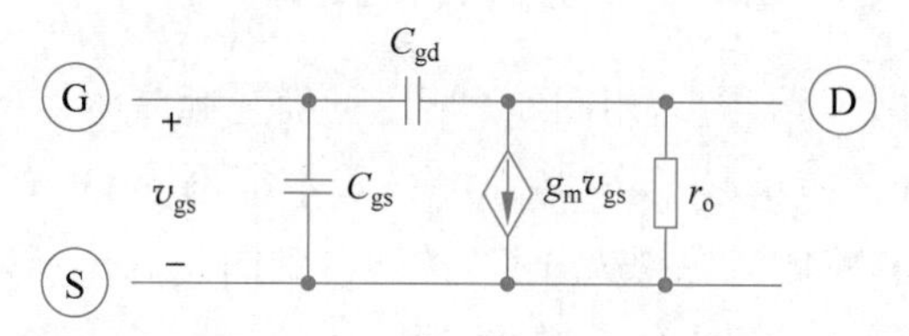

图 2-8 晶体管线性区小信号模型

晶体管的栅源、栅漏电容为

$$C_{gs}=C_{gd}=\frac{1}{2}WLC_{ox}$$

根据晶体管线性区电流公式

$$I_D=\mu C_{ox}\frac{W}{L}\left[(V_{GS}-V_t)V_{DS}-\frac{1}{2}{V_{DS}}^2\right]$$

可以推导出晶体管的线性区跨导为

$$g_m=\frac{\Delta I_D}{\Delta V_{GS}}=\frac{\partial I_D}{\partial V_{GS}}=\mu C_{ox}\frac{W}{L}V_{DS}$$

由于晶体管工作在线性区时漏源电压 V_{DS} 较小，所以相较于饱和区，栅源电压 V_{GS} 对漏源电流 I_D 的调制作用更弱。

晶体管漏源电压 V_{DS} 对漏源电流 I_D 的调制作用可以用漏源端等效的压控电阻来建模。漏源的压控电阻为

$$r_o=\frac{1}{\mathrm{d}I_D/\mathrm{d}V_{DS}}\approx\frac{1}{\mu C_{ox}\frac{W}{L}(V_{GS}-V_t-V_{DS})}$$

2.3 基于晶体管小信号模型的放大器性能分析

完成了对晶体管小信号模型的建立之后，就可以使用这个模型对电路进行分析。考虑如图 2-9(a)所示的放大器电路，带有源阻抗 R_i 的传感器作为放大器的输入，输入由偏置电压源 V_I 叠加上一个小的输入信号 v_i 组成，电阻 R_L 作为放大器的负载。

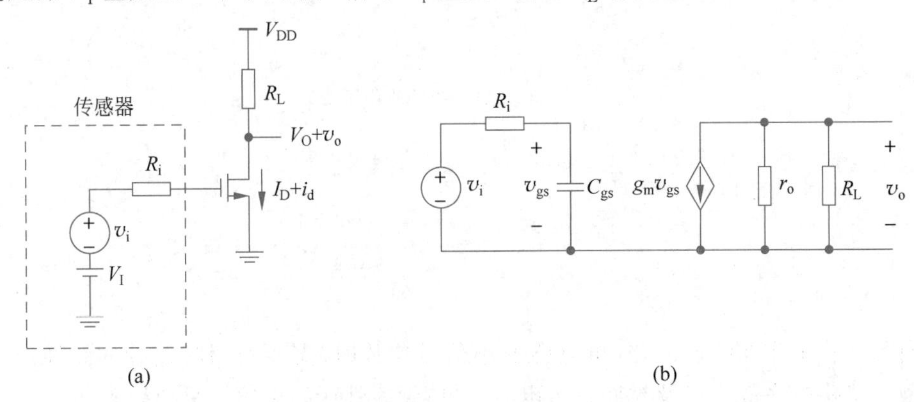

图 2-9　共源放大器及其线性化电路

分析这个放大器的小信号增益，用图 2-4 所示的简化版晶体管小信号模型将图 2-9(a)所示的晶体管替换掉。为简单起见，只考虑晶体管本征电容 C_{gs}，忽略其余寄生电容，并将直流电压源视为短路，将电流源视为开路，整理得到图 2-9(b)所示的小信号等效电路。根据基尔霍夫方程，可计算得到小信号增益，即

$$H(s)=\frac{v_o(s)}{v_i(s)}=-\frac{g_m R}{1+sR_iC_{gs}}$$

式中 $R=R_L /\!/ r_o$，为负载电阻 R_L 与晶体管输出电阻 r_o 的并联。

得到增益的表达式之后，便可以对放大器的基本性能进行分析。放大器的直流增益为

$$A_{DC}=-g_m R$$

在晶体管的小信号简化模型中，只有电容 C_{gs} 对放大器的带宽造成影响，因此放大器带宽为

$$f_{3dB}=\frac{1}{2\pi R_i C_{gs}}$$

放大器的功耗为

$$P=I_D V_{DD}$$

式中 I_D 为晶体管的静态偏置电流。

2.4 本章小结

放大器的小信号增益可以使用晶体管大信号输入-输出传递函数来求解，但是由于晶

体管是非线性器件，这种方法相对烦琐。更为便捷的方法是，首先建立非线性器件的小信号线性模型，并通过使用线性模型将电路在工作点附近整体线性化，然后用线性方程求解小信号增益。此时，由于所有方程都是线性的，计算复杂度大幅降低。本章介绍了晶体管的小信号模型及其推导过程，并结合实例展示了其使用方法。最后介绍了放大器的功耗、带宽以及增益等电路性能的基本评价指标。

第3章 晶体管基本电路结构

晶体管有共源、共栅和共漏三种基本的连接模式。这里“共”是指输入信号和输出信号的公共参考端，通常连接固定电压，在交流小信号的意义下接地。模拟电路中大部分是这三种基本连接模式的组合，如图 3-1 所示。熟练掌握这三种组态的特性是分析复杂电路的基础。同时，本章在介绍三种基本组态电路的基础上，还将介绍共源共栅放大器电路和电流镜电路。共源共栅放大器是一种常见的放大器结构，由共源放大器和共栅放大器两种结构级联构成。电流镜电路也是模拟集成电路设计中的一种基本电路结构，主要用于为放大器提供偏置电流和负载。

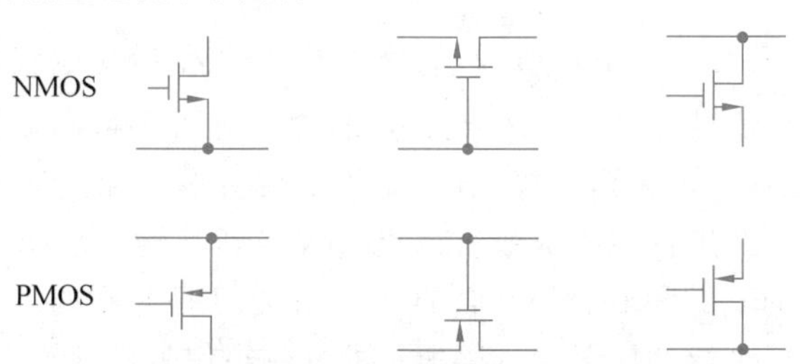

图 3-1　晶体管连接的三种组态：共源、共栅与共漏

3.1 共源放大器

共源放大器是模拟电路设计中的基本组态结构。图 3-2 为共源放大器电路及其对应的简化版小信号模型。根据图 3-2(b)中共源组态放大器电路的小信号模型，可以计算得到共源放大器的传输特性：

$$H(s)=\frac{v_o(s)}{v_i(s)}=-g_m R$$

式中 $R=R_L/\!/r_o$，为负载电阻 R_L 与晶体管输出电阻 r_o 的并联。此处忽略了 C_{gd} 的影响，包含 C_{gd} 影响的完整传递函数表达式详见 6.1 节。

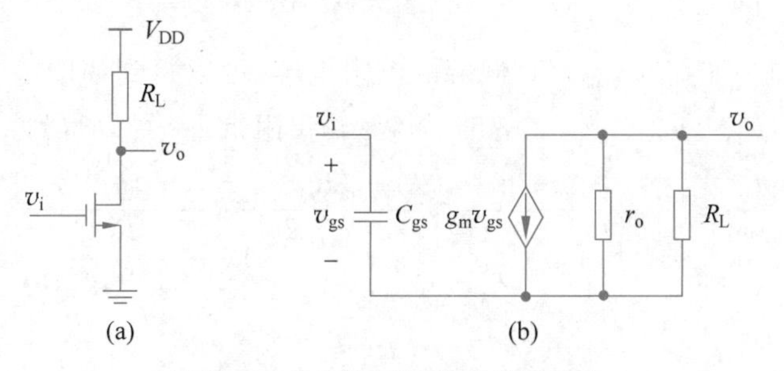

图 3-2　共源电路及其小信号模型

输入阻抗和输出阻抗决定了多个电路模块级联时信号的传输情况。首先分析共源组态的输入阻抗。在输入端利用加压求流法，在低频时可以忽略 C_{gs}，将输入端看作断路，因此低频输入阻抗可以近似为无穷大。接下来计算共源组态的输出阻抗，即在输出端利用加压求流法(忽略负载 R_L)，可以得到共源组态的输出阻抗为 r_o。可以看到，共源组态有很高的输入阻抗与输出阻抗，是很好的压控电流源。

3.2 共栅放大器

当输入信号加在 MOS 管的源极，栅极连接到公共参考点，在漏极产生输出信号时，这种电路结构称为共栅放大器。经过后面的分析，将看到共栅组态有低输入阻抗与高输出阻抗，因而是一个流控电流源(电流增益为 1)。

3.2.1 输入-输出特性

共栅放大器的电路如图 3-3(a)所示，共栅电路的输入 i_i 是电流形式，电流源的内阻记为 R_s。由于采用小信号的线性电路分析方法，输入源可以采用戴维南等效(一个电压源串联一个电阻)，也可以采用诺顿等效(一个电流源并联一个电阻)。与共源放大器不同，共栅放大器对输入源进行诺顿等效可以更直观得到其输入输出传递特性。图中 R_L 为负载电阻，晶体管的 C_{gs} 和 C_{sb} 是并联的，C_{gd} 和 C_{db} 是并联的，同时 g_m 和 g_{mb} 也是并联的，经过化简之后可得到如图 3-3(b)所示的等效小信号模型。

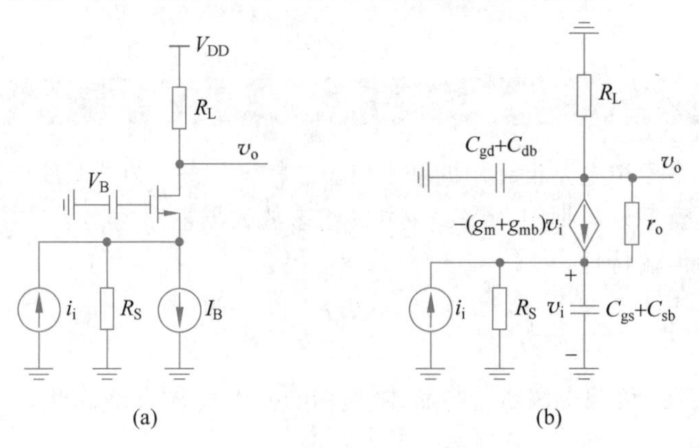

图 3-3 共栅电路及其小信号模型

对电路进行进一步简化，忽略负载端的电阻电容，可以得到如图 3-4 所示的电路，其中 $C_s = C_{gs} + C_{sb}$，$g'_m = g_m + g_{mb}$。忽略晶体管输出阻抗 r_o，可以得到

$$\frac{i_o}{i_i} \approx \frac{g'_m}{g'_m + sC_s + \dfrac{1}{R_s}} \approx \frac{g'_m R_s}{1 + g'_m R_s} \frac{1}{1 + s\dfrac{R_s C_s}{1 + g'_m R_s}}$$

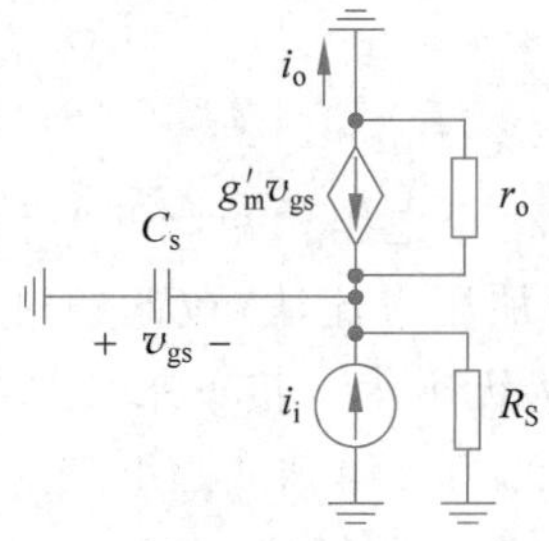

图 3-4 共栅电路简化小信号模型

当 $g'_m R_s \gg 1$ 时，有

$$\frac{i_o}{i_i} \approx \frac{1}{1 + s\dfrac{C_s}{g'_m}}$$

可以看到，共栅放大器的电流增益为1，其带宽为 g'_m/C_s，在后续章节中将了解到这一取值约等于晶体管的特征频率。一般而言，电路的带宽不超过晶体管特征频率，因此共栅放大器可以视为一个宽带的电流缓冲器。

在电路分析过程中，为了便于计算和理解，经常会进行工程近似。通常来说，只要最终手工估算的误差可以控制在±20%范围以内，就认为是可以接受的。高精度的计算通常会交给计算机用高精度器件模型来进行数值求解。

3.2.2 输入-输出阻抗

首先计算输入阻抗，如图3-5所示。此处将 R_L 重新加入电路中，这是因为负载会影响输入阻抗。利用加压求流的方法计算电路的输入阻抗，也就是在输入处加入测试电压 v_{test}，然后求解输入电流 i_{test}。分别在 v_o、v_{test} 节点列写KCL方程，整理后可得

$$v_o = \left(\frac{1}{r_o} + g'_m\right)(R_L /\!/ r_o) v_{test} \approx g'_m (R_L /\!/ r_o) v_{test}$$

$$i_{test} = \left(\frac{1}{r_o} + g'_m + sC_s\right) v_{test} - \frac{v_o}{r_o}$$

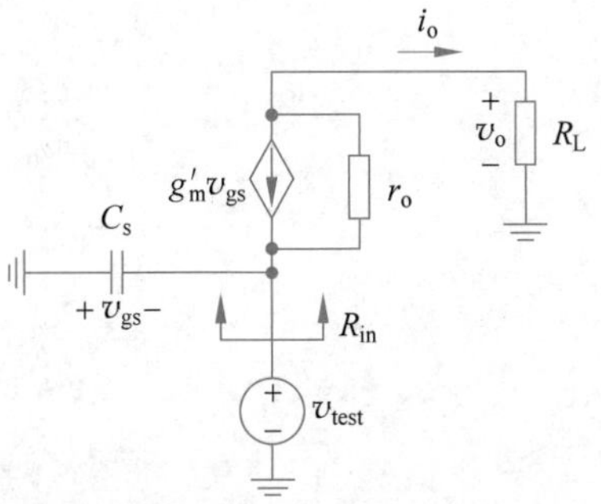

图3-5 求解共栅极的输入阻抗

对上式进一步整理，得到输入导纳为

$$\frac{1}{Z_{in}} = Y_{in} = \frac{i_{test}}{v_{test}} \approx \frac{g'_m r_o}{R_L + r_o}\left(1 + sC_s \frac{R_L + r_o}{g'_m r_o}\right)$$

在低频下，有

$$R_{in} \approx \frac{1}{g'_m}\left(1 + \frac{R_L}{r_o}\right)$$

当负载 $R_L \ll r_o$ 时，有

$$R_{in} \approx \frac{1}{g'_m}$$

这是电路设计工程师惯常使用的结果，但需要注意这个结论并不是任何时候都成立。当负载 $R_L \gg r_o$ 时，有

$$R_{in} \approx \frac{R_L}{g'_m r_o} \gg \frac{1}{g'_m}$$

这种情形并不广为人知，但在实际电路设计中却并不少见。人们常常习惯性地认为共栅放大器的输入阻抗就是 $1/g_m$，与负载无关，这种看法实际上是错误的。

虽然当负载 R_L 较大时，共栅极的输入阻抗并不是 $1/g_m$，但是作为一个电流缓冲器，共栅极依然能够显著降低输入阻抗。当不存在共栅放大器时，驱动负载 R_L 时，在输入端看到的等效电阻就是 R_L；但是当共栅极存在时，输入等效电阻此时变为 $R_L/(g'_m r_o)$，相当于共栅极将输入等效电阻降为原来的 $1/(g'_m r_o)$，便于电流的流入，显著减少对输入端电流驱动能力的要求。

接下来分析共栅极的输出阻抗，如图 3-6 所示。在输出端用加压求流法计算输出阻抗，计算可以得到

$$R_{out} = \frac{v_{test}}{i_{test}} \approx R_s(1 + g'_m r_o)$$

当 $g'_m r_o \gg 1$ 时，$R_{out} \approx g'_m r_o R_s$。这种情形下可以直观上理解为输出电阻的倍增效应：当不存在共栅极时，源阻抗为 R_s 的源驱动负载，从负载端往回看，输出阻抗为 R_s；当存在共栅极时，输出等效电阻变为 $g'_m r_o R_s$，相当于共栅极将输出等效电阻增加了 $g'_m r_o$ 倍，更像理想电流源。

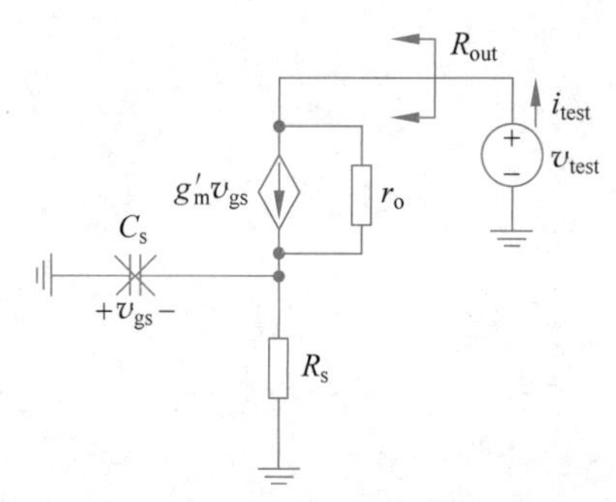

图 3-6　求解共栅极的输出阻抗

总结上述内容，共栅电路的电流增益在很宽的带宽内都接近 1，结合其输入阻抗低和输出阻抗高的特性，它是一个很好的电流缓冲级电路。

3.3 共源共栅放大器

共源组态晶体管本质上是一个压控电流源，在栅极和源极之间输入电压，在漏极和源极之间产生电流。这个电流通过负载电阻后变成一个放大的输出电压，而跨导与输出电阻共同决定了增益。为了让压控电流源的输出阻抗更高，可以在共源放大级后串联一

个由共栅组态晶体管构成的电流缓冲级，形成如图 3-7 所示的共源共栅(Cascode)①结构。电路的输入电压 V_i 经过共源极 M_1 得到输出小信号电流 i_i，i_i 经过共栅极 M_2 产生输出电流 i_o，因此整个电路仍然是一个压控电流源。

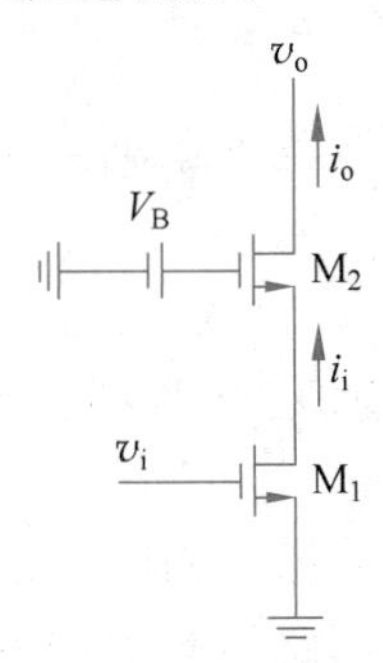

图 3-7 共源共栅结构

3.3.1 共源共栅结构对电路增益的改善

共源共栅电路在低频下的诺顿等效电路如图 3-8 所示，其等效跨导为

$$G_m = g_{m1} \frac{i_o}{i_i} \approx g_{m1}$$

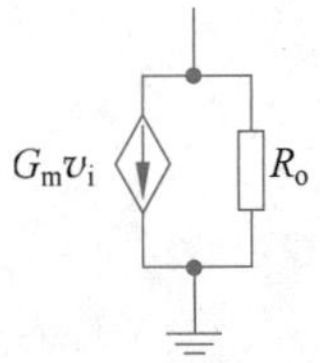

图 3-8 共源共栅电路在低频下的诺顿等效电路

注意 M_2 的添加并没有改变共源极的跨导。其输出阻抗为

$$R_o \approx r_{o2}(1 + g'_{m2} r_{o1}) \approx g'_{m2} r_{o2} r_{o1}$$

输出阻抗相比共源极提高了 $g_{m2} r_{o2}$ 倍。如果把共源共栅电路看作一个复合晶体管，其本征增益为

$$G_m R_o = g_{m1} r_{o2}(1 + g'_{m2} r_{o1}) \approx g_{m1} r_{o2} g'_{m2} r_{o1} \approx (g_m r_o)^2$$

这约为单个晶体管本征增益的平方。

3.3.2 共源共栅结构对电路带宽的改善

对于共源放大器，从输入端看到的等效电容是 C_{gs} 与倍增的 C_{gd}(这种电容倍增现象也称为密勒效应，在 6.2 节会对其进行详细分析)并联后的电容，该电容会与输入电阻产生一个极点，从而限制电路带宽。当存在共栅极时，由于共栅极会降低输入阻抗，从共源

① "Cascode"原意为"Cascade of two triodes"，即级联的三极管。该结构在真空管时代就用来改善放大器的增益与带宽。

放大器的输出端看到的负载电阻会因此下降，如图 3-9 所示。在共栅极电路的作用下，共源极的增益变为

$$\frac{V_x}{V_i}=-g_{m1}Z_x\approx-\frac{g_{m1}}{g'_{m2}}\left(1+\frac{R_L}{r_{o2}}\right)$$

由于共栅电路的存在，共源极的增益下降，C_{gd} 电容的密勒倍增效应被削弱，从而使得带宽提升。

另外，共栅极的存在也提供了将输出与输入隔离的作用。如果输出节点电压有很大扰动，单独使用共源极时，扰动会通过 C_{gd} 电容耦合到输入，而共源共栅结构将大大削弱输出到输入的耦合。

经过以上的分析能够发现，共源共栅结构既可以拓宽电路的频带，也可以削弱输出到输入的耦合。但是，由于共源共栅电路结构增加了额外的晶体管，额外的晶体管会带来相应的寄生电容，从而引入了新的极点。如图 3-10 所示，计算得到共栅电路的电流传输特性为

$$\frac{i_o}{i_i}\approx\frac{1}{1+s\dfrac{C_{gs2}}{g'_m}}$$

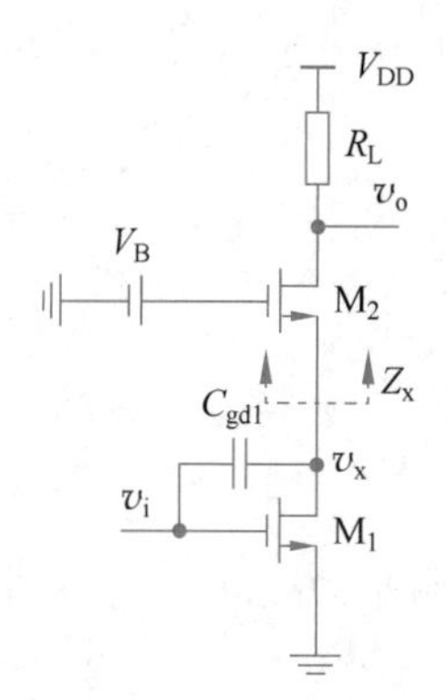

图 3-9　分析共源晶体管栅漏间电容对带宽的限制

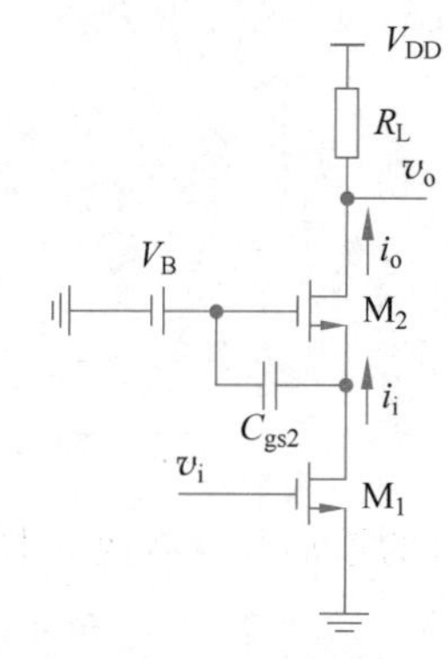

图 3-10　分析共栅晶体管栅源间电容对电路的影响

分析共栅电路的传输特性，可以得到在晶体管 M_2 的源极引入的极点频率很高，在晶体管的特征频率附近，对于整体电路的开环频率特性影响较小，但是可能会影响闭环电路的稳定性和相位裕度，给电路设计带来一定的困扰。

图 3-11 展示了共源共栅电路和共源放大器电路增益与带宽的对比。图 3-11 中虚线为共源极电路仿真结果，其增益为 12dB，带宽为 180MHz。实线为共源共栅电路的仿真结果，插入晶体管 M_2 后，放大器增益提升至 17dB，带宽提升至 250MHz。可以看到共源共栅放大器确实可以提升放大器的增益与带宽。

不过，共源共栅放大器存在输出摆幅降低的问题，尤其是在先进工艺下电源电压降低，这限制了共源共栅电路的使用。

关于共源共栅放大器的共栅管栅极电压偏置如何产生这一重要的问题，将在后续章

节进行更详细的讨论。

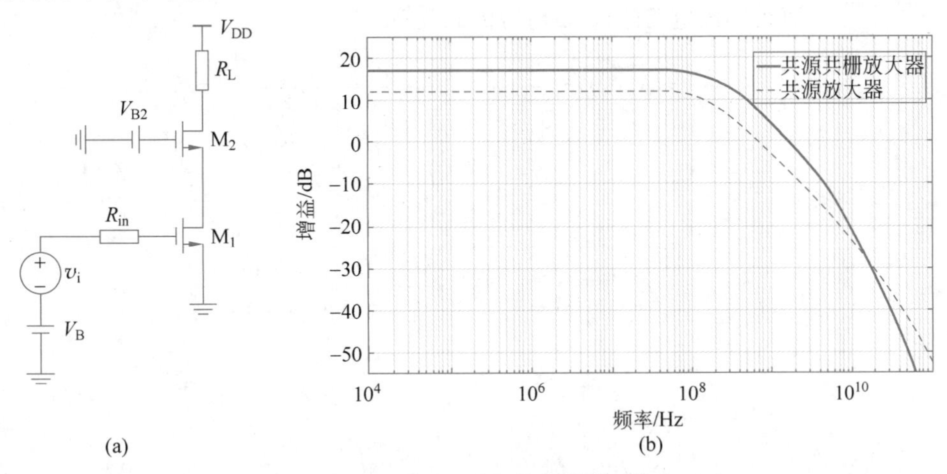

图 3-11　使用共源共栅管提高输入带宽

电路中的具体参数如表 3-1 所示，共源放大器电路中参数与共源共栅电路参数一致，因此不再赘述(共源放大器电路结构如图 3-2(a)所示，共源共栅电路结构如图 3-11(a)所示)。

表 3-1　共源共栅电路中具体参数

参　数	参 数 值	参　数	参 数 值
$W/L(M_1)$	10μm/40nm	V_{B2}/V	0.9
$W/L(M_2)$	8μm/40nm	$R_{in}/k\Omega$	100
V_{DD}/V	1.1	$R_L/k\Omega$	10
V_B/V	0.5		

3.4 共漏放大器

本节介绍共漏组态，它是很好的电压缓冲器。共漏电路及其小信号模型如图 3-12 所示。

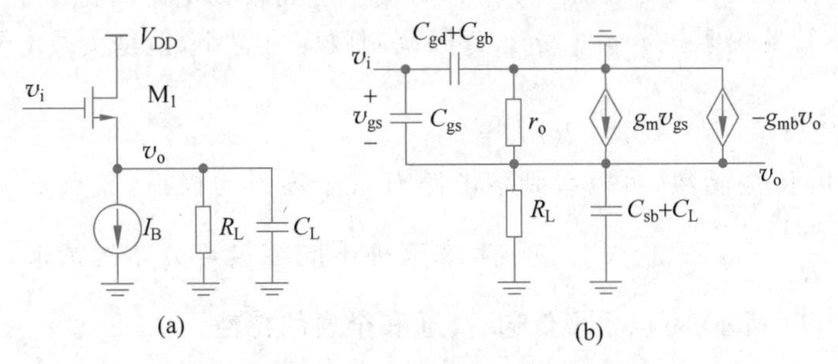

图 3-12　共漏电路及其小信号模型

3.4.1 共漏放大器的频响特性

该电路的小信号模型可进行简化，如图 3-13 所示。其中 $C_{Ltot}=C_L+C_{sb}$，$R_{Ltot}=$

$R_L \left\| \frac{1}{g_{mb}} \right\| r_o$。可得到该电路的输入-输出传输关系：

$$\frac{v_o}{v_i}=a_v(s)=\frac{g_m+sC_{gs}}{g_m+sC_{gs}+sC_{Ltot}+\frac{1}{R_{Ltot}}}$$

$$=\frac{g_m}{g_m+\frac{1}{R_{Ltot}}}\cdot\frac{1+\frac{sC_{gs}}{g_m}}{1+\frac{s(C_{gs}+C_{Ltot})}{g_m+\frac{1}{R_{Ltot}}}} \tag{3-1}$$

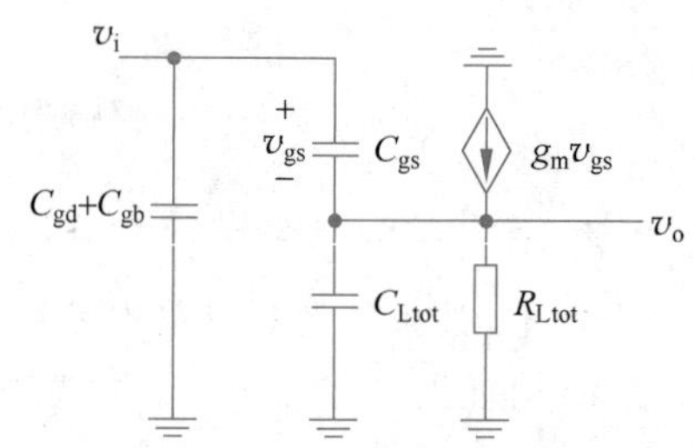

图 3-13　共漏极小信号模型的简化

由式(3-1)可以得到直流小信号增益为

$$a_{v0}=\frac{g_m}{g_m+\frac{1}{R_{Ltot}}}$$

在实际应用中，通常会遇到如下三种情形：

(1) 当负载电阻 R_L 和晶体管输出阻抗 r_o 远大于 $1/g_m$，并且背栅调制效应可忽略(如将 NMOS 或 PMOS 的衬底与源极短接)时，直流小信号增益为 1，源极电压跟随着栅极电压一起变化，因此该电路也称为源极跟随器。

(2) 当背栅调制效应不能忽略，但是负载电阻 R_L 和晶体管输出阻抗 r_o 远大于 $1/g_m$ 时，直流小信号增益 $a_{v0}=g_m/(g_m+g_{mb})$，背栅效应将使该电路增益小于 1。

(3) 当晶体管输出阻抗 $r_o \gg 1/g_m$，背栅调制效应可忽略，但是负载电阻为有限值时，直流小信号增益 $a_{v0}=g_m\Big/\left(g_m+\frac{1}{R_L}\right)$。

由式(3-1)的传输函数，可以看到该电路有一个零点与极点，零点 $z=-g_m/C_{gs}$，极点 $p=-\left(g_m+\frac{1}{R_{Ltot}}\right)\Big/(C_{gs}+C_{Ltot})$。考虑三种不同零极点分布的情形，共漏极的频响特性曲线如图 3-14 所示，可以呈现低通、高通和全通的特性。

3.4.2　共漏放大器的输入-输出阻抗

如图 3-15 所示，利用加压求流法计算输入导纳：

$$Y_{in}=s(C_{gd}+C_{gb})+sC_{gs}[1-a_v(s)]$$

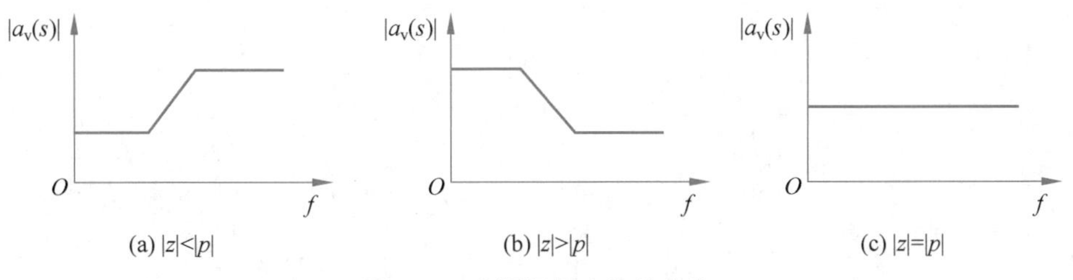

图 3-14 共漏极频响特性曲线

由于共漏极的增益在很宽的频带范围内都接近 1，因此 C_{gs} 在一定频带范围内对于输入阻抗的影响可以忽略，此时

$$Y_{in}=s(C_{gd}+C_{gb})$$

若使用 PMOS 晶体管构成的共漏放大电路，可将源极与衬底短接，因此 C_{gb} 与 C_{gs} 是并联的，如图 3-16 所示。根据上述结论，可以忽略 C_{gb} 对输入阻抗的影响，则可以得到

$$Y_{in}\approx sC_{gd}$$

即共漏极有非常小的输入电容，非常高的输入阻抗。很多实际应用场景都需要放大器有高输入阻抗。

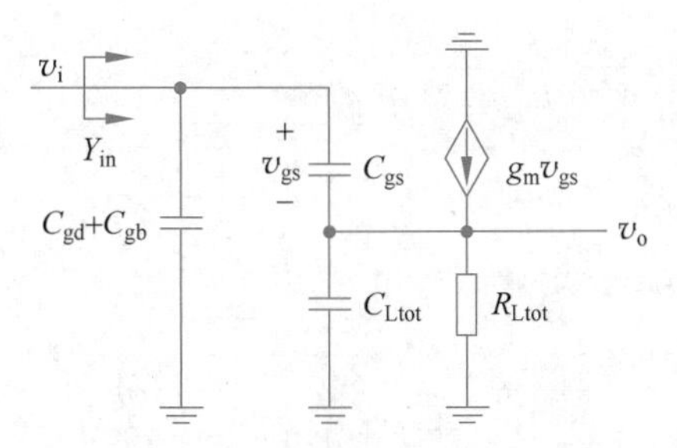

图 3-15 求解共漏极的输入阻抗

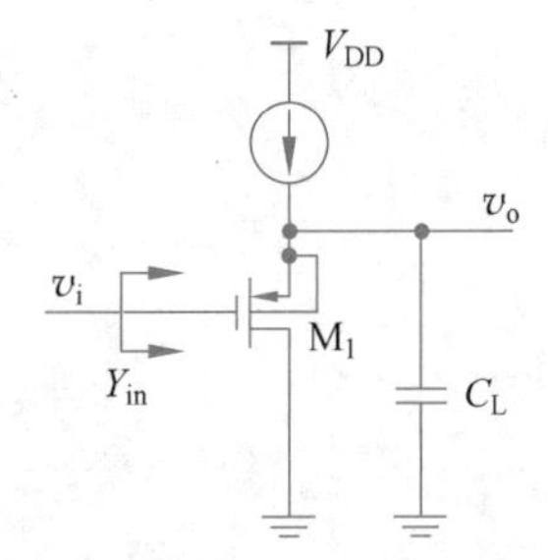

图 3-16 PMOS 共漏极

设计中为了进一步减小输入电容，可以采用如图 3-17 所示的电路结构，该电路通过额外的一个 NMOS 共漏极，使 PMOS 漏极也跟随输入信号变化，从而使 C_{gd} 电容“自举”。此时输入导纳为

$$Y_{in}\approx sC_{gd}[1-a_{vp}(s)a_{vn}(s)]$$

式中 a_{vp}、a_{vn} 分别为 PMOS 共漏极与 NMOS 共漏极的增益。

通过把 a_{vp} 和 a_{vn} 都设计成接近 1，那么图 3-17 所示共漏极的输入导纳将趋向于 0，也就意味着输入阻抗趋向于无穷大。在电路设计中若希望减小某节点的电容，可以通过在与该节点相连的电容另一端产生相同的信号将电容“自举”。这种“自举”技术是模拟电路设计中的常用技巧。

如图 3-18 所示，当源阻抗为 0 时，可以计算得到共漏电路的输出阻抗为

$$Z_{out}=\frac{1}{g_m+g_{mb}}\,/\!/\,\frac{1}{s(C_{gs}+C_{sb})}$$

可以看到该电路的输出阻抗较低。

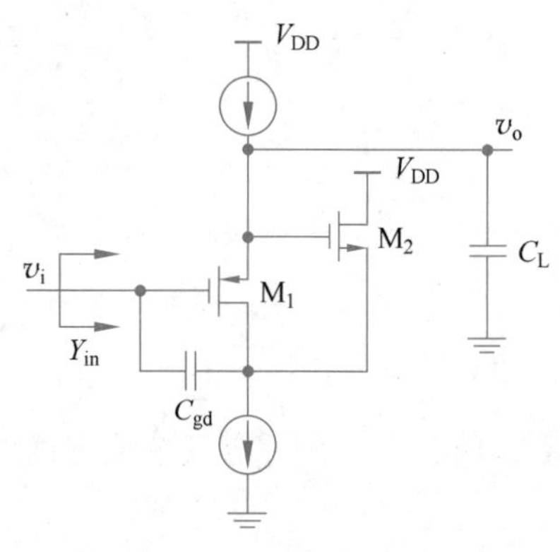

图 3-17　共漏极输入电容“自举”

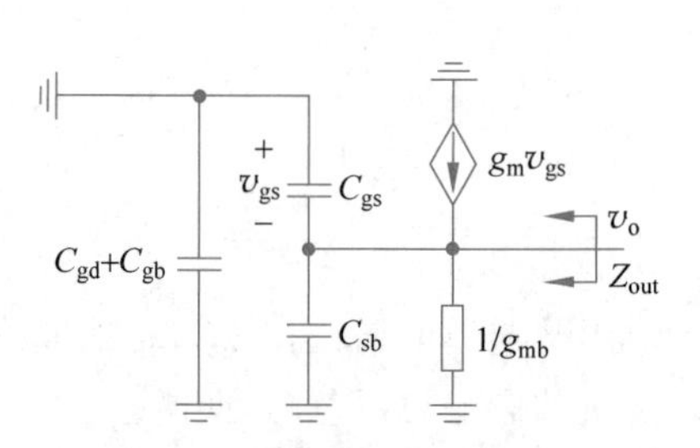

图 3-18　求解源阻抗为 0 时的共漏极的输出阻抗

实际应用中源阻抗并非为 0，特别是共漏极作为电压缓冲器使用时，通常会遇到源阻抗较大的情况（只有当源阻抗较大、驱动力较差时才需要使用电压缓冲器，否则源可以直接驱动负载，而无需缓冲器）。考虑源阻抗 R_i，如图 3-19 所示。为了简化计算，暂时忽略晶体管寄生电容 C_{gd} 与 C_{gb}，可以得到输出阻抗为

$$Z_{out}=Z_x \,/\!/\, \frac{1}{sC_{sb}} \,/\!/\, \frac{1}{g_{mb}}$$

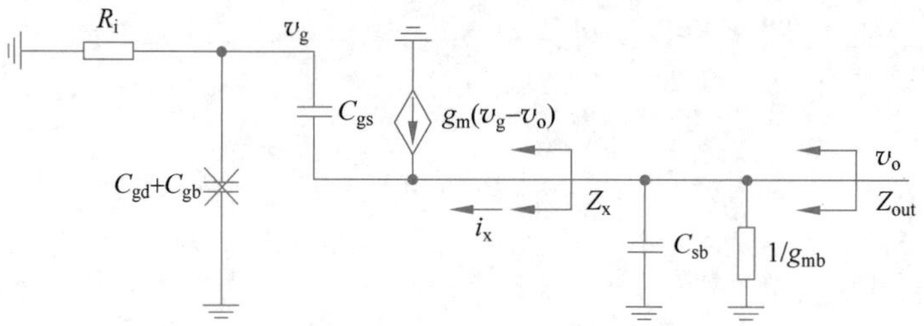

图 3-19　考虑源阻抗时的共漏极的输出阻抗

由于

$$Z_x \approx \frac{1}{g_m}\frac{(1+sR_iC_{gs})}{\left(1+\frac{sC_{gs}}{g_m}\right)}$$

可以得到输出阻抗为

$$Z_{out}=\left[\frac{1}{g_m}\frac{(1+sR_iC_{gs})}{\left(1+\frac{sC_{gs}}{g_m}\right)}\right] /\!/\, \frac{1}{sC_{sb}} \,/\!/\, \frac{1}{g_{mb}}$$

分类讨论 R_i 与 $1/g_m$ 的大小关系，可以得到如图 3-20 所示的输出阻抗特性曲线。电容的阻抗随频率增大而降低，电感的阻抗随频率增大而增大，因此当 $R_i<1/g_m$ 时，表现为输出阻抗存在电容效应。

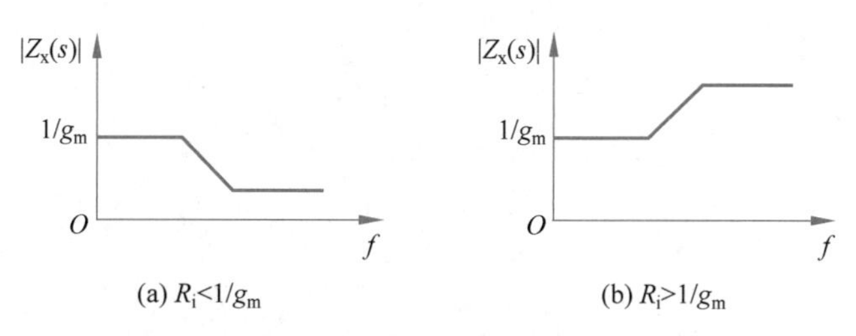

图 3-20 共漏极输出阻抗

但当 $R_i>1/g_m$ 时，输出阻抗会随频率增大而增大，存在电感效应。这时共漏电路的输出阻抗可以等效为图 3-21 所示的电路。

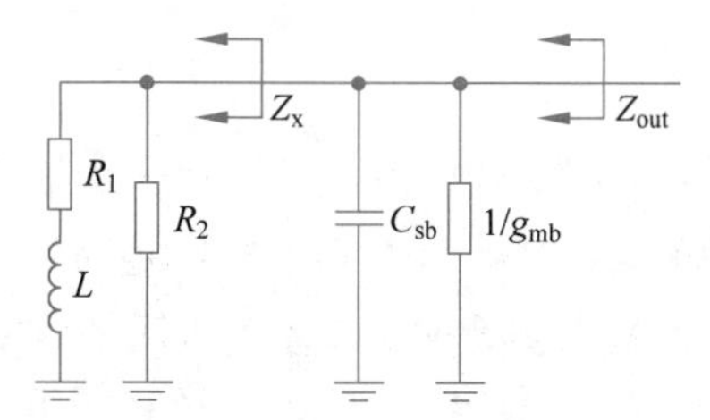

图 3-21 当 $R_i>1/g_m$ 时的共漏极输出阻抗等效电路

其中 R_1、R_2 和 L 为等效的电阻和电感，它们的数值为

$$\begin{cases} R_1 = \dfrac{R_i}{g_m R_i - 1} \\ R_2 = R_i \\ L = \dfrac{R_i^2 C_{gs}}{g_m R_i - 1} \end{cases}$$

当共漏极输出接有负阻等效电路时可能会发生振荡。即使电路没有满足起振条件，由于电容和电感的存在，共漏极也可能产生振铃[①]现象，进而可能严重影响电路的性能。因此设计源极跟随器时，应考虑源阻抗对输出阻抗的影响，特别是在源阻抗比较大的情况下。

若在图 3-18 中不忽略寄生电容 C_{gd} 与 C_{gb}，计算输出阻抗可得

$$Z_x = \frac{1}{g_m} \frac{1 + sR_i(C_{gs} + C_i)}{\left(1 + \dfrac{sC_{gs}}{g_m}\right)(1 + sR_iC_i)}$$

其中，$C_i = C_{gd} + C_{gb}$。此时输出阻抗的频率响应特性将略微复杂。如图 3-22 所示，除前面输出阻抗随频率升高的抬升外，寄生电容会使得高频输出阻抗下降。注意，尽管输出阻抗在高频处呈现为电容效应，较低频率时的电感效应仍可能产生振铃。

① 振铃是指时域响应波形的一种特征，表现为在波形的跳变处发生随时间衰减的小幅振荡。对于线性系统，振铃现象对应的频域响应是一个凸起或尖峰，即系统中存在一对高 Q 值的共轭极点。线性系统中的振铃现象也称为欠阻尼响应。

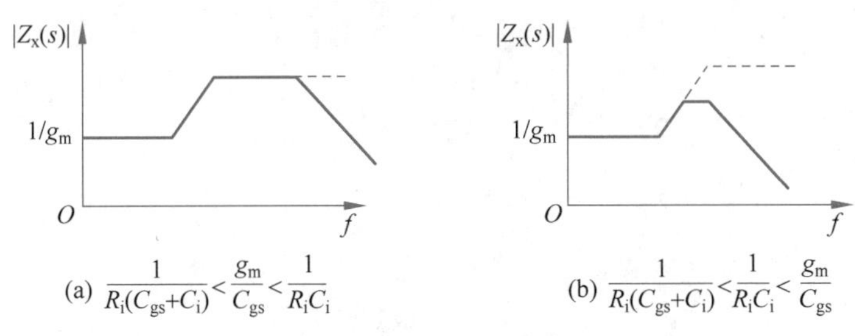

(a) $\frac{1}{R_i(C_{gs}+C_i)}<\frac{g_m}{C_{gs}}<\frac{1}{R_iC_i}$　　(b) $\frac{1}{R_i(C_{gs}+C_i)}<\frac{1}{R_iC_i}<\frac{g_m}{C_{gs}}$

图 3-22　不省略 C_{gd} 和 C_{gb} 的输出 R_i 阻抗图示

3.4.3　共漏极的应用

1. 电平转换器

共漏极可作为电平转换器，如图 3-23 所示。假定一个输入交流信号 V_i，其直流电平值高于下一级电路所需要的偏置电压，此时可以将 V_i 通过一个以 NMOS 作为输入管的共漏极，从而使电压减小 V_{GS}（其大小为 V_t+V_{OV}）。考虑到共漏极电压增益接近 1，输出与输入在小信号意义上完全是跟随的，只是直流电平有所下降。如果要使电压上升，可以在 V_i 后加一个以 PMOS 作为输入管的共漏极，从而使电压值上升 V_{GS}。因此，共漏极可以在不改变信号通路的增益和表达式的情况下，把直流电压向上升或向下降，这种用法的共漏极电路被称为源极跟随器（Source Follower）。

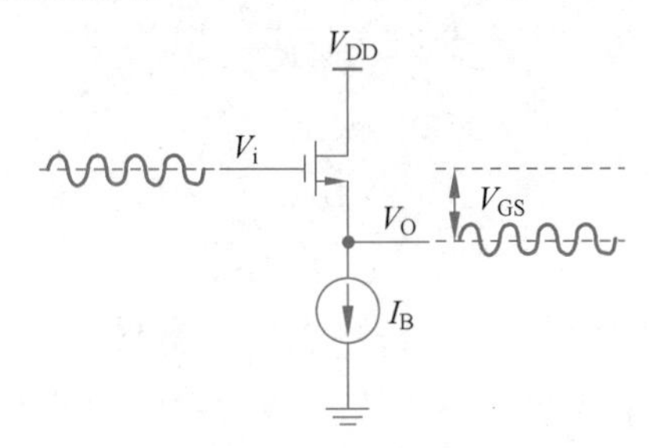

图 3-23　电平转换器

电平转换器常用于前后级电路偏置电压不匹配的场景。当前一级电路的输出电压工作点与后一级的输入电压工作点不匹配，因而无法直接相连时，可以在前后级之间添加源极跟随器进行电平转换之后再进行连接。在作为电平转换器时，可以当作一个理想电压源，因为它可以调整直流电压，且从小信号的意义上不影响电路的传输特性。

2. 驱动器

共漏极可作为驱动器，如图 3-24 所示，通常级联在放大级后面用来驱动较小负载电阻而不影响增益。

注意，负载需要强驱动能力时，意味着负载阻抗小。例如，对于一个音频功率放大器，在芯片电源电压 V 确定时，由于功率 $P=V^2/R$，因此等效阻抗 R 越大，功率 P 越小，功率放大器送出的声音强度就越低；如果等效阻抗 R 低，功率放大器输出功率 P 高，则送出的声音大，即图 3-24 中接入 R_{small} 作为负载的情况。如果没有电压驱动器，直接把

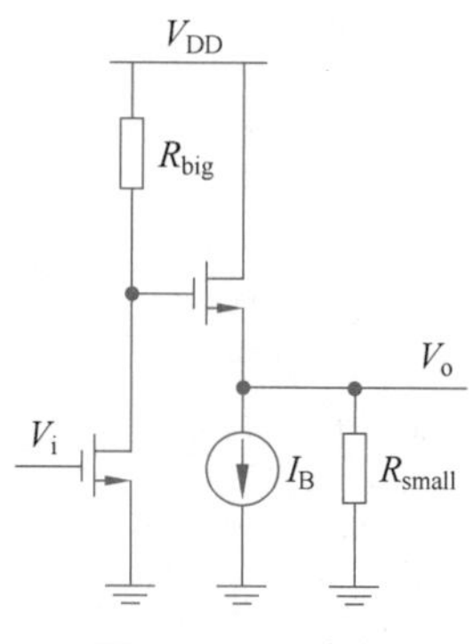

图 3-24 驱动器

R_{small}接在共源极的输出端，就会发现前级放大器无法正常工作，原因是前级增益由g_mR_{big}变为$g_m(R_{small}/\!/R_{big})\approx g_mR_{small}$，增益被极大地削弱。如果在前级放大器后加上电压驱动器再连接R_{small}，共源极输出端阻抗就不会降低。此时共源放大器直流电压增益保持为g_mR_{big}，只要共漏极输出阻抗（值为$1/g_m$）较小，就可以驱动R_{small}，而不导致整体电路电压增益下降。这是共漏极作为电压驱动器的意义，与电流缓冲器的道理是一样的：其含有阻抗变换的特性，变换之后会更容易接收上级的输出并驱动下级的负载。

共漏极作为电压驱动器存在以下常见问题：

（1）用共漏极作为驱动器最大的问题是共源放大器的输出的摆幅受限。如果没有驱动器，要保证共源管工作在饱和区，那么共源放大器的输出摆幅为过驱动电压V_{OV}到电源电压V_{DD}。而连接了驱动器后，输出电压向上摆需保证共漏管在饱和区工作，最高是$V_{DD}-V_{GS}$。先进工艺下电源电压可能只有1V，若$V_{GS}=0.5V$，那么V_o摆幅上限电压只能是0.5V。输出摆幅向下摆需保证电流源I_B不进入线性区，V_o摆幅下限至少在0.1V。此时信号电压摆幅只有0.4V，导致比较低的信噪比。

（2）晶体管的阈值电压随输出V_o变化，产生失真，导致电路线性度低。如果V_i处有很高的信号摆幅，那么V_o跟随V_i也变化很大。由于输入端晶体管是NMOS，其衬底接地，则$V_B=0V$不变，V_S随着输入V_i的变化而大幅度变化，导致V_{SB}大幅度变化，进而导致阈值电压V_t随V_{SB}的变化而变化。此时，假设V_i处输入一个正弦信号，由于阈值电压的变化，V_o就有失真而不是正弦信号（$V_o\approx V_i-V_{OV}-V_t$）。因此，共漏极在输入大信号的情况下，并不能保证输出信号的线性度。如果用PMOS作为输入管并进行源漏短接，则没有背栅效应，会比用NMOS更线性。

在实际应用中，通常在输入信号摆幅很低时才使用共漏极作为驱动器。在输入信号摆幅很大或者需要的输出摆幅很大时通常使用单位增益缓冲器，即由反馈系数为1的负反馈运算放大器构成的缓冲器结构。

3. 有源负载

共漏极作为有源负载，如图3-25所示。这种有源负载的阻抗是$1/(g_{m2}+g_{mb2})$，此时放大器增益为$g_{m1}/(g_{m2}+g_{mb2})$。

该放大器虽然增益不高，但是有独特好处，例如：

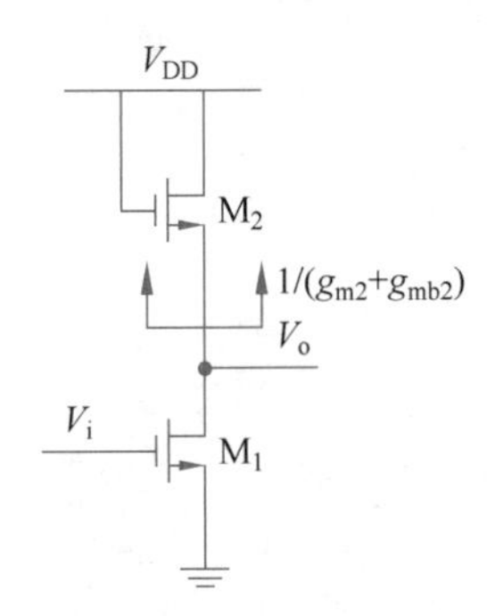

图 3-25　有源负载

(1) 该放大器增益取决于同量纲物理量的比值。当设计放大器时,通常希望其增益是由两个同量纲物理量的比值决定的,如电容和电容之比、电阻和电阻之比,或者跨导和跨导之比。这样的放大器增益受工艺、电压、温度(process、voltage、temperature,PVT)的影响比较小。对比来说,图 2-1 中的共源放大器增益为 $g_m R_L$,就不是同类物理量的比值,而是两种不同变量的乘积。g_m 和 R_L 各自都会独自随 PVT 发生不相关变化(如 ±20%),导致增益发生很大偏差(±40%)。对于图 3-25 所示的放大器,由于其增益是同量纲物理量的比值,且 M_1、M_2 共享同样电流,即使电流随 PVT 变化很大,增益的变化也很微弱。原因是电流增大,M_1、M_2 的跨导 g_{m1}、g_{m2} 都变大,但是比例关系变化很小。

(2) 增益对输入电压摆幅不敏感,一阶非线性比较小。对于一个共源放大器来说,输入高电压和低电压会导致输入管的跨导跟随输入信号电压的变化,从而增益发生变化,产生非线性失真。对于图 2-1(a)所示的共源放大器,其小信号增益为 $g_m R$,在输入大摆幅的正弦信号达到电压最小值时,输入管电流比较小,g_m 就比较小,增益比较低;当电压达到峰值时,输入管电流增大,g_m 也相应增大,增益就比较高。这个过程相当于增益随着输入信号被调制,导致输出非线性,产生失真。然而对于图 3-25 中用共漏极作有源负载的放大器,如果输入电压高,流过 M_1 和 M_2 的电流都增大,g_{m1} 和 g_{m2} 都会相应变大,对于增益的影响就相互抵消。输入电压比较小的情况同理。这种 g_m 同步改变的特性可以显著降低非线性。

除了上述技术外,负反馈也可以获得准确增益并降低非线性,但有些高速电路做负反馈比较困难,而且负反馈有不稳定的风险。这些应用场景(如串行接口)倾向于使用图 3-25 中的开环放大器,可以获得比较精确的增益,同时有比较低的非线性。不过该电路的缺点是 M_2 限制了最高输出电压($V_{DD}-V_{GS2}$),导致输出摆幅较小。因此,它适用于对摆幅和信噪比要求较低,更关心速度、增益准确性以及非线性的应用场景。

3.5 电流镜

在电路设计中经常需要精确的偏置电流,这些电流往往来源于对电流基准源的复制。电流镜就是最常见的可以复制电流的电路结构。设计电流镜时有三个目标:第一,电流镜产生的镜像电流要和输入电流有非常精确的比例关系;第二,电流源的输出阻抗

越高越好,这样可以降低输出端电压对电流大小的影响;第三,对于NMOS电流镜来说,输出端最小电压越低越好(对PMOS来说最高电压越高越好),这样可以增大电流镜的输出电压摆幅。

3.5.1 基本电流镜

图3-26展示了电流镜的基本结构,设计电流镜电路时需要注意以下两点。

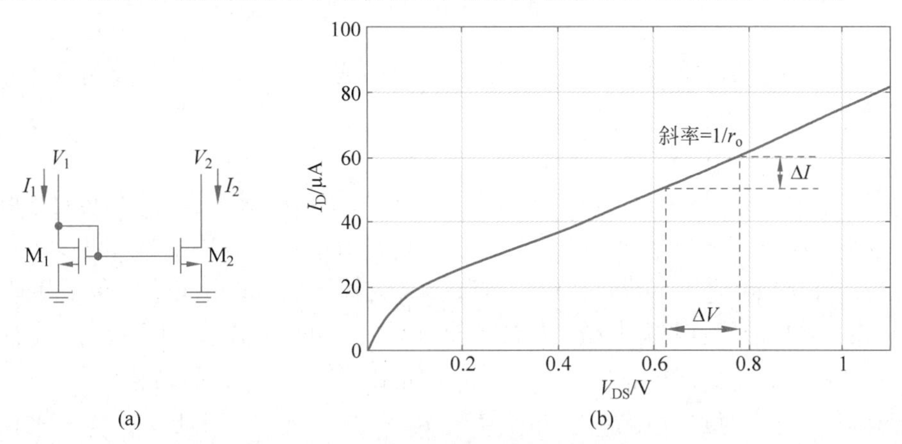

图3-26 有限输出阻抗导致电流失配

首先,晶体管 M_1、M_2 的沟道长度 L 必须相等。若需改变电流镜中晶体管的宽长比 W/L,要改变宽度而不是长度。改变晶体管的沟道长度会影响阈值电压等其他参数。在改变宽度时,应将 N 个晶体管并联,就等效于宽度变成原来单个晶体管的 N 倍且每个晶体管与原来的单个晶体管相同。如果直接改变单个晶体管的沟道宽度为 N 倍往往会导致有效沟道宽度并不为 N 倍,同时沟道应力等参数也会发生变化,使得器件无法良好匹配。

其次,需要解决输出阻抗较低的问题。如图3-26(a)所示电路,由于晶体管输出阻抗有限,两支路电流的比例与两支路的漏极电压有关,如果两边电压不匹配,两边电流就不匹配。图3-26(b)为 I_D 随 V_{DS} 的变化曲线,发现即使晶体管工作在饱和区,由于阻抗有限,I_D 会随着 V_{DS} 的变化而变化。若曲线上两点电压差为 ΔV,电流源输出阻抗为 r_o,则电流差 $\Delta I=\Delta V/r_o$。

3.5.2 共源共栅电流镜

为使电流匹配更精确,可以增大输出阻抗 r_o。一方面,通过增加器件的长度可以增大输出阻抗;另一方面,采用共源共栅结构(图3-27)可以增大输出阻抗,但会导致输出的电压摆幅下降。

在图3-27所示的共源共栅结构中,输出阻抗变成 $R_{out}\approx g_m r_o^2$,但如果 $V_1\neq V_2$,则两边电流仍不匹配。为使电流匹配得更准,不仅要提升阻抗,而且 V_1 和 V_2 要基本相同。图3-28用四个晶体管构成电流镜,可以发现 $V_1=V_2=V_{cas}-V_{GS}$,且输出阻抗 $R_{out}=$

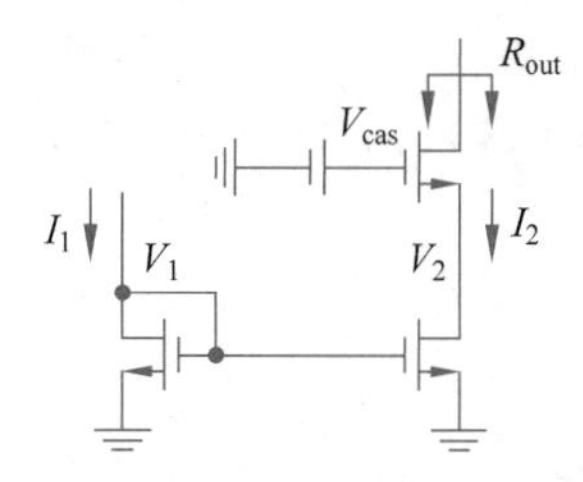

图 3-27 采用共源共栅结构增大输出阻抗

$g_m r_o^2$。这种结构电流匹配很好，但是对输出摆幅的影响很大。为保证所有晶体管工作在饱和区，输出电压最低为

$$V_{OUTmin} \approx 2(V_t + V_{OV}) - V_t = V_t + 2V_{OV}$$

因此，该结构通常用于高电源电压的老工艺下，对于低压的新工艺必须进行修改。

图 3-28 所示结构的主要问题是电压 V_2 过高，只需使其等于 V_{OV} 就可以保证右下方的晶体管工作于饱和区。假设可以提供合适的偏置电压 V_B，采用如图 3-29 所示的结构连接后，输出看到的仍是共源共栅结构的高输出阻抗。由于晶体管 $V_{DS}=V_{OV}$ 就能在饱和区工作，因此输出最低电压 $V_{OUTmin}=2V_{OV}$，相比图 3-28 所示的结构降低了 V_t。两支路晶体管中间的两点电位都为 $V_1=V_2=V_B-V_{GS}=V_{OV}$，因此 $V_B=V_{GS}+V_{OV}=2V_{OV}+V_t$。

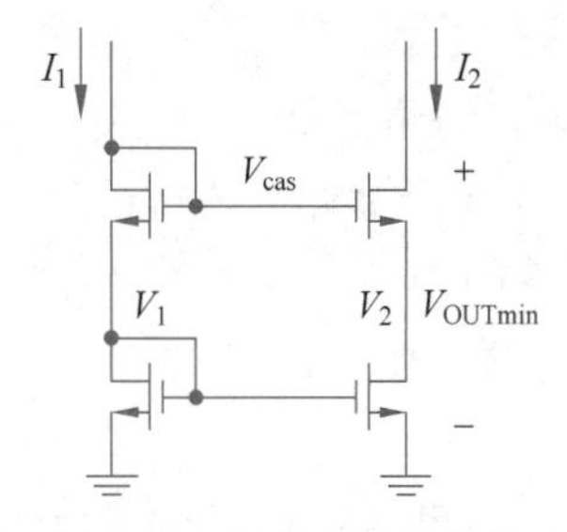

图 3-28 四管电流镜结构

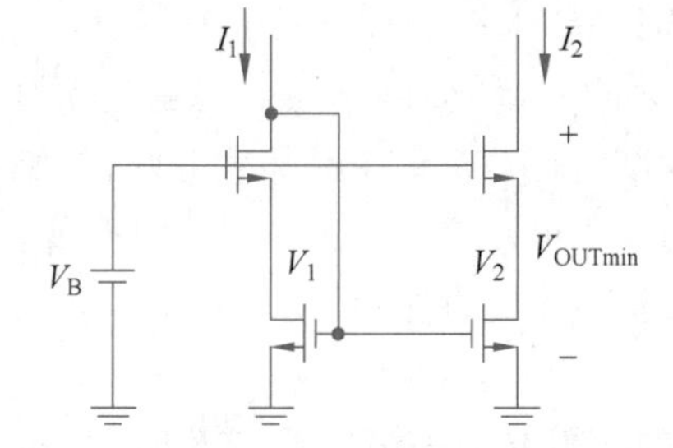

图 3-29 共源共栅电流镜最低输出电压

接下来讨论如何用实际电路产生这样一个合适的电压 V_B。

如图 3-30 所示，相同大小的电流过晶体管时，在长沟道模型下有

$$I = \frac{1}{2}\mu C_{ox} \frac{W}{L}(V_{GS} - V_t)^2$$

由于 M_1 与 M_2 流过电流相同，但是 M_1 的宽度为 M_2 的 1/4，那么 M_1 的过驱动电压为 M_2 的 2 倍，即 $2V_{OV}$。因此可得 $V_B=V_{GS1}=2V_{OV}+V_t$。这是最简单产生 V_B 的方法。但是由于 M_2 的源极没有接地而 M_1 和 M_3 的源极接地，所以它们的阈值电压并不一样。这会导致 M_3 的漏极电压产生偏差。

图 3-31 展示了如何处理背栅调制效应。将左边宽长比为 $0.25W/L$ 的 M_1 晶体管等效为四个宽长比为 W/L 的晶体管串联。但是，这种情况下只有左侧最下方的晶体管没有背栅调制效应，且电路结构中左边叠用四个晶体管而右边叠用两个，不易于匹配。

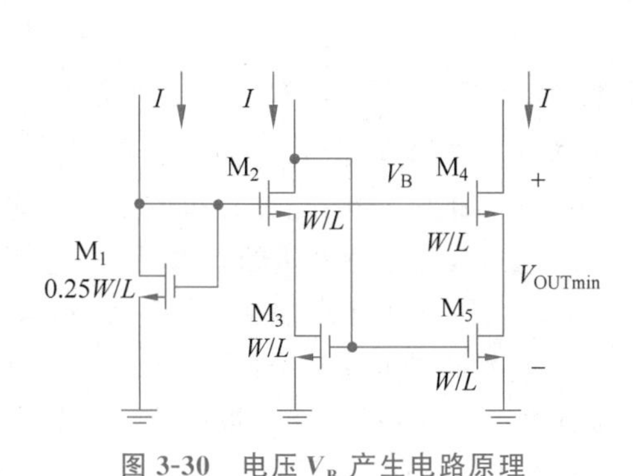

图 3-30 电压 V_B 产生电路原理

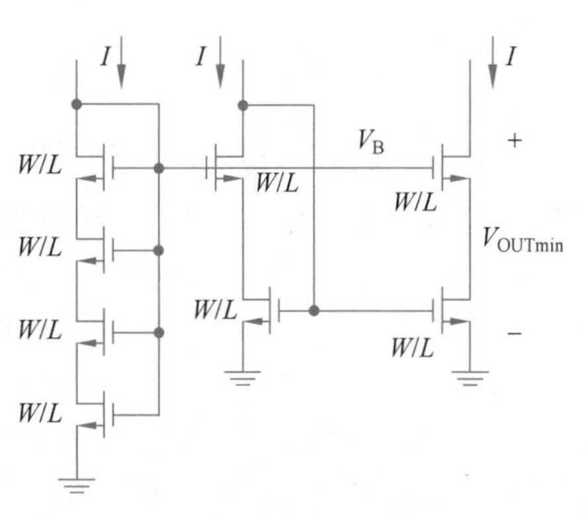

图 3-31 考虑背栅调制效应后的电压 V_B 的产生电路

为了解决结构不对称的问题，可以让图 3-31 左侧最上面的晶体管不动，将下面三个晶体管合在一起，等效为宽长比变为原来的 1/3，如图 3-32 所示。变换之后可以看到，电流镜左右都是两个晶体管相叠，匹配度更高。需要注意的是，在推导出尺寸比例为 1/3 的过程中采用了长沟道模型，并不是很精确，而且过驱动电压 $V_{OV}=V_{GS}=V_t$ 可能导致晶体管没有进入深饱和区，其阻抗还是较低，因此通常不直接用 1/3 的比例，而是把 1/3 变成 1/5 或 1/6，让更小的晶体管导通同样的电流，使 M_3、M_5 管过驱动电压抬高，进而让晶体管进入更深的饱和状态，具有更高的输出阻抗。当然，更高的过驱动电压付出的代价是摆幅下降。尽管如此，通常还是这样做，可以留一些裕量保证 PVT 变化后晶体管不会进入线性区。

注意，做电流镜时的电流放大比例不应太大，比如 1∶100 的放大比例会导致匹配精度比较差。因为稍微有些误差，放大 100 倍后就会变得很大，考虑版图非理想因素时会差得更多。另外，比例太高导致一边电流太小，另一边电流太大。小电流支路的等效阻抗特别高，恢复、建立时间也会变得很长，通常把比例控制在 1∶10 左右为宜。

图 3-32 所示的结构需要两个支路分别产生共源管和共栅管的偏置电压，能否只用一个支路同时产生两个电压以节省功耗？图 3-33 展示了使用嵌套结构同时产生两个偏置电压的电路。不过电路复杂度提升，而且需要垂直堆叠四个晶体管，在低电源电压时较难工作。

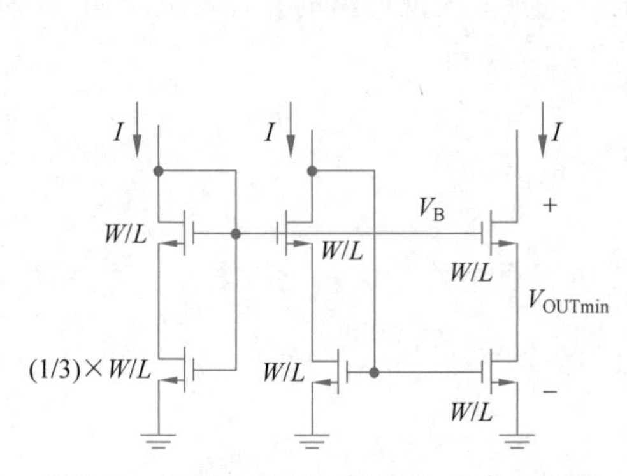

图 3-32 实际设计中的电压 V_B 的产生电路

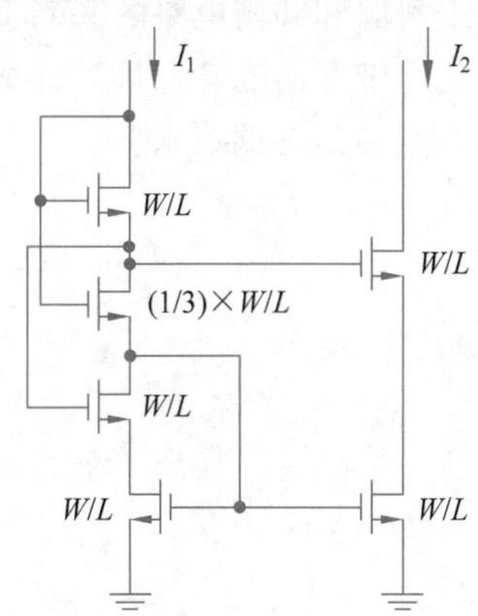

图 3-33 单偏置支路电流镜

3.5.3 电流镜去耦

在设计电流镜时，栅极 V_x 点的稳定性很重要。实际版图中可能有一些干扰走线(如时钟或者数字信号线)会对 V_x 产生寄生电容。这些干扰如果耦合到 V_x 点就会影响输出电流。如图 3-34 所示，有两种解决问题思路：一种是不加去耦电容，在时间域上做处理和控制。在设计复杂的高精度数模混合电路时经常这样做。这种方法的好处是 V_x 点带宽高，因此干扰来得快，走得也快。只需要做到有干扰时，不要处理模拟信号。例如，在进行数字计算时，不要采集或者处理模拟信号；在处理敏感的模拟信号时，停掉数字电路的时钟。这种策略的前提是可以控制什么时候做计算，什么时候处理怕被干扰的模拟信号。如果对干扰到来的时刻一无所知或者很难控制，另一种思路是加足够大的去耦电容。这样虽然有干扰，但是干扰线与 V_x 间的寄生电容远小于去耦电容，对 V_x 的影响比较微弱。但是去耦电容消耗面积，同时会导致 V_x 点带宽很低，干扰一旦产生就消除得很慢。

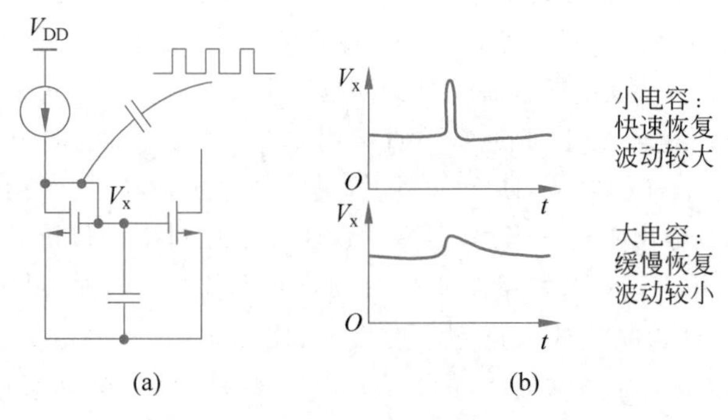

图 3-34 电流镜去耦与否的选择

3.6 本章小结

本章介绍并分析了晶体管的三种基本使用方式，分别是共源、共栅和共漏三种组态。在介绍共源和共栅电路的基础上，讨论了共源共栅放大器，并分析了共源共栅极对电路的增益和带宽的改善。最后介绍了电流镜电路以及电流镜电路的几种常见结构，同时讨论了电流镜的去耦技术。

第4章 晶体管的性能指标

电路设计人员通常关注放大器的增益、功耗、带宽等性能指标，它们与晶体管的器件参数以及偏置情况息息相关。例如，第 3 章介绍了用单个晶体管实现的简单放大器，在给定输入源阻抗 R_i 与输出负载 R_L 的情况下，放大器的增益由晶体管的跨导 g_m 和输出电阻 r_o 决定，功耗由流过晶体管的偏置电流 I_D 决定，带宽由晶体管的本征电容决定。晶体管的输出电阻、漏端电流、本征电容等参数又由各端电压、晶体管尺寸和工艺参数决定。这些参数众多，通常难以直观看出放大器性能指标与参数选取之间的关系。从系统设计的角度出发，可以引入几个简洁、直观、代表性强的电学指标来概括单个晶体管的工作状态和性能，以便用晶体管搭建放大器等模块。最基本的指标有跨导效率、特征频率和本征增益，它们分别衡量一个晶体管的电流转换效率、工作速度和单管最大增益。本章将介绍这三个性能指标的定义及其与晶体管偏置电压的关系。

4.1 跨导效率、特征频率和本征增益的定义

传统的设计方法通常将晶体管的过驱动电压 V_{OV} 作为设计核心，本节将基于长沟道模型和晶体管饱和区电流公式对晶体管的跨导效率、特征频率和本征增益的表达式进行推导，并且分析三者与过驱动电压 V_{OV} 之间的关系。

4.1.1 跨导效率的定义

对于一个放大器而言，在给定的增益、带宽等指标要求下，希望放大器具有尽可能低的功耗。从晶体管小信号模型中的参数来说，希望晶体管在提供一定跨导 g_m 的同时（跨导与增益和带宽成正比），消耗更小的电流 I_D（与功耗成正比）。由此定义晶体管的跨导效率，即晶体管跨导 g_m 与电流 I_D 的比值，代入长沟道模型表达式(2-3)，有

$$\frac{g_m}{I_D}=\frac{2}{V_{OV}} \tag{4-1}$$

该结果表明，晶体管的跨导效率只取决于过驱动电压 V_{OV}。如要提升晶体管的跨导效率，应该尽可能降低晶体管的过驱动电压。注意，长沟道模型并不准确。尤其当 V_{OV} 较低时，式(4-1)不成立。在实际电路中，不能通过降低 V_{OV} 来无限提升跨导效率，并且为了保证晶体管的其他性能（如特征频率），其跨导效率应该保持在一定的合理范围内。

4.1.2 特征频率的定义

除了较高的跨导效率外，还希望放大器具有尽可能高的带宽，这需要晶体管的本征电容 C_{gs} 尽可能小。由此定义一个新的指标：晶体管跨导 g_m 与电容 C_{gs} 的比值，其单位是 rad/s，称为特征角频率 ω_T，或可以转化成为频率的单位 Hz，称为特征频率 f_T。根据第 2 章的推导结果，可以得到特征角频率的表达式：

$$\omega_T=\frac{g_m}{C_{gs}}=\frac{3}{2}\frac{\mu V_{OV}}{L^2}$$

与跨导效率一样，在给定工艺下，固定长度晶体管的特征频率也由过驱动电压 V_{OV} 决定。希望这两个参数都尽可能大以获得既低功耗又高速的性能。但从计算结果来看，

这两者随 V_{OV} 的变化趋势是相反的，如图 4-1 所示。当 V_{OV} 较低时，晶体管的 g_m/I_D 较高，即晶体管消耗的功耗低，能效高，但此时晶体管的 g_m/C_{gs} 小，即引入的电容大，带宽低，速度慢。当 V_{OV} 较高时则相反，电路的速度快但能效低、功耗高。这就体现了电路设计中一对根本矛盾，即能量效率和速度的折中(trade-off)。这一特性不仅在模拟电路中存在，在数字电路中也存在。例如，数字电路中常见的一个概念“近阈值计算”，就是通过降低晶体管的过驱动电压来实现高能效，但也降低了电路的速度。

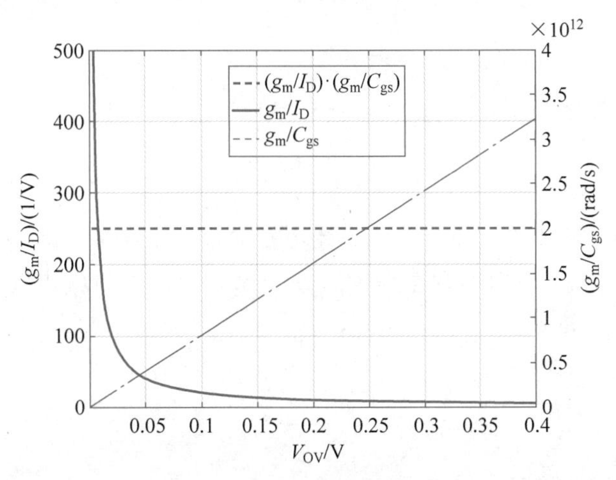

图 4-1　晶体管指标随过驱动电压的变化情况

综合考虑这两个参数的影响，将它们相乘，可得

$$\frac{g_m}{I_D}\frac{g_m}{C_{gs}}=\frac{3\mu}{L^2} \tag{4-2}$$

由式(4-2)可以看到，两个参数的乘积由迁移率 μ 以及晶体管的沟道长度 L 决定，是一个只与器件特性有关的量，而不再与过驱动电压 V_{OV} 有关。所以要进一步提升晶体管的总体性能，希望迁移率 μ 尽可能大，而晶体管的沟道长度 L 尽可能小。

迁移率很大程度上取决于制作器件的材料。各种具有高迁移率的材料，如砷化镓(GaAs)、磷化铟(InP)等 III-V 族化合物被广泛应用于半导体工艺中，用以提升器件性能。相比而言，薄膜晶体管、有机化合物晶体管等迁移率较低，应用范围相对有限。

晶体管的沟道长度由集成电路的工艺决定。随着工艺的演进，晶体管沟道的最小长度减小，进而使得晶体管的总体性能上升。可以在保持相同能量效率的情况下提升电路的速度，也可以在相同速度下降低电路功耗，这就是工艺演进带来的好处。当然，工艺演进对于模拟电路设计的影响十分复杂，并不像对数字电路而言总是带来福音。随着学习的深入，将会发现工艺演进也会给模拟电路设计带来相当大的挑战。

谈到工艺的演进，不得不提及“摩尔定律”。英特尔创始人之一戈登·摩尔曾经预言，晶体管沟道的最小长度大概每 4 年就会减小一半。在过去几十年里，集成电路产业一直按照这一预测的速度发展，在 1970 年，集成电路工艺的特征尺寸为 10μm，到 2017 年这一数字缩减至 10nm，与摩尔定律的预测大致吻合。关于工艺演进的相关知识会在第 16 章做更详细的介绍。

特征频率与电路的速度直接相关，而从器件物理的角度看，这一参数是晶体管一个非常根本的量。考虑如图 4-2 所示的电路，其省略了偏置电路。

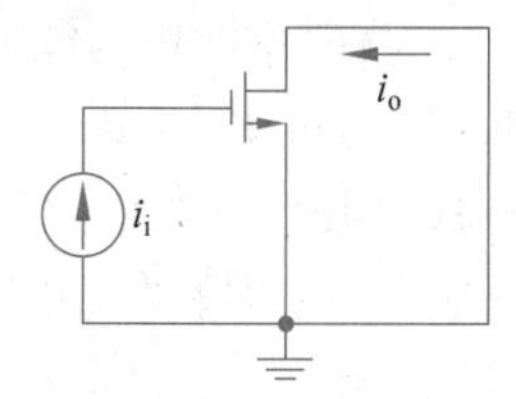

图 4-2 晶体管特征频率的测试电路

将晶体管视为电流放大器，可以由小信号模型写出电流增益表达式，即

$$G(s)=\frac{i_o(s)}{i_i(s)}=\frac{g_m}{sC_{gs}}$$

电流增益随着频率上升而下降。当电流增益的幅度下降为 1 时，晶体管不再能够实现电流放大的功能，此时对应的频率即为特征频率。从这一角度出发，同样可以得到晶体管特征角频率的表达式，即

$$\omega_T=\frac{g_m}{C_{gs}}$$

4.1.3 本征增益的定义

本征增益定义为 $g_m r_o$。对于一个单级放大器(以图 2-7 中的共源放大器为例)，单级放大器的低频增益可以写为

$$|A_{DC}|=g_m R=g_m(R_L /\!/ r_o)$$

式中 R 为电路的等效负载，是负载电阻 R_L 和晶体管的输出电阻 r_o 的并联；g_m 为晶体管的跨导。在设计一个放大器时，人们关心的一个核心指标是增益。当负载电阻取无穷大时，单级共源放大器可实现的最大的增益就是本征增益：

$$|A_{DC,max}|=g_m r_o=\frac{g_m}{g_{ds}}$$

使用长沟道模型可以进一步得到本征增益表达式：

$$|A_{DC,max}|=g_m r_o\approx\frac{1}{\lambda}\frac{g_m}{I_D}=\frac{2}{\lambda V_{OV}}$$

式中 λ 为沟道长度调制系数。

在长沟道模型下，本征增益与过驱动电压 V_{OV} 和沟道长度调制系数 λ 均成反比。无论是在数字电路还是在模拟电路设计中，晶体管的本征增益都是一个核心的参数。随着工艺的演进，晶体管的最小长度下降，晶体管的本征增益在不断减小。为了保证一个数字反相器能够正常工作，需要保证晶体管的本征增益高于 5。

4.1.4 晶体管性能指标之间的联系

晶体管的上述三个指标与电路的性能和器件的特性息息相关。跨导效率 g_m/I_D 反

映了器件能耗特性。晶体管在饱和区最根本的特性就是将小信号电压通过乘以跨导转换为小信号电流。跨导效率可以理解为得到一定的跨导 g_m 需要付出多少静态电流 I_D。使用长沟道模型分析跨导效率表达式可知其与过驱动电压 V_{OV} 成反比。特征频率 f_T 反映了器件的速度特性，特征频率越高，器件的速度越快，构成的电路带宽也就越宽。在长沟道模型中 f_T 与过驱动电压 V_{OV} 成正比。本征增益 $g_m r_o$ 反映了晶体管最大的单管增益。在长沟道模型中与过驱动电压 V_{OV} 成反比。可以看出在长沟道模型中，过驱动电压 V_{OV} 是一个核心的参数，将三个指标关联在一起。晶体管的三个重要性能指标如图 4-3 所示。

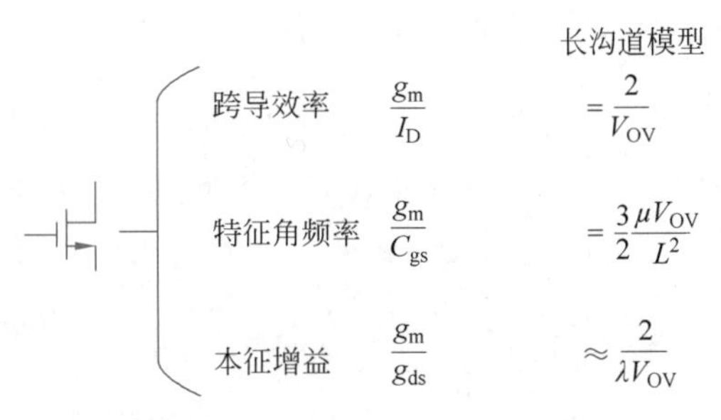

图 4-3 晶体管的三个重要指标

电路设计人员希望三个性能指标越高越好，但是三个指标之间存在折中，不能同时达到最大。在模拟电路设计中，这三个指标可以用来衡量器件的关键性能。一个器件的跨导效率 g_m/I_D 反映了功耗指标，特征频率 f_T 反映了速度指标，本征增益 $g_m r_o$ 反映了增益指标。这三个指标不但可以用来描述 MOS 晶体管，也可以用于其他类型的器件，如电子管、双极型晶体管或者石墨烯器件等。它们是连接器件性能与模拟电路性能的核心参量。

4.2 晶体管性能指标与偏置电压之间的实际关系

长沟道模型作为一种便于手工计算的模型，其推导实际上是非常简化的。对于真实物理器件来讲，使用长沟道模型推导出来的表达式其实并不准确。但这些表达式仍然是有意义的，因为它们可以对这些指标的变化情况提供一个趋势预测。例如，提高过驱动电压 V_{OV} 会使晶体管的电流效率降低，特征频率会增大，本征增益下降，这样就给设计和调整电路提供了一个方向和思路。

对于一个真实的物理器件来说，它的仿真模型中通常包含几百个参数。这样的仿真模型对于器件的特性描述是比较精确的，因此在本书中利用 SPICE 仿真来观察器件真实特性。以 40nm 工艺为例，通过仿真模型来分析晶体管的三个性能指标与偏置电压之间的关系。

搭建如图 4-4 所示的电路，仿真晶体管的三个性能指标与过驱动电压之间的关系。放置晶体管并设置其长度和宽度，本例中晶体管长度为 40nm，宽度为 1μm，电源电压 $V_{DD}=1.1$V。设定晶体管漏源电压 $V_{DS}=V_{DD}/2=0.55$V。通过 DC 仿真扫描 V_{GS} (V_{OV})，提取晶体管的静态工作点，可以计算相应的性能指标，并绘制它们随过驱动电压

V_{OV} 的变化情况。

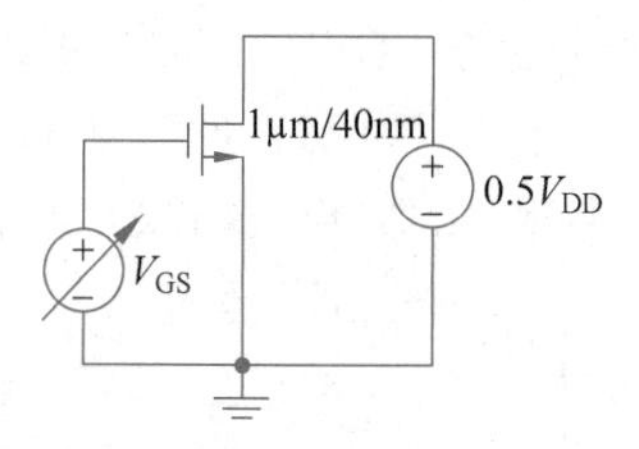

图 4-4　晶体管性能指标扫描的仿真电路图

4.2.1　跨导效率与过驱动电压的实际关系

MOS 管的跨导效率随过驱动电压 V_{OV} 的变化如图 4-5 中实线所示。虚线是双极型晶体管跨导效率的仿真曲线，点划线是采用长沟道模型分析的预测曲线。

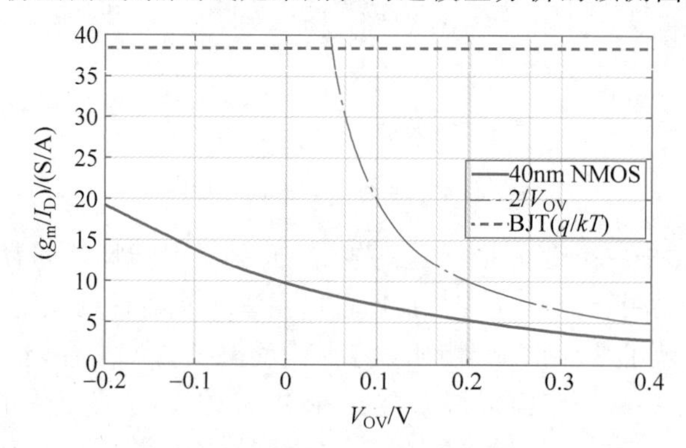

图 4-5　g_m/I_D 扫描的仿真曲线

为便于分析，对 MOS 管的工作区进行简单划分：当 $V_{OV}>150$mV 时，MOS 管工作在强反型区；当 0V$<V_{OV}<$150mV 时，MOS 晶体管工作在中等反型区；当 $V_{OV}<$0V 时，MOS 晶体管工作在亚阈值区。

当 MOS 管工作在强反型区时，长沟道模型对跨导效率的预测结果与仿真结果较为接近，两者有着相同的变化趋势。然而由于短沟道效应的存在，长沟道模型预测曲线与仿真曲线之间存在一定的差异。产生这一差异的原因将在本章后续阐述。

随着过驱动电压的降低，MOS 管的跨导效率上升。根据长沟道模型的预测，当过驱动电压接近 0V 时，MOS 晶体管的跨导效率 g_m/I_D 将趋向正无穷。这就意味着，如果将 MOS 管偏置在临界状态，只需要付出极小的电流就可以获得很大的跨导。然而，实际上这种情况并不会出现。当 MOS 管的过驱动电压接近 0V 时，MOS 管接近亚阈值区，长沟道模型不再适用。跨导效率会随 V_{OV} 的降低而上升，但并不会趋近于无穷大。

当过驱动电压 $V_{OV}<$0V 时，长沟道模型认为 MOS 管截止，没有电流和跨导，因而也不存在跨导效率。实际上，MOS 管可以工作在过驱动电压 $V_{OV}<$0V 的亚阈值区。此时 MOS 管并未完全关断，仍然有电流通过，可以定义跨导与跨导效率。从仿真结果来看，MOS 管的跨导效率 g_m/I_D 随着过驱动电压 V_{OV} 减小而继续增大。工作在亚阈值区的

MOS管具有很高的跨导效率，可以降低电路的功耗。实际上，在很多超低功耗电路中，MOS管都是工作在亚阈值区。当MOS管工作在亚阈值区时，其工作机理与双极型晶体管相似，详细内容将在本章后续阐述。

总的来看，长沟道模型对跨导效率的预测曲线与实际的仿真曲线并不一致，尤其在亚阈值区差距很大，但两条曲线的变化趋势是一致的。长沟道模型只是为人们提供一个调整电路的大致方向，在模拟电路设计的过程中不能直接采用长沟道模型进行手算迭代，而应该采用基于 g_m/I_D 的设计方法进行设计，这一设计方法将在第5章中详细介绍。

1. 亚阈值区的跨导效率分析

在亚阈值区，真实的器件仿真曲线与长沟道预测曲线显著不同。长沟道模型认为，当过驱动电压 $V_{OV}<0V$ 时，MOS管截止，电流与跨导均为0，器件完全不工作，也就不存在讨论跨导效率的意义。然而，实际上此时MOS管仍然存在电流。模型仿真电流随过驱动电压 V_{OV} 的变化曲线如图4-6所示。

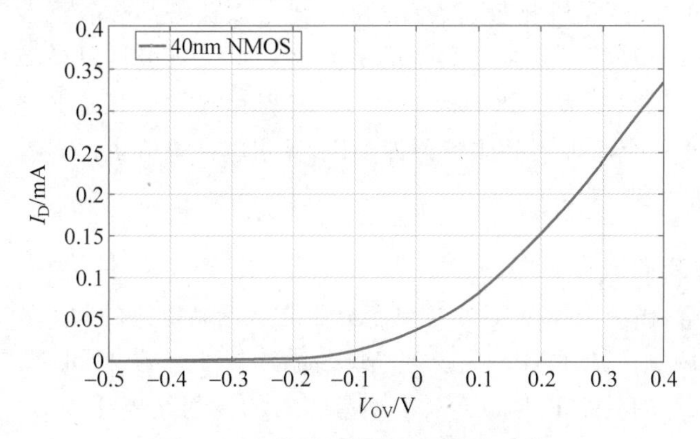

图4-6　电流随过驱动电压变化曲线

由图4-6可以看到，当 $V_{OV}<0V$ 时，晶体管电流很低，但并不等于0。将纵坐标由线性坐标转换成指数坐标之后，得到图4-7所示的结果。

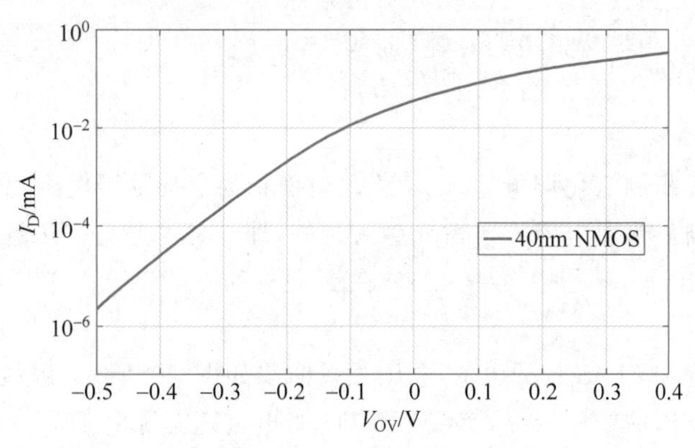

图4-7　电流随过驱动电压变化曲线(对数纵坐标)

从图 4-7 所示的仿真结果可以看到，MOS 管在亚阈值区的电流与过驱动电压的关系在对数坐标下呈一条直线，也就是说此时电流与过驱动电压呈指数关系。工作在亚阈值区的 MOS 管的工作特性和双极型晶体管相似。由于没有沟道反型层，从 MOS 管的横向结构来看像一个 NPN 的双极型晶体管，如图 4-8 所示。

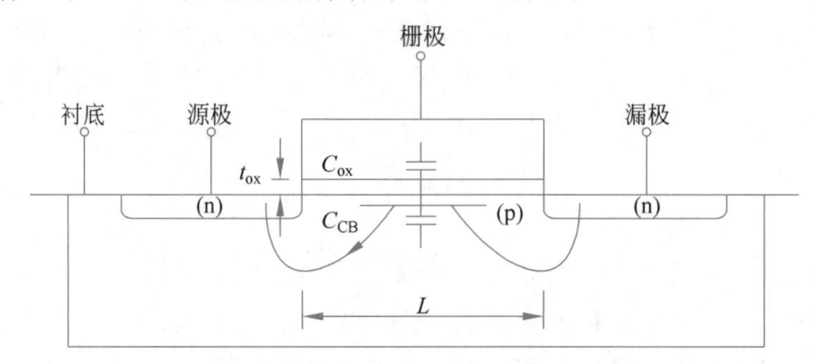

图 4-8　工作在亚阈值区的 NMOS 结构图

可以将 MOS 管的源极、栅极、漏极分别类比为双极型晶体管的发射极、基极、集电极。此时，MOS 管与双极型晶体管器件的不同之处在于双极性晶体管的基极是直接由外部电压控制的，但 MOS 管类比结构中的“基极”是由栅源电压通过图示的电容分压之后来控制的。对于一个双极型晶体管器件来说，其集电极电流 I_C 与 V_{BE} 的关系为

$$I_C \approx I_S e^{\frac{V_{BE}}{kT/q}}$$

式中 I_S 为二极管反向饱和电流。

从直觉上理解，栅源电压 V_{GS} 通过电容分压之后调制电流的效率没有双极型晶体管发射结电压直接调制电流的效率高。当 MOS 晶体管工作在亚阈值区时，其栅源电压 V_{GS} 和漏源电流 I_D 的关系就类似于双极型晶体管的发射结电压 V_{BE} 与集电极电流 I_C 的关系。工作在亚阈值区的 MOS 器件的电流公式可以看成对双极型晶体管电流公式的修正：

$$I_D \approx I_0 e^{\frac{V_{GS}-V_t}{nkT/q}}$$

式中 n 为修正系数，由栅沟道电容和耗尽层电容分压决定，即

$$n = \frac{C_{ox} + C_{CB}}{C_{ox}} = 1 + \frac{C_{CB}}{C_{ox}}$$

式中 C_{ox} 为单位面积栅氧化层电容，C_{CB} 为单位面积沟道耗尽层电容。

直觉上希望栅氧化层电容 C_{ox} 占比越大越好，即 n 越小越好。n 越趋近 1，电流调制的效率越高。在 40nm 工艺中，$n \approx 1.6$。在更先进的 FinFET 工艺中 n 的取值会更趋近 1。

双极型晶体管和 MOS 管的电流-电压关系曲线如图 4-9 所示，虚线为双极型晶体管电流随着发射结电压的变化情况，实线为 MOS 管电流随栅源电压 V_{GS} 的变化情况，纵坐标为指数坐标，横坐标为线性坐标。曲线斜率可直接反映跨导 g_m 的大小，即曲线斜率越大，跨导越大。由于 MOS 管通过电容分压之后对电流的调制效率较低，所以其曲线斜率

较低,对应跨导也较低。

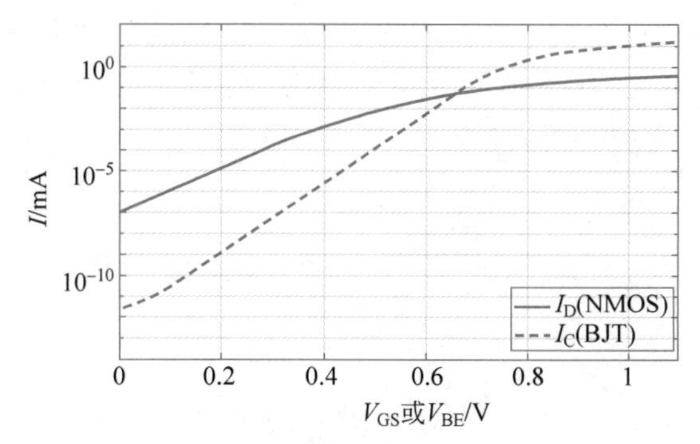

图 4-9　双极型晶体管和 MOS 管电流-电压关系曲线

具体来说,双极型晶体管的跨导效率表达式为

$$\frac{g_m}{I_C}=\frac{1}{I_C}\frac{dI_C}{dV_{BE}}=\frac{q}{kT}$$

在室温下,其值恒定且约为 38.5 S/A。工作在亚阈值区的 MOS 管的跨导效率为

$$\frac{g_m}{I_D}=\frac{1}{I_D}\frac{dI_D}{dV_{GS}}=\frac{1}{n}\frac{q}{kT}$$

由于 MOS 管跨导效率的表达式中含有 n,其跨导效率低于双极型晶体管。通过上述分析,可以解释 MOS 管跨导效率在亚阈值区的变化趋势。随着过驱动电压 V_{OV} 的减小,MOS 管逐渐进入亚阈值区,跨导效率上升。当过驱动电压足够小时,MOS 管的跨导效率逐渐接近某一恒定值,在 40nm 工艺下大约是双极型晶体管跨导效率的 60%。

2. 强反型区跨导效率分析

从图 4-5 看,当晶体管工作在强反型区时,长沟道模型的预测结果和仿真结果较为接近,但仍然具有一定的差距：长沟道模型预测的跨导效率大约比仿真结果高 1 倍,主要原因是晶体管中的短沟道效应。

主要有两种典型的短沟效应：一是速度饱和效应。随着沟道变短,沟道水平方向的电场增大,较强的水平电场导致载流子速度饱和,发生速度饱和之后,载流子速度不再随电场的增加而增大,导致 MOS 管电流和跨导下降。二是迁移率退化效应。工艺演进使得栅氧化层厚度变薄,导致纵向电场增大,较强的纵向电场导致载流子迁移率下降,同样会导致 MOS 管电流和跨导减小。还有一些其他的效应也会影响 MOS 管的性能,例如阈值电压受沟道长度和宽度的影响,以及漏致势垒降低(DIBL)效应等。本书重点分析速度饱和效应和迁移率退化效应。

1) 速度饱和

在理想的情况下,载流子的速度 v 和沟道水平方向的电场强度 E 成正比：

$$v=\mu E$$

式中 μ 为载流子迁移率。

当电场 E 线性增大时,载流子速度 v 也会线性增加。在给定横向电压($V_{GS}-V_t$)的情况下，沟道中的横向电场强度 E 随着晶体管沟道 L 的降低而增大。在强电场下，载流子漂移速度 v 不再随电场 E 的增强而线性增加，只会缓慢增加并趋于饱和，从而导致电流增加幅度低于理想情况。这一现象会在晶体管沟道较短时更为明显。电子在硅材料中的速度与电场强度关系如图 4-10 所示。

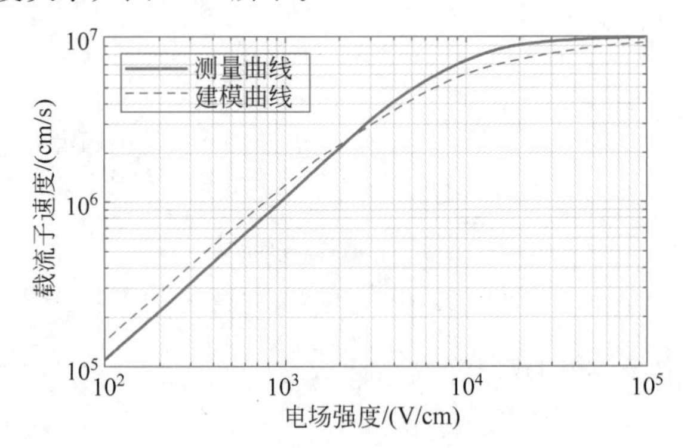

图 4-10　电子在硅材料中的速度与电场强度关系示意图

可以采用下式对速度饱和效应进行建模：

$$v(E) \approx \frac{\mu E}{1+\dfrac{E}{E_{\mathrm{c}}}}$$

当横向电场强度 E 远小于临界电场强度 E_{c} 时，载流子的速度 v 和横向电场 E 成正比，$v(E)\approx\mu E$，这是长沟道模型中对于载流子漂移速度和横向电场关系的假设条件。当横向电场强度 E 远超临界电场强度 E_{c} 时，载流子速度 v 会饱和且其值为 $v_{\mathrm{c}}=\mu E_{\mathrm{c}}$，此时晶体管的电流由饱和速度 v_{sat} 决定。当横向电场强度 E 等于临界电场强度 E_{c} 时，载流子速度 v 为饱和速度 v_{sat} 的一半。

在长沟道预测模型中没有考虑速度饱和的影响，认为载流子的速度 v 和横向电场强度 E 总是成正比，所以在强电场中长沟道模型预测了过大的载流子速度，从而预测了过大的电流和跨导。当 MOS 管工作在速度饱和区时，载流子速度不再随横向电压 V_{OV} 的增加而增加，由此电流 I_{D} 与过驱动电压 V_{OV} 不再呈平方关系，而近似呈线性关系（如图 4-6 所示，当 $V_{\mathrm{OV}}>0.2\mathrm{V}$ 时），即 $I_{\mathrm{D}}\approx kV_{\mathrm{OV}}$，此时

$$\frac{g_{\mathrm{m}}}{I_{\mathrm{D}}} \approx \frac{\partial I_{\mathrm{D}}/\partial V_{\mathrm{OV}}}{I_{\mathrm{D}}}=\frac{k}{kV_{\mathrm{OV}}}=\frac{1}{V_{\mathrm{OV}}}<\frac{2}{V_{\mathrm{OV}}}$$

所以跨导效率的预测曲线会比仿真曲线偏高。

为了对上述公式推导出的结果有更直观的理解，采用 40nm 工艺下的典型值对 MOS 管的速度饱和情况进行分析。

当一个沟道长度为 40nm 的 MOS 管工作在饱和区，漏端沟道临界夹断时，假设过驱动电压 $V_{\mathrm{OV}}=200\mathrm{mV}$，此时横向临界电场强度为

$$E \approx \frac{V_{\mathrm{OV}}}{L}=\frac{200\mathrm{mV}}{40\mathrm{nm}}=5\times 10^{4}\,\mathrm{V/cm}$$

载流子饱和速度约为 $10^7\mathrm{cm/s}$，在 40nm 工艺中，电子迁移率约为 $86\mathrm{cm}^2/(\mathrm{V\cdot s})$，对

应横向临界电场强度为

$$E_c = \frac{v_{sat}}{\mu} \approx \frac{10^7 \mathrm{cm/s}}{86\mathrm{cm}^2/(\mathrm{V \cdot s})} = 1.2 \times 10^5 \mathrm{V/cm}$$

$$\frac{E}{E_c} = \frac{5 \times 10^4 \mathrm{V/cm}}{1.2 \times 10^5 \mathrm{V/cm}} \approx 0.42$$

当过驱动电压 $V_{OV}=200\mathrm{mV}$ 时，横向电场强度为发生速度饱和的临界电场强度的42%。此时横向电场强度已经接近于发生速度饱和时的横向电场，速度饱和的影响显著。当过驱动电压更大时，速度饱和的影响会更加严重。这也是数字电路比模拟电路更易受到速度饱和影响的原因。相比于数字电路，模拟电路中MOS管的过驱动电压 V_{OV} 通常较小，在200mV以下。过大的过驱动电压会导致跨导效率和本征增益的显著下降。在数字电路中，以CMOS反相器为例，在反相器翻转的过程中，MOS管栅极电压在电源电位和地电位切换，对应很高的过驱动电压 $V_{OV}=V_{DD}-V_t$，此时速度饱和效应将严重影响晶体管的导通电流，使反相器驱动力下降，门延迟增大。

2）迁移率退化

当MOS管栅极电压较高时，栅极和沟道之间会产生较强的垂直电场。载流子沿沟道在源极和漏极之间横向移动时，会被垂直方向的电场所吸引，从而接近硅与二氧化硅的界面。在界面处，硅的晶格结构并不规整，载流子会与不规整的晶格结构发生更多的碰撞，导致有效迁移率降低。可以通过下式对这一效应进行建模：

$$\mu_{eff} \approx \frac{\mu}{1+\theta V_{OV}}$$

即载流子的迁移率随着过驱动电压的升高而降低。其中 θ 是一个模型参数，取值通常在 $0.1 \sim 0.4\mathrm{V}^{-1}$。

随着工艺的演进，晶体管的最小沟道长度不断减小。在纳米尺寸晶体管中，速度饱和与迁移率退化对载流子的迁移率的影响更为显著，二者的共同作用会导致器件仿真曲线和长沟道预测曲线产生差异。

4.2.2 特征频率与过驱动电压的关系

晶体管的特征频率 f_T（$f_T=g_m/2\pi C_{gs}$）随过驱动电压 V_{OV} 变化情况如图4-11中实线所示，虚线是采用长沟道模型分析的预测曲线。

长沟道模型预测结果和仿真结果同样存在显著差距。在亚阈值区，长沟道模型认为晶体管截止，跨导为0，从而特征频率也为0。在前面提到晶体管在亚阈值区仍然有跨导和电流，所以实际特征频率 f_T 并不为0，只是取值相对较低，需要注意的是，在40nm下即使 $V_{OV}<0$，f_T 依然可以超过100GHz。许多应用场景对电路工作速度要求低，但是对功耗要求高，因此适合于将晶体管偏置在亚阈值区工作。例如，生物电信号（EEG或ECG）采集电路，由于信号频率在kHz量级，即使晶体管工作在亚阈值区仍然满足速度要求，而且可以获得较高的跨导效率 g_m/I_D，节省功耗。在中等反型区，预测曲线和仿真曲线斜率相比，都与 V_{OV} 成正比，但是数值上仍有显著不同。在强反型区，仿真曲线发生明

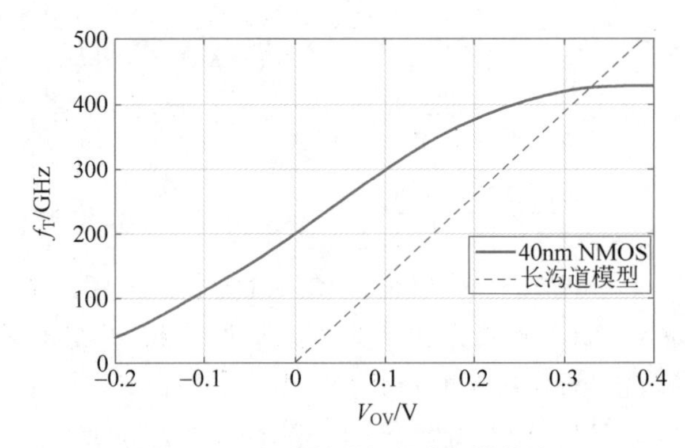

图 4-11　晶体管特征频率扫描曲线

显弯曲，f_T 呈现出明显饱和趋势。这是短沟道效应导致下降所致。

从整体上看，虽然长沟道模型对特征频率的预测曲线和仿真曲线相差较大，但变化趋势是相同的(随 V_{OV} 增大而增大)，仍可为电路设计参数调整指引方向。

在 4.1 节曾提到，根据长沟道模型的预测结果，特征频率与跨导效率的乘积与过驱动电压 V_{OV} 无关，是一个只与器件本身有关的常数，见式(4-2)。实际器件仿真得到的曲线如图 4-12 所示。

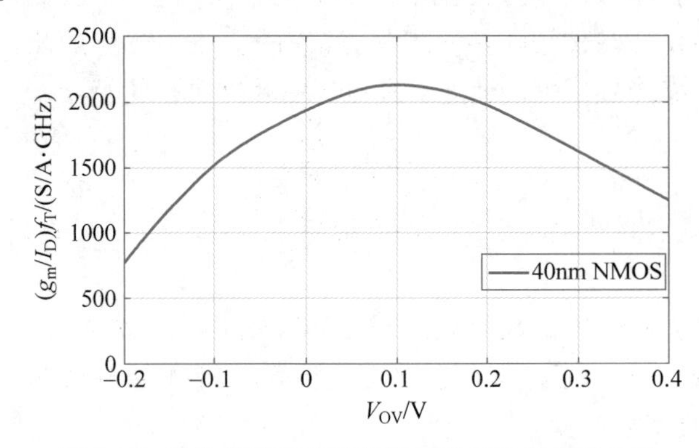

图 4-12　晶体管特征频率和跨导效率乘积扫描曲线

当 V_{OV} 较小时，实际仿真得到的跨导效率趋于饱和。当 V_{OV} 较大时，实际仿真的特征频率趋于饱和。因此，实际仿真得到的跨导效率与特征频率的乘积曲线在这两个区域都会偏低。在过驱动电压约为 100mV 的中等反型区，仿真曲线较为平整，取值也较高，是速度和功耗较为良好的折中。大多数模拟电路的偏置设计在此区域。亚阈值区适合低功耗但对速度要求不高的模拟电路，如心脏起搏器、生物电采集电路等。相比之下，强反型区适合于对速度要求高，但是对功耗相对不敏感的应用场景，如毫米波射频电路、高速有线接口电路等。

为了便于分析和理解，上述对特征频率的定义只考虑了晶体管的本征电容 C_{gs}。然而在实际电路设计中，晶体管的寄生电容也会对电路性能造成显著影响，不可简单将其忽略。由此将特征频率修正为

$$f_T=\frac{1}{2\pi}\frac{g_m}{C_{gs}+C_{gb}+C_{gd}}=\frac{1}{2\pi}\frac{g_m}{C_{gg}}$$

在后续的电路分析与设计中，均采用这一更为准确的特征频率。考虑晶体管的寄生电容之后，特征频率随过驱动电压的变化情况如图 4-13 所示。由于寄生电容的引入，晶体管特征频率的取值有所降低。

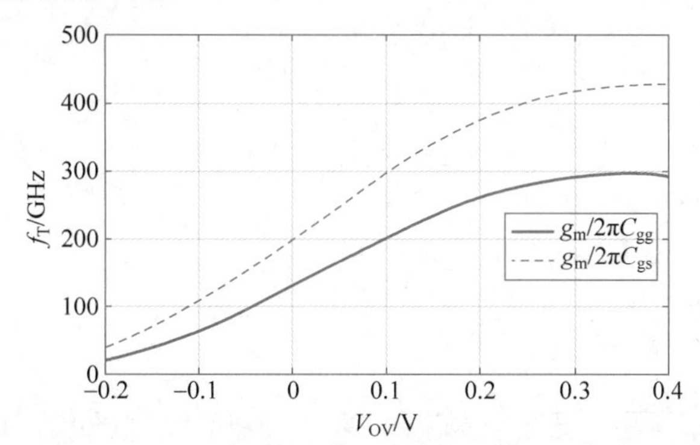

图 4-13　考虑寄生电容的晶体管特征频率扫描曲线

4.2.3　本征增益与过驱动电压的关系

晶体管的本征增益曲线随过驱动电压 V_{OV} 变化情况如图 4-14 中实线所示，虚线是采用长沟道模型分析的预测曲线。

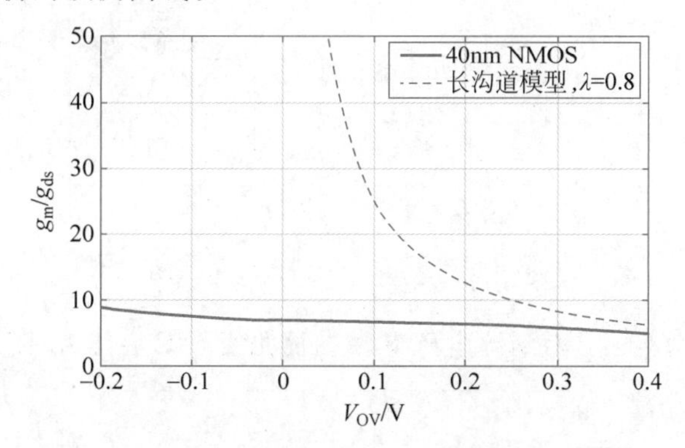

图 4-14　晶体管本征增益扫描曲线

仿真结果和长沟道模型预测结果相差很大。当过驱动电压接近 0V 时，长沟模型预测本征增益 g_m/g_{ds} 接近正无穷。实际上这是无法实现的。在中等反型区和强反型区，预测结果和仿真结果也有较大的差距。本征增益是一个与器件工艺紧密相关的参数，建模难度大，长沟道模型对其预测的准确度较差。虽然如此，长沟道模型还是为人们提供了一个大致的趋势，即本征增益随着过驱动电压的升高而降低。

4.2.4　漏源电压对晶体管参数的影响

在之前的仿真中，晶体管的漏源电压 V_{DS} 被固定在 $0.5V_{DD}$。V_{DS} 的变化是否会对晶体管参数产生影响？搭建如图 4-15 所示的电路，将晶体管栅源电压偏置在 0.6V。该晶体管的阈值电压为 0.5V，即过驱动电压为 0.1V。做 DC 仿真并扫描 V_{DS}，提取晶体管的静态工作点并计算相应的性能指标随漏源电压 V_{DS} 的变化情况。

晶体管漏端电流 I_D 随漏源电压 V_{DS} 扫描曲线如图 4-16 所示。

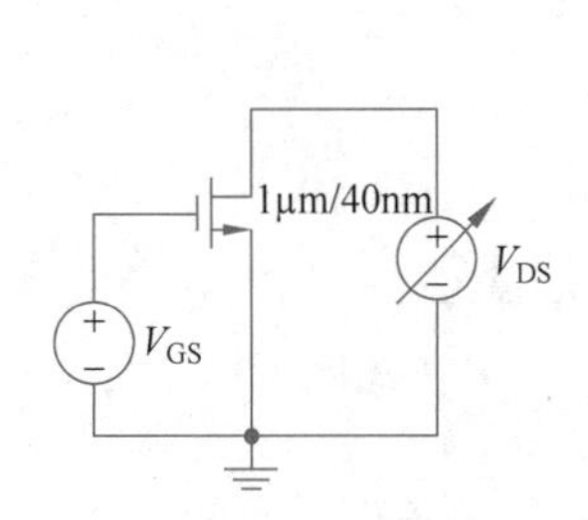

图 4-15　晶体管参数随漏源电压变化仿真原理图

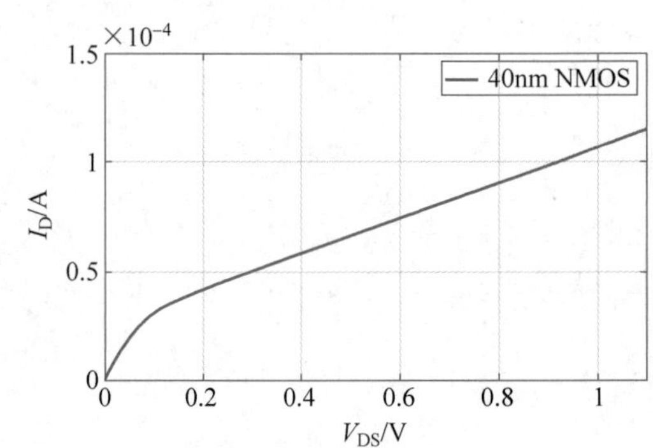

图 4-16　晶体管电流扫描曲线

晶体管输出阻抗 r_o 随漏源电压 V_{DS} 扫描曲线如图 4-17 所示。

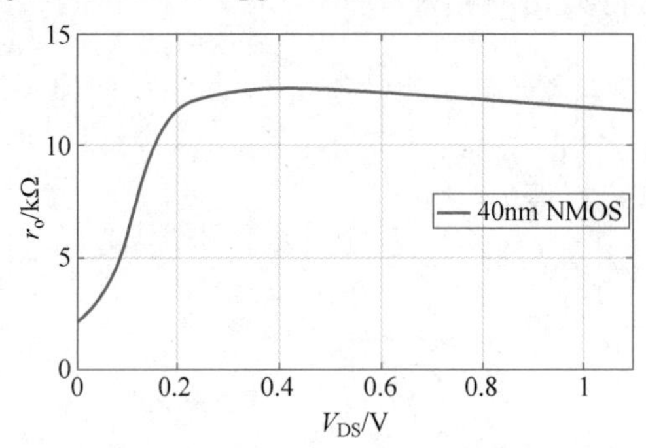

图 4-17　晶体管输出阻抗扫描曲线

晶体管本征增益 $g_m r_o$ 随漏源电压 V_{DS} 扫描曲线如图 4-18 所示。

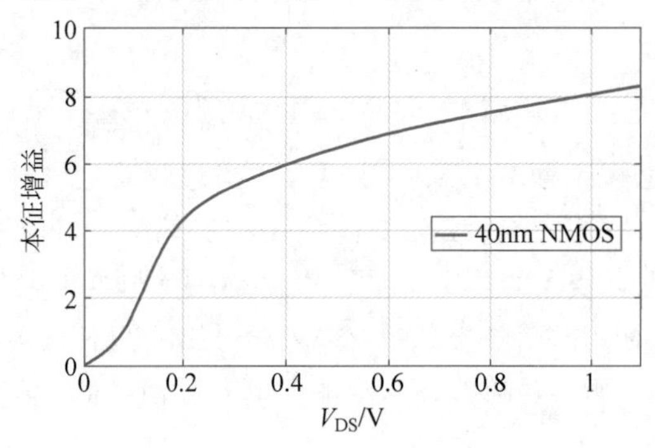

图 4-18　晶体管本征增益扫描曲线

根据长沟道模型的预测，当晶体管工作在线性区时，其特性像一个压控电阻，电流 I_D 随 V_{DS} 变化较大，输出阻抗 r_o 较低。晶体管进入饱和区之后电流基本恒定，具有较大的输出阻抗。

在本例中，过驱动电压 $V_{OV}=0.1V$。如果根据长沟道模型判断，当漏源电压 $V_{DS}<0.1V$，晶体管工作在线性区，漏源电压 $V_{DS}>0.1V$ 时，晶体管工作在饱和区。然而这种描述方法并不严格。晶体管不会泾渭分明地工作在截止区、饱和区、线性区。随着漏源电压的增大，晶体管的电流、输出电阻、本征增益等参数是连续变化而非突变的。在模拟电路设计中，通常不会将晶体管偏置在临界饱和的状态，即($V_{DS}=V_{OV}$)，而会选取比过驱动电压大100mV左右的漏源电压让晶体管饱和深度更深，从而得到更高的输出阻抗和本征增益。如图4-16至图4-18所示，当 $V_{DS}=V_{OV}=0.1V$ 时，晶体管的输出电阻和本征增益较小。只有当 $V_{DS}\geqslant0.2V$ 时，晶体管才呈现出饱和区特性，拥有较高的输出阻抗和本征增益。

4.3 本章小结

晶体管作为模拟电路设计中的基本器件，其自身的各种参数对电路的性能起着决定性作用。本章介绍了三个用于衡量晶体管性能的基本指标，分别为跨导效率、特征频率以及本征增益。这些指标由晶体管的工作状态，即外部的偏置条件决定。本章展示了在长沟道模型下以及实际仿真中这三个基本指标与过驱动电压的关系。长沟道模型虽然不准确，但是简单直观，所以长沟道模型的意义是提供一个简单的模型帮助人们去分析晶体管性能的变化趋势，使人们免于处理非常复杂的公式。然而由于长沟道模型精确度低，人们无法基于它进行精确设计。注意，电路设计的最终落脚点是性能指标，即功耗、带宽、增益等。反映到器件的层面，设计人员实际上关心的是跨导效率 g_m/I_D、本征增益 g_m/g_{ds}、特征频率 f_T 等晶体管性能指标，而非过驱动电压、单位面积栅氧化层电容、迁移率等参数。通过仿真扫描特性曲线将设计指标之间的关系通过图表连接起来指导设计，是一种更直接、更准确的设计方法，称为基于跨导效率的模拟电路设计方法，将在第5章详细介绍。

第5章 基于跨导效率的模拟电路设计方法

本章将介绍如何根据晶体管的特性参数设计出满足指标要求的电路。长沟道模型对晶体管特性的描述是不精确的,无法用来准确地确定晶体管的尺寸与工作状态。针对这一问题,本章将围绕跨导效率这一核心指标,介绍基于跨导效率的模拟电路设计方法,采用查图表的方式确定晶体管的尺寸。本章将用简单共源放大器的设计实例对该方法进行阐述。

5.1 传统设计方法及其弊端

在选定电路拓扑结构之后,需要结合电路性能指标的要求确定器件的尺寸,如晶体管宽长比、电阻和电容的大小。传统的设计方法利用长沟道模型进行手工计算。将手工计算得到的晶体管尺寸放到仿真环境下进行仿真,会发现得到的结果与预期有较大的偏差。这是因为仿真使用的 SPICE 模型较为精确。如果采取精度差的长沟道模型手工计算,得到的仿真结果与预期之间必然存在着鸿沟。根据手工计算结果进行的设计无法收敛到预期的性能指标,难以满足设计需求。这一过程如图 5-1 所示。

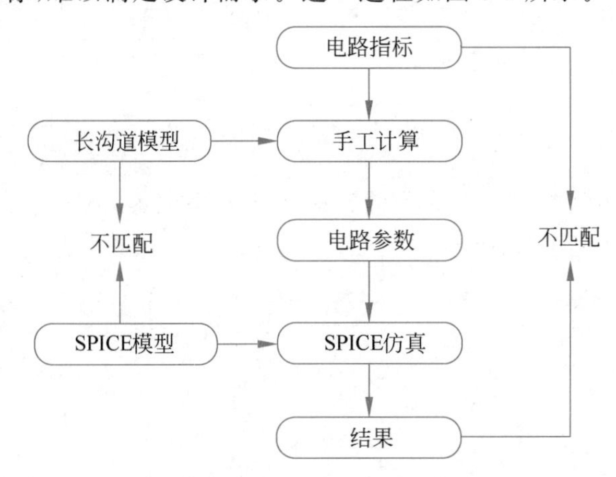

图 5-1 传统设计方法存在的问题

面对"简单的长沟道模型不精确,精确的 SPICE 模型过于复杂无法手工计算"这一难题,很多模拟电路设计人员成为完全依赖参数扫描,凭运气来满足设计要求的"仿真机器"。由于这种设计方法缺乏对电路的直觉理解,只是利用仿真器盲目迭代,耗费大量的设计时间和计算资源,并且往往难以找到最优解。

优秀的模拟电路设计人员应当能够对电路参数有准确预估,将电路仿真仅仅视为验证设计结果正确性的工具。设计人员必须找到另一套设计方法,通过它能够得到较为准确的初始设计方案,再通过 SPICE 仿真对初始设计进行精细微调来满足所有设计指标。这个设计过程必须是系统性的,而不是盲目的、凭运气的参数扫描。

5.2 基于跨导效率设计方法及设计实例

基于跨导效率的设计方法使用 SPICE 模型预先仿真得到设计曲线图。这些设计曲线图是使用器件模型仿真得到的,因此是十分精准的。在选定电路的拓扑结构之后,结

合设计指标，采用设计曲线图进行计算，得到晶体管的尺寸。根据计算得到的晶体管尺寸搭建电路并进行仿真，就能够得到与设计相近的结果。整体设计流程如图 5-2 所示。基于跨导效率的设计方法结合仿真曲线进行指标计算，而不再使用长沟道模型，能够使仿真结果与预期设计目标更加接近。在此基础上进行简单迭代调整即可设计指标。

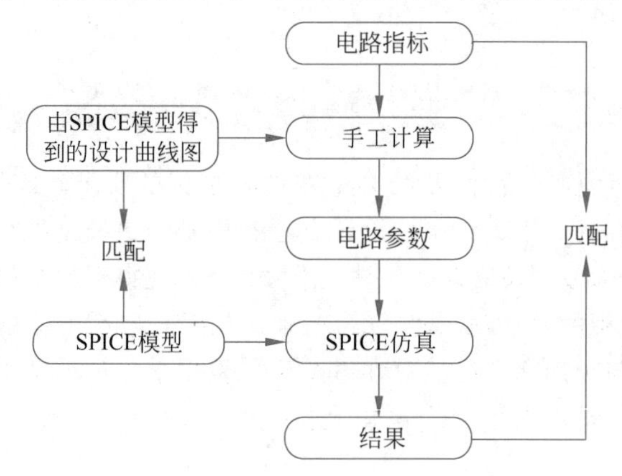

图 5-2　基于跨导效率的设计方法

5.2.1　设计实例

下面通过设计实例展示基于跨导效率的模拟电路设计方法。用 40nm 工艺设计如图 5-3 所示的共源放大器，指标如下：

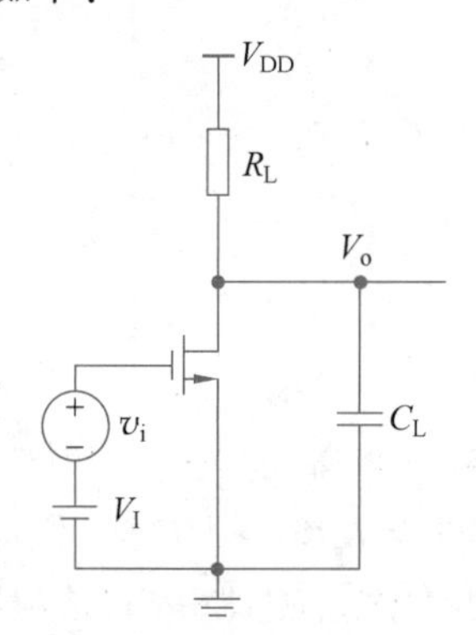

图 5-3　设计实例电路结构图

(1) 电源电压为 1.1V；

(2) 直流低频增益为 2；

(3) 带宽为 100MHz；

(4) 负载电容为 10pF；

(5) 总电流不超过 2mA；

要求在满足指标的前提下尽可能减小晶体管的面积，即成本。若采用 40nm 工艺下的最小晶体管长度 $L=40\text{nm}$，最小面积就意味着最小的晶体管宽度 W。

首先计算所需要的各种小信号参数。根据小信号增益的设计需求，有

$$|A_{DC}| = g_m(R_L \parallel r_o) = g_m\left(\frac{1}{R_L} + \frac{1}{r_o}\right)^{-1}$$

即

$$\frac{1}{|A_{DC}|} = \frac{1}{g_m R_L} + \frac{1}{g_m r_o} \tag{5-1}$$

在 $L=40\text{nm}$ 时，晶体管的本征增益 $g_m r_o \approx 7$。虽然 $g_m r_o$ 随工作点不同有所变化，但是变化不大(见图4-14)。为了便于计算，假定 $g_m r_o$ 恒定为7。代入式(5-1)，可以得到

$$g_m R_L = 1\bigg/\left(\frac{1}{|A_{DC}|} - \frac{1}{g_m r_o}\right) = 1\bigg/\left(\frac{1}{2} - \frac{1}{7}\right) \approx 2.8$$

考虑到放大器驱动一个大的负载电容，其带宽由输出节点决定。忽略晶体管自身电容，根据带宽的设计需求，可以得到

$$f_{-3\text{dB}} = \frac{1}{2\pi} \frac{1}{(R_L \parallel r_o)C_L}$$

可推得

$$R_L \parallel r_o = \frac{1}{2\pi} \frac{1}{f_{-3\text{dB}} C_L} = \frac{1}{2\pi} \frac{1}{100\text{MHz} \times 10\text{pF}} \approx 159\Omega$$

结合增益指标可推得

$$g_m \approx \frac{|A_{DC}|}{R_L \parallel r_o} = \frac{2}{159\Omega} \approx 12.6\text{mS}$$

则

$$R_L = \frac{g_m R_L}{g_m} = \frac{2.8}{12.6\text{mS}} \approx 222\Omega$$

到目前为止，所有的手工计算都是根据设计指标对晶体管的小信号参数进行的准确计算。接下来需要确定晶体管宽度和晶体管的静态工作点。为说明传统设计方法的弊端，首先采用长沟道模型进行计算。

根据长沟道模型可知

$$g_m = \sqrt{2 I_D \mu C_{ox} \frac{W}{L}} \tag{5-2}$$

在给定跨导 g_m 的情况下，要使得晶体管宽度 W 尽可能小，就应该使得电流 I_D 尽可能大，于是选取允许的最大电流 $I_D = 2\text{mA}$。把长沟道模型参数

$$\mu = 86\text{cm}^2/(\text{V}\cdot\text{s})$$

$$C_{ox} = \frac{\varepsilon_{ox}}{t_{ox}} = \frac{34.5\text{pF/m}}{2.43\text{nm}} \approx 14.2\text{fF}/\mu\text{m}^2$$

代入式(5-2)中，得到晶体管宽度为

$$W = 13\mu\text{m}$$

由跨导与过驱动电压的关系得到晶体管的过驱动电压为

$$V_{OV} = \frac{2I_D}{g_m} = \frac{2\text{mA}}{12.6\text{mS}} \approx 317\text{mV}$$

根据模型参数得到晶体管的阈值电压 $V_t=629\text{mV}$，则晶体管的栅源电压 $V_{GS}=V_{OV}+V_t=946\text{mV}$。根据得到的参数搭建原理图并得到以下仿真结果：

(1) 晶体管跨导 $g_m=11.4\text{mS}$；

(2) 直流小信号增益 $A_{DC}=1.6$；

(3) 带宽 $f_{-3dB}=112\text{MHz}$；

(4) 总电流 $I_D=3.1\text{mA}$。

由上可以看到，根据长沟道模型计算得到的结果和预期结果相差较大，放大器的增益低于预期值，而总电流则远高于设计目标。这就是传统设计方法的弊端。而在基于跨导效率的设计方法中，不采用长沟道模型的公式计算晶体管的宽度和静态工作点，而是借助电流密度设计图确定晶体管的宽度，再采用跨导效率设计图来确定晶体管的静态工作点。电流密度图是使用SPICE仿真生成的，其横坐标是跨导效率，纵坐标是电流与晶体管宽度的比值（即电流密度），如图5-4所示。

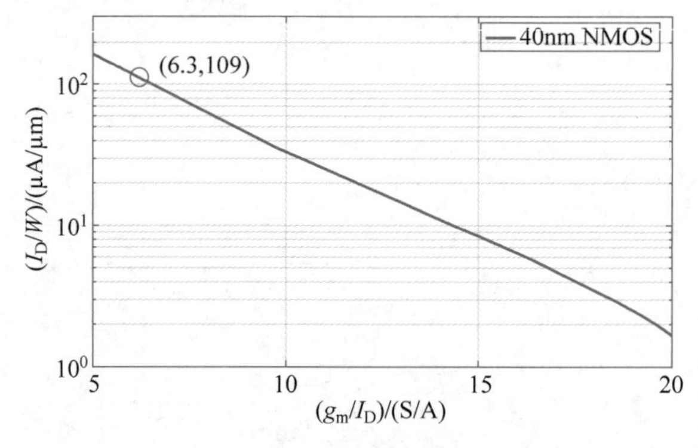

图 5-4　跨导效率与电流密度关系图

在给定跨导 g_m 的情况下，要确定跨导效率的数值就需要知道电流的数值。虽然长沟道模型不能用于精确计算，但其对于参数变化趋势的预测是正确的：当跨导值一定时，想得到尽量小的晶体管尺寸，就要选取尽量大的电流。于是，选取允许的最大电流2mA，求得跨导效率为

$$\frac{g_m}{I_D}=\frac{12.6\text{mS}}{2\text{mA}}=6.3\text{V}^{-1}$$

查图5-4得知，当晶体管的跨导效率为 6.3V^{-1} 时，电流密度为 $109\mu\text{A}/\mu\text{m}$，为了使晶体管电流为2mA，则晶体管宽度为

$$W=\frac{I_D}{I_D/W}=\frac{2000\mu\text{A}}{109\mu\text{A}/\mu\text{m}}\approx 18\mu\text{m}$$

在确定晶体管尺寸之后，再通过跨导效率设计图确定晶体管的静态工作点。

根据如图5-5所示的跨导效率随过栅源电压 V_{GS} 变化，可以求出跨导效率为 6.3V^{-1} 时对应的栅源电压为764mV，由此便确定了晶体管的静态工作点。

根据得到的参数搭建原理图并得到以下仿真结果：

(1) 晶体管跨导 $g_m=12.9\text{mS}$；

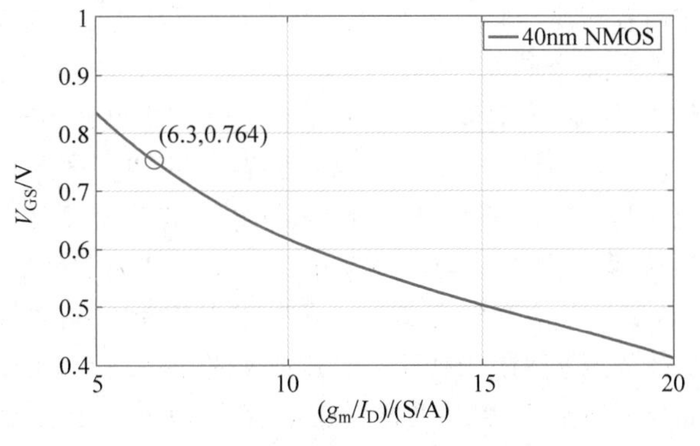

图 5-5 跨导效率与 V_{GS} 关系图

(2) 直流小信号增益 $A_{DC}=2.0$;

(3) 带宽 $f_{-3dB}=101\text{MHz}$;

(4) 总电流 $I_D=2.1\text{mA}$。

这只是初次迭代的设计结果,但是与预计指标之间的误差已经在5%以内,这对于手工计算而言是非常精准的。考虑漏源电压 V_{DS}、输出电阻 r_o 等因素后再对电路进行微调就可以达到设计指标。

让我们来回顾一下设计流程。在上述设计实例中,首先根据性能指标的要求计算出电路的跨导和电流这两个基本参数,进而求得晶体管的跨导效率。电路的跨导是根据增益的要求,运用小信号模型计算得到的,是精确的。在确定电路电流与晶体管跨导效率时,借助了长沟道模型对参数变化趋势的预测:为了节省电路面积,应选择较大的电流与较低的跨导效率。确定晶体管的跨导效率实际上就确定了晶体管的静态工作点,于是可以结合电流密度图来确定器件的尺寸。最后使用仿真器对设计值进行验证和微调就可以实现设计目标。基于跨导效率的模拟电路设计流程如图5-6所示。在上述设计流程中,跨导效率是一个非常核心的量,是连接晶体管小信号参数(跨导、电容、输出阻抗等)

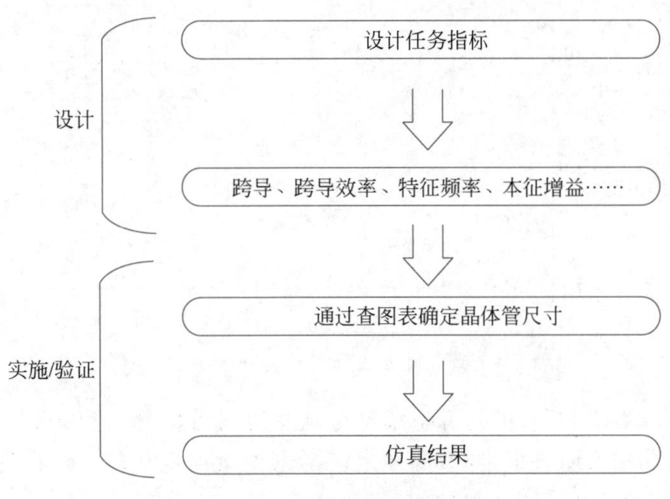

图 5-6 基于跨导效率的模拟电路设计流程

与尺寸的桥梁。通过跨导效率可以确定静态工作点、电流密度、本征增益、特征频率等关键参数。这就是基于跨导效率的设计方法。

在这一设计流程中，如电流密度图是将电路小信号参数映射到实际器件尺寸的关键工具。为了实现这一目标，设计图中的变量必须与晶体管的宽度无关，也就是说不同的晶体管宽度对应的应该是同一张设计图。如果不同的晶体管宽度对应不同的设计图，由于晶体管宽度是未知量，就无从知晓应该用哪张设计图。实例中使用的电流密度随跨导效率变化的图(图 5-4)就与晶体管宽度无关。晶体管的电流与晶体管宽度成正比，电流密度指标则消除了晶体管宽度的影响。注意，跨导效率、特征频率和本征增益三个晶体管核心性能指标都是与晶体管宽度无关的。在本设计实例中，已经给定晶体管的长度，要确定晶体管的宽度就需设计图本身与宽度的选取无关。在确定了晶体管的跨导效率之后，利用图 5-4 就能够确定晶体管的电流密度，进而结合晶体管电流得到晶体管的宽度。对于更为一般的设计而言，晶体管的长度往往会根据本征增益或者特征频率需求结合相应的图表首先确定，然后利用电流密度图来确定晶体管宽度。

根据长沟道模型的预测，晶体管的跨导效率随过驱动电压 V_{OV} 的上升而单调降低，晶体管的电流密度随过驱动电压 V_{OV} 的上升而单调上升，两者都与过驱动电压一一对应，都反映了晶体管的工作状态，所以电流密度与跨导效率也是一一对应的。在给定晶体管电流的情况下，根据跨导效率就可以唯一确定晶体管的宽度(假设晶体管长度已确定)。在传统电路分析中，常常把栅源电压 V_{GS} 或者过驱动电压 V_{OV} 看作决定晶体管工作点的核心参数。实际上，跨导效率 g_m/I_D 完全可以替代过驱动电压 V_{OV} 的角色。从图 5-5 中可以看出，跨导效率可以唯一确定 V_{GS}，也就直接决定了晶体管的偏置状态和工作点。这也是可以基于 g_m/I_D 来构建一套设计方法的基本原因。

在初始设计中往往将高阶效应忽略。例如，在设计实例中使用的设计图是在漏源电压 $V_{DS}=0.55\text{V}$ 时得到的。如果漏源电压发生变化，电流密度图也会受到一定的影响。对于沟道长度为 40nm 的晶体管，不同漏源电压下的电流密度设计图如图 5-7 所示。

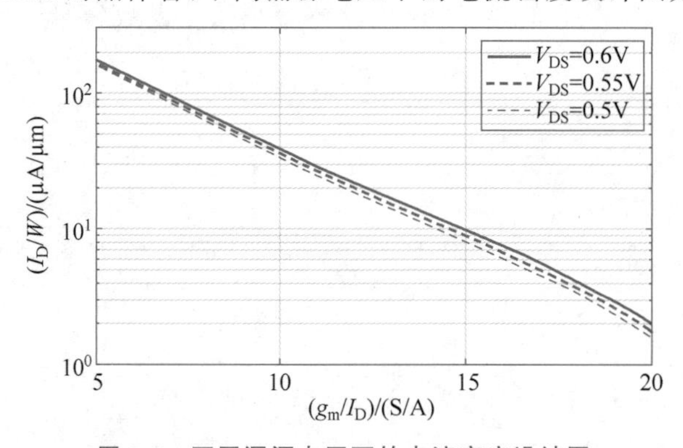

图 5-7 不同漏源电压下的电流密度设计图

从图 5-7 可以看出，不同的漏源电压对电流密度设计图是有影响的。这里主要原因是 40nm 晶体管的输出阻抗低，导致漏源电流随漏源电压变化较大。但是这种影响相对较弱，在设计的初始阶段可以先忽略，后期再进行微调。

5.2.2 设计流程总结

通过上述设计实例，对基于跨导效率的模拟电路设计方法有了初步的了解，其基本流程总结如下：

(1) 根据设计指标的需求选用合适的电路拓扑结构。

(2) 根据设计需求确定晶体管长度 L。根据长沟道模型对晶体管性能变化趋势的预测结果可知，如果希望设计高速电路，应当选取较小的晶体管长度以提高特征频率；如果希望设计高增益电路，应当选取较大的晶体管长度以提高本征增益。为了在满足增益要求的情况下实现尽可能高的带宽，通常会借助本征增益设计图选择满足增益需求的最小沟道长度。

(3) 根据设计任务要求选定晶体管的跨导效率(静态工作点)。如果希望设计低功耗或大摆幅电路，则选取较高的跨导效率以提升电路的能效与摆幅；如果希望设计高速电路，则选取较小的跨导效率以得到更高的特征频率。

(4) 根据设计要求和小信号模型确定跨导 g_m，结合选定的跨导效率，确定支路电流。

(5) 根据电流密度设计图来确定晶体管尺寸。

以上只是一个较为通用的设计流程，在实际设计中可以根据不同的设计需求和自身的设计习惯灵活运用。在电路设计中常用的仿真设计图包括特征频率设计图、本征增益设计图、电流密度设计图以及 C_{gd}/C_{gg} 设计图(将在后面详细介绍)。上述设计图都与晶体管的宽度无关。利用这些设计图代替基于长沟道模型的手工计算可以更为准确地确定晶体管的尺寸，有效提高设计精度和设计速度。

5.3 本章小结

随着集成电路工艺的演进，长沟道模型对晶体管特性的描述已经十分不精确，在实际电路设计中无法用来精确计算晶体管尺寸。本章介绍了基于跨导效率的模拟电路设计方法，并通过一个设计实例对该设计流程进行了说明，即首先根据设计指标计算晶体管的小信号参数，确定晶体管的跨导效率，再通过查图表而非长沟道模型确定晶体管的尺寸和静态工作点。这样的设计方法比基于长沟道模型的设计方法更为准确和高效。

第6章 电路带宽分析方法

在电路设计时，其速度、增益和功耗是相互影响制约的，因此进行电路带宽分析是不可或缺的环节。进行电路带宽分析时，往往首先想到的方法是利用传递函数进行频率分析，但是由于 MOS 器件中电容(如 C_{gs}、C_{gd}、C_{db} 和 C_{sb} 等)的存在，对于复杂的电路，直接通过传递函数求解带宽较为烦琐。本章介绍了密勒近似以及零值时间常数分析的方法，这两种方法能够有效地对电路带宽进行分析，并且在一定程度上简化了分析过程。

6.1 带宽分析实例

本节将对一个电路设计的实例进行带宽分析。在分析过程中会发现 MOS 器件中的非本征电容是不可忽略的，但是考虑 C_{gd}、C_{db} 和 C_{sb} 等寄生电容的存在，会在一定程度上增加传递函数的求解复杂度。

以如图 6-1 所示的电路为例，传感器信号经过共源放大器驱动负载电阻，其中传感器输出阻抗 $R_i = 100\text{k}\Omega$，负载电阻 $R_L = 1\text{k}\Omega$。已知晶体管沟道长度为 40nm，静态电流 $I_D = 0.5\text{mA}$，跨导效率 $g_m/I_D = 12\text{V}^{-1}$。下面将具体对该电路的带宽进行分析。

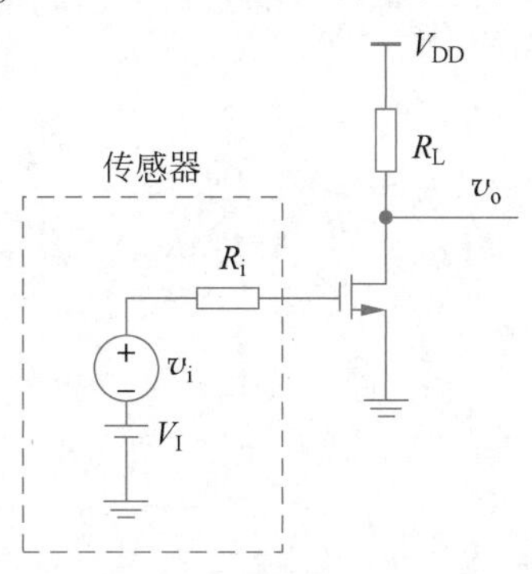

图 6-1 传感器放大电路原理图

考虑晶体管本征电容 C_{gs} 以及寄生电容 C_{gb}、C_{gd}、C_{db}，该电路的小信号模型如图 6-2 所示。

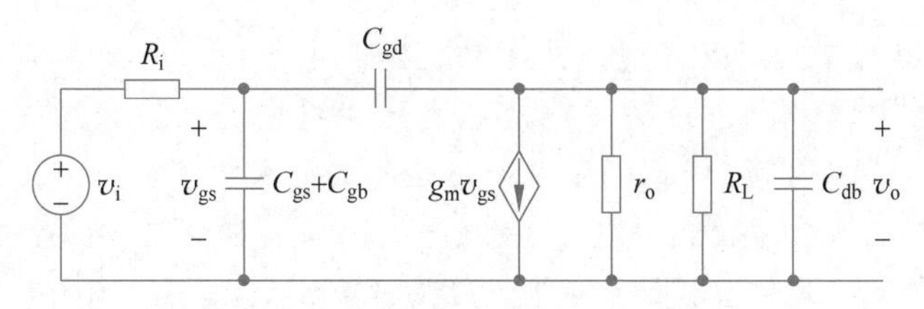

图 6-2 传感器放大电路小信号模型

由于电容 C_{gd} 的存在，对上述电路传递函数的求解较为复杂。为了对电路进行简化，先忽略 pn 结电容 C_{db}(在后面的分析中将确认 C_{db} 可以忽略)，将晶体管输出电阻 r_o 与负载电阻 R_L 的并联等效为电阻 R，令 $C_g = C_{gs} + C_{gb}$，得到简化的小信号电路如图 6-3 所示。

对 C_{gd} 左右两个节点分别列出 KCL 方程：

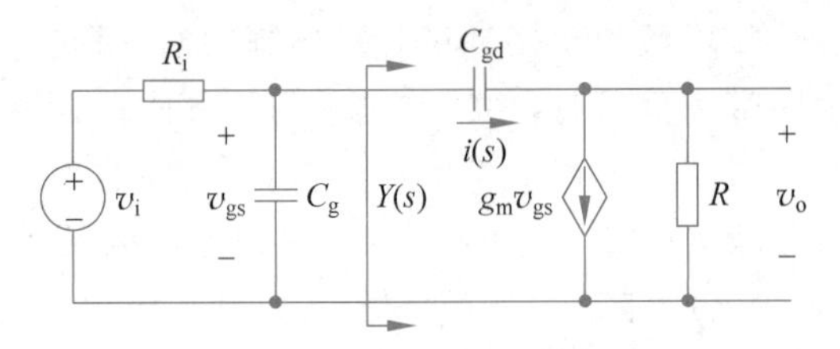

图 6-3 传感器放大电路简化小信号模型

$$\frac{v_{gs}-v_i}{R_i}+v_{gs}sC_g+(v_{gs}-v_o)sC_{gd}=0$$

$$g_m v_{gs}+\frac{v_o}{R}+(v_o-v_{gs})sC_{gd}=0$$

化简求解可以得到电路传递函数：

$$H(s)=\frac{v_o}{v_i}=-g_m R\frac{1-\dfrac{sC_{gd}}{g_m}}{1+s[(R+R_i+g_m RR_i)C_{gd}+R_iC_g]+s^2RR_iC_{gd}C_g}$$

已知 $R_i=100\text{k}\Omega$，晶体管沟道长度为 40nm，跨导效率为 12V^{-1}。根据特征频率图表(如附录图 C-3)可知此时特征频率为 90GHz，则

$$C_{gg}=\frac{1}{2\pi}\frac{g_m}{f_T}=\frac{1}{2\pi}\frac{6\text{mS}}{90\text{GHz}}\approx 10.6\text{fF}$$

通过本征增益-跨导效率查找图表得到晶体管在该工作点下的本征增益 $g_m r_o=7.4$。晶体管的输出阻抗为

$$r_o=\frac{g_m r_o}{g_m}=\frac{7.4}{6\text{mS}}\approx 1.2\text{k}\Omega$$

则并联等效电阻

$$R=r_o /\!/ R_L=\frac{1.2\text{k}\Omega\times 1\text{k}\Omega}{1.2\text{k}\Omega+1\text{k}\Omega}\approx 550\Omega$$

此时栅漏电容 C_{gd} 值可以通过设计图来确定。由于设计图要求横纵坐标与晶体管的宽度 W 弱相关或者不相关，所以采用 C_{gd}/C_{gg} 为纵轴以消除器件宽度对设计图的影响：当晶体管工作在饱和区时，C_{gd} 为交叠电容 C_{ol}，与晶体管宽度成正比。而 C_{gg} 中的 C_{gs} 和 C_{gd} 也均与晶体管宽度成正比，二者的比值消除了对 W 的相关性。选取跨导效率 g_m/I_D 为横轴，在 40nm 工艺下取晶体管长度为 40nm，仿真得到如图 6-4 所示的结果。

当晶体管跨导效率为 12V^{-1} 时，查图表得到 $C_{gd}/C_{gg}\approx 0.3$，即 $C_{gd}\approx 0.3C_{gg}=3.2\text{fF}$，$C_g=C_{gg}-C_{gd}=7.4\text{fF}$。

实际上，从图 6-4 可以看出，C_{gd}/C_{gg} 在相当大的范围内都在 0.3 左右。由于 C_{gg} 随着沟道长度线性增加，C_{gd} 却不随沟道长度变化。对于 40nm 工艺，可以采用下式近似估算 C_{gd}：

$$\left.\frac{C_{gd}}{C_{gg}}\right|_{L=L_x}\approx k_{gd}\frac{40\text{nm}}{L_x}$$

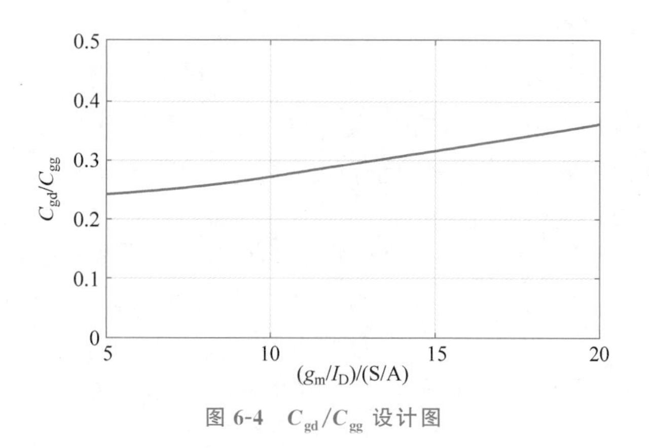

图 6-4 C_{gd}/C_{gg} 设计图

式中 $k_{gd} \approx 0.3$。

图 6-4 是在漏源电压 $V_{DS}=0.55V$ 时得到的，由于漏源电压对 C_{gd} 与 C_{gg} 的影响较小，在查图表时通常可以忽略 V_{DS} 的影响。

将上述所有数据代入求出的传递函数中，可以求得电路的带宽为 75MHz。

图 6-5 展示了该放大器增益随频率变化的曲线，可以看到放大器的带宽为 76MHz，与手工分析得到的结果十分吻合。

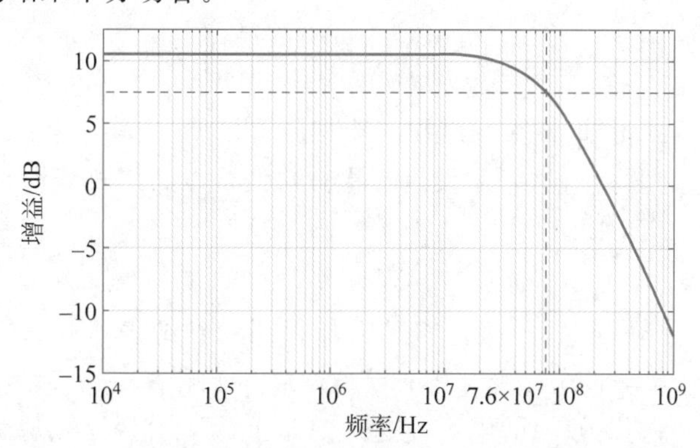

图 6-5 传感器放大电路带宽仿真结果

上述求解方法虽然对所有电路来说都是通用的，但复杂度较高，并且缺乏对电路的直观理解。当电路中元件数目进一步增加时，电路的传递函数将变得更为复杂，难以通过手工计算求解。即便成功求出了传递函数的表达式，也很难求解电路带宽，更无法理解决定电路带宽的关键因素。

6.2 密勒近似

为了简化计算并得到对电路特性的直观理解，本节将介绍一种在分析电路时十分常用的方法——密勒近似。

6.2.1 密勒近似的基本原理

从直观上分析图 6-3 所示的电路，其带宽应该被输入源的阻抗 R_i 及其右侧的阻抗所限制，当信号频率较低时，R_i 右侧的阻抗很大，信号全部加到晶体管的栅源电压 v_{gs} 上。而当频率升高后，R_i 右侧的阻抗降低，信号经过 R_i 后产生了衰减，导致放大器增益降低。R_i 右侧的阻抗由电容 C_g 以及箭头右侧的电路组成。接下来推导箭头右侧电路导纳 $Y(s)$ 的表达式。这一部分电路两端电压为 $v_{gs}(s)$，流入的电流为 $i(s)$，则

$$i(s)=(v_{gs}-v_o)sC_{gd} \tag{6-1}$$

为消去式(6-1)中输出节点电压 v_o，根据输出节点的 KCL 方程

$$g_m v_{gs}+\frac{v_o}{R}+(v_o-v_{gs})sC_{gd}=0$$

可以求得 $v_{gs}(s)$ 和 $v_o(s)$ 的关系。用 $A_v(s)$ 表示从 $v_{gs}(s)$ 到 $v_o(s)$ 的增益，即

$$A_v(s)=\frac{v_o(s)}{v_{gs}(s)}=-g_m R\left(\frac{1-s\dfrac{C_{gd}}{g_m}}{1+sRC_{gd}}\right)$$

将上述关系代入式(6-1)中消去 $v_o(s)$，得到

$$Y(s)=\frac{i(s)}{v_{gs}(s)}=[1-A_v(s)]sC_{gd}$$

由 $A_v(s)$ 的表达式可知，$A_v(s)$ 存在一个极点和零点。假设这一极点和零点的位置远高于电路的带宽(后续将对这一假设进行检查)，便可以利用直流增益近似替代 $A_v(s)$，即认为 $A_v(s)\approx -g_m R$，则有

$$Y(s)\approx(1+g_m R)sC_{gd}$$

这一方法称为“密勒近似”。通过密勒近似得到的导纳表达式为人们提供了非常直观的理解：图 6-3 中箭头部分右侧电路的导纳近似等于电容 C_{gd} 导纳的 $(1+g_m R)$ 倍，相当于一个容值为 $(1+g_m R)C_{gd}$ 的电容。这样的阻抗(导纳)变换效应称为密勒效应。通过密勒效应对箭头右侧电路进行等效之后，可以得到如图 6-6 所示的等效输入网络，该网络由输入信号源、信号源阻抗 R_i、晶体管自身电容 C_g 以及由于密勒效应倍增后的电容组成。

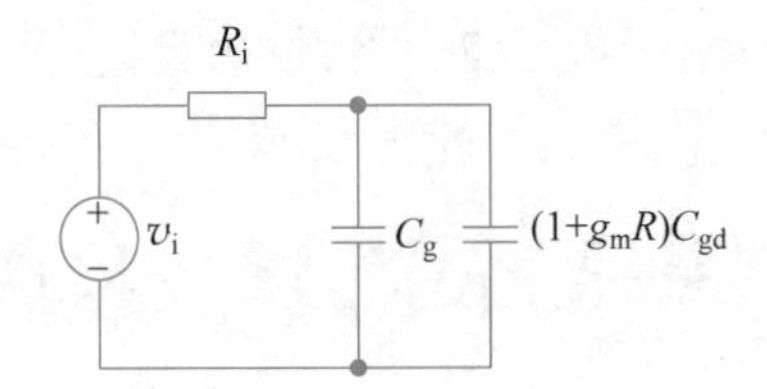

图 6-6 考虑密勒效应后的等效输入网络

由此可以推导出输入网络的 3dB 带宽，即

$$f_{-3dB}\approx\frac{1}{2\pi}\frac{1}{R_i[C_g+(1+g_m R)C_{gd}]}=\frac{1}{2\pi}\frac{1}{R_i(C_{gg}+g_m RC_{gd})}$$

代入 6.1 节中查图表得到的数据可得

$$f_{-3\mathrm{dB}} \approx \frac{1}{2\pi}\frac{1}{100\mathrm{k}\Omega(10.6\mathrm{fF}+6\mathrm{mS}\times 550\Omega\times 3.2\mathrm{fF})} \approx 75\mathrm{MHz}$$

可见与仿真结果 $f_{-3\mathrm{dB}}=76\mathrm{MHz}$ 基本一致。

6.2.2 密勒效应的一般情况

一般情况下，密勒效应可以采用图 6-7 所示的模型来分析。

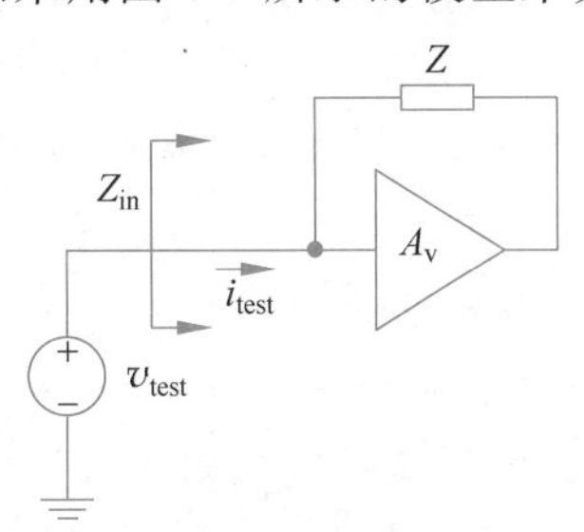

图 6-7 一般密勒效应结构图

当阻抗 Z 跨接在放大器 A_v 的输入与输出端之间时，从放大器输入端看到的阻抗将发生改变，称为密勒效应，此时有

$$Z_{\mathrm{in}}=\frac{v_{\mathrm{test}}}{i_{\mathrm{test}}}=\frac{v_{\mathrm{test}}}{\dfrac{v_{\mathrm{test}}-A_v v_{\mathrm{test}}}{Z}}=\frac{Z}{1-A_v} \tag{6-2}$$

也可以从导纳的角度进行分析，即

$$Y_{\mathrm{in}}=Y(1-A_v)$$

当 A_v 的取值发生变化时，密勒效应对阻抗有着不同的变换效果：如果 $A_v=0$，等效阻抗和原阻抗相比并未发生变化。如果 $A_v=1$，等效阻抗变为了正无穷，即等效导纳变为 0，相当于阻抗 Z 被视作开路。从直观上说，当 $A_v=1$ 时，假设输入端电压升高 1mV，则输出端电压也升高 1mV，阻抗 Z 两端的电压不变，不会有电流从输入端经过阻抗 Z 流向输出端，相当于电路开路，等效为输入阻抗为正无穷。这一效应称为自举。在电路设计中，自举常用于提高电路阻抗。

如果 $A_v>1$，假设 $A_v=2$，此时等效阻抗 $Z_{\mathrm{in}}=-Z$，意味着可以通过密勒效应等效出负电阻。假设输入电压提高 1mV，输出电压提高 2mV，电流会从输出端经过阻抗 Z 流回输入端。当电压升高时反而有反向电流流出，便体现出负阻效应。

如果 $A_v<0$，则输入端看到的等效阻抗降低，导纳上升。在 6.2.1 节中，$A_v(s)\approx -g_m R$，便属于这种情况。

6.2.3 密勒近似的准确性检查

在 6.2.2 节中提到的密勒效应的阻抗变换表达式(6-2)是精确成立的，并不存在近似。而在 6.2.1 节中，利用密勒效应对 6.1 节中提出的设计实例进行分析时，忽略了

$A_v(s)$的零点和极点，采用了其直流值代替，即

$$A_v(s)=-g_mR\left(\frac{1-s\dfrac{C_{gd}}{g_m}}{1+sRC_{gd}}\right)\approx-g_mR$$

通过密勒近似能够非常直观而简便地求出电路的带宽，但是为了保证带宽计算结果的准确性，需要确认$A_v(s)$在关注的频率范围（≈75MHz）内是否可以近似为常数，即$A_v(s)$的零点和极点频率是否远高于75MHz。代入相关数据进行计算可得

$$f_p=\frac{1}{2\pi}\frac{1}{RC_{gd}}=\frac{1}{2\pi}\frac{1}{Rk_{gd}C_{gg}}=\frac{1}{2\pi}\frac{1}{0.55\text{k}\Omega\times0.3\times10.6\text{fF}}\approx91\text{GHz}$$

$$f_z=\frac{1}{2\pi}\frac{g_m}{k_{gd}C_{gg}}=\frac{1}{2\pi}\frac{6\text{mS}}{0.3\times10.6\text{fF}}\approx300\text{GHz}$$

即$A_v(s)$的极点频率为91GHz、零点频率为300GHz，均远高于75MHz。所以可以使用$A_v(s)$的直流值来对其近似，并保证带宽计算结果的准确性。

在对图6-2中的电路进行简化时，忽略了结电容C_{db}。考虑C_{db}并重新计算$A_v(s)$，得到

$$A_v(s)=-g_mR\left[\frac{1-s\dfrac{C_{gd}}{g_m}}{1+sR(C_{gd}+C_{db})}\right]$$

即C_{db}会使得$A_v(s)$的极点低频降低，而不改变零点。仿真结果表明，C_{db}的取值仅为0.04fF，不到C_{gg}的1%，远小于C_{gd}，由此可以忽略C_{db}的影响。

6.2.4 输出负载的影响

当共源放大器驱动电容负载（如下一级放大器的输入电容）时，对应的电路如图6-8所示，负载电容C_L和C_{db}并联，此时有

$$A_v(s)=-g_mR\left[\frac{1-s\dfrac{C_{gd}}{g_m}}{1+sR(C_{gd}+C_{db}+C_L)}\right]$$

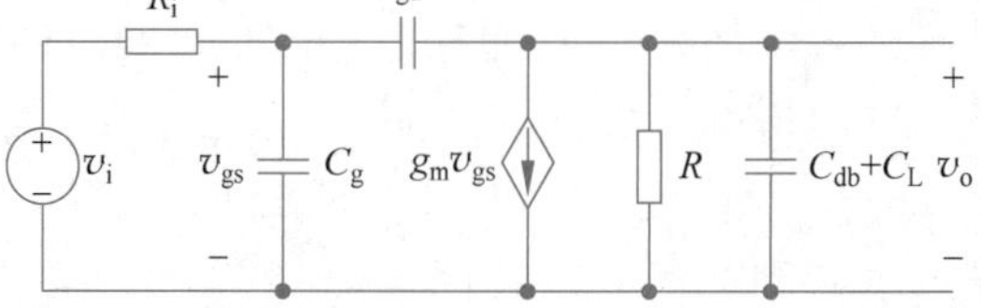

图6-8 具有负载电容的共源放大器电路等效模型

当负载电容较大，远超过晶体管自身电容时，$A_v(s)$的极点频率将大大降低。假设$C_L=10\text{pF}$，则有

$$p=\frac{1}{2\pi}\frac{1}{R(C_{gd}+C_{db}+C_L)}\approx\frac{1}{2\pi}\frac{1}{550\Omega\times10\text{pF}}\approx30\text{MHz}<75\text{MHz}$$

在之前的分析中认为电容 C_{gd} 被 $A_v(s)$"放大"了。被放大的电容在输入端口决定了电路的带宽为75MHz。当引入一个大的负载电容 C_L 之后,这一电容放大效应的带宽仅为30MHz,因此在75MHz频点上对于 C_{gd} 已经不再有"放大"效果,此时使用密勒近似计算得到的电路带宽是不准确的。

图6-9展示了该放大器驱动电容负载时增益随频率变化的曲线,电路带宽为23MHz。从直观上看,此时电路的带宽应该被 C_L 限制。既然 C_L 限制了 $A_v(s)$(即从 v_{gs} 到 v_o 的增益的带宽),那么 v_i 到 v_o 的增益也将随之而降低。

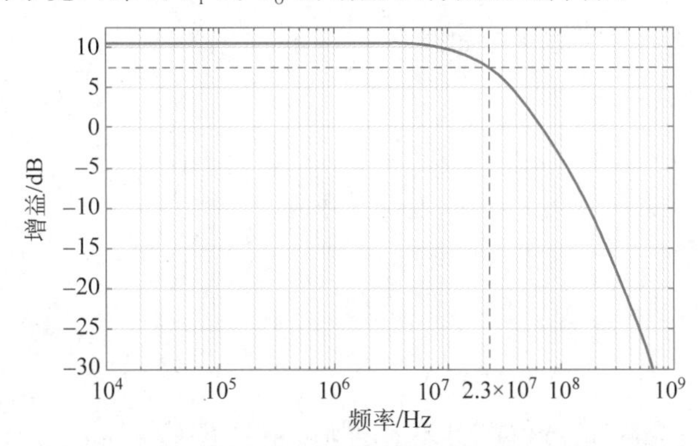

图6-9 驱动电容负载时传感器放大电路带宽仿真结果

6.3 零值时间常数分析

在受到输出负载影响的情况下,密勒近似不再适用,可以使用另一种更为通用的带宽分析方法——零值时间常数分析或开路时间常数分析。相较于直接推导传递函数以及采用密勒近似这两种分析电路带宽的方法,零值时间常数分析这一方法更加普适,也更加直观。

6.3.1 零值时间常数分析的定义

电阻本身属于非记忆性器件,它对电压、电流的响应是瞬时的,不会带来延迟,因此电路的频响特性只与记忆性元件(即电容和电感)有联系。在集成电路中,电容是常见的,例如晶体管自身就有多个寄生电容,而且高品质因数(Q 值)电容在集成电路工艺中也容易制造,因此应用范围广泛。

考虑电路中存在若干独立电容(指该电容的电压或电流与其他电容之间不存在固定关系),则每个电容都会给电路的传输特性带来一定的延迟。如果认为电路的主极点对应的延迟可以视为每个独立电容引入延迟的线性叠加,就可以通过对每个电容分别计算时间常数并以求和的方式计算该电路对应的总的时间常数,从而求得电路带宽。这一方法称为零值时间常数分析或开路时间常数分析。

具体地说,零值时间常数分析的步骤如下:

(1) 选择电路中一个电容 C_j,令其余所有电容开路,将电路中的独立电压源视为短路,将独立电流源视为开路。

(2) 计算从该电容两端看进去的阻抗 R_j，得到时间常数 $\tau_j=R_jC_j$。

(3) 选择另一个电容重复以上操作(1)和(2)，直到所有电容都被遍历。

(4) 将所有时间常数求和并取倒数得到电路的带宽，即

$$\omega_{-3\mathrm{dB}} \approx \frac{1}{\sum \tau_j}$$

6.3.2 基于零值时间常数分析的带宽估计

利用零值时间常数分析方法对如图 6-10 所示的电路带宽进行分析。

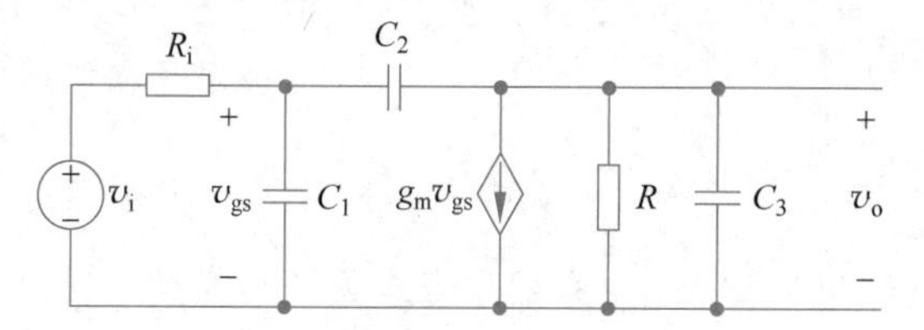

图 6-10 共源放大器一般的小信号模型

第一步，分析 C_1 电容对于电路延迟的贡献。将 C_2 和 C_3 视为开路，得到如图 6-11 所示的电路，计算 C_1 两端的等效电阻为 R_i，则有 $\tau_1=R_iC_1$。

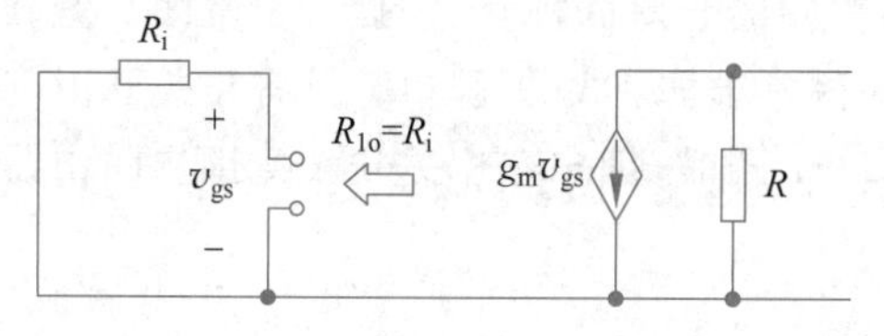

图 6-11 电容 C_1 两端阻抗分析

第二步，分析 C_2 带来的延迟。将 C_1 和 C_3 开路，得到如图 6-12 所示的电路。计算 C_2 两端的等效电阻。利用加流求压法求解电容 C_2 两端的阻抗，可以得到

$$R_{2o}=\frac{v_{\text{test}}}{i_{\text{test}}}=R_i+R+g_mR_iR$$

则有 $\tau_2=(R_i+R+g_mR_iR)C_2$。

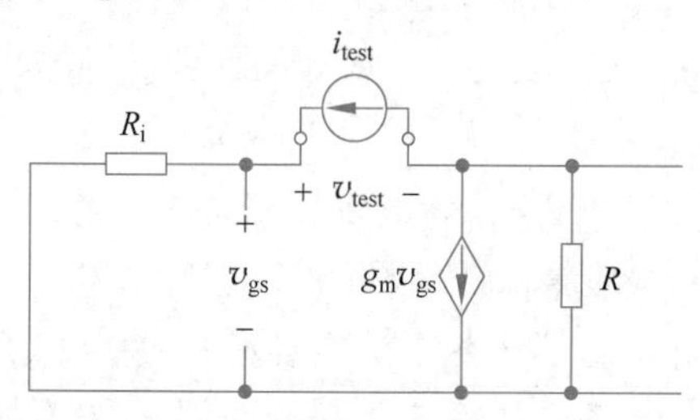

图 6-12 电容 C_2 两端阻抗分析

第三步，分析 C_3 带来的延迟。同理，可以得到 $R_{3o}=R$，$\tau_3=RC_3$。

计算得到每个电容引起的延迟后，认为总电路的延迟就是三个电容带来的延迟的线性累加，则可以根据电路中的总延迟计算得到 3dB 带宽为

$$f_{-3\mathrm{dB}} \approx \frac{1}{2\pi} \frac{1}{\tau_1 + \tau_2 + \tau_3} = \frac{1}{2\pi} \frac{1}{R_\mathrm{i}C_1 + (R_\mathrm{i} + R_\mathrm{L} + g_\mathrm{m}R_\mathrm{i}R)C_2 + RC_3}$$

代入6.1节的设计实例所提出的电路中的数据，在不存在负载电容时，有

$$C_1 = C_\mathrm{g} = 7.4\mathrm{fF}$$
$$\tau_1 = 100\mathrm{k\Omega} \times 7.4\mathrm{fF} = 0.74\mathrm{ns}$$
$$C_2 = C_\mathrm{gd} = 3.2\mathrm{fF}$$
$$\tau_2 = (100\mathrm{k\Omega} + 550\Omega + 6\mathrm{mS} \times 100\mathrm{k\Omega} \times 550\Omega) \times 3.2\mathrm{fF} \approx 1.38\mathrm{ns}$$
$$C_3 = C_\mathrm{db} = 0.04\mathrm{fF}$$
$$\tau_3 = 550\Omega \times 0.04\mathrm{fF} = 22\mathrm{fs}$$

求得电路带宽为

$$f_{-3\mathrm{dB}} \approx \frac{1}{2\pi} \frac{1}{\tau_1 + \tau_2 + \tau_3} = \frac{1}{2 \times 3.14} \times \frac{1}{0.74\mathrm{ns} + 1.38\mathrm{ns} + 22\mathrm{fs}} \approx 75\mathrm{MHz}$$

零值时间常数分析的结果与采用密勒近似的计算结果(75MHz)以及SPICE仿真结果(76MHz)都匹配得较好。

当考虑负载电容 C_L 时，有

$$C_3 = C_\mathrm{db} + C_\mathrm{L} \approx 10\mathrm{pF}$$
$$\tau_3 = 550\Omega \times 10\mathrm{pF} = 5.5\mathrm{ns}$$

则

$$f_{-3\mathrm{dB}} \approx \frac{1}{2\pi} \frac{1}{\tau_1 + \tau_2 + \tau_3} = \frac{1}{2 \times 3.14} \times \frac{1}{0.75\mathrm{ns} + 1.38\mathrm{ns} + 5.5\mathrm{ns}} \approx 21\mathrm{MHz}$$

此时负载电容对应的时间常数对电路的带宽起到决定性作用，该结果与图6-10所示的放大电路驱动电容负载时的带宽仿真结果(23MHz)接近。

总的来看，零值时间常数分析方法能够同时考虑密勒效应和负载电容对电路带宽的影响，并且能使人们对电路带宽有更为深入的认识，是一个十分有效的方法。

6.3.3 零值时间常数分析方法的原理及局限性

零值时间常数分析方法的原理可以从传递函数的角度进行理解。在对电路频率响应进行分析时，假设电路中每一个独立电容都对应一个延时，并引入一个实数极点，可以得到电路的传输函数为

$$H(s) = \frac{K}{(1 + \tau_1 s)(1 + \tau_2 s)\cdots(1 + \tau_n s)}$$

对传递函数中分母进行一阶近似，即忽略 s 的高阶项，即

$$H(s) \approx \frac{K}{1 + (\tau_1 + \tau_2 + \cdots + \tau_n)s}$$

一阶项的系数则对应所有时间常数的和，则电路带宽近似为

$$\omega_{-3\mathrm{dB}} \approx \frac{1}{\tau_1 + \tau_2 + \cdots + \tau_n}$$

这便是零值时间常数分析方法的数学解释。注意,在利用零值时间常数分析方法进行频率特性分析时,忽略了零点对频率特性的影响。当电路中存在低频零点时,该方法的分析结果会变得不准确。因此,在利用零值时间常数分析方法进行频率特性分析时,需要首先观察电路中是否存在低频零点。若该零点是一个低频零点,不会影响电路的高频特性,则需要先将该零点消除。一般AC耦合电容会引入低频零点,但是该零点并不会影响电路带宽,可以直接将引入零点的电容视为短路,然后用零值时间常数分析方法进行频率特性分析。但是,如果电路中存在的零点会对频率特性造成显著影响,此时零值时间常数分析方法不再适用。

当分别计算得到的两个或多个时间常数较为接近时,忽略传递函数中 s 的高阶项会引入较大的误差,使用零值时间常数分析方法得到的3dB带宽也会产生偏差。

分析如图6-13所示的带有理想缓冲器的级联低通滤波器的频率特性。如果采用零值时间常数分析方法,两个电容两端的阻抗均为 R,对应时间常数均为 RC,则电路带宽为

$$\omega_{-3\mathrm{dB,ZVTC}}=\frac{1}{2RC}$$

电路的传递函数为

$$H(s)=\frac{1}{(1+sRC)^2}$$

实际电路带宽为

$$\omega_{-3\mathrm{dB}}=\frac{\sqrt{\sqrt{2}-1}}{RC}=\frac{0.644}{RC}$$

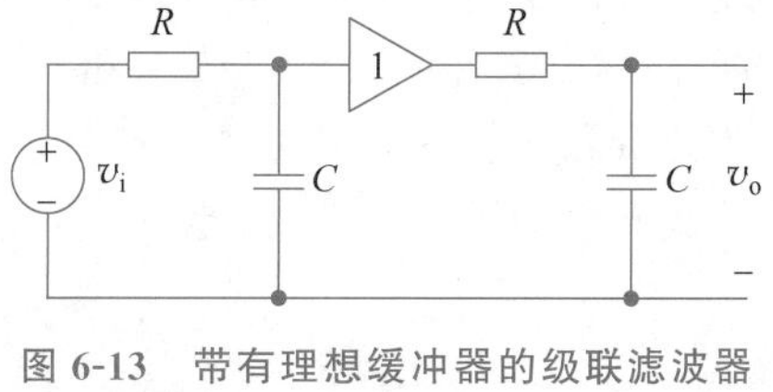

图6-13　带有理想缓冲器的级联滤波器

采用零值时间常数分析方法得到的带宽结果误差约为22%。虽然存在误差,但是偏差不是很大。特别考虑到估算得到的带宽是相对悲观的(实际电路带宽会更宽),这个偏差通常可以接受(乐观的估计往往不可以被接受,因为所设计的电路将不满足指标要求)。当然,当电路存在多个数值接近的时间常数时,也可以人为调高带宽进行补偿(例如,对图6-13的电路,当发现两个时间常数相近时,估算结果少了约20%,就在最后计算数值上加大20%)。

6.4 本章小结

本章以6.1节介绍的传感器放大电路为例,介绍了分析电路频率特性的两种方法,即密勒近似和零值时间常数方法。在电路设计过程中,直接通过电路方程求解传递函数

是最容易想到的带宽分析方法，但在面对复杂电路时传递函数的求解十分困难，并且该方法也不便于直观理解决定电路带宽的关键因素。通过密勒近似对电路中的阻抗进行等效变换是一种常见的方法，可以极大地简化电路分析，并提供对电路的直观理解。另外，当密勒近似的条件无法满足时（如电路的带宽主要受 C_L 限制），零值时间常数分析方法可以综合考虑电路中各部分对电路带宽的影响，此时使用零值时间常数分析方法比密勒近似更为有效。

第7章 噪声

噪声是高性能模拟电路设计中的一个基本问题。电路的噪声水平是影响电路信噪比的重要因素。正如我们将看到的，减小噪声会付出高昂的代价。本章将对电路中的噪声进行介绍，包括噪声的基本概念、常见的噪声类型以及器件(电阻和晶体管)的噪声特性。在对噪声有了基本的认识后，将对各种基本电路进行噪声分析。

7.1 噪声的基本概念

在介绍噪声之前，需要明确噪声的定义：噪声是一种随机的扰动，包括由载流子随机运动引起的热噪声、器件中固有的闪烁噪声和散粒噪声等。电路中的噪声与干扰不同，干扰可以被人为控制或者消除，而电路中的噪声属于器件内生的一种随机扰动，无法被人为控制或者消除。例如，在利用模拟电路进行放大和滤波时，如果模拟电路和数字电路共用电源，数字电路中产生的抖动将通过电源耦合到模拟电路中，称为电源串扰。对模拟电路而言，这种串扰会干扰正在处理的有用信号。有时这种干扰也称为“电源噪声”，但是从严格意义上讲，它是干扰而不是噪声，因为关闭数字电路的时钟或电源就可以消除这种干扰。常见的干扰包括信号耦合的串扰、衬底耦合的串扰、电源串扰等。这一类的干扰是人为可控的，通过搭建全差分电路，或者利用布线的技巧可消除耦合串扰。

如图 7-1 所示，一个“干净”的输入信号通过电路后，叠加了很多噪声。可以对信号和噪声分别进行分析，认为实际的输出信号等效为一个“干净”的输出信号叠加上随机扰动(噪声)。信号的功率与噪声的功率之比称为信噪比，即

$$\mathrm{SNR}=\frac{P_{\text{signal}}}{P_{\text{noise}}}$$

它用来衡量信号功率相对于噪声功率的大小。

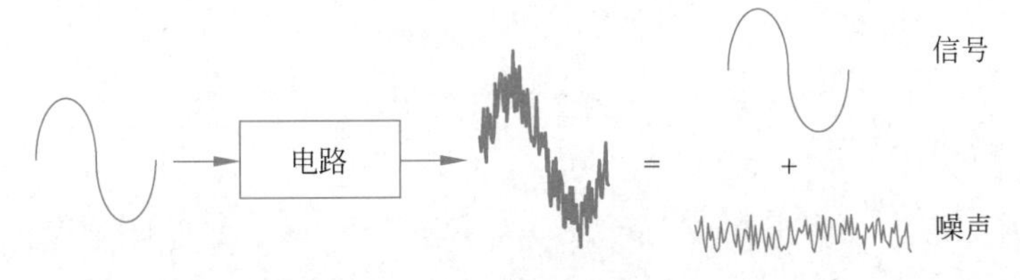

图 7-1 电路噪声模型

在很多电子系统中，信噪比是一个核心的性能指标，对系统的性能有着本质的影响。随着集成电路工艺的演进，电源电压不断下降，信号的摆幅和功率也不断降低。在同等噪声功率的情况下，信噪比有变差的趋势，因此针对噪声的研究更为重要。当信号的功率下降时，保持电路的高信噪比甚至进一步提高电路的信噪比需要对电路的噪声有非常深刻的理解。在进行电路设计时，需要在信噪比、功耗和速度之间做一个折中的考虑。通常，低噪声意味着电路中存在较大的电容(将在后面介绍)。在相同速度的电路中，更大的电容需要更大的充放电电流，也就意味着更大的功耗。

本章围绕两个问题展开对噪声的介绍：一是如何对器件噪声进行建模；二是如何根据模型计算电路的噪声性能。本章将首先讨论器件的噪声，主要包括热噪声、闪烁噪声

和散粒噪声等。

7.2 热噪声

热噪声是由载流子热运动所产生的噪声，是电子元器件中固有的噪声，无法人为控制或消除。本节将具体分析电阻热噪声和晶体管热噪声的表征方法和影响因素。

7.2.1 电阻热噪声

以一个简单电压源和电阻串联电路为例，如图 7-2 所示。在理想情况下，根据欧姆定律，电阻上流过的电流完全由电阻两端的电压决定。由于电阻两端的电压恒定，电阻上流过的电流也是恒定值，不随时间变化。

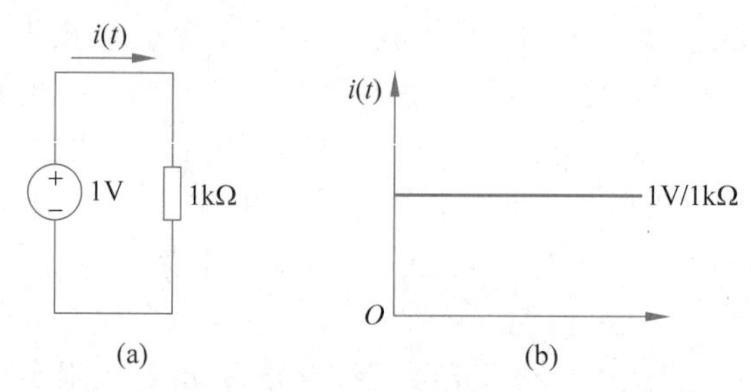

图 7-2 理想电阻及其流过的电流值

实际上，当温度不是 0K 时（如在室温下），电阻中的载流子进行热运动时会与电阻中的晶格发生碰撞。这种随机的碰撞会对电流产生扰动，在信号上叠加一个随机的噪声，导致电流不是恒定值。对于电阻的热噪声，可以用一个噪声电流源来对其进行建模，如图 7-3(a)所示，电流 $i(t)$随时间变化的测量曲线如图 7-3(b)所示。载流子的热运动产生的噪声称为热噪声或者 Nyquist-Johnson 噪声。

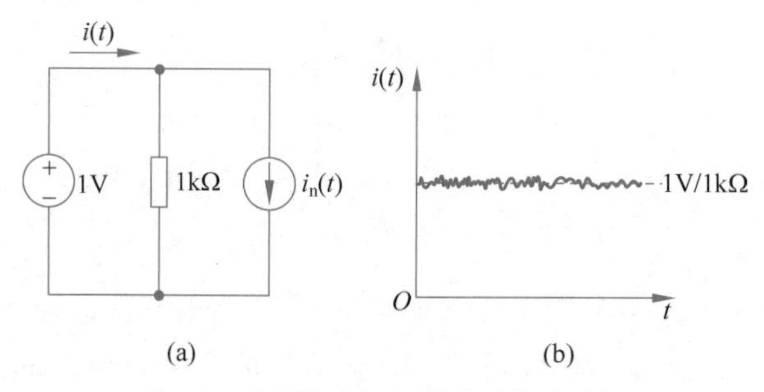

图 7-3 非理想电阻及其流过的电流值

电阻热噪声是载流子的微观热运动引起的，与电阻中是否存在宏观电流无关。可以认为热噪声属于随机噪声，因为载流子与晶格碰撞的过程是随机的。实际上，载流子与晶格碰撞的时间常数约 0.2ps，即经统计平均每隔 0.2ps 会发生一次碰撞。从严格意义上说，热噪声在 0.2ps 的时间尺度内是存在相关性的，但是这个时间非常短，其对应的频率在太赫兹量级。现有电路的工作频率远低于这一量级，所以在现有的观测尺度下，可以认为热噪声是完全随机的，即任何两个不同时间点的热噪声都不存在相关性。由于热噪声是大量载流子的随机运动的叠加，根据中心极限定理，热噪声在幅度上的分布为高斯分布。

虽然热噪声的具体取值是随机的，在时间上不可预测，但是可以对其均值、方差和功率谱密度等统计特性进行分析。对于一个随机过程，可以对其自相关函数和功率谱进行分析。既然热噪声可以看成是完全随机的，其自相关函数就可以定义为冲激函数，即

$$R_{\mathrm{n}}(\tau)=c\delta(\tau)$$

式中 c 为常数。

根据维纳-辛钦定理，热噪声的功率谱密度是常数，所以也称为“白噪声”。当然，热噪声功率谱密度并不是严格意义上的常数，否则积分之后将得到无穷大的噪声功率，这显然是与实际不符的。如前所述，在很短的时间范围内（0.2ps），热噪声的取值之间是具有相关性的，所以其自相关函数并不是严格的冲激函数，其对应的功率谱密度在非常高的频率下会衰减，如图 7-4 所示，因此其积分之后得到的噪声功率是有限值。但这一衰减频率在太赫兹量级，远高于电路的工作频率，所以在电路分析过程中可以认为热噪声在电路工作频率范围内的功率谱密度是常数。

对带有热噪声的电阻进行建模，可以将其等效为电阻 R 和一个噪声电压源 $\overline{v_{\mathrm{n}}}$ 的串联，如图 7-5(a)所示，其中电压源的功率谱密度，即单位频率内噪声电压的均方值为

$$\frac{\overline{v_{\mathrm{n}}^2}}{\Delta f}=4kTR$$

式中 k 为玻耳兹曼常数，T 为绝对温度。

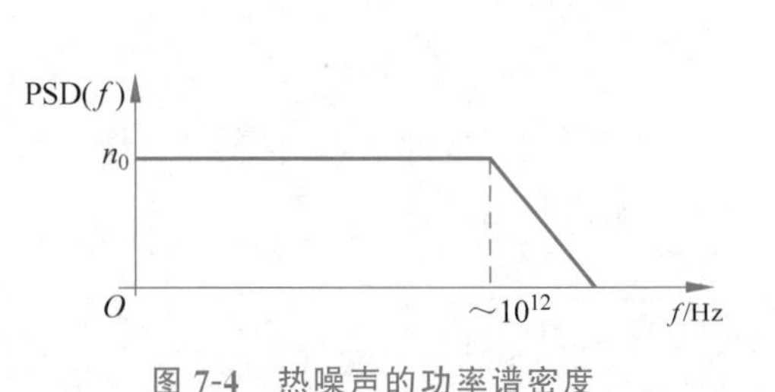

图 7-4 热噪声的功率谱密度

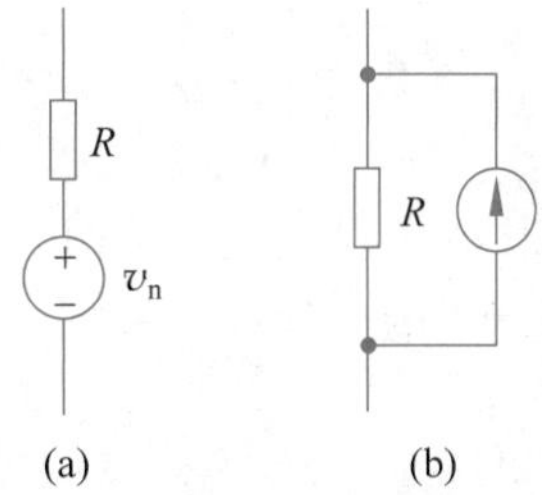

图 7-5 考虑热噪声的电阻等效模型

也可以根据诺顿等效将其等效为一个电阻和一个噪声电流源 i_{n} 的并联，如图 7-5(b)所示。电流源的功率谱密度，即单位频率内噪声电流的均方值为

$$\frac{\overline{i_{\mathrm{n}}^2}}{\Delta f}=\frac{4kT}{R}$$

要计算在给定带宽内的噪声功率，就是对给定带宽内的功率谱密度进行积分。将积分得到的结果开根号后即可以得到噪声电压（或噪声电流）的有效值（均方根值）。例如，对于阻值为 1kΩ 的电阻，其噪声电压对应的功率谱密度为

$$\frac{\overline{v_{\mathrm{n}}^2}}{\Delta f}=4kTR=16\times10^{-18}\,\mathrm{V}^2/\mathrm{Hz}$$

在 1MHz 带宽内,其噪声电压的均方值为

$$\overline{v_n^2}=16\times10^{-18}\times10^6\,V^2=16\times10^{-12}\,V^2$$

将其开方后得到噪声电压的有效值为

$$\sqrt{\overline{v_n^2}}=4\mu V$$

当两个电阻串联时,将两个噪声源求和并计算均方值,即

$$\overline{v_n^2}=\overline{(v_{n1}-v_{n2})^2}=\overline{v_{n1}^2}+\overline{v_{n2}^2}-\overline{2v_{n1}v_{n2}}$$

由于两个不同电阻的噪声功率在统计学上是不相关的,即$\overline{v_{n1}v_{n2}}=0$,则可以得到

$$\overline{v_n^2}=\overline{v_{n1}^2}+\overline{v_{n2}^2}=4kT(R_1+R_2)\Delta f$$

即电阻 R_1 与电阻 R_2 串联的总的噪声功率等于两个电阻噪声功率之和,也等于串联后的等效电阻(R_1+R_2)对应的噪声功率,如图 7-6 所示。注意,在进行噪声相关计算时,不能直接对噪声电压(电流)的有效值进行加减,而应当对于均方值或功率进行计算。

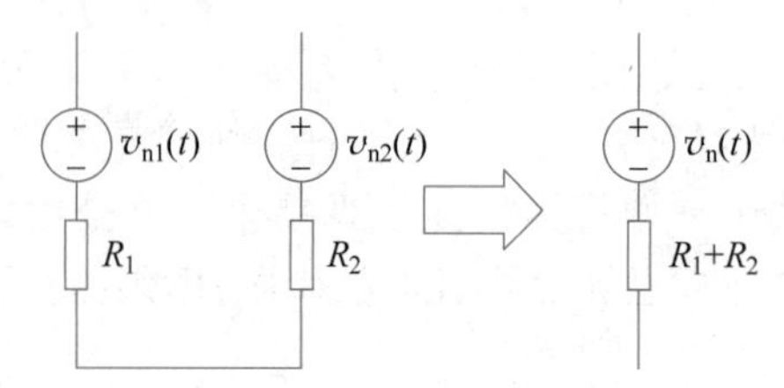

图 7-6　两个电阻串联的等效噪声电压

7.2.2　晶体管热噪声

当晶体管工作在线性区时,可以将晶体管看作一个电阻,此时晶体管的热噪声就等于该电阻产生的热噪声。根据长沟道模型,线性区晶体管电阻为

$$R_{lin}=\frac{1}{\mu C_{ox}\frac{W}{L}(V_{GS}-V_t-V_{DS})}$$

晶体管热噪声功率谱密度为

$$\frac{\overline{v_n^2}}{\Delta f}=4kTR_{lin}=\frac{4kT}{\mu C_{ox}\frac{W}{L}(V_{GS}-V_t-V_{DS})}$$

当晶体管工作在饱和区时,其热噪声可以建模为一个源漏端之间的噪声电流源,如图 7-7(a)所示,功率谱密度为

$$\frac{\overline{i_d^2}}{\Delta f}=4kT\gamma g_m \tag{7-1}$$

式中 g_m 为晶体管的小信号跨导,γ 为与工艺相关的噪声参数。对于长沟道晶体管而言,$\gamma=2/3$,对先进工艺下的短沟道晶体管而言,$\gamma\approx1$。

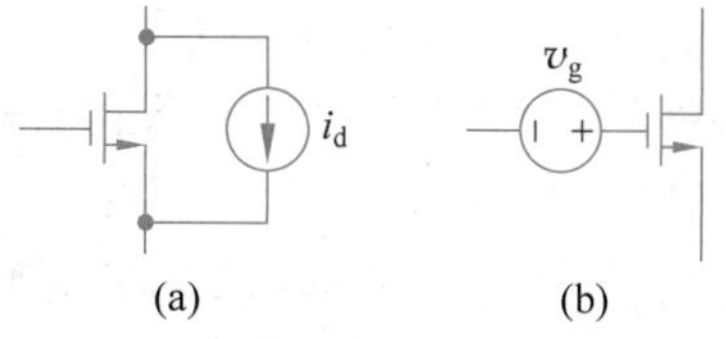

图 7-7 晶体管热噪声等效模型

由于饱和区晶体管的小信号模型为压控电流源，所以晶体管的沟道噪声电流也可以等效为一个串联在晶体管栅极的噪声电压源，如图 7-7(b)所示。由 $i_d=g_m v_g$，噪声电压源的功率谱密度为

$$\frac{\overline{v_g^2}}{\Delta f}=\frac{\overline{i_d^2}}{\Delta f}\frac{1}{g_m^2}=\frac{4kT\gamma}{g_m}$$

7.3 闪烁噪声

利用图 7-8(a)所示的电路对晶体管进行噪声仿真，得到晶体管噪声的功率谱密度如图 7-8(b)中的实线所示，其中点划线是晶体管的热噪声功率谱密度。在频率较高时，晶体管的噪声功率谱密度和热噪声功率谱密度较为吻合，但在低频时两者并不匹配。这是由于晶体管中还存在另外一种噪声——闪烁噪声(Flicker Noise)。

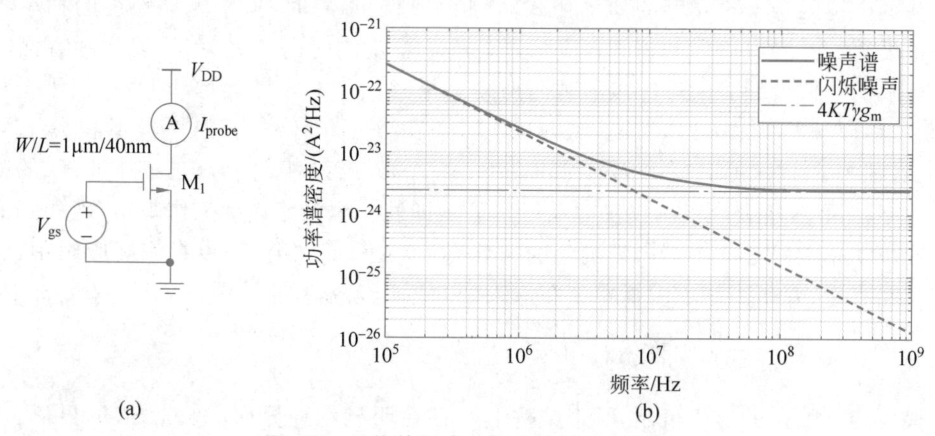

图 7-8 晶体管噪声仿真电路及仿真结果

7.3.1 晶体管的闪烁噪声

当载流子在 MOS 管沟道中运动时，Si/SiO$_2$ 界面附近的陷阱会随机地捕获和释放载流子，从而造成闪烁噪声。可以将闪烁噪声建模为一个漏源之间的噪声电流源，其功率谱密度为

$$\frac{\overline{i_f^2}}{\Delta f}=\frac{K_f}{C_{ox}}\frac{g_m^2}{WL}\frac{1}{f}$$

式中 K_f 是与工艺相关的参数，在 40nm 工艺下 K_f 约为 10^{-25} 数量级。

在相同工作情况下，PMOS管的闪烁噪声通常要小于NMOS管的闪烁噪声，所以如果要设计低噪声电路，可以选择PMOS管作为输入来降低闪烁噪声。另外，增大晶体管的长度也可以降低闪烁噪声。

由于闪烁噪声的功率谱密度与频率 f 成反比，所以也称为 $1/f$ 噪声。相较于白噪声而言，低频处功率谱密度更高，所以也称为粉红噪声。

同时考虑热噪声与闪烁噪声，定义闪烁噪声的功率谱密度与热噪声功率谱密度相等时的频率为闪烁噪声拐角频率，即

$$\frac{K_{\mathrm{f}}}{C_{\mathrm{ox}}}\frac{g_{\mathrm{m}}^{2}}{WL}\frac{1}{f}=4kT\gamma g_{\mathrm{m}}$$

在某一频率范围内，闪烁噪声的噪声功率取决于积分的起始频率和终止频率的比值，即

$$\overline{i_{\mathrm{f,tot}}^{2}}=\int_{f_1}^{f_2}K\frac{1}{f}\mathrm{d}f=K\ln\left(\frac{f_2}{f_1}\right)=K\cdot 2.3\lg\left(\frac{f_2}{f_1}\right)$$

也就是说，1Hz～10Hz范围内的闪烁噪声功率和1GHz～10GHz范围内的闪烁噪声功率是相同的。而热噪声功率则取决于起始频率和终止频率之差，1Hz～10Hz范围内的热噪声功率远小于1GHz～10GHz范围内的热噪声功率。所以通常而言，低频电路噪声主要为闪烁噪声，高频电路噪声为热噪声。

根据上述闪烁噪声功率的计算公式，当频率趋近于0时，似乎闪烁噪声的功率将趋近于正无穷。不必有这样的担心：频率为0意味着观测时间为无穷长，但实际观测时间总是有限的。假设针对闪烁噪声的观测持续1年(约30Ms，对应为30nHz)，相比于观测0.1秒(对应频率为10Hz)来说，观测时间增加了约 10^9 倍。若闪烁噪声积分上限为10GHz，则10nHz～10GHz的闪烁噪声功率(18个数量级)相比于10Hz～10GHz的闪烁噪声功率(9个数量级)来说，仅仅增加了1倍。即使一个电路连续工作1年，观测到的总闪烁噪声功率也只是0.1秒内观测到的闪烁噪声功率的2倍。所以在实际应用中，由于观测时间有限，并不用担心闪烁噪声在低频处趋近于无穷大的问题。

7.3.2 其他器件的闪烁噪声

根据闪烁噪声的形成机制，对于结构上不存在明显物理界面(如 Si/SiO_2 界面)的器件来说闪烁噪声就不明显。例如，双极型晶体管器件中不存在 Si/SiO_2 界面，其闪烁噪声就要比MOS器件的闪烁噪声低很多。如果希望降低电路的闪烁噪声，就可以用双极型晶体管器件作为输入级。

考虑热噪声和闪烁噪声的晶体管小信号模型如图7-9所示，总噪声电流源的功率谱密度为

$$\frac{\overline{i_{\mathrm{d}}^{2}}}{\Delta f}=4kT\gamma g_{\mathrm{m}}+\frac{K_{\mathrm{f}}}{C_{\mathrm{ox}}}\frac{g_{\mathrm{m}}^{2}}{WL}\frac{1}{f}$$

除了该噪声电流源外，小信号模型中的其余元件都是不产生噪声的。理想电容和理想电感不存在噪声，这是因为理想电容和理想电感不消耗能量。根据物理学的涨落耗散

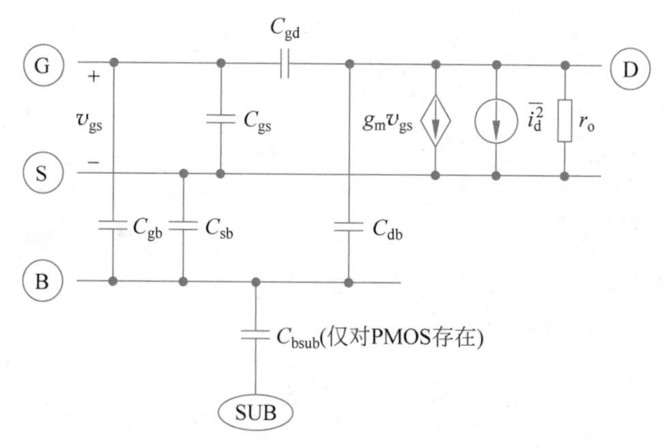

图 7-9 考虑器件噪声的 MOS 管饱和区等效小信号模型

定理，不消耗能量的器件是不产生噪声的。模型中晶体管的输出阻抗 r_o 并不是真实存在的电阻，只是为了描述晶体管的电流-电压特性，根据晶体管的沟道长度调制效应建模产生的等效电阻，所以也不会产生噪声。

7.4 散粒噪声

散粒噪声是由静态电流流经耗尽区域时的波动产生的，存在于 pn 结二极管、双极型晶体管以及在亚阈值区工作的 MOS 晶体管中。在 pn 结中存在势垒效应，载流子通过势垒区是一个随机事件，可以看作一个泊松过程。散粒噪声的功率与电流成正比，功率谱密度是常数，因此也可以看作白噪声。

工作在亚阈值区的晶体管散粒噪声功率谱密度为

$$\frac{\overline{i_d^2}}{\Delta f} = 2qI_D \tag{7-2}$$

对晶体管中的散粒噪声与热噪声进行仿真分析，固定晶体管的漏源电压 V_{DS}，扫描栅源电压 V_{GS} 使得晶体管工作在不同区域，查看晶体管噪声电流功率谱密度，得到如图 7-10 所示的结果。

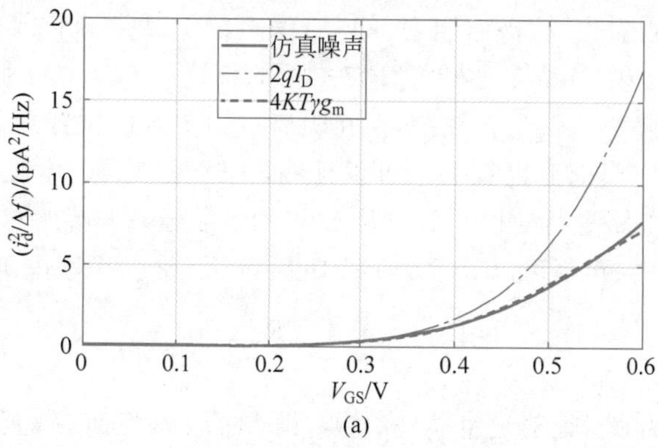

图 7-10 对电路进行噪声仿真分析并对结果进行归一化处理

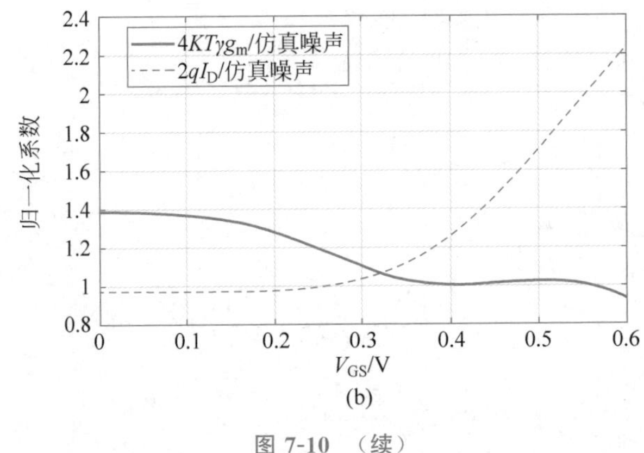

(b)

图 7-10 （续）

图 7-10(a)中实线为仿真得到的晶体管噪声电流功率谱密度，虚线为根据式(7-1)计算得到的结果，点划线为根据公式(7-2)计算得到的结果。为了更准确地分析两种噪声对晶体管总噪声的贡献，将两种噪声的计算结果分别除以仿真得到的噪声结果进行归一化，得到图 7-10(b)所示的结果。

当晶体管工作在亚阈值区时($V_{GS}<0.32V$)，散粒噪声在晶体管总噪声中占据主要地位。根据热噪声公式计算得到的噪声功率比晶体管仿真噪声功率大很多，说明在亚阈值区不能再使用热噪声对晶体管噪声进行建模。而当晶体管工作在饱和区时($V_{GS}>0.32V$)，仿真噪声功率谱密度与热噪声功率谱密度几乎吻合，说明此时热噪声占据主要地位。

7.5 栅极电阻噪声

在实际版图中，晶体管的栅极、源极、漏极均存在电阻(图 7-11)，这些电阻同样会产生热噪声，影响电路性能。一般而言，晶体管的源极与漏极电阻阻值较小，产生的噪声可以忽略；栅极电阻较大，对电路的噪声性能会产生较大的影响。尤其是在先进工艺下，晶体管沟道长度降低，栅极多晶硅变得更为“细长”，电阻值进一步上升，引入噪声的影响更为显著。

从图 7-11 中可以看出，栅极电阻对晶体管噪声的贡献是分布式的。假设 G 点连接到一个理想偏置电压，在多晶硅上距离 G 点更近的位置到 G 点的电阻较小，噪声电压较小，在沟道中产生的噪声电流也就较小，而在距离 G 点更远的位置到 G 点的电阻较大，噪声电压大，沟道中的噪声电流也较大。可以证明，上述分布式的电阻噪声效应可以通过图 7-12 所示的等效电路进行建模。假设从 G 点到多晶硅另一端的总电阻为 R_G，则这一段多晶硅对栅极噪声的贡献可以等效为一个阻值为 $R_G/3$ 的串联电阻，即

$$\frac{\overline{v_{rg}^2}}{\Delta f}=\frac{4kTR_G}{3}$$

以 40nm 工艺为例，对于尺寸为 5μm/40nm 的晶体管而言，其多晶硅电阻 $R_G\approx 2000\Omega$，其在栅极贡献的噪声电压功率谱密度为

$$\frac{\overline{v_{\text{rg}}^2}}{\Delta f}=\frac{4kTR_{\text{G}}}{3}=1.1\times10^{-17}(\text{V}^2/\text{Hz})$$

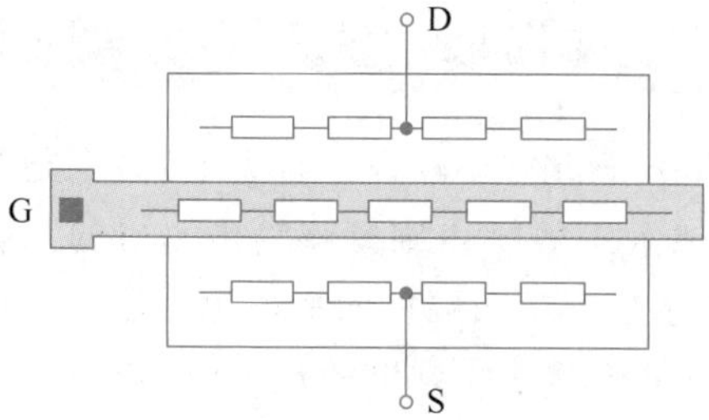

图 7-11 带有电阻的实际晶体管版图

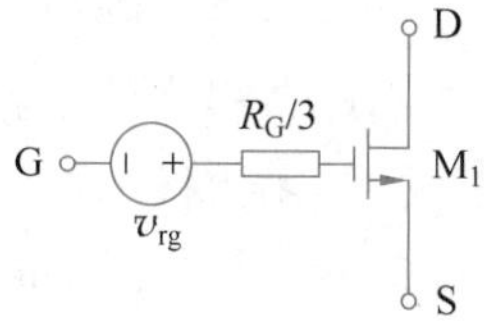

图 7-12 栅极分布式电阻噪声效应

假设晶体管跨导效率为 10V^{-1}，对应电流密度为 $32\mu\text{A}/\mu\text{m}$，则可以求得晶体管电流为 $160\mu\text{A}$，跨导为 1.6mS。假设 $\gamma=1$，则其沟道热噪声等效栅极噪声电压功率谱密度为

$$\frac{\overline{v_{\text{g}}^2}}{\Delta f}=\frac{4kT\gamma}{g_{\text{m}}}=1.0\times10^{-17}(\text{V}^2/\text{Hz})$$

从上述计算结果可以看出，此时栅极电阻贡献的热噪声甚至已经超过了晶体管沟道热噪声本身。所以在先进工艺下，在设计电路时必须考虑晶体管栅极噪声。

晶体管沟道热噪声是由晶体管的工作点（跨导）决定的，与晶体管的具体版图无关。然而，栅极电阻噪声却可以通过适当的版图技巧降低。图 7-13 展示了两种在保持晶体管尺寸不变的条件下降低栅极噪声的方法。在图 7-13(a)中，晶体管多晶硅的两端通过金属连接，由于金属电阻远低于多晶硅电阻，这样的连接方式能够降低多晶硅栅上每个点到偏置电压的电阻，从而降低其噪声贡献。可以证明，当电阻为 R_{G} 的多晶硅栅两端都通过金属连接时，其对栅极噪声功率的贡献变为单端连接时的 1/4，即可以等效为一个阻值为 $R_{\text{G}}/12$ 的串联电阻。此时

$$\frac{\overline{v_{\text{rg}}^2}}{\Delta f}=\frac{4kTR_{\text{G}}}{12}=\frac{kTR_{\text{G}}}{3}$$

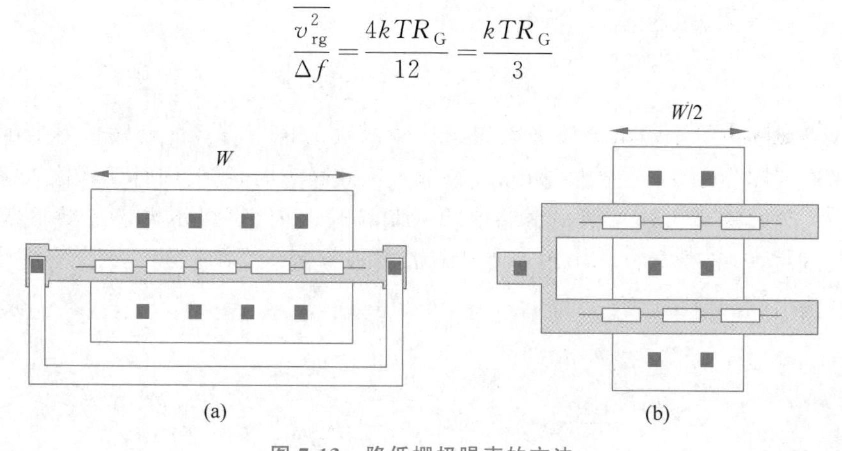

图 7-13 降低栅极噪声的方法

另一种降低栅极噪声的方式是通过多插指结构降低多晶硅栅的电阻。如图 7-13(b)所示，通过采用双插指结构，每个插指的栅极电阻降低为原来的 1/2，两个插指并联使总

栅极电阻降低为原来的1/4，从而使栅极噪声功率谱密度降低至1/4。一般地，将一个晶体管分为 N 个插指，其栅极电阻噪声功率谱密度降低为 $1/N^2$。

7.6 电路中的噪声分析

在介绍了单个器件的噪声机理之后，接下来分析电路噪声。直观上看，电路的输出噪声就是在输出端口得到的电路总噪声。而输入等效噪声则是将输出端口的总噪声除以输入到输出传递函数模的平方，等效为一个存在于输入端口的噪声源。输出噪声是物理上真实存在的，可以通过测量得到。输入等效噪声是计算出的理论值，相当于用电路的增益对输出噪声进行了归一化，常常用来比较电路的性能。

7.6.1 简单 *RC* 电路

如图7-14所示是基本的一阶 RC 电路，下面依次对电路的输出等效噪声、输入等效噪声以及输出端的信噪比进行分析。

首先计算电路输出端的噪声功率谱密度。将输入电压置零，将电阻用带有噪声电压的串联模型代替，如图7-15所示。

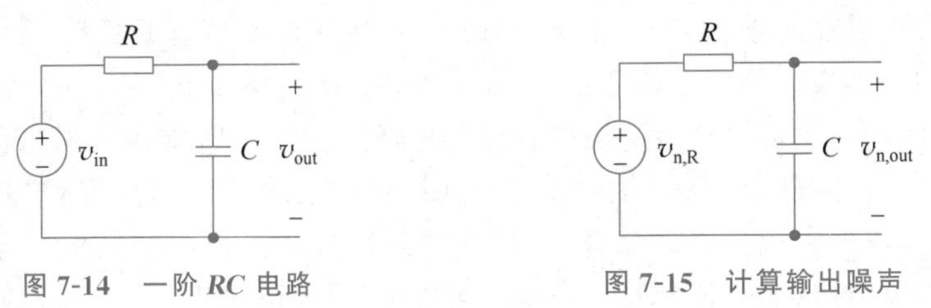

图7-14　一阶 *RC* 电路　　　图7-15　计算输出噪声

计算从噪声源到输出端的传递函数，并将噪声源的功率谱密度乘以传递函数的模平方得到输出端的噪声功率谱密度，即

$$\frac{\overline{v_{n,out}^2}}{\Delta f} = 4kTR\left|\frac{1}{1+sRC}\right|^2$$

输入等效噪声等于输出等效噪声除以传输函数的模平方。此处输入等效噪声的噪声功率谱密度即为 $4kTR$。严格地说，计算输入等效噪声时，需要同时计算输入等效噪声电压和输入等效噪声电流。但当电路的输入阻抗较大时，可以不考虑等效输入噪声电流，这一近似在中低频率的CMOS电路中往往是成立的。

电路输出端的信噪比为

$$\mathrm{SNR} = \frac{P_{\text{signal}}}{P_{\text{noise}}} = \frac{\frac{1}{2}V_{\text{out,peak}}^2}{\int_{f_1}^{f_2}\frac{\overline{v_{n,out}^2}}{\Delta f}\mathrm{d}f}$$

从上述公式中可以发现，计算信噪比具体取值的一个关键是确定积分的频率范围。可以分两种情况进行讨论：一是将信号带宽视为积分频率范围。音频系统就采用这种方式,因为人耳能分辨的频率范围是有限的,在该频率范围之外的噪声并不会对实际性能造成影响。二是计算从 0 积分到无穷大的总积分噪声,即全积分噪声。采样保持电路就适用于这种情况。在对带噪声的信号进行采样时,信号频谱会发生混叠,全频带内的噪声都会混叠到奈奎斯特区间内,所以在计算信噪比时需要考虑整个频带上的噪声功率。

简单 RC 电路的全积分噪声为

$$\overline{v_{\mathrm{n,out,tot}}^{2}}=\int_{0}^{\infty}4kTR\left|\frac{1}{1+\mathrm{j}2\pi fRC}\right|^{2}\mathrm{d}f=\frac{kT}{C}$$

观察积分结果可以发现,虽然 RC 电路的噪声是由电阻产生的,但电阻的阻值 R 没有出现在全积分噪声结果中,噪声功率反而由不产生噪声的电容 C 决定。这是由于电阻 R 在决定噪声的功率谱密度的同时也决定了传输函数模的取值,较大的 R 会提升噪声功率谱密度,但会减小传输函数模的取值;反之亦然。图 7-16 展示了 1kΩ 和 100kΩ 电阻的噪声功率谱密度和积分噪声,电容都为 1pF。可以看到增大电阻 R 对提升噪声功率谱密度和减小传输函数模的取值这两种影响互相抵消,总的积分噪声与电阻阻值无关。对于 1pF 电容而言,其总的积分噪声电压的有效值为 64μV。

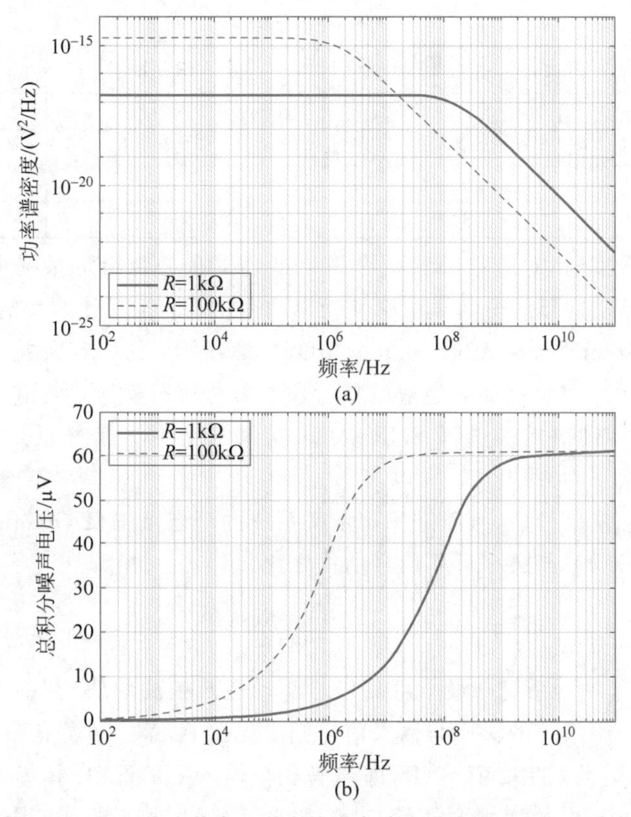

图 7-16 不同大小的电阻对应的噪声功率谱密度和总积分噪声

也就是说,电路中的总积分噪声功率只由电容的大小决定。假设电容值为 1pF,输出信号的峰值为 1V,仅考虑热噪声,电路信噪比为

$$\mathrm{SNR}=\frac{P_{\mathrm{signal}}}{P_{\mathrm{noise}}}=\frac{\frac{1}{2}V_{\mathrm{out,peak}}^{2}}{\frac{kT}{C}}=\frac{0.5\mathrm{V}^{2}}{(64\mu\mathrm{V})^{2}}\approx 81\mathrm{dB}$$

信噪比根据系统的需求来确定。在常见系统中，音频系统对信噪比的要求较高，往往在 100dB 以上，视频系统要求信噪比在 60dB 以上，而千兆以太网收发器则要求信噪比不低于 35dB。

表 7-1 列举了按照上述简单公式计算的信噪比与电容取值的关系。结合集成电路工艺中可实现的电容取值范围(1fF～100pF)，可以看到当信噪比要求低于 40dB 时，集成电路中的信噪比通常不会被热噪声所限制，此时仅依靠电路中的寄生电容就能够满足热噪声信噪比的需求。当信噪比要求在 60～120dB 时，需要根据热噪声来选择电容的尺寸。而当信噪比需求超过 120dB 时，对电容值的要求已经超出了片上集成电容所允许的范围，难以通过增大电容的方式降低噪声，而需要采用过采样等其他技术满足信噪比的要求。

表 7-1　给定输出电压幅度下信噪比与电容之间的对应关系

SNR/dB	C/pF	SNR/dB	C/pF
20	0.00000083	100	83
40	0.000083	120	8300
60	0.0083	140	830000
80	0.83		

当信号幅度改变时，对应信噪比也会发生变化。在一个给定系统中，调整信号的幅度使得 SNR＝1(0dB)，即使得信号功率和噪声功率相等。定义该幅度的信号为系统的最小可测信号(Minimum Detectable Signal，MDS)。实际上，这一定义并不是完全精确的。一些系统在 SNR＜1 时仍然能够通过某些手段对信号进行检测，实际的最小可测信号幅度由系统的具体特性决定。选择 SNR＝1 来定义最小可测信号只是一个较为通用的做法。

定义最小可测量信号后，可以进一步定义系统的动态范围(Dynamic Range，DR)，即系统最大摆幅信号功率与最小可测信号功率之比：

$$\mathrm{DR}=\frac{P_{\mathrm{signal,max}}}{\mathrm{MDS}}$$

图 7-17 展示了一个系统中最小可测信号与动态范围的取值，其中实线为信号功率，虚线为噪声功率。当系统的噪声与输入信号幅度无关时，最小可测信号功率就等于系统噪声功率，而动态范围就是峰值 SNR，即与满摆幅输入下的 SNR 相等。通常情况下，系统噪声随输入信号幅度的增大会逐渐增大，因此系统的动态范围往往会高于峰值信噪比。动态范围反映了一个系统对不同强度信号进行综合处理的能力。例如，相机的高动态范围成像(High Dynamic Range，HDR)技术就是用于提升相机的动态范围，从而使得相机能够更好地展示同一场景下不同光照强度的物体。

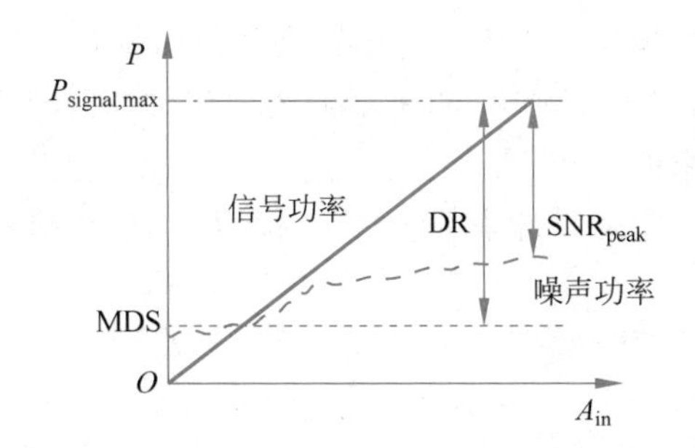

图 7-17　系统最小可测信号与动态范围示意图

7.6.2　共源放大器

考虑如图 7-18 所示的共源放大电路并计算输出端口的总积分噪声。为了便于直觉理解和分析,只考虑电阻和晶体管的热噪声,不考虑晶体管的闪烁噪声。在计算电路的输出等效噪声时,假定不同元件之间的噪声满足线性叠加原理,分别计算不同噪声源产生的输出噪声功率,相加即得到总的输出噪声功率。

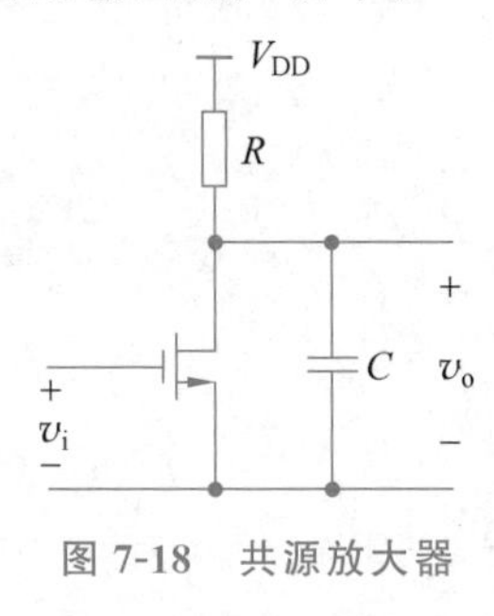

图 7-18　共源放大器

分别考虑晶体管和电阻的热噪声,可以求得图 7-18 中共源放大器电路的输出等效噪声的功率谱密度为

$$\frac{\overline{v_{\text{o}}^2(f)}}{\Delta f}=4kT\left(\frac{1}{R}+\gamma g_{\text{m}}\right)\left|\frac{R}{1+\text{j}2\pi fRC}\right|^2$$

总积分噪声为

$$\overline{v_{\text{o,tot}}^2}=\int_0^\infty 4kT\left(\frac{1}{R}+\gamma g_{\text{m}}\right)\left|\frac{R}{1+\text{j}2\pi fRC}\right|^2\text{d}f=\frac{kT}{C}(1+\gamma g_{\text{m}}R)$$

在不改变放大器带宽和增益,同时信号幅度已经给定的情况下,如果将电路中的 SNR 提高 6dB,则需要将噪声降低 6dB。根据得到的公式,这意味着电容 C 需要提高为原来的 4 倍;为保持电路带宽不变,需要将 R 降低为原来的 1/4;为了保持增益不变,则需要将 g_{m} 提高为原来的 4 倍。此时如果保持静态工作点不变,即保持 $g_{\text{m}}/I_{\text{D}}$ 不变,需要将电流 I_{D} 增加原来的 4 倍。由此得出结论:如果想将 SNR 提高 6dB,需要将功耗提高为原来的 4 倍。

上述结论也有一个更为简单的理解方式:可以通过求平均的方式降低电路噪声,从而提高信噪比。为实现 6dB 的信噪比提升,可以复制 4 个相同的电路,然后将所有的节点叠在一起实现求平均的操作。由于4个电路之间的信号是相同的，而噪声则是不相关的，求平均值之后信号功率不变，噪声功率降低为原来的1/4，信噪比提升6dB。此时电路的总功耗也会变成原来的4倍。

以上分析体现了模拟电路设计中的一对本质矛盾，即噪声和功耗之间的折中——降低噪声意味着增加功耗。

7.6.3 共栅放大器

对于共栅放大器电路，为了简化等效输入噪声的计算，做如下假设：只考虑电阻和晶体管的热噪声，不考虑晶体管的闪烁噪声；忽略晶体管的输出阻抗（$r_o \to \infty$）、背栅调制效应（$g_{mb}=0$）以及寄生电容。共栅放大器电路如图7-19(a)所示，其含有噪声源的等效电路如图7-19(b)所示。

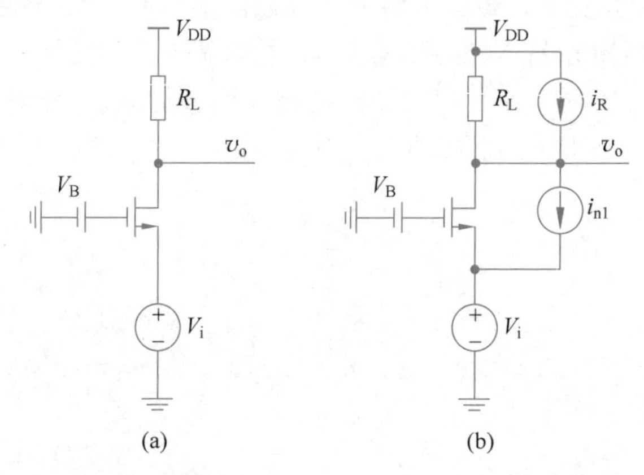

图7-19 共栅放大器电路及含有噪声源的等效电路

由于共栅放大器的输入阻抗较低，因此需要计算等效输入噪声电压和等效输入噪声电流，如图7-20所示。首先计算电路的等效输入噪声电压，如图7-20(a)所示，将输入短接到地，计算得到输出噪声电压为

$$\frac{\overline{v_{n,out}^2}}{\Delta f}=\left(4kT\gamma g_m+\frac{4kT}{R_L}\right)R_L^2$$

当输入短接时，从输入电压到输出电压的传递函数为g_mR_L。输出噪声电压除以传递函数的平方，计算得到输入等效噪声电压为

$$\frac{\overline{v_{n,in}^2}}{\Delta f}=\frac{\left(4kT\gamma g_m+\frac{4kT}{R_L}\right)R_L^2}{g_m^2R_L^2}=\frac{4kT\gamma g_m+\frac{4kT}{R_L}}{g_m^2}$$

接下来计算电路的输入等效噪声电流，如图7-20所示，将输入开路，计算得到输出噪声电压

$$\overline{v_{n,out}^2}=4kTR_L$$

当输入开路时，从输入电流到输出电压的传递函数为R_L，因此计算得到等效输入噪声电

流为

$$\overline{i_{\mathrm{n,in}}^2}=\frac{4kTR_{\mathrm{L}}}{R_{\mathrm{L}}^2}\Delta f=\frac{4kT}{R_{\mathrm{L}}}\Delta f$$

因此,共栅放大器的输入等效噪声模型如图 7-20(b)所示。

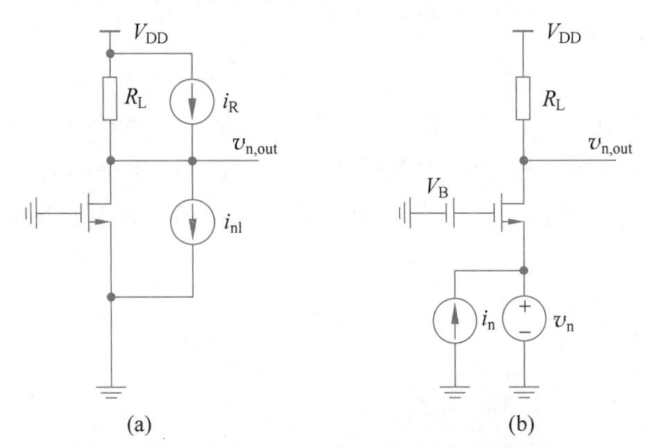

图 7-20 共栅放大器电路等效输入噪声计算

7.6.4 共源共栅放大器

对于共源共栅放大器,可以分别考虑 M_1 和 M_2 晶体管引入的噪声。如图 7-21 所示,低频时 M_1 产生的噪声电流可以通过 M_2 流到输出,从而在负载电阻上产生噪声电压。M_2 产生的噪声电流可以分别考虑其流入(A)和流出(B)情况。在低频时噪声电流从 M_2 的源极流入,但是又从 M_2 的漏极流出,等效于在 M_2 内部循环,并不会流到输出,因此 M_2 产生的噪声电流贡献很小。

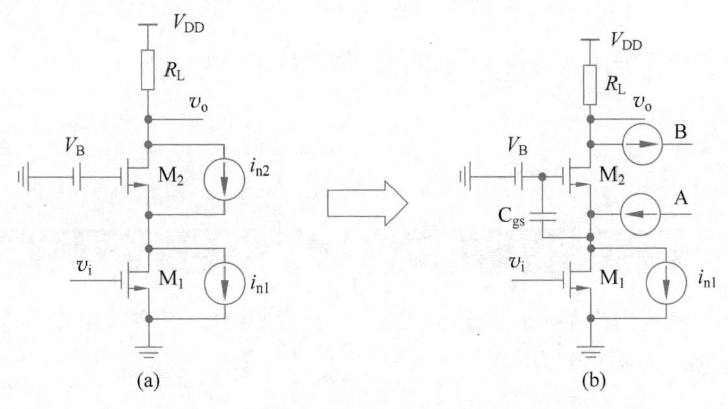

图 7-21 共源共栅放大器电路噪声模型

在高频时,由于 M_2 中寄生电容 C_{gs} 的存在,流向源极的噪声电流(A)将有一部分流经 C_{gs} 到地,从而不再与从漏极流出的电流相等,导致电流 A 和电流 B 不能相消,也就意味着 M_2 产生的噪声电流会有部分流到输出,经过负载电阻产生噪声电压。与此同时,C_{gs} 电容也为 M_1 的噪声电流提供了电流通路,导致 M_1 对于电路噪声贡献降低。

在低频时，M_2 噪声可以忽略，共源共栅放大器的等效输入噪声电压与共源放大器相同，经计算可得

$$\frac{\overline{v_{n,in}^2}}{\Delta f}=\left(\frac{4kT\gamma}{g_{m1}}+\frac{4kT}{g_{m1}^2 R_L}\right)$$

7.6.5 共漏放大器

对于共漏放大器电路噪声的计算作如下假设：只考虑电阻和晶体管的热噪声，不考虑晶体管的闪烁噪声；忽略晶体管的输出阻抗($r_o\to\infty$)、背栅调制效应($g_{mb}=0$)以及寄生电容。共漏放大器电路如图 7-22(a)所示，其含有噪声源的等效电路如图 7-22(b)所示。

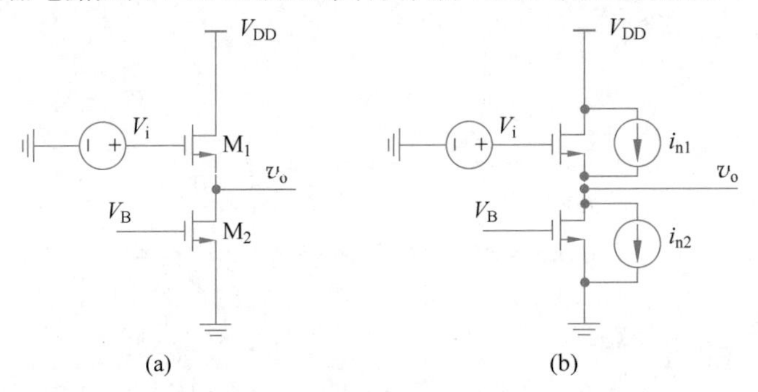

图 7-22 共漏放大器及计算噪声的等效电路

由于共漏放大器电路的输入阻抗很高，因此可以忽略等效输入噪声电流，只需要计算等效输入噪声电压源即可。由 M_2 产生的输出噪声电压为

$$\frac{\overline{v_{o,out}^2}\big|_{M_2}}{\Delta f}=4kT\gamma g_{m2}\left(\frac{1}{g_{m1}}\right)^2$$

考虑到共漏放大器的增益为 1，可以计算得到总输入噪声电压为

$$\frac{\overline{v_{in}^2}}{\Delta f}=4kT\gamma\left(\frac{1}{g_{m1}}+\frac{g_{m2}}{g_{m1}^2}\right)$$

7.7 能量均分原理

能量均分原理是指当某一系统达到热稳态时，系统中的每个自由度都会带有一份大小相同的热能量。其可表示为

$$E=\frac{1}{2}kT$$

电路中每个独立电容 C 的噪声电压均方值为$\overline{v_n^2}$，根据电容的储能公式，得到电容存储的电能为

$$E=\frac{1}{2}C\overline{v_n^2}=\frac{1}{2}kT$$

由此可以得到噪声电压均方值

$$\overline{v_{\mathrm{n}}^{2}}=\frac{kT}{C}$$

上述结果与7.6.1节的推导结果吻合，并且极大地简化了计算。电容两端的噪声电压功率只与电容的容值有关，而与电路中的电阻值以及电路的拓扑结构无关。

与电容类似，电路中的每个独立电感也具有一个自由度，满足能量均分定理。假设电感 L 噪声电流均方值为$\overline{i_{\mathrm{n}}^{2}}$，根据电感储能公式以及能量均分定理可得

$$\frac{1}{2}L\overline{i_{\mathrm{n}}^{2}}=\frac{1}{2}kT$$

即电感的噪声电流均方值满足

$$\overline{i_{\mathrm{n}}^{2}}=\frac{kT}{L}$$

借助于能量均分定理可以快速分析图7-23中的电阻电容网络的电路噪声。C_1 带有的噪声电压均方值$\overline{v_{\mathrm{n},C_1}^{2}}=kT/C_1$，$C_2$ 带有的噪声电压均方值$\overline{v_{\mathrm{n},C_2}^{2}}=kT/C_2$。

对于图7-24所示的电路，由于 C_2 和 C_3 之间的电压有确定关联关系，C_1 和 C_4 之间的电流有确定关联关系，所以它们不是独立的，不能直接使用能量均分定理计算每个电容的噪声电压。针对上述问题，可以对电路进行处理，将不独立的电容经过等效变换得到独立的电容，再使用能量均分原理。

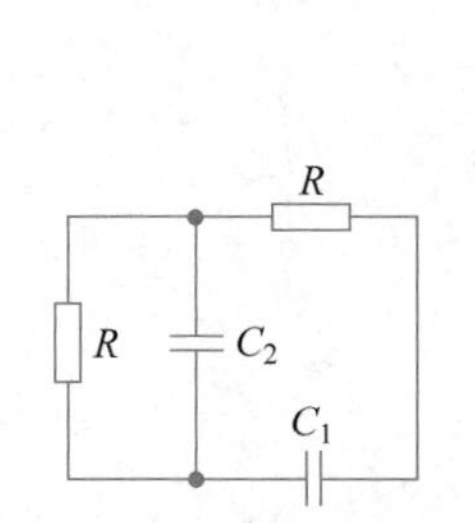

图7-23 电阻电容网络1

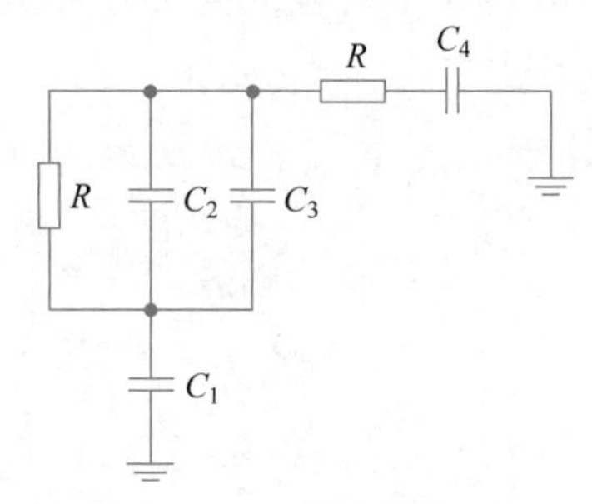

图7-24 电阻电容网络2

图7-24中 C_1 和 C_4 串联后等效于图7-23中的 C_1，总的等效电容两端带有的噪声电压均方值为

$$\overline{v_{\mathrm{n,e1}}^{2}}=\frac{kT}{C_1 /\!/ C_4}$$

考虑 C_1 和 C_4 之间的分压关系，得到 C_1 和 C_4 两端的噪声电压均方值分别为

$$\overline{v_{\mathrm{n},C_1}^{2}}=\frac{kT}{C_1 /\!/ C_4}\left(\frac{C_4}{C_1+C_4}\right)^2=\frac{kTC_4}{C_1(C_1+C_4)}$$

$$\overline{v_{\mathrm{n},C_4}^{2}}=\frac{kT}{C_1 /\!/ C_4}\left(\frac{C_1}{C_1+C_4}\right)^2=\frac{kTC_1}{C_4(C_1+C_4)}$$

类似地，图7-24中 C_2 和 C_3 并联后等效于图7-23中的 C_2，总的等效电容两端带有的噪声电压均方值为

$$\overline{v_{\mathrm{n,e2}}^2}=\frac{kT}{C_2+C_3}$$

由于并联后并不会改变电容两端的电压，所以 C_2 和 C_3 两端的噪声电压均方值为

$$\overline{v_{\mathrm{n},C_2}^2}=\overline{v_{\mathrm{n},C_3}^2}=\frac{kT}{C_2+C_3}$$

能量均分原理对无源电路网络中电容、电感的噪声计算很有帮助，可以大幅简化计算复杂度。但是需要注意的是，当电路存在有源器件，例如在饱和区工作的晶体管时，电路就不处于热稳态，因此能量均分原理不再适用。虽然应用范围有局限性，但是能量均分原理在很多含有晶体管的电路，如开关电容电路的采样网络中还是可以使用的。当晶体管工作于线性区时可以等效为电阻，因此满足能量均分原理的要求。即使晶体管工作于饱和区，如果栅漏短接，也可以等效为 $1/g_{\mathrm{m}}$ 的电阻(假设 $\gamma=1$)，同样适用于能量均分原理。

7.8 本章小结

本章首先介绍噪声的基本概念以及衡量电路性能的重要指标信噪比。根据噪声产生的机制，依次介绍热噪声、闪烁噪声、散粒噪声，给出电路中常用元件的噪声模型。在了解器件的噪声机理后，以 RC 电路和共源放大器为例分析各器件噪声对电路性能的影响。最后给出对复杂无源电路进行热噪声分析的简单方法——能量均分定理，并给出其适用的条件。

第8章 差分电路

“差分”是模拟电路中最重要的概念之一。通过构造差分电路对信号进行处理，可以在电路中存在信号耦合、电源噪声等共模干扰时依然能够给出信号的精确定义。

差分对是构建差分电路的核心，典型的差分对如图 8-1 所示，其电路结构是将两个尺寸相同的晶体管的源极连在一起再接电流源，形成一个对称的结构。在分析该电路之前，需要首先了解差分电路的基本概念。

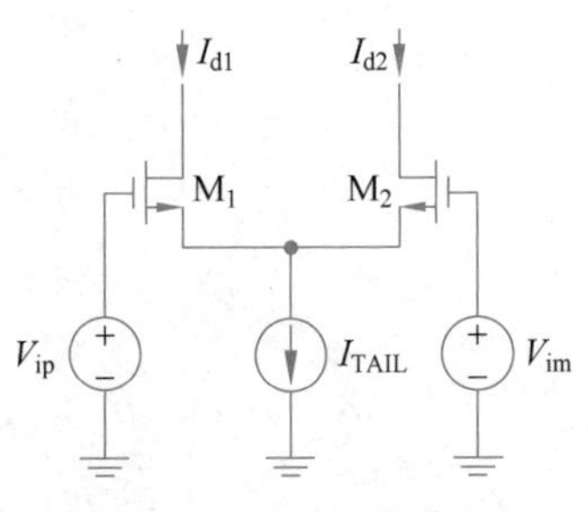

图 8-1　差分电路

8.1 差分概念的引入

在本章之前所讲到的电路都是单端形式的，然而单端电路存在一个重要的问题：信号的传输容易受到环境干扰的影响。如图 8-2 所示，电路中有两条交叉的信号线，其中一条传输高精度的模拟信号(深色实线)，另一条传输大摆幅的数字信号(浅色空心线)。集成电路中相邻金属层间距为微米量级，两条线间存在寄生电容，这将导致在数字信号线上的任何一种干扰(如数字信号的 0、1 跳变)，都会通过寄生电容直接耦合到模拟信号线。而对于高精度模拟电路而言，μV 量级的干扰都会对信噪比造成影响。

该问题可通过差分电路的方式得到解决。如图 8-3 所示，将易受干扰的模拟信号拆分成两个大小相等、方向相反的信号(其差值等于所要传输的模拟信号)，并通过两条平行的信号线进行传输。如此，数字信号线与两条模拟信号线之间具有相同的寄生电容，当数字信号发生跳变时，将在两条模拟信号线上同时产生相同的干扰，但其差值保持不变，从而保证了所要传输的模拟信号免受耦合干扰的影响。

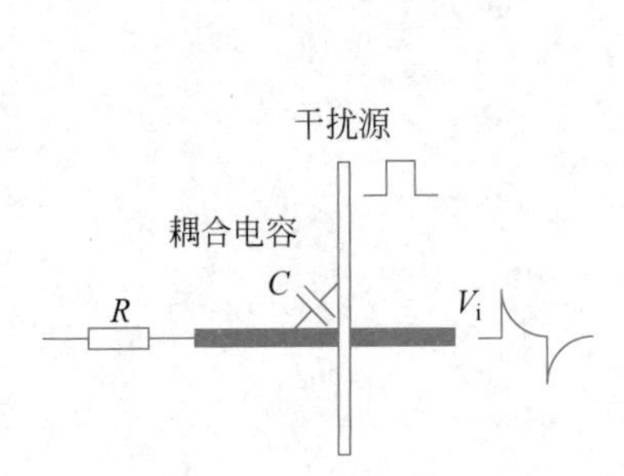

图 8-2　单端电路中的耦合干扰

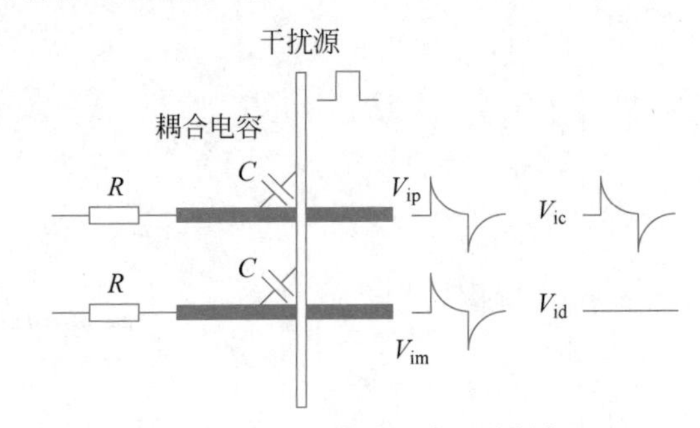

图 8-3　差分电路对耦合干扰的抑制

8.2 差分电路的分析方法及主要指标

8.2.1 大信号分析

1. 共模和差模信号

通常情况下，差分电路有两个输入端，即正输入端 V_{ip} 和负输入端 V_{im}。当正、负输入端的信号相同时，电路是完全对称的，I_{d1} 和 I_{d2} 分别为$\frac{I_{TAIL}}{2}$，如图 8-1 所示。

为了便于分析，可用共模信号和差模信号来表征差分电路中的信号。

首先定义共模输入电压 $V_{ic}=\frac{V_{ip}+V_{im}}{2}$和共模输出电流 $I_{oc}=\frac{I_{d1}+I_{d2}}{2}$。如前所述，若 $V_{ip}=V_{im}=V_{ic}$，则电路处于完全平衡的状态，输出电流为

$$I_{d1}=I_{d2}=I_{oc}=\frac{I_{TAIL}}{2}$$

把两端的输入电压同时提高，即共模输入电压提高，依然有

$$I_{d1}=I_{d2}=I_{oc}=\frac{I_{TAIL}}{2}$$

因此，在理想情况下，差分电路对共模电压的改变不敏感。然而若 $V_{ip}\neq V_{im}$，则电路处于不平衡的状态，输出电流 $I_{d1}\neq I_{d2}$。对于差分电路，我们更关心 $I_{d1}-I_{d2}$ 随 $V_{ip}-V_{im}$ 的变化情况，即差模信号的传输特性，于是定义差模输入电压 $V_{id}=V_{ip}-V_{im}$ 和差模输出电流 $I_{od}=I_{d1}-I_{d2}$。

在差分电路中，采用共模信号和差模信号来描述电路行为可以帮助我们更好地利用电路的对称性，从而简化分析。例如，如果简单地利用叠加定理来分析图 8-1 所示的电路，则分析过程是：先给 V_{ip} 端一个输入信号，V_{im} 输入为 0V，观察输出的情况；再令 V_{ip} 输入为 0V，给 V_{im} 一个输入信号，再看输出的情况。显然，这种分析方法没有利用好电路本身的对称性，如果把输入信号（V_{ip}、V_{im} 共有两个自由度）做一个线性变换，将其变为差模、共模的输入方式，此时的分析就可以利用到电路的对称性了。由于共模是偶对称，差模是奇对称，电路本身是对称的，利用这些对称性就可以把电路分析大幅简化，从而让我们更清楚地理解电路的本质。

利用共模和差模信号的概念，可将图 8-1 所示的差分对电路表示为图 8-4 的形式。注意到输入晶体管的源极电压 V_x 是差分对的公共节点，对 V_x 点的理解在差分电路分析中十分重要，这可以帮助简化电路的分析。假设晶体管都处于饱和区，用长沟道模型可以计算得到

$$V_x=V_{ic}-V_t-V_{OV}\sqrt{1-\frac{1}{4}\left(\frac{V_{id}}{V_{OV}}\right)^2}$$

当 V_{id} 很小时，$\left(\frac{V_{id}}{V_{OV}}\right)^2$ 是一个二阶的小信号量，V_x 点电压近似恒定。然而，当 V_{id}

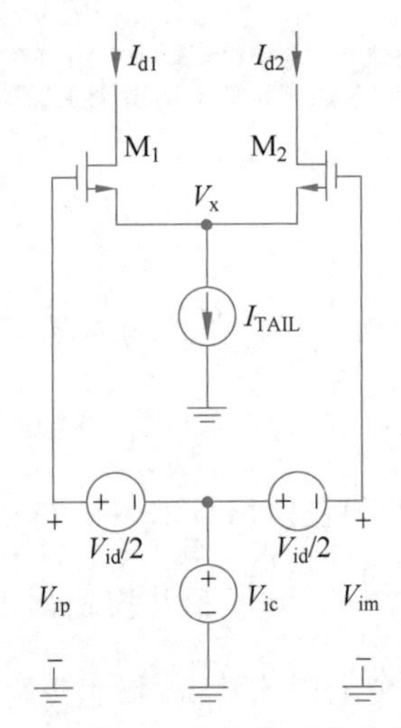

图 8-4　共模和差模等效后的差分电路

升高时，V_x 点电压会上抬；当 V_{id} 与 V_{OV} 接近时，V_x 点电压会产生较大变化。在电路实际应用中，需要控制输入信号摆幅不可过大，否则晶体管会进入线性区。因此通常情况下可以认为 V_x 点电压是恒定的。

2. 大信号传输特性

下面利用长沟道模型来分析差模输出电流与差模输出电压之间的关系。

对图 8-4 所示的差分对电路，根据 KCL、KVL 可得

$$V_{ip}-V_{GS1}=V_{im}-V_{GS2},\quad I_{d1}+I_{d2}=I_{TAIL}$$

由晶体管的长沟道模型，可将栅源电压表示为

$$V_{GS1}=V_t+\sqrt{\frac{2I_{d1}}{\mu C_{ox}\dfrac{W}{L}}},\quad V_{GS2}=V_t+\sqrt{\frac{2I_{d2}}{\mu C_{ox}\dfrac{W}{L}}}$$

进而可将差分对的差模输出电流表示为

$$I_{od}=I_{d1}-I_{d2}=\frac{1}{2}\mu C_{ox}\frac{W}{L}V_{id}\sqrt{\frac{4I_{TAIL}}{\mu C_{ox}\dfrac{W}{L}}-V_{id}^2}$$

差分对每边的漏源电流与过驱动电压之间的关系可表示为

$$\frac{I_{TAIL}}{2}=\frac{1}{2}\mu C_{ox}\frac{W}{L}V_{OV}^2$$

式中 V_{OV} 为差分对在静态工作点下($V_{id}=0$)的过驱动电压。

利用上式，可进一步化简差模输出电流的表达式，得到更直观的公式：

$$\frac{I_{od}}{I_{TAIL}}=\frac{I_{d1}-I_{d2}}{I_{TAIL}}=\frac{V_{id}}{V_{OV}}\sqrt{1-\left(\frac{V_{id}}{2V_{OV}}\right)^2}\tag{8-1}$$

图 8-5 示出了差分对的大信号传输特性曲线。曲线中间的部分接近线性关系，即

$$\frac{I_{\mathrm{od}}}{I_{\mathrm{TAIL}}}=\frac{V_{\mathrm{id}}}{V_{\mathrm{OV}}}=1$$

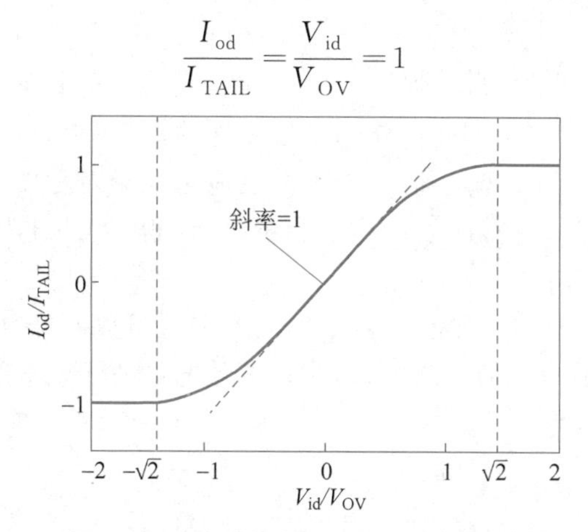

图 8-5　差分对的大信号传输特性曲线

靠近两端的部分不再线性，在这些区域差分对产生非线性的响应。在 V_{id} 达到 $\pm\sqrt{2}V_{\mathrm{OV}}$ 时，V_{ip} 处电压变高，V_{im} 电压变低，M_1 的电流变大，M_2 的电流变小，几乎所有电流都流过 M_1，而 M_2 上电流趋近于 0，此时式(8-1)已不适用。即使电压再上升或下降，M_1 的电流最大只能是 I_{TAIL}，即输出差模电流最大只能是 I_{TAIL}。

我们进一步讨论差分对的非线性，将式(8-1)进行泰勒展开：

$$\frac{I_{\mathrm{od}}}{I_{\mathrm{TAIL}}}\approx\left(\frac{V_{\mathrm{id}}}{V_{\mathrm{OV}}}\right)-\frac{1}{8}\left(\frac{V_{\mathrm{id}}}{V_{\mathrm{OV}}}\right)^3-\cdots$$

式中 $\frac{1}{8}\left(\frac{V_{\mathrm{id}}}{V_{\mathrm{OV}}}\right)^3$ 这一项表征了三阶失真。

可以看到，理想差分电路中没有偶次失真，这是因为偶次非线性表现为共模分量，在电路完全对称的前提下，偶次非线性在差模端会相互抵消掉。当然，如果电路存在失配，偶次非线性不能完全抵消，就会产生偶数阶的失真。

此外可以看到，V_{OV} 越大，差分对的线性度越好。由此得给出一些经验法则：若要求三阶非线性失真小于 1.5%，则输入信号摆幅要小于 0.7 倍过驱动电压 V_{OV}；若要求三阶非线性失真小于 1‰，则输入信号的摆幅要小于 $0.2V_{\mathrm{OV}}$。举一个数值例子，假如过驱动电压为 100mV，则输入电压摆幅在 70mV 以内可保证 1.5%的线性度，输入信号摆幅在 20mV 以内才能保证 1‰的线性度。

注意，差分对的非线性失真是“压缩型”的失真，输入摆幅越大，输出越趋于饱和，即输入越大，跨导越小。与之相对应的是伪差分电路(图 8-9)，当它作为跨导时，输入摆幅越大，跨导越大，因此其失真是扩张型的。如果把伪差分和差分对并联，差分对产生压缩失真，伪差分产生扩张失真，两者输出电流相加，其失真可能实现一定程度抵消。

8.2.2 小信号分析

在前面的大信号分析中，当差模输入电压较小时，V_x 点电压是近似恒定的，这与小信号分析一致。在小信号模型中，差分电路是线性的，当在差分对的两个输入端施加大小相等而符号相反的信号时，输入信号产生的响应是完全对称的。此时，差分对一边电压上升，另一边电压下降，左右两端的变化相抵消，使得 V_x 点电压保持不变。因此，V_x 点称为电路的"虚地点"。

如果认为 V_x 是"虚地点"，则意味着电路左右两边可以断开且不对分析结果产生影响。如图 8-6 所示，可将电路直接拆开，对半边等效电路进行差模分析。拆开后可以计算出 i_{od} 与 v_{id} 之间的关系：

$$i_{od}=i_{d1}-i_{d2}=g_m v_{id}$$

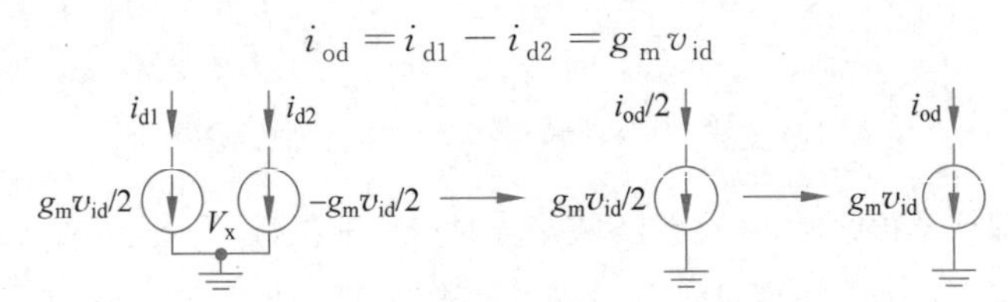

图 8-6　差分对的半边等效电路

在上述基础上分析差分对的小信号跨导。在差模输入电压较小时，将差模输出电流对差模输入电压做微分，可得到差分对的跨导为

$$G_m=\frac{dI_{od}}{dV_{id}}=\frac{I_{TAIL}}{V_{OV}}\frac{1-\dfrac{V_{id}^2}{2V_{ov}^2}}{\sqrt{1-\dfrac{V_{id}^2}{4V_{ov}^2}}}$$

通过上述推导可以看到：当差模输入电压 $V_{id}=0$ 时，差分对的跨导最大，$G_m=\dfrac{I_{TAIL}}{V_{OV}}$。当差模输入电压 V_{id} 较小时，差分对具有比较线性的跨导；随着 V_{id} 逐渐增大，G_m 将随之减小，且差分对将变得不线性。

进一步分析差分对的差模增益。如图 8-7 所示，令"虚地点"直接接地，画出右图的半边等效电路，其为电阻负载的共源放大器，显然增益 $A_{dm}=g_m R$。

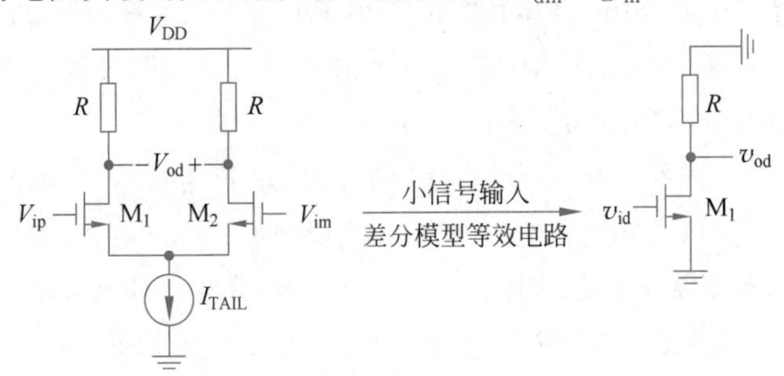

图 8-7　差分对及其半边等效电路

对于双端输入、双端输出的差分电路，差模输入和共模输入共同作用产生差模输出和共模输出。因此，描述差分放大器的增益需要一个 2×2 的矩阵：

$$\begin{bmatrix} v_{od} \\ v_{oc} \end{bmatrix} = \begin{bmatrix} A_{dm} & A_{cm\text{-}dm} \\ A_{dm\text{-}cm} & A_{cm} \end{bmatrix} \begin{bmatrix} v_{id} \\ v_{ic} \end{bmatrix}$$

式中 $A_{dm}=\dfrac{v_{od}}{v_{id}}$，表示差模输入到差模输出的差模增益；$A_{cm}=\dfrac{v_{oc}}{v_{ic}}$，表示共模输入到共模输出的共模增益；$A_{dm\text{-}cm}=\dfrac{v_{oc}}{v_{id}}$，表示差模输入到共模输出的增益；$A_{cm\text{-}dm}=\dfrac{v_{od}}{v_{ic}}$，表示共模输入到差模输出的增益。

建立对这 4 个增益的直观理解是有益的：差模增益代表差模有用信号的放大，通常该值越大越好；共模增益代表共模干扰对电路工作点的影响，通常该值越小越好；$A_{cm\text{-}dm}$ 代表共模干扰对差模输出的影响，通常该值越小越好；$A_{dm\text{-}cm}$ 代表电路工作点在大信号下的稳定程度，通常也是越小越好。

接下来以图 8-8 为例分析差分对的共模增益。此时考虑尾电流源的输出阻抗 R_{TAIL}。在两个输入端施加完全相等的信号 V_{ic} 利用电路的对称性，可以推断出两条支路的响应相同，因此把输出端连在一起，连接线上将没有电流。电路的对称性允许将电路拆开，即电流源及其输出阻抗可拆成完全对称的两块，每块分别是$\dfrac{I_{TAIL}}{2}$和 $2R_{TAIL}$。

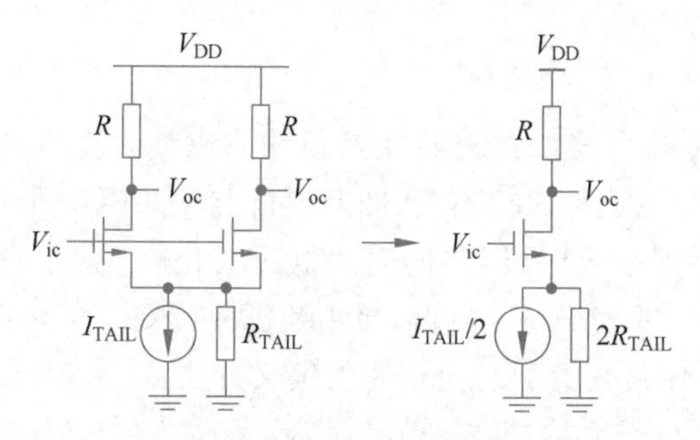

图 8-8 差分对的共模增益分析

另一种分析方法是把对称的两边"叠"在一起，电流源及其输出阻抗部分不变，将两个晶体管并联在一起等效为一个跨导为 $2g_m$ 的晶体管，两个负载电阻并联在一起等效为一个$\dfrac{R}{2}$的电阻。读者可验证，这两种方法所得到的结论相同。通过上述分析，忽略差分对晶体管输出电阻，可以得到电路的共模增益为

$$A_{cm}=-\frac{g_m R}{1+2g_m R_{TAIL}}$$

这也是源简并(Source degenerated)共源放大器的增益。从公式可以看出，尾电流源的输出阻抗越大，则共模增益越小。

8.2.3 差分电路的共模抑制

在差分电路中，希望差模增益大，共模增益小，因此定义共模抑制比(Common-Mode Rejection Ratio，CMRR)：$\text{CMRR1}=\left|\dfrac{A_{\text{dm}}}{A_{\text{cm}}}\right|$，即差模增益与共模增益之比。

从前述计算得到的 A_{dm} 与 A_{cm}，可进一步得到该差分放大器的共模抑制比：

$$\text{CMRR1}\approx\frac{g_{\text{m}}R}{\dfrac{g_{\text{m}}}{1+2g_{\text{m}}R_{\text{TAIL}}}R}=1+2g_{\text{m}}R_{\text{TAIL}} \tag{8-2}$$

注意，此处得出的共模抑制比公式，忽略了差分对晶体管的输出电阻 r_{o}。由此式可知，R_{TAIL} 越大共模抑制比越高。

下面引用“伪差分①电路”更具体地说明尾电流源对共模抑制的作用。如果把差分电路中的电流源去掉，即将图 8-4 中的 V_{x} 接地，则变为伪差分电路，如图 8-9 所示。

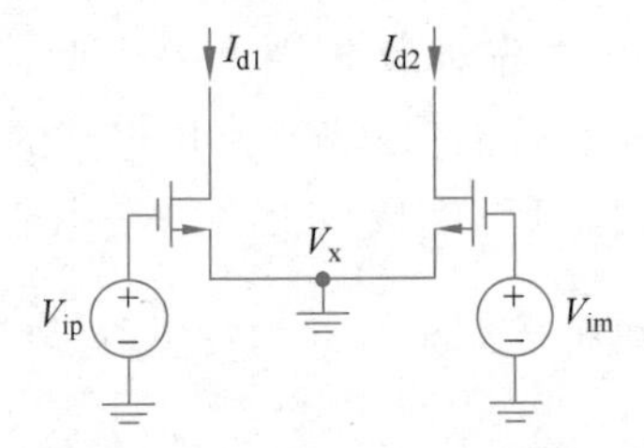

图 8-9 伪差分电路示意图

有电流源时，V_{x} 相当于一个浮空点，当共模输入电压发生变化时，V_{x} 点电压随之变化，因而输入对的 g_{m} 和电流均保持不变，即差模增益和共模输入电压无关。去掉电流源时，V_{x} 接地而不能产生浮空效应，当共模输入电压变化时，输入差分对的 g_{m}、电流也会变化，此时共模增益等于差模增益。因此，尾电流源实际赋予了电路的共模抑制能力。

除了上述定义，CMRR 还有一种更重要的定义方法：

$$\text{CMRR2}=\left|\frac{A_{\text{dm}}}{A_{\text{cm-dm}}}\right|$$

式中 $A_{\text{cm-dm}}$ 为由共模输入产生的差模输出。

从输出信噪比的意义上，通常更关心 CMRR2。对于差分电路，在不考虑失配时，共模输入不会产生差模输出，$A_{\text{cm-dm}}=0$，即 $\left|\dfrac{A_{\text{dm}}}{A_{\text{cm-dm}}}\right|$ 无穷大。在考虑失配时，共模输入会产生差模输出，$A_{\text{cm-dm}}\neq0$，带来电路输出信噪比的下降。因此分析 $\left|\dfrac{A_{\text{dm}}}{A_{\text{cm-dm}}}\right|$ 时必须讨论失配并进行蒙特卡洛(Monte Carlo)仿真。对于失配产生的具体原因，一般可分为负载阻

① “伪差分”是差分电路的一种形式，是指使用两份完全一致的单端电路直接组合而成的差分电路。与使用差分对的“全差分”电路有所区别，伪差分电路的共模特性与差模特性完全一致，即伪差分电路没有额外的共模抑制能力，对失配也相对更加敏感。

抗失配和晶体管跨导失配两种情形。

图 8-10 展示了差分电路中存在负载阻抗失配的情形，ΔR 表示右侧支路存在一个小的电阻失配，而其余电路没有失配。当共模输入电压会发生 ΔV_{ic} 的变化时，由于 M_1 与 M_2 的跨导相同，则左右支路的电流变化均为 $\Delta I=[g_m/(1+2g_m R_{TAIL})]\Delta V_{ic}$，由此可以得到 V_{om} 点电压的变化为

$$\Delta V_{om}=-\frac{g_m}{1+2g_m R_{TAIL}}R\Delta V_{ic}$$

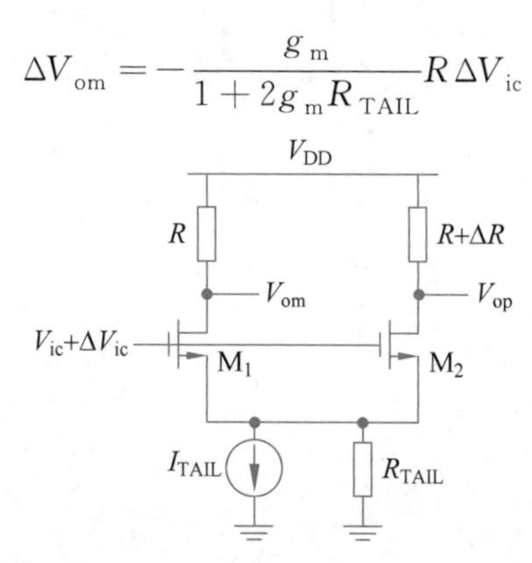

图 8-10　具有负载电阻失配的差分对

而 V_{op} 点电压的变化为

$$\Delta V_{op}=-\frac{g_m}{1+2g_m R_{TAIL}}(R+\Delta R)\Delta V_{ic}$$

若 $g_m R_{TAIL}\gg 1$，则可得差模输出电压的变化为

$$\Delta V_{od}=\Delta V_{op}-\Delta V_{om}\approx-\frac{\Delta R}{2R_{TAIL}}\Delta V_{ic}$$

可见，差分对存在负载阻抗失配时，共模输入电压的变化引起输出端产生了差模的成分。共模电压导致的差模增益为

$$|A_{cm\text{-}dm}|=\frac{\Delta V_{od}}{\Delta V_{ic}}\approx\frac{\Delta R}{2R_{TAIL}}$$

由于此时差模增益 $|A_{dm}|\approx g_m R$，可进一步推出

$$\mathrm{CMRR2}=\left|\frac{A_{dm}}{A_{cm\text{-}dm}}\right|\approx\frac{g_m R}{\dfrac{g_m}{1+g_m 2R_{TAIL}}\Delta R}=\frac{(1+g_m\cdot 2R_{TAIL})R}{\Delta R}\tag{8-3}$$

接下来分析差分对中存在晶体管跨导失配的情形，如图 8-11 所示，Δg_m 表示右侧支路的晶体管跨导存在一个小的跨导失配。由于存在晶体管跨导失配，流过两个晶体管的电流会有差异。流过 M_1 的电流为

$$I_1=g_m(V_{ic}-V_p)$$

流过 M_2 的电流为

$$I_2=(g_m+\Delta g_m)(V_{ic}-V_p)$$

V_{om} 点电压为

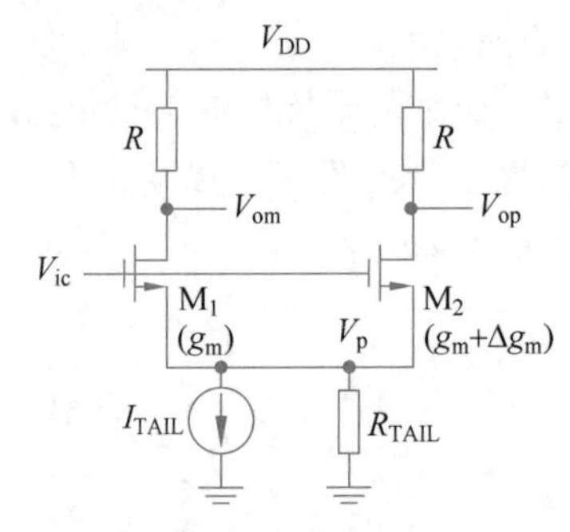

图 8-11　具有跨导失配的差分对

$$V_{om} = -g_m(V_{ic} - V_p)R$$
$$= -V_{ic}R\frac{g_m}{1+(2g_m+\Delta g_m)R_{TAIL}}$$

V_{op} 点电压为

$$V_{op} = -(g_m+\Delta g_m)(V_{ic}-V_p)R = -V_{ic}R\frac{g_m+\Delta g_m}{1+(2g_m+\Delta g_m)R_{TAIL}}$$

共模变化产生的差模增益为

$$|A_{cm\text{-}dm}| = \frac{V_{op}-V_{om}}{V_{ic}} \approx \frac{\Delta g_m R}{(2g_m+\Delta g_m)R_{TAIL}}$$

差模增益为

$$|A_{dm}| \approx g_m R$$

进而可以推出

$$\text{CMRR2} = \left|\frac{A_{dm}}{A_{cm\text{-}dm}}\right| \approx \frac{g_m(2g_m+\Delta g_m)R_{TAIL}}{\Delta g_m} \tag{8-4}$$

由式(8-2)、式(8-3)和式(8-4)可知，差分对的跨导或尾电流源的阻抗越大，共模抑制比越大。该结论对于 CMRR 的不同定义方法都是成立的，在差分对的负载或跨导存在失配的情况下也均成立。

8.2.4　差分电路的电源抑制

如图 8-12 所示，除了共模干扰，电源的干扰同样会对输出造成影响。电源干扰有多种来源，例如衬底耦合、数字电路的瞬时电流冲激等。在电路设计中，除了做好隔离、去耦等措施以降低电源扰动之外，通常希望电路本身有较高的电源抑制比，从而使等效到输入端的电源扰动足够小。

在考虑电源干扰的影响时，要同时考虑其对共模输出和差模输出的影响。在电源扰动引起的共模输出变化没有影响到电路工作点的情况下，更关心电源变化对差模输出有多大影响。因此本节主要讨论差模电源抑制比。

可把电源电压变化到差模输出的增益记作 $A_+ = \dfrac{v_{od}}{v_{dd}}$，地(或称为负电源)电压变化到

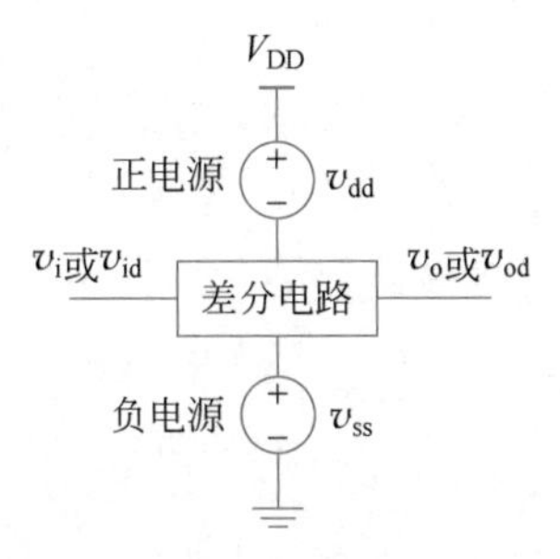

图 8-12 差分电路的电源抑制比示意图

差模输出的增益记作 $A_{-}=\frac{v_{od}}{v_{ss}}$。

在此基础上,可以定义电源抑制比(Power Supply Rejection Ratio,PSRR):

$$\mathrm{PSRR}_{+}=\left|\frac{A_{dm}}{A_{+}}\right|,\quad \mathrm{PSRR}_{-}=\left|\frac{A_{dm}}{A_{-}}\right|$$

定义了电源抑制比,可以把电源上的干扰进行输入等效,记作$\frac{v_{dd}}{\mathrm{PSRR}_{+}}$和$\frac{v_{ss}}{\mathrm{PSRR}_{-}}$,如图 8-13 所示。通过输入等效可以得知电源的干扰对输入信号将产生怎样的影响。比如,输入信号是 1mV,在地端或电源端有 100mV 噪声,如果希望输入等效的干扰远小于输入信号,意味着电源抑制比需要远大于 40dB。

下面以图 8-14 为例讨论差分电路的电源抑制比。

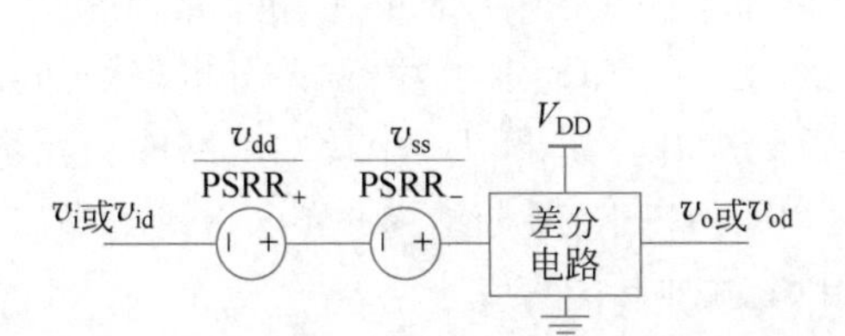

图 8-13 输入等效 PSRR 示意图

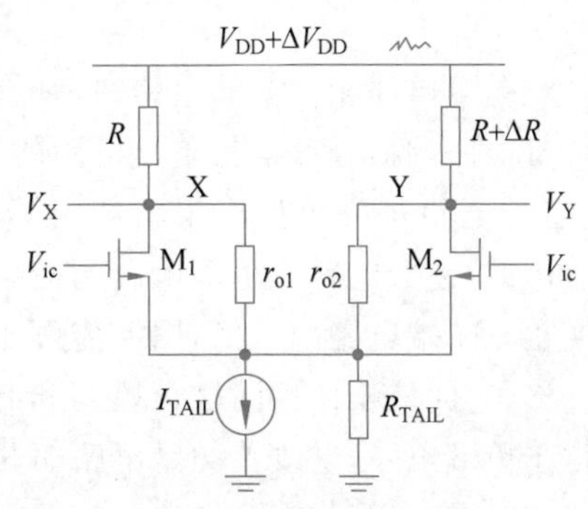

图 8-14 带有电阻失配和电源干扰的差分对电路

考虑差分对管 M_1 和 M_2 具有相同的跨导 g_m 和有限的输出阻抗 $r_{o1}=r_{o2}=r_o$,$g_m r_o \gg 1$ 且 $g_m R_{TAIL} \gg 1$,差分对的负载电阻分别为 R 和 $R+\Delta R$。当电源电压产生 ΔV_{DD} 的扰动时,在输出节点 X 和 Y 产生的电压变化分别为

$$V_X \approx \frac{r_o}{r_o+\frac{R}{2g_m R_{TAIL}}}\Delta V_{DD}$$

$$V_{\mathrm{Y}} \approx \frac{r_{\mathrm{o}}}{r_{\mathrm{o}}+\dfrac{R+\Delta R}{2g_{\mathrm{m}}R_{\mathrm{TAIL}}}}\Delta V_{\mathrm{DD}}$$

若 $R \ll g_{\mathrm{m}} r_{\mathrm{o}} R_{\mathrm{TAIL}}$，可得电源扰动产生的差模输出电压为

$$\Delta V_{\mathrm{od}} = \Delta V_{\mathrm{X}} - \Delta V_{\mathrm{Y}} \approx \frac{\Delta R}{2g_{\mathrm{m}}r_{\mathrm{o}}R_{\mathrm{TAIL}}}\Delta V_{\mathrm{DD}}$$

进而可以得到

$$A_{+} \approx \frac{\Delta R}{2g_{\mathrm{m}}r_{\mathrm{o}}R_{\mathrm{TAIL}}}$$

由于该两级差分放大器的差模增益 $A_{\mathrm{dm}} \approx g_{\mathrm{m}}(R /\!/ r_{\mathrm{o}})$，进而可以得出

$$\mathrm{PSRR}_{+} \approx \frac{2g_{\mathrm{m}}^{2}r_{\mathrm{o}}^{2}RR_{\mathrm{TAIL}}}{\Delta R(R+r_{\mathrm{o}})} \tag{8-5}$$

式(8-5)表明，晶体管的本征增益越高，或者尾电流源的阻抗越大，则差分放大器的电源抑制比越好。

8.2.5 差分电路与单端电路的信噪比对比

通常情况下，差分电路的输出端具有电容负载，其输出噪声正比于 kT/C，所以电路的信噪比可以写成如下形式：

$$\mathrm{SNR} \propto \frac{\hat{V}_{\mathrm{o}}^{2}}{kT/C}$$

全差分电路相比单端电路在信噪比上得到提升，这可以从两方面进行理解：一方面，全差分电路的信号摆幅是单端电路的 2 倍，所以信号功率就是单端电路的 4 倍；另一方面，差分电路每一边都产生噪声，且两边的噪声并不相关，所以总噪声功率是原来的 2 倍。因此，差分电路比单端电路的信噪比高 2 倍(3dB)。然而需要注意，差分电路的功耗其实也是单端电路的 2 倍，因此能效比并没有得到提升。如果把一个单端电路的功耗增加 2 倍，它的信噪比也同样会提升 3dB。因此，相同功耗下，差分结构并不会改善信噪比，相比于单端电路，它改善的是电路的共模抑制和电源抑制能力。

8.3 差分放大器分析

前面分析的差分对采用电阻作为负载，是差分放大器的简化模型。基于差分对模型，若要实现较高的增益，则需要很大的电阻阻值，负载电阻上会消耗较大的电压裕度，这在很多应用中是难以满足的。本节将介绍利用电流源作为负载来构造完整的差分放大器，并详细分析差分放大器的一些特性。

8.3.1 电流源负载的差分放大器

图 8-15 展示出了一个采用电流源作为负载的差分放大器，其输入为 NMOS 差分对，负载为 PMOS 电流源。

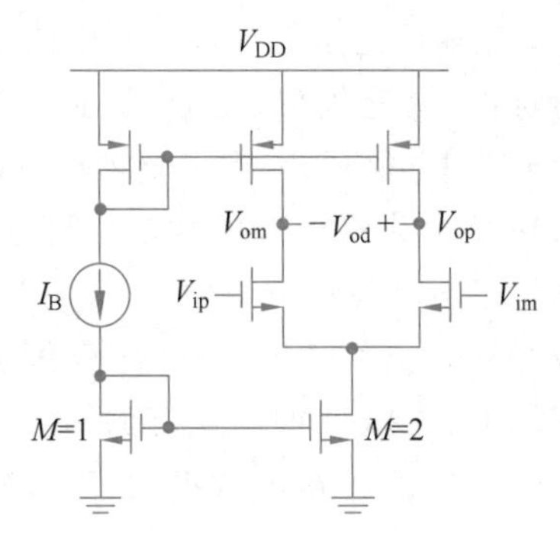

图 8-15 电流源负载的差分放大器

注意，两边 PMOS 电流源负载的电流需要保持与尾电流源电流 1∶2 的关系，否则共模电压无法良好定义。但由于电流源存在失配，实际制造的上、下电流源比例可能发生变化，比如出现上面流入电流多，下面流出电流少的情况。为保证电流连续以维持基尔霍夫电流定律 KCL 成立，输出共模电压将上抬，以确保上、下电流相等，这很可能导致共模输出大幅偏移，甚至接近饱和(接近 V_{DD})。

上面的例子说明，由于失配的存在，图 8-15 所示的电路实际可能无法工作。如果在电路设计阶段不考虑失配等问题，即使非常精细地调整好了晶体管的参数，做出的芯片也可能因失配或工艺偏差等导致输出共模电压大幅偏离而不能正常工作。

要将输出共模电压控制在合理范围内，需要形成一个负反馈机制。如图 8-16 所示，首先通过感知模块得到输出共模电压，然后将其与理想共模电压进行比较，通过调整 I_{ctrl} 使上拉电流和下拉电流完全相等，从而稳定共模电压。通常使输出共模电压稳定在约 $\frac{1}{2}V_{DD}$ 处，以得到最大的差模电压摆幅。

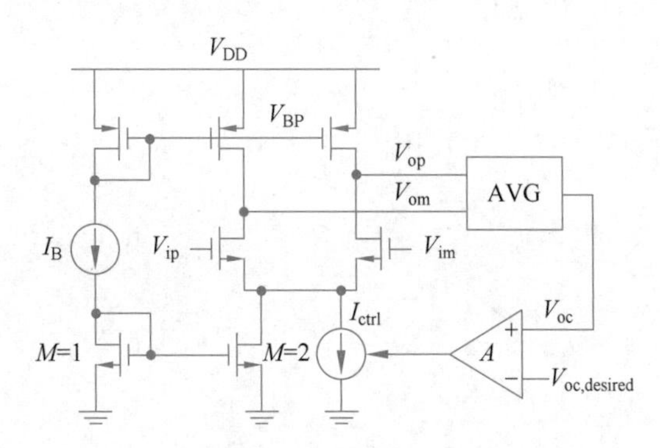

图 8-16 共模反馈示意图

共模反馈回路的稳定性也需要仔细分析，负反馈系统稳定性的分析方法和频率补偿技术将在第 10 章和第 13 章系统介绍。

8.3.2 全差分与单端输出

差分电路有全差分(fully differential)和单端(single-ended)两种输出形式。全差分电路的输入和输出都是差分的；而单端输出电路只有一个输出端点。

图 8-17 展示了全差分与单端输出的负反馈放大器电路结构。图 8-17(a)所示的电路是全差分结构，电路是完全对称的，具有较好的共模抑制比和电源抑制比。这两个参数在实际应用中很重要，因此全差分电路结构得到了更加广泛的应用。由于全差分电路的反馈机制建立在差模信号上，缺少对共模信号的控制，因此需要有额外的共模反馈以保证合适的共模输出电压，这增加了电路设计复杂度。

图 8-17(b)所示的电路是单端输出的结构，该电路不是完全对称的，存在一些差模与共模间的转换，从而导致共模抑制比、电源抑制比等的损失。由于该电路的输出不区分共模信号和差模信号，其内在的负反馈环路可以提供等效的共模反馈，因此不再需要额外的共模反馈电路。

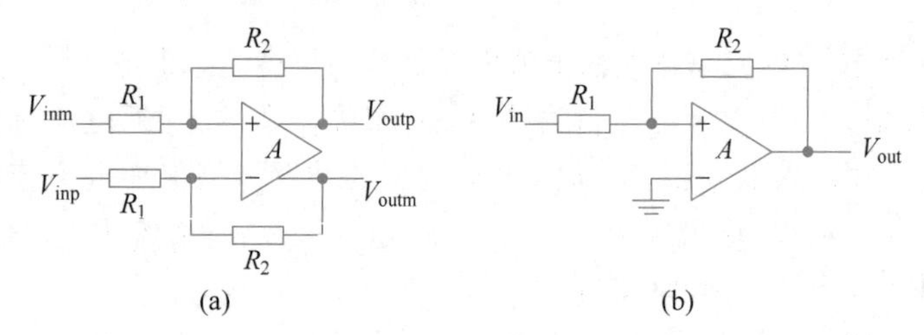

图 8-17　负反馈连接的全差分放大器和单端放大器

8.3.3　全差分放大器的差模增益

在共模反馈电路稳定住共模电压以保证全差分放大器正常工作的前提下，本节分析其差模增益。如图 8-18 所示，利用半边等效的概念，可分析得到其差模增益为 $g_m(r_{o1}/\!/r_{o2})$。该放大器适合于驱动容性负载，而阻性负载会降低放大器的输出阻抗，进而影响其直流增益。

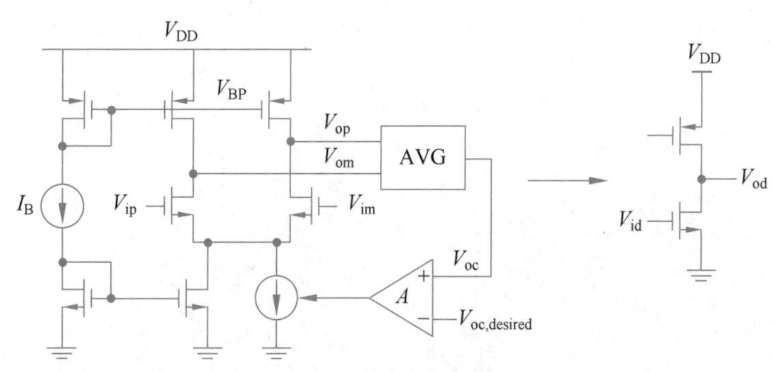

图 8-18　差分放大器的差模增益分析

为了避免放大器驱动电阻对增益造成太大的影响，通常有两种方法：一是添加输出驱动器对电阻负载进行隔离，如图 8-19 所示。驱动器可以是一个源极跟随器，也可以是单位增益缓冲器，驱动器本身要有比较强的驱动力和较好的线性度，并可能消耗比较大的功耗。此外，如果用源极跟随器进行缓冲，还会导致输出摆幅降低，进而影响信噪比。

二是增加放大器级数。如图 8-20 所示，直接在第一级共源放大器后再接一个共源放大器。此时若要驱动小电阻，则第二级放大器的增益被小电阻拉低，而第一级增益不受影响。这种方式能够保证总增益,但是会增大功耗、面积方面的开销。

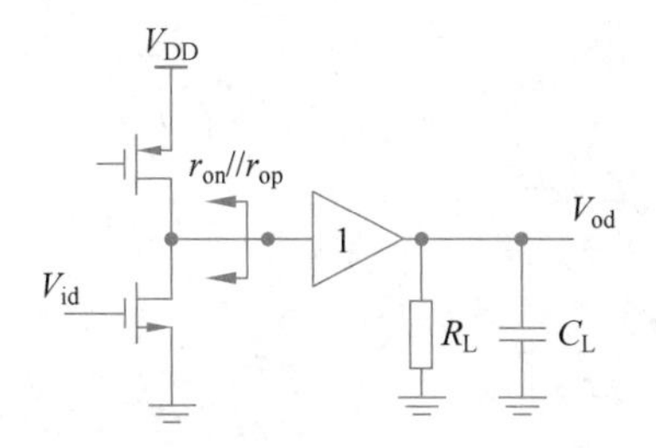

图 8-19 放大器输出端加驱动器以驱动电阻负载

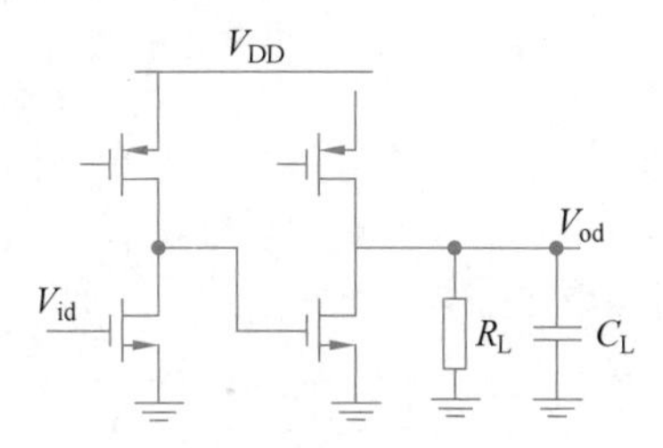

图 8-20 增加放大器级数以驱动电阻负载

另外一种解决问题的思路是,如果把负载电阻用某种方式变成电容,就不会影响增益。第 12 章的开关电容电路(图 12-1)给出了用电容与开关模拟电阻的一种方法。

8.4 差分电路的常用技巧

8.4.1 反相连接

在两级放大器中,通过交换差分连接可实现理想的信号取反。下面以开关电容电路中常用的带有电容反馈的两级放大器进行说明,其简化后的差模半边电路如图 8-21 所示。第一级均为共源放大电路,反馈电容 C_f 从输出节点接回输入端的虚地点。图中 C_1 是第一级的负载电容,可认为是第一级的输出节点上的总电容。C_2 是第二级的总负载电容,包括开关电容电路自身的负载电容 C_L 和反馈电容等效到输出端的电容。

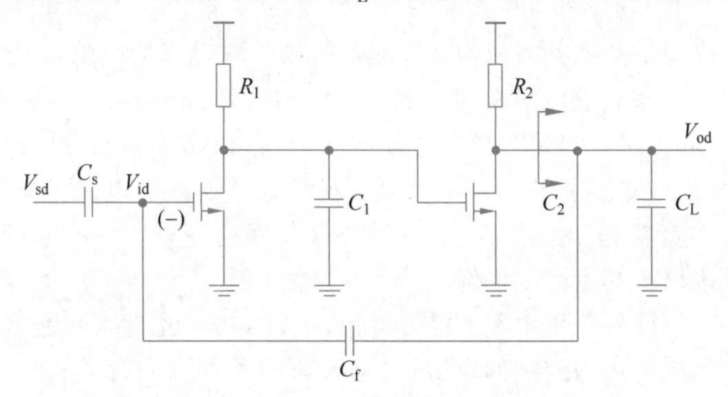

图 8-21 电容反馈的两级放大器的差模半边电路

值得注意的是,如果直接把反馈电容 C_f 从输出节点接到同侧的输入虚地点,这个电路是不能正常工作的。在单级放大器中,可以将输出端直接接回同侧的输入端,形成负反馈。然而在两级放大器中,两级反相放大再接回同侧的输入端会形成正反馈,像一个锁存器(锁存器的一种实现就是将两个级联反相器的输出端再反馈回输入端)一样,导致电路锁死。

这种情况下只需要把输出的两根差分线"扭"一下,再经反馈电容接回差分输入端即可形成负反馈,如图 8-22 所示。图 8-21 没有明显地画出来这一"扭"的思想,而是用一个负号“(－)”表示，有些教材中也用－1 表示，这都表明把两根差分的输出信号线互相交换了一下。

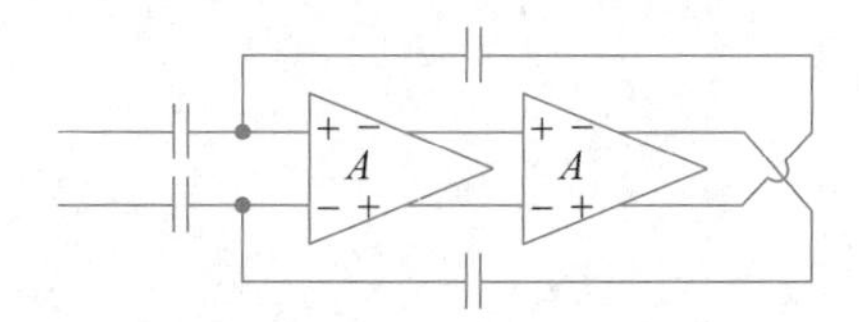

图 8-22 把输出的两根差分线“扭”一下

将两根输出线“扭”一下，使差模反馈变为负反馈，这种方法对共模反馈的信号通路不起作用。因为共模量是平均值，交换输出端对平均值而言不会起到任何作用，所以从最外层来看共模信号仍然是正反馈。那么如何保证共模电压的稳定性？全差分放大器内部必须还要有共模负反馈电路，外部通过反馈电容构成了共模正反馈，两种反馈同时存在，整体电路的反馈表现取决于二者的相对强弱。哪种反馈更强，电路就表现出哪种反馈特性。在实际设计中，通常让放大器内部的共模负反馈更强，外部的共模正反馈较弱，从而确保稳定的共模电压。

实际的电路还会有上电问题。上电就是电路刚刚接通电源，供电电压从 0V 上升到 V_{DD} 的过程。如果共模反馈机制设计得不好，电路上电时放大器内部的共模负反馈还没工作，而外部的共模正反馈先工作，将共模电平锁死，这样电路根本无法进入正常的小信号工作区。所以设计人员在设计电路时，不能只看小信号的稳定性，还要关注大信号的稳定性，这是十分重要的。

8.4.2 中和电容和负电阻

本书 6.2 节介绍了共源共栅结构可以减轻密勒效应带来的影响，这里再介绍一种在差分电路中对抗 C_{gd} 密勒效应的常用技术——中和电容(neutralization capacitor)技术。它依据的思路是，如果想要消除一种不想要的效应，可以额外引入另一个与之“相反”的效应，这两种非理想效应就能够相互抵消掉。这种思路在差分电路中是容易实现的，因为两路差分信号本身就是“相反”的量，往往可以利用这一点让一些非理想效应相互抵消。中和电容技术就是其中的一个例子。

在之前对差分电路的分析中做了很多简化，比如没有考虑输入级晶体管的 C_{gd}。C_{gd} 电容进行密勒倍增后会成为前级的负载，还会有额外的前馈直通，所以真正的传递函数并不会像之前分析的那么简单。具体来看，C_{gd} 引入一个额外的前馈通路，会带来一些非理想的效应，如果想要消除，可以从差分支路的另一端再引入一个电容耦合到这一点，如图 8-23 所示，这就是中和电容。额外引入一个电容从直观上看起来似乎会更糟糕，其实这样内部节点会同时受到一组变化相反的差分信号的耦合，两者会有抵消的作用，这就相当于引入了一个“负电容”。

下面从电荷的角度来理解中和电容。假如差分输入信号 V_{ip} 上升，V_{im} 下降，那么 X 点电压将下降，Y 点电压将上升，C_{gd} 两端电位向相反的方向变化，这意味着需要在输入端抽取或补充更多的电荷，即等效的负载电容变大，这其实就是密勒效应。加入中和电

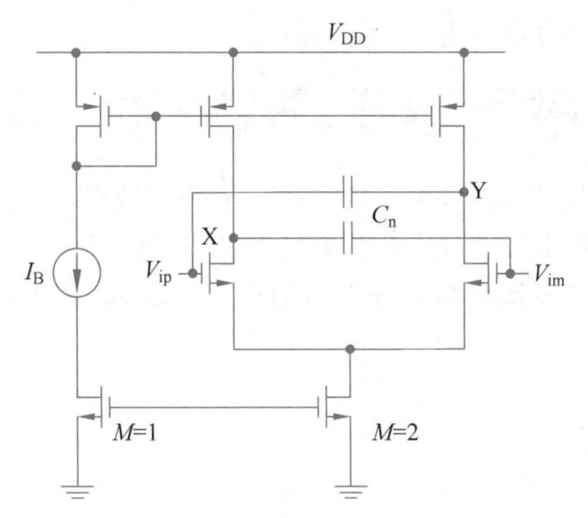

图 8-23 中和电容在差分对中的应用

容 C_n 后，C_{gd} 电容需要抽取或补充的电荷来源于 C_n 而不是输入级晶体管。换言之，V_{im} 下降通过 C_n 耦合到 X 点，使得 X 点电位下降。如果电容两端的电位向同一方向变化且幅度相等，电荷保持不变，那么从输入端计算的等效电容与未加入中和电容时基本相同。中和电容技术很巧妙，但需要注意，上述分析都是对差模信号而言，对共模的影响还需另做分析。

引入中和电容之后，放大器的等效输入电容为

$$C_{in}=C_{gs}+C_{gd}(1+|a_v|)+C_n(1-|a_v|)$$

如果 $C_n=C_{gd}$，那么密勒倍增的部分就全部抵消，剩余的等效输入电容为

$$C_{in}=C_{gs}+2C_{gd}$$

假如还未完全消除密勒倍增，从公式上看，还可以增大中和电容，让其值比 C_{gd} 还大，从而把 C_{gs} 项也完全消除，使得等效输入电容变成零。此时，所需的中和电容为

$$C_n=\frac{C_{gs}+C_{gd}(1+|a_v|)}{|a_v|-1}$$

模拟电路中的器件参数和性能指标不可能是完全精确的，总会存在一定的偏差，并且偏差情况随工作环境的变化而变化。基于精确相消的思路来提高电路性能的设想往往是难以实现的。就中和电容而言，C_{gd}、C_n 都会随 PVT 条件的变化而发生偏移，而且放大器的增益本身也是不精确的，所以无法精确抵消。一旦抵消过度，就会引入一些新的问题。例如，在设计的时候让等效输入电容变成零，则可能导致输入电容在某些情况下变成负值，电路在某种程度上成为正反馈，可能会进入不稳定状态，有潜在的锁死风险。电路可能在某一工艺角下性能非常好，但在另一些工艺角下就完全无法工作了，这在工程实践中是无法接受的，也是在设计过程中应尽力避免的。

实际上，电路中的“负电容”和负电阻、负电感一样，往往都是正反馈带来的。如果一定需要使用正负电容、正负电阻抵消，要清楚设计的边界，留出足够的设计裕量。对于中和电容而言，一般令 $C_n=C_{gd}$，抵消之后还剩一些输入电容作为设计裕量，即使有 PVT 漂移使得抵消稍微偏大，也不至于把电容值由正变负。举一个反例：在先进工艺下我们经常为了获得增益而引入正反馈，但正反馈如果强度太大，得到的就不再是一个高增益

放大器，而是变成一个锁存器或者一个振荡器。

8.5 本章小结 

本章介绍了“差分”的概念，详细讲解了差分电路的特点、指标以及应用，介绍了基本的差分放大器结构，并提供了差分结构特有的两类设计技巧。差分电路是模拟电路中最重要的基本电路之一，理解和掌握差分电路的使用方法，有利于对后续章节中多级差分放大器的理解。

第9章 器件偏差

集成电路在制作过程和工作过程中都存在着大量的不确定因素，器件的各项参数、性能指标都将在一定的范围内出现偏差，这导致我们必须面向一个高度不确定的环境进行设计。图 9-1 展示了某电路性能随晶体管阈值电压的变化的示意图。对比左右两种情况，虽然图 9-1(a)所示的电路峰值性能较高，但是良率很低；在实际设计中更需要的是图 9-1(b)所示的情况，虽然峰值性能不是最高，但是在较宽的 V_t 范围内都能够满足指标。本章将详细介绍器件偏差的概念，并评估其对电路性能的影响。

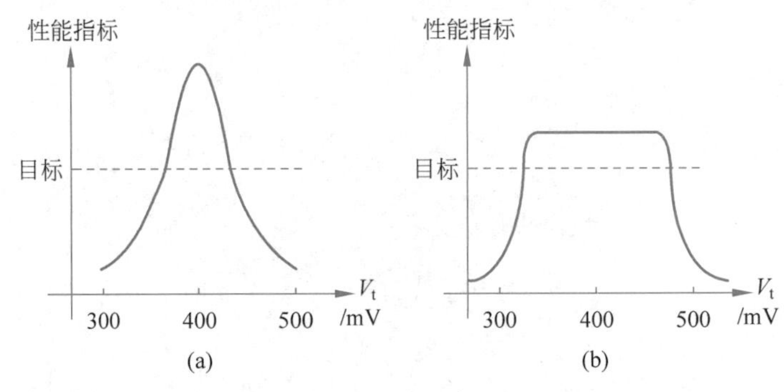

图 9-1　电路性能随晶体管阈值电压的变化

9.1 工艺、电压、温度偏差

集成电路的加工制作需要经历多道工序，在每道工序中都会引入一些不确定的偏差，这就导致了在不同批次之间、不同晶圆之间甚至相同晶圆上的不同位置，器件的参数都会有较大的变化。除了工艺偏差，温度会影响电子热运动的速度，进而也对许多器件参数有很大的影响。表 9-1 给出了一些器件参数受工艺和温度影响的典型值。由表可以看到，晶体管的阈值电压的偏差会高达±100mV，μC_{ox}、电阻、电容等参数通常有高达±20%左右的偏差。此外，这些器件参数也都显示出了不同的温度系数。

表 9-1　工艺偏差与温度影响的典型值

参　　数	工艺角偏差	温度系数	器件匹配(与面积相关)
V_t	±100mV	−2mV/℃	1～10mV
μC_{ox}	±20%	−0.33%/℃	±0.2%
R_{poly2}(50Ω/□)	±20%	0.2%/℃	±0.1%
R_{nwell}(1kΩ/□)	±40%	1%/℃	±1%
$C_{poly\text{-}poly2}$	±15%	-3×10^{-5}/℃	±0.1%

另一个对集成电路性能带来较大影响的因素是电源电压。芯片在实际使用中，电源电压可能是变化的。与工艺和温度带来的器件参数变化不同，电源电压变化会改变电路的工作条件，进而对电路性能产生影响。例如，在多层晶体管堆叠的电路中，电源电压的降低会导致晶体管的漏源电压降低，使晶体管难以工作在饱和区。对数字电路而言，电源电压降低会导致速度变慢，而电源电压升高会使功耗增加。

将工艺(process)、电源电压(voltage)与温度(temperature)的偏差统称为 PVT 偏

差，PVT 偏差对电路性能的影响是巨大的。例如，若考虑各种极限工艺角，±10%的电源电压偏差，−40～125℃的温度范围，一个门电路的延时会变化数倍，放大器的增益也会发生变化。

在电路设计中，设计人员需要充分考虑到 PVT 偏差对电路性能的影响。在确定电路结构和器件参数时，要保留足够的设计裕度，并需要进行工艺角、电源电压和温度扫描仿真，以保证在极限 PVT 条件下芯片的良率在可接受的范围内。

9.2 失配

制造工序的不确定性对电路造成的影响可以分为两个方面来看。工艺偏差通常被认为是同一个电路上器件的整体偏差。而在整体偏差的基础之上，标称值相同的器件之间也存在着相对的偏差，这种相对偏差称为失配。很多电路对整体的工艺偏差不敏感，但失配却会严重影响其性能。例如，在电流镜电路中，如果所有晶体管有相同的阈值电压偏差，则仍能保证精确的电流镜像；而如果同一个电路中的不同晶体管的阈值电压之间有偏差，则电流镜像将不准确。

失配通常分为系统失配和随机失配，前者体现为系统误差，后者体现为随机误差。工程上广泛接受的定义是：系统失配是设计中存在的某些因素导致器件之间出现的确定性、规律性的误差。比如，测试 100 颗芯片，100 颗芯片都表现出同样的失配误差。而随机失配的形式是非确定性的，比如，上述测试的 100 颗芯片表现出的失配误差是随机分布的。在讨论晶体管失配的时候，通常要同时考虑两种失配。

9.2.1 系统失配

系统失配在不同制造过程下的表现有所差异。比如，在非先进工艺下，有时二氧化硅的整体厚度 t_{ox} 不均匀，会引起阈值电压的变化而产生失配。现代工艺设备比较先进，二氧化硅的厚度控制得比较均匀，这种梯度失配就不显著了。以下介绍三种在先进工艺下较为显著的系统失配。

1. 阱邻近效应引起的失配

由阱邻近效应(Well Proximity Effect，WPE)引起失配的原理如图 9-2 所示。半导体制造过程中有离子注入步骤，掩膜板可以定义在哪里注入离子，哪里不进行注入，从而决定了阱的位置——阱内注入离子，外面不注入。事实上，阱中各个位置离子注入的浓度与距离阱的远近有关。如果离阱的边界很近，注入的离子遇到光刻胶会发生反弹。相对来说，离阱的边界较远处就没有那么多离子被反弹。因此，离子注入浓度与该点到阱的距离成反比关系：离阱越近，注入浓度越高；离阱越远，注入浓度逐渐下降。这种非均匀的注入导致各点阈值电压不同。实际电路中，在阱边缘处的晶体管与在阱中心处的晶体管会产生失配，这个失配是系统失配。因此，如果要保证两个晶体管的匹配效果，需要它们到阱的边界有相同的距离，或同时距离阱边界足够远。

2. 扩散区长度引起的失配

由于扩散区长度(Length of Diffusion，LoD)导致失配的原理如图 9-3 所示。扩散区

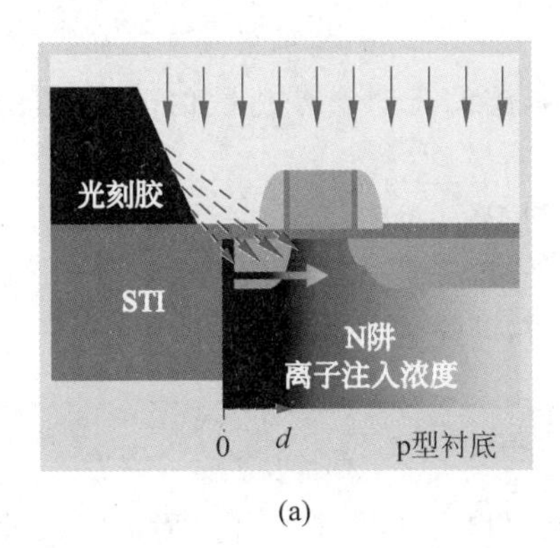

(a)

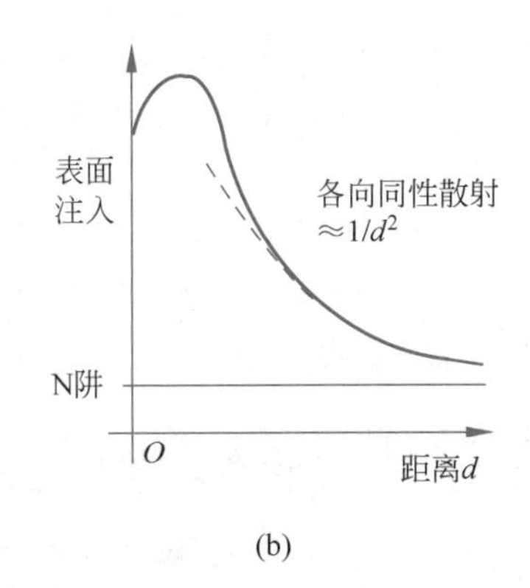

(b)

图 9-2　阱邻近效应引起的失配

指晶体管的源、漏区域。之前在描述晶体管时，通常只关注沟道相关的参数，如 W、L 分别用于描述沟道的长和宽，而没有考虑过源极和漏极的长宽。除了计算电容时，考虑到漏、源的面积和周长，其他时候认为晶体管参数只与沟道有关，这实际是不准确的。

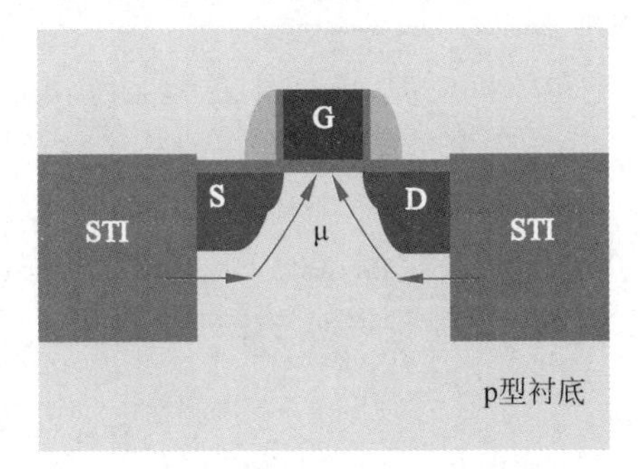

图 9-3　扩散区长度引起的失配

在 CMOS 工艺中为了防止不同晶体管源漏区之间寄生沟道的产生，需要将晶体管之间使用二氧化硅进行隔离。这个隔离的区域称为浅沟槽(Shallow Trench Isolation，STI)。浅沟槽区域对沟道产生了很大的应力，这种应力能够对晶体管的参数进行调制。比如，拉应力会导致电子迁移率上升和空穴迁移率下降，使得 NMOS 导电能力增加和 PMOS 导电能力下降。应力从晶体管两端传导到沟道，传导效果与源区、漏区的大小有关。如果源漏区域面积非常大，那么应力将被有源区吸收而极少传导到沟道。如果源漏很小，周围的压力或拉力就将对沟道产生较大的影响。因此在匹配两个晶体管时，还需要关注其扩散区长度是否相同。扩散区长度不匹配也会造成系统性失配。

3. 走线压降电流镜引起的失配

如图 9-4 所示，电流镜中两个晶体管的源极都需要接地，但是芯片的片上管脚通常只有一个地，地的管脚离某些晶体管很近，离另外一些晶体管很远，此时需要拉一根地线连接远端的晶体管。这根地线上有电阻，线上流过电流就会产生走线压降(I-R drop)，导致两个晶体管源极电压和 V_{GS} 不一样，进而导致电流的失配。这种失配可以表达为

$$\frac{\Delta I}{I_1} \approx \frac{g_m}{I_1} V_{\text{wire}} = g_m R_{\text{wire}} \frac{I_2}{I_1}$$

因此,需要把走线电阻 R_{wire} 降至非常小,从而把走线压降导致的电压差 V_{wire} 控制到非常低,同时减小$\frac{g_m}{I_1}$以保证匹配度。

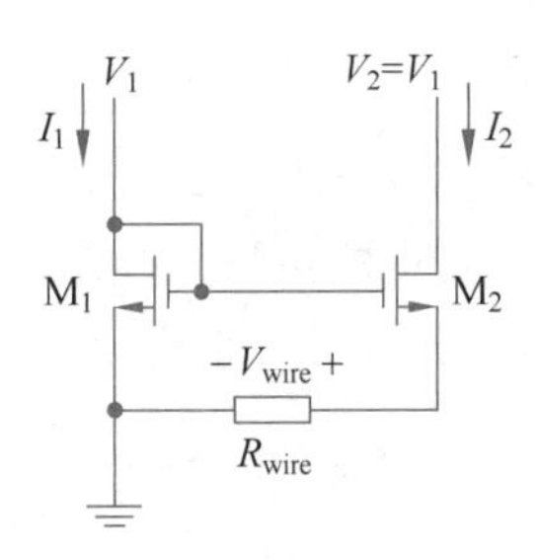

图 9-4　走线压降引起的电流镜失配

在电路设计时经常忽略走线压降,但如果对电流镜匹配精度有很高要求,就应该提前考虑走线压降,在提取寄生参数做后仿真时需要提取走线的寄生电阻。

9.2.2　随机失配

1. 离子注入偏差引起的阈值电压失配

与系统失配相对应,集成电路中更为重要且难以避免的失配是随机失配。晶体管中首要的一种随机失配是由离子注入浓度的随机性引起的晶体管阈值电压 V_t 失配。

晶体管的阈值电压是由离子注入浓度决定的,而离子注入是一个随机过程,服从泊松分布,因此不同晶体管之间难以避免出现离子注入浓度的偏差。假设,要实现预设的阈值电压,需要在沟道注入 100 个离子,然而实际上注入的离子数会在 100 附近随机波动,这就导致了阈值电压失配。

此外,两个相同尺寸的晶体管,即使离子注入的数量相等,它们之间也可能会有阈值电压失配。这是局部阈值电压偏差引起的,即晶体管内部不同区域的阈值电压的偏差。在原子级层面,局部阈值电压取决于该区域随机分布的离子掺杂浓度。晶体管内的离子非均匀地分布在沟道区间内,导致其内部微观尺度上的阈值电压是波动的,如图 9-5 所示。实际上,晶体管呈现出的阈值电压是一个宏观效应,即对这些局部阈值电压波动进行平均的效果。因此,即使注入的离子数相同,但如果离子注入集中在角落或者中间的

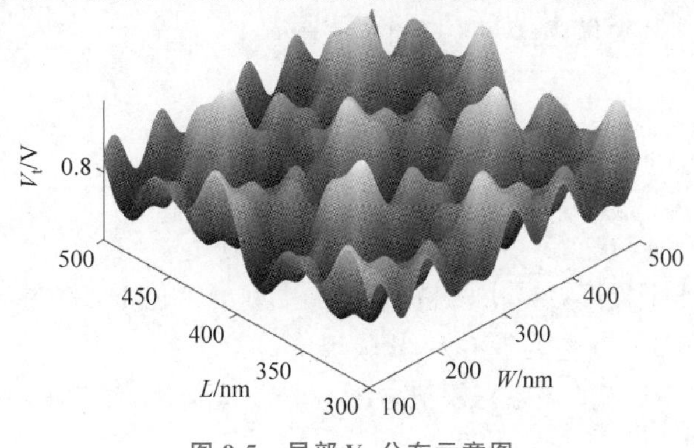

图 9-5　局部 V_t 分布示意图

位置，得到的平均效果也不一样，这是一种随机现象。器件研究人员采用一些器件仿真的模型模拟这种分布，电路设计者通常不做类似的分析，只需定性理解为什么阈值电压有这样的变化。

2. 尺寸偏差等因素引起的 β 失配

长沟道模型中的其他参数与阈值电压相关性较低，至少存在三种随机误差：①晶体管的长度 W、宽度 L 存在刻蚀导致的随机误差；②二氧化硅生长时厚度不均导致的栅氧电容 C_{ox} 的随机误差；③掺杂浓度、应力变化导致的迁移率 μ 的随机误差。可以将这些参数的对电路性能影响用乘积关系表示，即 $\beta=\mu C_{ox}\dfrac{W}{L}$，这些参数带来的随机误差体现为 β 失配。

下面通过图 9-6 所示的例子来认识刻蚀导致的尺寸偏差。在进行版图绘制时，晶体管的各个区域被绘制成矩形，如图 9-6(a)所示。实际上，如果在显微镜下对刻蚀后的晶体管结构进行观察，会看到如图 9-6(b)所示的形状，晶体管的栅极、源极、漏极成为随机变形的图形。这是因为工艺厂在生产芯片前会对版图进行光学邻近效应校正(Optical Proximity Correction，OPC)产生光罩，导致与绘制的版图略有差别。此外，在刻蚀时，溶液的浓度不是完全均匀的，所以刻蚀出来的图形具有一定的随机性，尺寸也不完全与设计吻合，这些因素都会导致失配。刻蚀导致的误差不是一致的，而是随机性的，因此这种失配是随机失配。

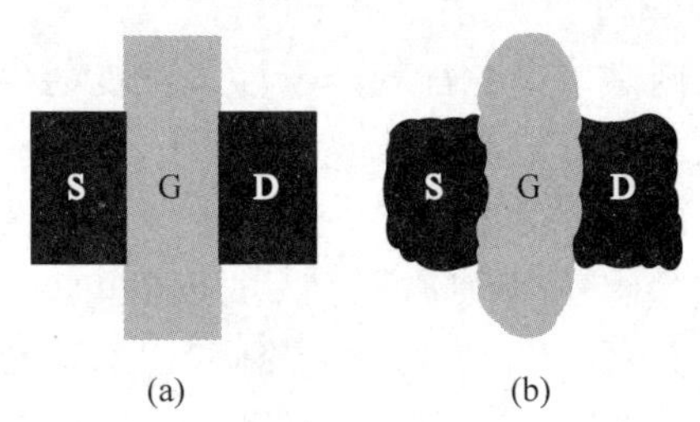

图 9-6　晶体管版图与刻蚀导致的随机误差示意图

3. 随机失配的定量分析

假设 V_t 与 β 均服从高斯随机分布，且其方差 σ 与晶体管的沟道面积 WL 成反比，因此引入 A_{V_t} 和 A_β 参数来描述这两种随机性失配：

$$\sigma_{\Delta V_t}=\frac{A_{V_t}}{\sqrt{WL}} \tag{9-1}$$

$$\frac{\sigma_{\Delta\beta}}{\beta}=\frac{A_\beta}{\sqrt{WL}}$$

A_{V_t} 随着工艺水平提高有减小的趋势，即在更好的工艺下，A_{V_t} 会变得更小，对阈值电压控制更精确。A_β 与工艺关系不大，比较稳定。

下面分析 A_{V_t} 与工艺的关系。阈值电压与平带电压 V_{FB} 之间的关系为

$$V_t - V_{FB} = \frac{Q_{dep}}{C_{gate}}$$

式中 Q_{dep} 为耗尽区电荷，与晶体管的面积 WL 成正比，且服从泊松分布，因此可知 Q_{dep} 的标准差 σ_{Qdep} 与 $\sqrt{WL}$ 成正比，即 $\sigma_{Qdep} \propto \sqrt{WL}$；$C_{gate}$ 为栅极电容，与晶体管面积 WL 成正比，而与栅氧层厚度 t_{ox} 成反比，即 $C_{gate} \propto WL/t_{ox}$。

由此可以得到阈值电压的标准差与晶体管面积和栅氧层厚度的关系为

$$\sigma_{\Delta V_t} = \frac{\sigma_{Qdep}}{C_{gate}} \propto \frac{t_{ox}}{\sqrt{WL}} \tag{9-2}$$

对比式(9-1)和式(9-2)，可以推出 A_{V_t} 与栅氧化层厚度 t_{ox} 成正比。图 9-7 展示了 A_{V_t} 与 t_{ox} 的这一正比关系，横轴表示工艺变化导致的 t_{ox} 的变化，越靠右是越成熟的工艺，越靠左是越先进的工艺，实线、虚线分别表示 PMOS、NMOS 管的 A_{V_t} 随 t_{ox} 变化趋势的渐近线。

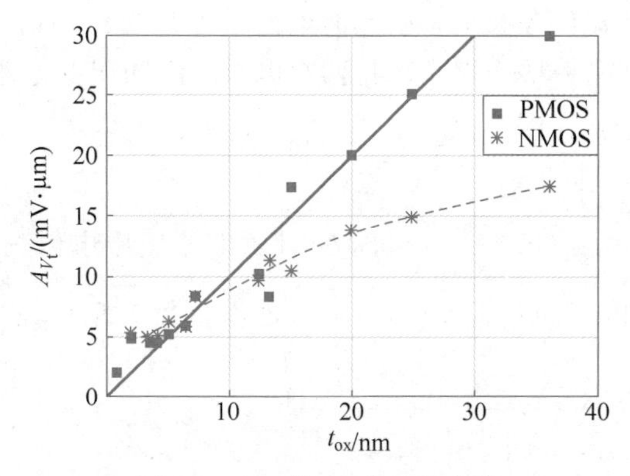

图 9-7 A_{V_t} 随 t_{ox} 的变化趋势

A_{V_t} 与栅氧化层厚度的关系可近似为

$$\frac{A_{V_t}}{1\text{mV} \cdot 1\mu\text{m}} \approx \frac{t_{ox}}{1\text{nm}}$$

表示栅氧化层厚度为 1nm 时，对应的 $A_{V_t} = 1\text{mV} \cdot \mu\text{m}$。这说明随着氧化层厚度的减小，$A_{V_t}$ 随之减小，对阈值电压的控制就越精确，这也是工艺演进的必然。在 180nm 工艺下，栅氧化层厚度约为 3nm，则对应一个面积为 $1\mu\text{m}^2$ 的晶体管的阈值电压变化标准差约为 3mV。更先进的工艺下，栅氧化层厚度越小，A_{V_t} 本身也会变得越小。在新工艺下的制造材料有所改变，以上计算只是一阶近似，实际情况会更为复杂。

既然先进工艺下 A_{V_t} 越来越小，为什么在先进工艺下有时匹配变得越来越差？因为虽然 A_{V_t} 变小了，但是阈值电压的偏差量与 $\sqrt{WL}$ 成反比。在先进工艺下一般会使用更小尺寸的器件以获得良好的性能，因此使得失配可能变大。

A_{V_t} 和 A_β 都与晶体管的面积成反比，面积越大，平均注入的离子越多，相对误差越低。假设有两个面积是 $1\mu\text{m}^2$ 的晶体管，它们阈值电压分布的标准差是 3mV；如果将这两个晶体管的面积都增加到 $9\mu m^2$，或者将 9 个 $1\mu m^2$ 的晶体管并联组合在一起，由于 9 个晶体管并联产生一种平均的效应，因此 $9\mu m^2$ 的晶体管之间的阈值电压失配标准差就是$\frac{3}{\sqrt{9}}=1mV$。

在 180nm 的工艺下，给出两个参考值：$A_{V_t}\approx 3mV\cdot\mu m$，$A_\beta\approx 1\%\cdot\mu m$。对于长 $0.18\mu m$、宽 $10\mu m$ 的晶体管，可以计算出其阈值电压分布的标准差约为

$$\sigma_{\Delta V_t}=\frac{3mV}{\sqrt{1.8}}\approx 2.2mV$$

β 失配约为

$$\frac{\sigma_{\Delta\beta}}{\beta}=\frac{1\%}{\sqrt{1.8}}\approx 0.75\%$$

根据以上参数可以计算图 9-8 中电流镜的镜像误差值。分析两支路电流的误差时，可以把阈值电压偏差和器件参数偏差引起的电流误差都当作小信号，即根据叠加定理认为在静态工作点上叠加了一些小误差。将两个电流之间的误差记作 ΔI，可得出

$$\Delta I=I_1-I_2\approx -g_m\Delta V_t+I_1\frac{\Delta\beta}{\beta}$$

令 $W=10\mu m$，$L=0.18\mu m$，$\frac{g_m}{I_D}=10S/A$，计算电流镜中电流失配的大小。其中包含两项失配，一项与阈值电压偏差有关，另一项与器件参数失配有关，这两项互不相关。于是计算可得

$$\sigma_{\frac{\Delta I}{I_1}}=\sqrt{\left(10\frac{S}{A}\cdot 2.2mV\right)^2+(0.75\%)^2}=\sqrt{(2.2\%)^2+(0.75\%)^2}=2.3\%$$

由上式可知，在上述尺寸下，电流失配以阈值电压的偏差为主导，β 失配的影响比较小。因此，如果只是做估算，仅考虑阈值电压的偏差即可。

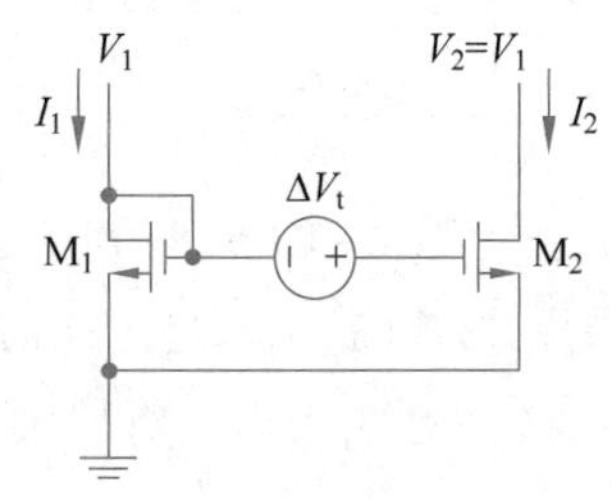

图 9-8　电流镜的失配计算

实际上，上述分析过于简化，两项失配往往并不会完全独立：如果尺寸等参数发生了变化，阈值电压也会变化，如果二氧化硅厚度发生变化，β 值会被影响，同时也影响阈值电压，所以两项失配并不是完全不相关的。利用这些模型只是为了帮助建立一些直观的理解，这些处理实际上并不严格，认识到这一点是十分重要的。在电路设计中，为了准确估计随机误差，需要使用更精确的误差模型以及蒙特卡洛仿真。

4．常用器件的随机失配

表 9-2 总结了常用集成电路器件的随机失配。

表 9-2　常用集成电路器件的随机失配

器　件	表 达 式	参 数 值
MOS 晶体管	$\sigma_{\Delta V_t}=\dfrac{A_{V_t}}{\sqrt{WL}}$	$A_{V_t}\approx t_{ox}\cdot 1\text{V}$
	$\dfrac{\sigma_{\Delta\beta}}{\beta}=\dfrac{A_\beta}{\sqrt{WL}}$	$A_\beta\approx(1\%\sim2\%)\cdot\mu\text{m}$
双极型晶体管(BJT)	$\sigma_{\Delta V_{BE}}=\dfrac{A_{V_{BE}}}{\sqrt{W_B L_B}}$	$A_{V_{BE}}\approx 0.3\text{mV}\cdot\mu\text{m}$
扩散电阻或多晶硅电阻	$\dfrac{\sigma_{\Delta R}}{R}=\dfrac{A_R}{\sqrt{WL}}$	$A_R\approx(0.5\%\sim5\%)\cdot\mu\text{m}$
电容	$\dfrac{\sigma_{\Delta C}}{C}=\dfrac{A_C}{\sqrt{C}}$	$A_C\approx 0.3\%\cdot\sqrt{\text{fF}}$

MOS 晶体管主要存在阈值电压失配和 β 失配，双极结型晶体管中阈值电压的失配等效为 V_{BE} 的失配。$A_{V_{BE}}=0.3\text{mV}$，比 MOS 管的 A_{V_t} 更小，所以双极结型晶体管更易于匹配(其闪烁噪声也更低，跨导效率更高)，但是因为成本高而不常使用。

多晶硅电阻、扩散电阻、平板电容的失配都与面积成反比。不同的电阻值有不同的偏差系数，通常多晶硅电阻的匹配度比扩散电阻要好一些。电容结构比较简单，只要极板间距控制得比较好，匹配就比较好。通常而言，在标准 CMOS 工艺下，如果要得到最准确的器件匹配(例如，用于确定闭环反馈放大器的增益)，首先选电容，其次选电阻，再次选晶体管。

9.3 本章小结

PVT 变化会对器件特性带来较大的影响，从而影响电路的性能甚至功能。在电路设计中，需要充分考虑 PVT 的变化，以保证芯片的良率。除了考虑 PVT 的影响之外，模拟电路还需要考虑器件之间的失配。失配分为系统失配和随机失配两种。系统失配可以通过电路原理图和版图设计的周全考虑与精细设计予以消除。随机失配是由工艺的随机偏差导致的，难以避免。随机失配往往与器件尺寸有关系，可通过适当增大尺寸来降低随机失配的影响。此外，不同器件的随机失配也不同，在电路设计中可以根据需要选择不同类型的器件。

第10章 负反馈

第9章介绍了PVT偏差和失配的概念,PVT偏差会使器件参数在很大的范围内波动,导致模拟电路的性能会有很大的偏差。例如,共源放大器的增益由跨导和输出阻抗共同决定,而两者的PVT偏差均很大,导致增益的偏差很大。相对而言,无源器件之间的失配远小于其PVT偏差,器件参数的比值几乎不受PVT偏差的影响。本章将介绍利用负反馈构建高精度的模拟电路,使关键电路性能从由器件参数本身决定转换为由器件参数的相对比值决定,进而规避PVT偏差的影响。

10.1 负反馈的意义和基本原理

10.1.1 负反馈提高增益准确度

图10-1展示了经典的负反馈模型,该信号流图可以推得输入到输出的传递函数为

$$\frac{v_{\text{out}}}{v_{\text{in}}}=\frac{a}{1+af}$$

式中 a 为由放大器实现的前向增益; f 为反馈系数。

如果放大器的增益 a 足够大,则 $\frac{v_{\text{out}}}{v_{\text{in}}}\approx\frac{1}{f}$,即闭环系统的增益由反馈系数 f 决定。

可以采用电阻网络来实现上述的反馈系数。如图10-2所示,假设目标闭环增益为2,则可以采用相同大小的两个电阻,即 $R_1=R_2$,此时 $f=0.5$,若前向增益 $a=100$,可得

$$\frac{v_{\text{out}}}{v_{\text{in}}}=\frac{a}{1+af}=\frac{100}{1+50}\approx 1.961$$

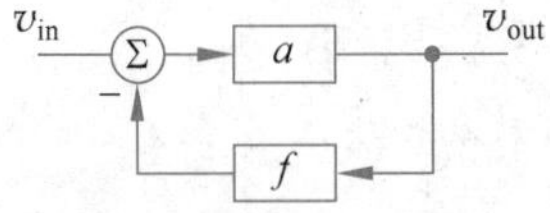

图10-1 负反馈模型

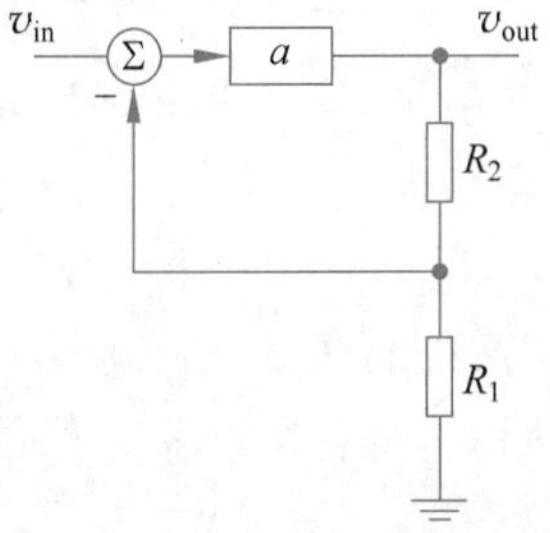

图10-2 电阻负反馈模型

此时,增益与期望值还存在一定差距。令 $a=1000$,则有

$$\frac{v_{\text{out}}}{v_{\text{in}}}=\frac{a}{1+af}=\frac{1000}{1+500}\approx 1.996$$

可见,增益更加精确了。如果 $a=10000$,那么闭环增益为1.9996。所以前向增益越高,闭环增益就越接近理想值。只要前向增益足够大,即使前向增益有较大的PVT偏差,闭环增益也不会产生太大改变。在上面的例子中,前向增益从100变到1000,增大了10倍,而闭环增益只从1.96变成1.996,大约只有1.8%的变化。由此可见,负反馈是一个使闭环增益对前向增益不敏感的机制。

下面分析负反馈系统中开环增益对闭环增益的影响。引入环路增益 $T=af$,当开环

增益 a 产生 Δa 的波动时，闭环增益的变化量为

$$\Delta A=\frac{\mathrm{d}A}{\mathrm{d}a}\Delta a=\frac{\Delta a}{(1+T)^2}$$

闭环增益的相对变化为

$$\frac{\Delta A}{A}=\frac{1}{1+T}\frac{\Delta a}{a}$$

可见，闭环增益变化量是开环增益变化量的 $1/(1+T)$。若环路增益 $T\gg 1$，则闭环增益对开环增益不敏感。

10.1.2 负反馈提高线性度

闭环放大器除了保证增益的准确性以外，还可以大幅提高线性度。对于一个含有三阶非线性的放大器，其输出 y 与输入 x 之间的关系可以表示为

$$y=a_1x+a_3x^3$$

式中 a_1 表示放大器的增益；a_3 表示放大器的三阶非线性系数。

采用该放大器组成一个闭环负反馈系统，如图 10-3 所示，该闭环系统的输出 v_{out} 与输入 v_{in} 之间的关系可以表示为

$$v_{\text{out}}=a_1(v_{\text{in}}-fv_{\text{out}})+a_3(v_{\text{in}}-fv_{\text{out}})^3$$

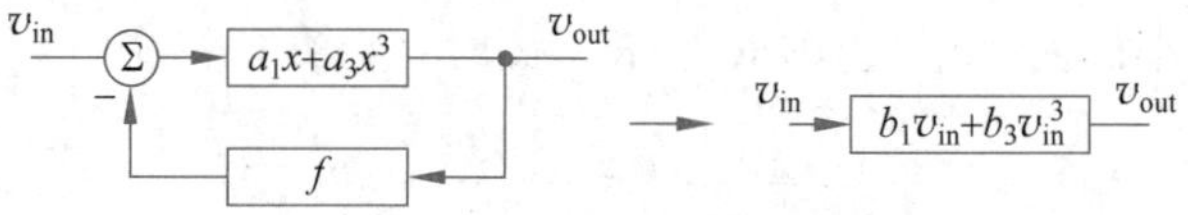

图 10-3 负反馈的非线性分析

对于该闭环系统，仅考虑其三阶非线性失真，忽略更高阶的失真时，可将闭环系统的输入输出关系表示为

$$v_{\text{out}}=b_1v_{\text{in}}+b_3v_{\text{in}}^3$$

式中 b_1 为闭环系统的增益；b_3 为闭环系统的三阶非线性系数。

以上两式联立，令各次项系数相等，可以分别推出 b_1、b_3：

$$\begin{cases}b_1=\dfrac{a_1}{1+a_1f}=\dfrac{a_1}{1+T}\\[2ex] b_3=\dfrac{a_3}{(1+a_1f)^4}=\dfrac{a_3}{(1+T)^4}\end{cases}$$

可以看到，若环路增益 $T=10$，则三阶非线性失真比开环状态下衰减 10^4 倍；若环路增益 $T=1000$，则三阶非线性失真比开环状态下衰减 1000^4 倍。可见，负反馈可显著提高线性度。对上述结论的直观理解是：对于负反馈系统，闭环增益主要由反馈系数决定，前向增益的变化对闭环增益影响微弱，因而线性度提升。

10.1.3 负反馈延展带宽

负反馈除了让增益变得更精确、非线性更低，还可以延展带宽。假设图 10-1 中的放

大器为单极点系统，其频率响应为

$$a(s)=\frac{a_0}{1-\dfrac{s}{p_1}}$$

式中 p_1 为放大器的极点。

可以推得闭环系统的频率响应为

$$A(s)=\frac{a(s)}{1+a(s)f}=\frac{a_0}{1+T}\frac{1}{1-\dfrac{s}{p_1}\dfrac{1}{1+T}}$$

如图 10-4 所示，闭环的极点位置为 $(1+T)|p_1|$，即系统的带宽延展为 $(1+T)$ 倍。注意，闭环增益是开环增益的 $1/(1+T)$ 倍，因而增益带宽积没有改变。

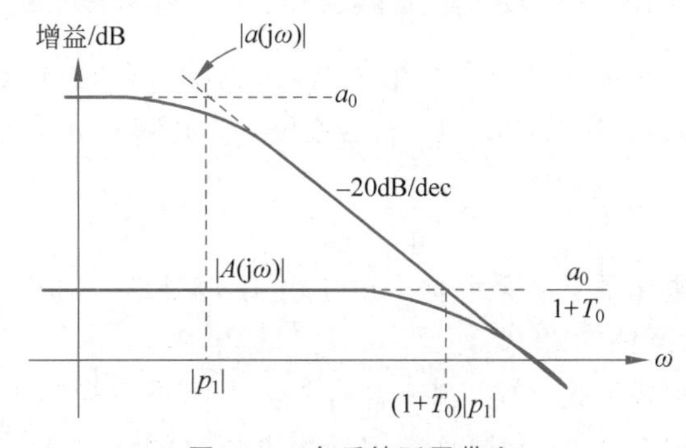

图 10-4　负反馈延展带宽

10.1.4　理想反馈框图的局限性

这里需要强调，图 10-1 所示的反馈框图是一个理想化模型，它建立在两个假设之上：

(1) 假设前向放大器和反馈网络是可以被拆开的。实际上，两者有可能无法简单分解。一方面，在实际电路中反馈网络往往是放大器的负载，会改变放大器的增益，尤其是较小阻值的阻性反馈网络，会大幅降低前向放大器的增益。另一方面，前向放大器和反馈网络是耦合在一起的，二者会相互影响。在图 10-1 所示的反馈框图中，为简化分析，这种耦合没有被体现，并且反馈网络的负载效应也被忽略掉。

(2) 假设信号是单向流动的。在图 10-1 所示的反馈框图中，规定信号从输入经过前向放大器流向输出，输出经过反馈网络后，与输入信号相减成为净输入量，这是人为规定的信号流向。但实际电路中信号还可以有其他流向，比如输入信号可以经过反馈网络直接传递到输出，输出信号也可以通过前向放大器向后传导影响输入。信号的不同流向也没有被图 10-1 描述，暂且简单地认为信号具有“单一”的流向。本章最后将介绍回路比值分析，该分析方法可以一同考虑负载效应。

其实，在负反馈被大量使用前，在电子管时代更多使用的是正反馈，如图 10-5 所示，可以推得系统闭环增益为

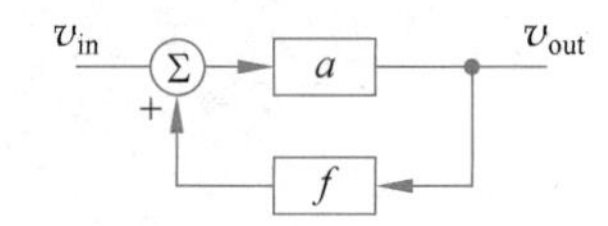

图 10-5　正反馈示意图

$$\frac{v_{out}}{v_{in}}=\frac{a}{1-af}$$

例如，$af=0.9$，则增益为 $10a$，因此通过正反馈可以获得远大于放大器自身的增益。1927 年，Harold S. Black 最初提出负反馈时并不被认可，那时的电路设计需要尽可能少的器件，且电子管的增益较低，因而负反馈降低增益被认为是一种“浪费”。

10.2 负反馈基本模式

考虑到输入既可以是电压又可以是电流，输出也既可以是电压又可以是电流，因此负反馈有四种基本模式，分别为电压-电压、电流-电压、电流-电流和电压-电流负反馈。

10.2.1　电压-电压负反馈

输入和输出都是电压的反馈系统称为电压-电压负反馈。对于一个输入与输出都是电压的结构，如何引入反馈？

若想将输出电压反馈回输入端，意味着需要一个网络感受输出电压，即需要反馈网络与前向放大器的输出端并联，其原理类似于用电压表测量电压。感受到输出电压后，需要将其通过一定的反馈网络馈回前向放大器的输入端，与输入电压进行相减。由于串联分压可形成一种加减关系，因此反馈电压应该与电路输入端串联，前向放大器得到的电压就是输入电压与反馈电压之差，即误差电压 v_ε。反馈系统的输入端是串联模式，输出端是并联模式，因此这种反馈系统也可以称为串联-并联负反馈，如图 10-6 所示。

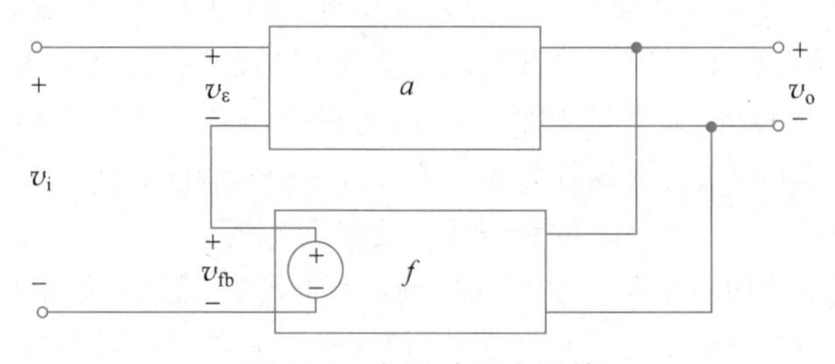

图 10-6　电压-电压负反馈

对于图 10-6 所示的反馈系统，由图可得：前向放大器增益 $a=\frac{v_o}{v_\varepsilon}$，反馈系数 $f=\frac{v_{fb}}{v_o}$，闭环增益 $A=\frac{v_o}{v_i}=\frac{a}{1+af}=\frac{a}{1+T}$，$a$、$f$、$T$ 都是电压增益，是无量纲的。

10.2.2　电流-电压负反馈

系统的输入是电流，输出是电压，需要用反馈网络的输入端与前向放大器的输出端并联以感受输出电压。同时,前向放大器的输入电流需要与反馈电流相减,应让反馈网络的输出端与前向放大器的输入端并联,分流输入电流,流向前向放大器的电流等于输入电流减去反馈电流,即误差电流 i_{ε}。这种反馈系统的输入端是并联模式,输出端是并联模式,因此该反馈结构也称为并联-并联负反馈,如图 10-7 所示。由图可得:前向放大器跨阻增益 $a=\dfrac{v_{o}}{i_{\varepsilon}}$,反馈系数 $f=\dfrac{i_{fb}}{v_{o}}$,闭环增益 $A=\dfrac{v_{o}}{i_{i}}=\dfrac{a}{1+af}=\dfrac{a}{1+T}$,注意 a 有电阻的量纲,f 有电导的量纲,而环路增益 T 依然是无量纲的。

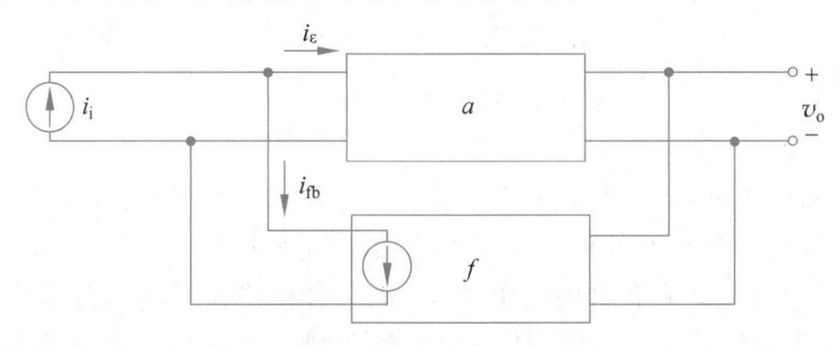

图 10-7 电流-电压负反馈

10.2.3 电流-电流负反馈

系统的输入和输出都是电流,这种结构称为电流-电流负反馈。为了能够感受输出电流,应该让反馈网络的输入端与前向放大器的输出端串联,就像电流表一样,所以反馈系统的输出端是串联模式。与电流-电压负反馈类似,反馈网络的输出电流与前向放大器的输入电流相减,是并联模式。因此这种反馈结构也称为并联-串联负反馈,如图 10-8 所示。由图可得:前向放大器电流增益 $a=\dfrac{i_{o}}{i_{\varepsilon}}$,反馈系数 $f=\dfrac{i_{fb}}{i_{o}}$,闭环增益 $A=\dfrac{i_{o}}{i_{i}}=\dfrac{a}{1+af}=\dfrac{a}{1+T}$,$a$、$f$ 和 T 是无量纲的。

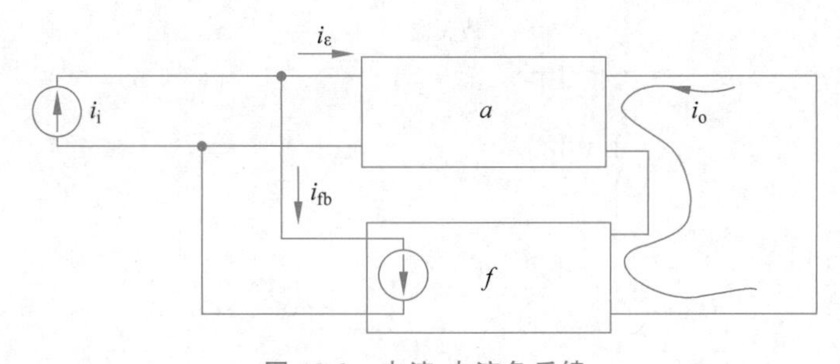

图 10-8 电流-电流负反馈

10.2.4 电压-电流负反馈

系统的输入为电压信号,输出为电流信号,这种结构特性像一个跨导,称为电压-电流负反馈。反馈系统的输出端需要是串联模式以感受电流信号,输入端需要是串联模式从而反馈电流,因此也称为串联-串联负反馈,如图 10-9 所示。由图可得:前向放大器跨导

增益 $a=\frac{i_o}{v_\varepsilon}$，反馈系数 $f=\frac{v_{fb}}{i_o}$，闭环增益 $A=\frac{i_o}{v_i}=\frac{a}{1+af}=\frac{a}{1+T}$，$a$ 有跨导的量纲，f 有电阻的量纲，环路增益 T 依然是无量纲的。

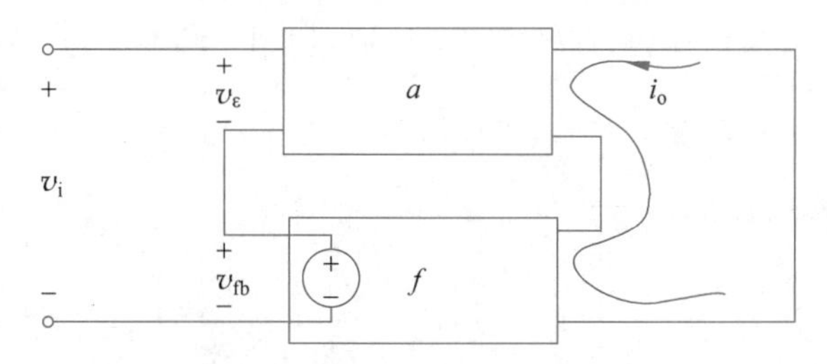

图 10-9 电压-电流负反馈

可以看到，对于不同反馈模式，a 和 f 可能有不同的量纲，但是环路增益 T 必然是一个无量纲的值，这是因为环路的输入是误差量，输出是反馈量，二者必然是同一量纲的。

这四种模式的反馈都有各自的应用场景：第一种模式是经典的电压放大器；第二种模式是电流输入的跨阻放大器，比如光电二极管测量光敏电阻上的电流值，再转化为电压信号进行处理；第三种模式是电流放大器；第四种模式是跨导放大器，Gm-C 滤波器经常用到这种模式。

10.2.5 负反馈网络端口阻抗分析

为了简化分析，仍然假设忽略前向放大器和反馈网络的负载效应，并认为信号是单向流动的。

电压-电压负反馈的阻抗如图 10-10 所示。假设前向放大器开环输入阻抗为 z_i，输出阻抗为 z_o；反馈网络输入阻抗无穷大，因此其在系统输出端是一个理想"电压表"，感受输出电压时不会成为前向放大器的负载；同时反馈网络的输出阻抗为零，在输入端是一个理想"电压源"。受控源规定了信号的单向流动。

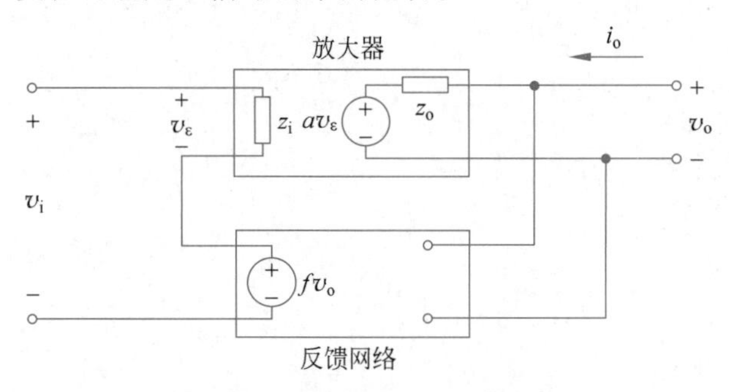

图 10-10 电压-电压负反馈的阻抗

首先计算输入阻抗。令输出端开路，$i_o=0$，由于 $v_o=av_\varepsilon$，可以推导出

$$v_i=v_\varepsilon+fv_o=(1+T)v_\varepsilon$$

进一步可以得到

$$i_i=\frac{v_\varepsilon}{z_i}=\frac{1}{z_i}\left(\frac{1}{1+T}\right)v_i$$

因此,闭环输入阻抗 Z_i 与开环输入阻抗 z_i 的关系为

$$Z_i=\frac{v_i}{i_i}=(1+T)z_i$$

然后计算输出阻抗。令输入端短路,$v_i=0$,由于 $v_i=v_\varepsilon+fv_o$,可以写出

$$v_i=v_\varepsilon+fv_o=0$$

可以进一步得到

$$i_o=\frac{v_o-av_\varepsilon}{z_o}=\frac{1}{z_o}(1+af)v_o=\frac{1}{z_o}(1+T)v_o$$

因此,闭环输出阻抗 Z_o 与开环输出阻抗 z_o 的关系为

$$Z_o=\frac{v_o}{i_o}=\frac{z_o}{(1+T)}$$

可以看到电压-电压负反馈的形式将输入阻抗增大为 $1+T$ 倍,将输出阻抗减小为 $1/(1+T)$。对这一结论的直观理解如下:在输入端,由于环路增益的存在,负反馈环路将"迫使"反馈电压约等于输入电压,而真正加在前向放大器输入端的误差电压 v_ε 相对于 v_i 被衰减为 $1/(1+T)$,导致所产生的输入电流减小为 $1/(1+T)$,进而体现为输入阻抗增大为 $1+T$ 倍。假如输入电压为 1V,环路增益为 1000,那么将只有约 1mV 的电压被真正加在前向放大器的输入端,相比于 1V 的输入信号直接加在放大器输入端的开环放大器,输入电流被降低为$\frac{1}{1000}$,进而等效为输入阻抗提高为约 1000 倍。输入阻抗增大对于电压放大器是有利的,因为这会降低前级电路的负载。

在输出端输出电压的变化将会通过反馈网络馈回输入端,增益是 f,反馈电压在输入端被减去后又通过前向放大器传导到输出端,增益是 a,所以输出电压的变化通过负反馈环路放大$-af$ 倍后到达输出端,输出电流就增大为 $1+af$ 倍,等效为输出阻抗减小为 $1/(1+T)$。输出阻抗减小对于电压放大器是有利的,因为这会提高放大器的驱动能力。

电流-电压负反馈的阻抗如图 10-11 所示。

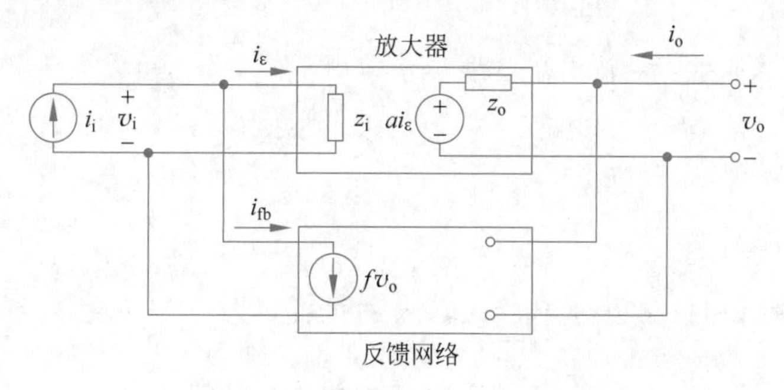

图 10-11　电流-电压负反馈的阻抗

首先计算输入阻抗。令输出端开路,$i_o=0$,由于 $v_o=ai_\varepsilon$,可以推导出

$$i_i=i_\varepsilon+fv_o=(1+T)i_\varepsilon$$

可以进一步得到

$$v_i = i_\varepsilon z_i = z_i\left(\frac{i_i}{1+T}\right)$$

因此，闭环输入阻抗 Z_i 与开环输入阻抗 z_i 的关系为

$$Z_i = \frac{v_i}{i_i} = \frac{z_i}{(1+T)}$$

然后计算输出阻抗。令输入端开路 $i_i = 0$，可以推导出

$$i_\varepsilon + f v_o = 0$$

可以进一步得到

$$v_o = a i_\varepsilon + i_o z_o = -T v_o + i_o z_o = \frac{i_o z_o}{1+T}$$

因此，闭环输出阻抗 Z_o 与开环输出阻抗 z_o 的关系为

$$Z_o = \frac{v_o}{i_o} = \frac{z_o}{1+T}$$

对这一结论的直观理解是：在输入端，负反馈环路迫使反馈电压跟踪输入电流，使得实际输入到前向放大器的误差电流减小为 $1/(1+T)$，体现为输入阻抗减小为 $1/(1+T)$。在输出端，输出电压的变化通过负反馈环路被减小为 $1/af$，导致输出电流减小为 $1/(1+T)$，体现为输出阻抗减小为 $1/(1+T)$。

电流-电流负反馈的阻抗如图 10-12 所示。

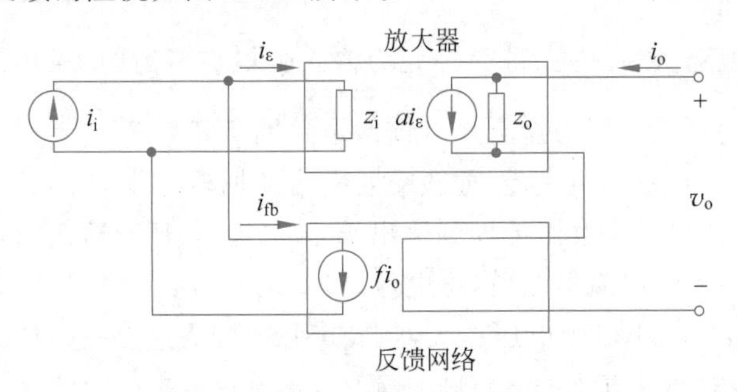

图 10-12 电流-电流负反馈的阻抗

首先计算输入阻抗。令输出端短路 $v_o = 0$，由于 $i_o = a i_\varepsilon$，可以推导出

$$i_i = i_\varepsilon + f i_o = (1+T) i_\varepsilon$$

可以进一步得到

$$v_i = i_\varepsilon z_i = z_i\left(\frac{i_i}{1+T}\right)$$

因此，闭环输入阻抗 Z_i 与开环输入阻抗 z_i 的关系为

$$Z_i = \frac{v_i}{i_i} = \frac{z_i}{(1+T)}$$

然后计算输出阻抗。令输入端开路 $i_i = 0$，可以推导出

$$i_\varepsilon + f i_o = 0$$

可以进一步得到

$$v_o=(ai_\varepsilon+i_o)z_o=i_o(1+af)z_o=i_o(1+T)z_o$$

因此，闭环输出阻抗 Z_o 与开环输出阻抗 z_o 的关系为

$$Z_o=\frac{v_o}{i_o}=z_o(1+T)$$

对这一结论的直观理解是：在输入端，负反馈环路迫使反馈电流跟踪输入电流，真正输入到前向放大器的误差电流减小为 $1/(1+T)$，体现为输入阻抗减小为 $1/(1+T)$。在输出端，输出电流的变化通过负反馈环路放大 $-af$ 倍，导致输出电压增加为 $1+T$ 倍，体现为输出阻抗增加为 $1+T$ 倍。输入阻抗的增加、输出阻抗的减小，对于电流放大都是有利的，因为理想电流放大器的输入阻抗为零，输出阻抗为无穷大。

电压-电流负反馈的阻抗，如图 10-13 所示。

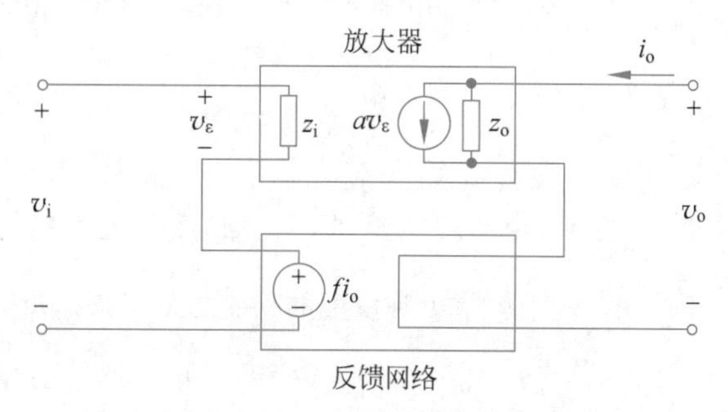

图 10-13　电压-电流负反馈的阻抗

首先计算输入阻抗。令输出端短路 $v_o=0$，由于 $i_o=av_\varepsilon$，可以推导出

$$v_i=v_\varepsilon+fi_o=(1+T)v_\varepsilon$$

可以进一步得到

$$i_i=\frac{v_\varepsilon}{z_i}=\frac{1}{z_i}\left(\frac{v_i}{1+T}\right)$$

因此，闭环输入阻抗 Z_i 与开环输入阻抗 z_i 的关系为

$$Z_i=\frac{v_i}{i_i}=z_i(1+T)$$

然后计算输出阻抗。令输入端短路，$v_i=0$，由于 $v_i=v_\varepsilon+fi_o$，可以推导出

$$v_i=v_\varepsilon+fi_o=0$$

可以进一步得到

$$i_o=av_\varepsilon+\frac{v_o}{z_o}=\frac{v_o}{z_o}-afi_o=\frac{v_o}{z_o}\frac{1}{(1+T)}$$

因此，闭环输出阻抗 Z_o 与开环输出阻抗 z_o 的关系为

$$Z_o=\frac{v_o}{i_o}=z_o(1+T)$$

对这一结论的直观理解是：在输入端，负反馈环路迫使反馈电流跟踪输入电压，使得实际输入到前向放大器的误差电压增大为 $1+T$ 倍，体现为输入阻抗增大为 $1+T$ 倍。

在输出端，输出电流的变化通过负反馈环路放大$-af$倍，导致输出电压增加为$1+T$倍，体现为输出阻抗增加为$1+T$倍。

通过以上分析可以认识到：负反馈环路总是试图“帮助”电路更好地感受输入和驱动负载，无论是在输入端还是输出端，电压模式还是电流模式，“帮助”的倍数是$1+T$。

10.3 负反馈电路的稳定性判据

负反馈可以带来许多好处，比如提高增益精确度，减小非线性失真，展宽频带，进行阻抗变换，并且所有的阻抗变换都是在帮助电路提高性能。同时，电路引入负反馈会付出一些代价，一是电路闭环后增益会降低到开环时的$1/(1+T)$。二是引入稳定性问题，这是负反馈系统中最重要的问题。稳定性是闭环系统特有的问题，决定了一个反馈电路能否正常工作，如果稳定性得不到保障，电路可能振荡，无法工作，也不能提高性能。

10.3.1 BIBO稳定性判据

负反馈系统的稳定性又称为有界输入有界输出(Bounded-Input Bounded-Output，BIBO)稳定性，其定义是：对于一个有界的输入，系统必然产生有界的输出。一个反馈系统的闭环增益$A(s)=\dfrac{a(s)}{1+T(s)}$。分析反馈系统的稳定性时，主要分析分母$1+T(s)$是否稳定，因为分子$a(s)$代表的前向放大器通常是稳定的。从严格的数学意义上讲就是要看零极点的分布，要求$\dfrac{1}{1+T(s)}$在右半平面不能有极点，即$1+T(s)$在右半平面不能有零点。该判据虽然在数学上是严格的，但并不是特别实用，因为环路增益往往是一个很复杂的多项式，并不容易找出零点的具体位置。

10.3.2 巴克豪森判据

我们需要一些替代直接通过多项式推导零极点位置的判据，这些判据在数学上并不一定要求严格成立，但应直观易用。

巴克豪森判据指出：当环路引起的相位延迟达到$-180°$，即负反馈变成正反馈时，如果环路增益大于1，那么系统不稳定。从直观理解，设想某一频率的信号，经过环路的延迟后变成正反馈且环路增益高于1会出现什么情况？假设该频率下的信号幅度最开始仅有1mV，环路增益在该频率下为6dB，那么信号经过环路放大一次将变为2mV，多次后将变为4mV、8mV……此时有界的输入产生了无界的输出，这显然是一个不稳定的系统。

利用巴克豪森判据很容易判断系统稳定性，只需要研究环路增益$T(s)$的波特图，在波特图中找到相位为$-180°$的频点，看其对应的环路增益是否高于0dB。另外一种方法是找到环路增益降低为0dB时的频点，看该频点下相位延迟的积累是否已经超过$-180°$，如图10-14所示。与这两种判断方法相对应的是增益裕度(Gain Margin，GM)，也就是相位为$-180°$时增益与0dB的距离，即

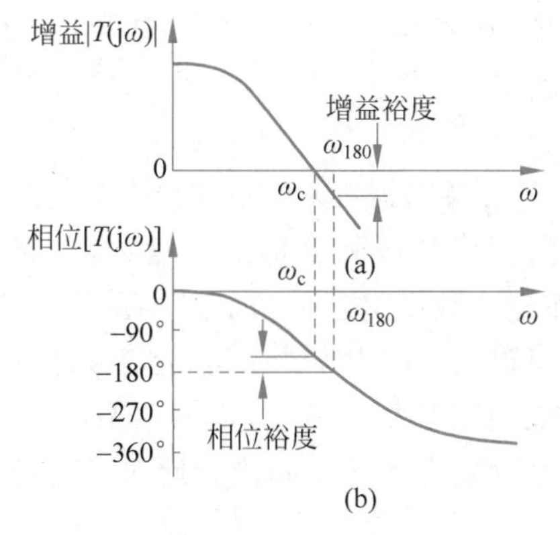

图 10-14 利用巴克豪森判据判断系统稳定性

$$\mathrm{GM}=\left.\frac{1}{|T(\mathrm{j}\omega)|}\right|_{\omega=\omega_{180}}$$

以及相位裕度(Phase Margin,PM),即增益为 0dB 时相位与－180°的差,即

$$\mathrm{PM}=180^{\circ}+\mathrm{Phase}\left[T(\mathrm{j}\omega)\mid_{\omega=\omega_c}\right]$$

我们希望系统远离不稳定状态,因此要在稳定与不稳定的边界处留出一定裕量,通常希望有 3～5dB 的增益裕度,以及 60°～70°的相位裕度。为避免相位裕度满足要求但增益裕度很差的情况,比如有零点存在的情况,两种判据都需要检查。

通常要求相位裕度达到 60°～70°,其原因可以在闭环响应与相位裕度的关系中看出。如图 10-15 所示,如果相位裕度比较小,闭环响应就会出现尖峰。这意味着,如果在此频率附近存在噪声或干扰,那么这些噪声或干扰会被放大,进而影响整个系统的信噪比。同时,对于一个阶跃输入,在输出端的时域波形上还会观察到振铃问题,它会影响输出信号的建立。这两个原因,通常需要相位裕度高于 45°。不把相位裕度设计成 90°是因为此时对应的 3dB 带宽较窄,会影响放大器的建立时间和响应速度。一阶放大器的相位裕度

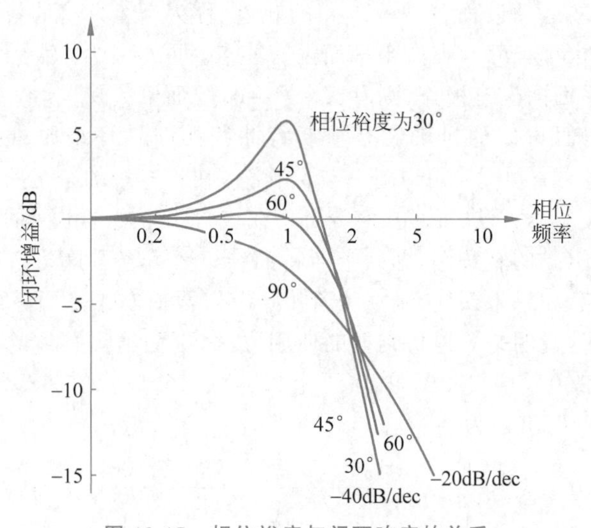

图 10-15 相位裕度与闭环响应的关系

一般为90°,从这个意义上讲,一阶闭环系统的性能并不如相位裕度为60°的二阶系统。60°左右是合适的相位裕度点,频率响应虽然存在上抬,但程度很弱,系统带宽相比90°更宽,时域建立速度也更快。

需要特别强调的是,巴克豪森判据既不是反馈环路稳定的充分条件也不是必要条件,即存在不满足巴克豪森判据但是实际上稳定的电路,也存在满足巴克豪森判据但是实际上不稳定的电路。使用这个数学上不严格的判据主要原因是其简单易用,对绝大多数电路都适用且能够得到正确结果。但需要谨记,这个判据本身是不严格的,如分析锁相环的环路稳定性(在低频处环路增益很高,但是相位裕度为0)以及系统存在右半平面极点时,可能会得到与巴克豪森判据不符的结论。此时,需要对巴克豪森判据进行修正,或者采用更加严格的判据。

10.3.3 奈奎斯特判据

巴克豪森判据是一个简单实用的判据,在实用性和准确性之间找到了比较好的折中,也是人们在工程实践中大多数情况下会使用的判据,但它在数学上并不严格,因此在某些情况下不适用。此时需要引入一个更精确的判据——奈奎斯特判据。奈奎斯特判据在数学上是严格的,比巴克豪森判据复杂一些,但是比求解零极点位置的判据简单。它通过图形化的方法,可以直观判断 $1+T(s)$ 在右半平面是否存在零点,避免了直接求零点的复杂步骤。

在讨论奈奎斯特判据之前,首先要清楚环路增益 $T(s)$ 自身的零点与 $1+T(s)$ 的零点的特性并没有直接的关系,它们之间可能差得非常远,因此不能将对环路增益自身零点的特性分析直接用于 $1+T(s)$ 的零点特性分析。

奈奎斯特判据的数学原理可以参考复变函数中的知识,感兴趣的读者也可以进一步查阅控制理论相关的资料。该方法的本质原理来源于柯西辐角定理,$Z-P=K$,其中 Z 和 P 分别代表 $1+T(s)$ 在整个右半平面内的零点和极点的个数,K 表示在变量 s 顺时针环绕整个右半平面的运动过程中,$1+T(s)$ 的轨迹(称为奈奎斯特曲线)环绕原点的圈数。稳定的闭环系统要求 $1+T(s)$ 在右半平面没有零点,即 $Z=0$ 且 $P=K$。若 $T(s)$ 自身是稳定的,即在右半平面内没有极点,则有 $Z=P=0$,因而 $K=0$。

由以上分析可知,可以通过确定奈奎斯特曲线顺时针环绕原点的圈数来确定 $1+T(s)$ 的零点个数。这一判据又可以进一步简化为判断 $T(s)$ 的奈奎斯特曲线顺时针环绕 $(-1,0)$ 点的圈数。基本方法:首先,使变量 s 在包含整个右半平面的闭合轨迹内以顺时针方向运动,画出 $T(s)$ 的轨迹图,即奈奎斯特曲线;然后查看这条奈奎斯特曲线是否顺时针圈住 $(-1,0)$ 点,如果未圈住,则意味着 $1+T(s)$ 没有右半平面零点,系统是稳定的。

为了更加形象地说明奈奎斯特判据的使用方法,下面给出具体的例子。假设前向放大器的增益 $A_0=1000$,即60dB,它有两个极点,一个极点在1rad/s,另一个极点在1000rad/s,此时的环路增益为

$$T(s)=\frac{A_0}{\left(1+\frac{s}{p_1}\right)\left(1+\frac{s}{p_2}\right)}=\frac{1000}{(1+s)\left(1+\frac{s}{1000}\right)}$$

图 10-16 给出了变量 s 的运动轨迹以及对应的奈奎斯特曲线图。当变量 s 位于原点时，$T(s)$的增益为 1000，相位为 0°；当 s 沿正虚轴运动时，$T(s)$的增益逐渐降低且相位变为负；当 s 到达虚轴正无穷 $+\mathrm{j}\infty$ 时，$T(s)$的增益降为零，相位降至 $-180°$，即 $T(s)$的轨迹以 $-180°$ 的角度到达原点；当 s 顺时针沿很大的半径运动到实轴时，$T(s)$的轨迹依然停留在原点。在这一过程中得到的奈奎斯特曲线如图 10-16(b)中的实线所示。当 s 继续从实轴出发，沿很大的半径运动到负虚轴，再沿虚轴回到原点时，$T(s)$的轨迹为前述轨迹的镜像，即图 10-16(b)中的虚线，至此就得到了完整的闭合奈奎斯特曲线图。

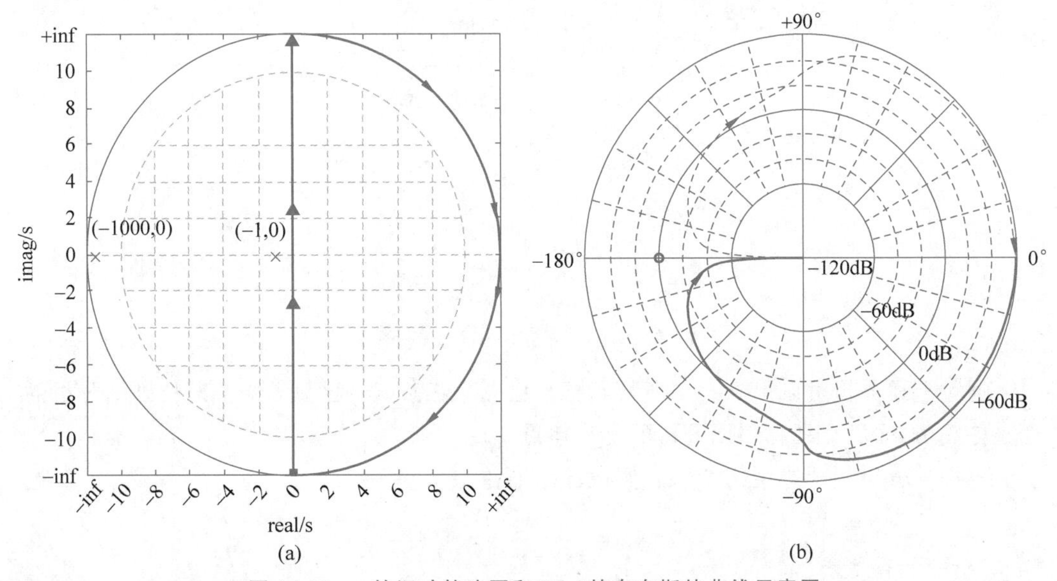

图 10-16　s 的运动轨迹图和 $T(s)$的奈奎斯特曲线示意图

在该奈奎斯特曲线图中，实线部分与增益为 0dB 的同心圆的交点位置即为第二个极点的位置，可以读出此时图中对应的角度大小，进而算出相位裕度。对于本例中相位裕度为 45°。可以观察到，图中的奈奎斯特曲线没有包围$(-1,0)$点，因此 $1+T(s)$在右半平面没有零点，说明系统是稳定的。若增益在相位为 $-180°$ 时比 1 大，则奈奎斯特曲线就会包围$(-1,0)$点，说明 $1+T(s)$存在一个右半平面的零点，即系统不稳定。

在 10.3.2 节中提到使用巴克豪森判据分析锁相环的稳定性会出现问题，原因是由巴克豪森判据得到锁相环在 $-180°$ 时的增益很大，因此得出不稳定的结论，但是这个结论并不正确。下面使用奈奎斯特判据对锁相环进行简要分析，以此说明巴克豪森判据的问题。假设一个锁相环的环路增益为

$$T(s)=\frac{A_0\left(1+\dfrac{s}{z}\right)}{s^2}=\frac{100(s+1)}{s^2}$$

画出其奈奎斯特曲线，如图 10-17 所示。由图可见，虽然锁相环低频时增益很大，相位为 $-180°$，但是奈奎斯特曲线在与负虚轴相交后并没有穿过负虚轴，而是绕回到 $-90°$ 相位处，再经原点向上形成镜像曲线，闭合的奈奎斯特曲线没有包围$(-1,0)$点，因此系统是稳定的。

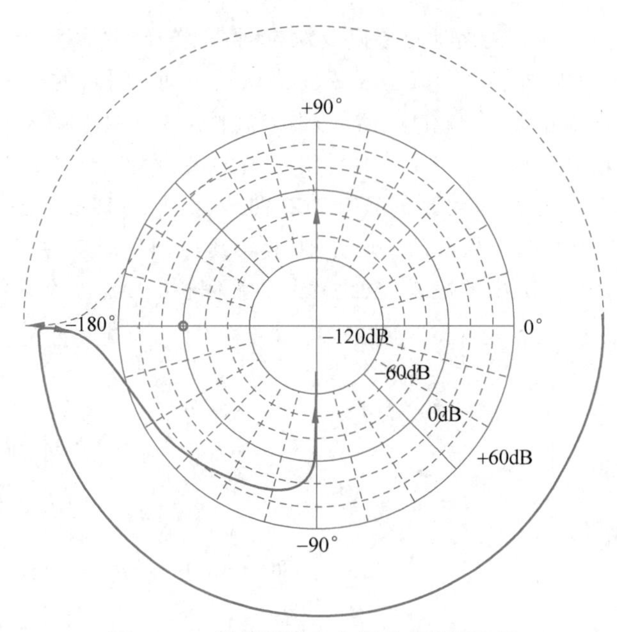

图 10-17 锁相环的奈奎斯特曲线示意图

通过上述分析可以得到奈奎斯特判据与巴克豪森判据的区别：奈奎斯特判据分析的是整体趋势，而巴克豪森判据分析的是具体点。

下面再分析一个典型的情形。假设环路增益为

$$T(s)=\frac{1}{(s-0.1)(s+1)}$$

在这个环路响应中存在一个右半平面的极点，即其自身是不稳定的。画出它的奈奎斯特曲线，如图 10-18 所示。由图可见，虽然 $T(s)$中存在一个不稳定点，即 $P=1$，但是其

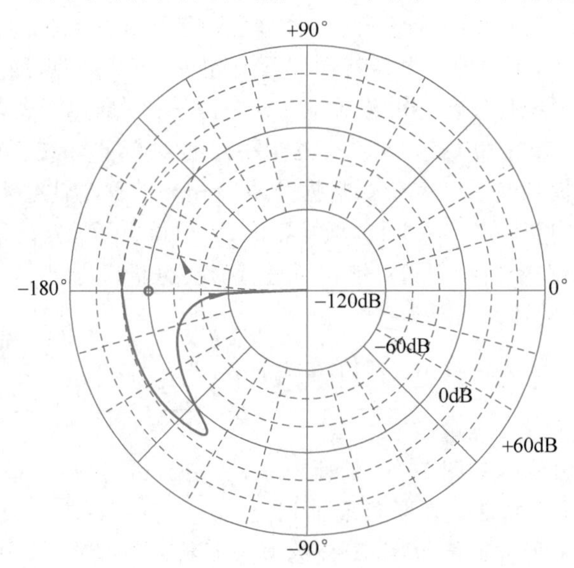

图 10-18 环路响应存在右半平面极点时的奈奎斯特曲线示意图

奈奎斯特曲线逆时针包围了$(-1,0)$点，即$K=-1$，进而可得$1+T(s)$在右半平面的零点个数为$Z=P+K=0$，因此闭环系统是稳定的。由此可知，奈奎斯特判据在环路响应$T(s)$本身不稳定时，依然可以准确判定整个闭环响应的稳定性。

10.4 负反馈电路分析方法

在前面对负反馈电路的分析中，为了简化分析，暂时忽略了反馈网络的耦合和负载效应，并假设信号是单向流动的。然而，实际上很多情况下这种简化分析是不准确的，本节将介绍一些更严格的负反馈电路分析方法。

图 10-19(a)所示的闭环负反馈电路，由一个差分放大器外加电容反馈网络构成。若放大器由共源放大器实现，且只分析其单边等效电路，可得到如图 10-19(b)所示的电路。可以看到，放大器的输入端存在寄生电容，这个电容会成为反馈网络的负载，所以a和f是耦合在一起的。此外，输入可以直接通过电容网络耦合到输出，这就意味着存在一个前馈通路，信号并不是单向传递的，与之前的假设不同。

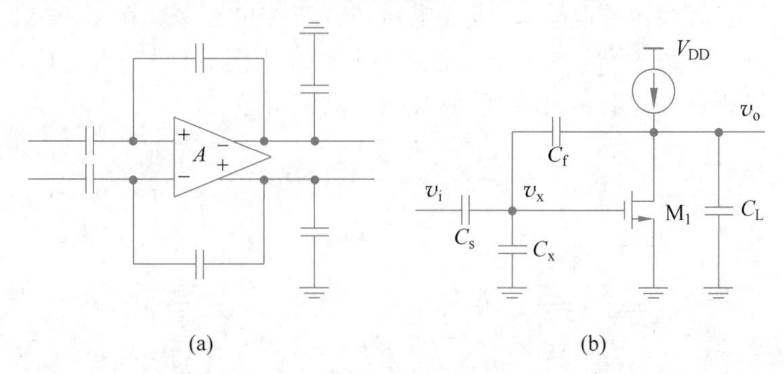

图 10-19　电容反馈放大器电路和基于共源放大器的电容反馈放大器单边等效电路

进一步地，将晶体管用小信号模型替换，如图 10-20 所示，其中C_x为v_x点对地的等效电容，主要包括M_1栅极的寄生电容。在这个模型中想要分析电路的响应，无法用图 10-1 所示的经典反馈框图来描述，因为两个网络完全是耦合在一起的，放大器的输入电容是反馈网络的负载，反馈网络同时也是放大器的输出端负载，电容网络还会有前馈直通，所以经典负反馈框图的分析方法已经不能使用，必须要采取其他方法。

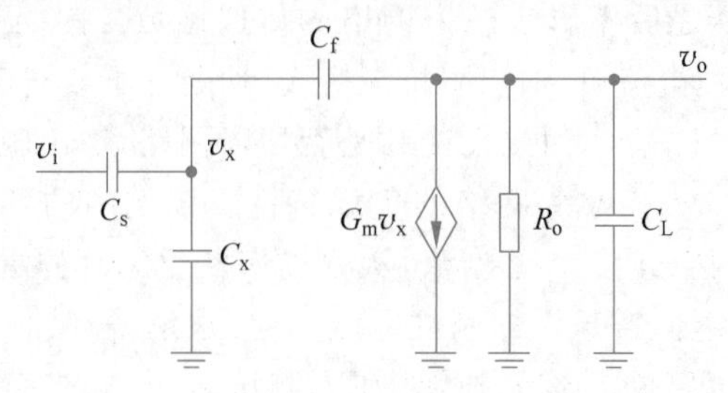

图 10-20　与理想反馈框图的对应

显然，一种方法就是直接用 KCL 和 KVL 列出方程组并求解，但是这种方法较为烦琐，传递函数往往很复杂，难以帮助我们建立对电路的直观理解。另一种方法是尝试将前向放大器与反馈网络解耦,然而直接将网络断开是不可行的,因为没有考虑负载效应。考虑到负载效应,在网络断开的地方还需要添加等效负载。这种方法在许多经典教材中被提到,但这种等效往往是不严格的,因为等效也忽略了一些内在效应,如前馈效应。同时,等效方法也很复杂,在此不再展开。

10.4.1 回路比值分析法

本书推荐使用回路比值(return ratio)法来分析负反馈网络。这种方法认为电路原本就是耦合的——前馈和反馈是强耦合的,分析的核心对象是前面反复讨论的环路增益 T。基本思路是切断环路并在反馈环路某个节点加电压或电流,沿着环路分析一圈,求出经过环路后得到的电压或电流,二者的比值就是环路增益 T。这种方法由于不需要拆开前向增益和反馈,因此通用性很好,基本上可以在所有的电路中用此方法计算环路增益。

回路比值分析法如图 10-21 所示,首先要将电路中所有的独立源置零,因为独立源是输入,在分析网络反馈特性时,需要将所有的输入置零;然后在反馈回路中找到一个受控源,可以是压控电压源、压控电流源、流控电压源或流控电流源。在图 10-20 所示的例子中,找到压控电流源 $G_m v_x$,并在该处把电路切断并加入测试信号 i_t,然后让这个测试信号沿环路走一圈得到 i_r,用绕环路后的信号除以测试信号,就得到了环路增益。

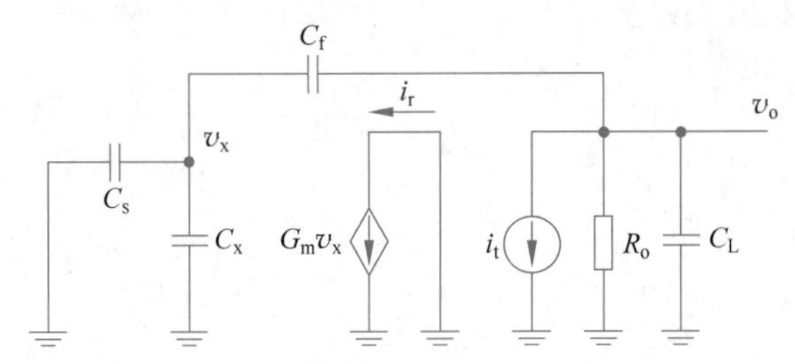

图 10-21 回路比值分析方法示意图

读者可能会疑惑,相比于在电阻反馈放大器中求环路增益的方法,回路比值分析方法看起来似乎更麻烦一些,还需要找到受控源,为什么不能随便切断环路?这是因为随意切断环路会导致阻抗的改变。例如,如果在放大器的输出端切断反馈环路,反馈网络就不再成为前向放大器的负载,计算所得的环路增益就没有考虑负载效应。因此,要找到一个合适的位置,切断之后不影响整个网络的传递函数。因为受控源是理想源,它的阻抗是理想的:对于压控电流源,输出阻抗无穷大,切断并不会对系统特性造成影响;对于压控电压源,其输出阻抗是 0,而且无论其是否切断回路,输出阻抗都是 0。因此,从理想受控源处切断环路时,不会改变网络的负载特性。该例中的环路只有一个压控电流源,如果一个环路中有两个或多个受控源,从哪里切断反馈环路并不重要。如果是压控电流源,需要开路断开该受控源,添加测试电流,并且求解绕环路一圈后的返回电流;如果是压控电压源,需要短路断开该受控源,加入测试电压,并求解绕环路一圈后的返回电压。

继续分析图 10-21 的电路,定义输出电压 v_o 反馈到放大器输入电压 v_x 的比例为反馈系数 β,即

$$v_x = \beta v_o$$

式中反馈系数 β 就是从 v_o 到 v_x 的电容分压比例

$$\beta = \frac{C_f}{C_f + C_s + C_x}$$

上式反映出放大器自身会影响反馈系数，如果放大器输入端寄生电容 C_x 很大，那么反馈系数会变小。

输出 v_o 可用下式表示：

$$v_o = -i_t\left(R_0 \;/\!/\; \frac{1}{sC_{Ltot}}\right)$$

式中 C_{Ltot} 为放大器看到的总电容负载，且有

$$C_{Ltot} = C_L + (1-\beta)C_f$$

这里已经包括了反馈网络的电容负载。进而可以得到环路增益为

$$T(s) = -\frac{i_r}{i_t} = -\frac{G_m v_x}{i_t} = \beta G_m\left(R_o \;/\!/\; \frac{1}{sC_{Ltot}}\right) = \frac{\beta G_m R_o}{1 + sR_o C_{Ltot}}$$

有了环路增益 $T(s)$ 之后，就可以利用巴克豪森判据分析稳定性。首先画出 $T(s)$ 的波特图，如图 10-22 所示。

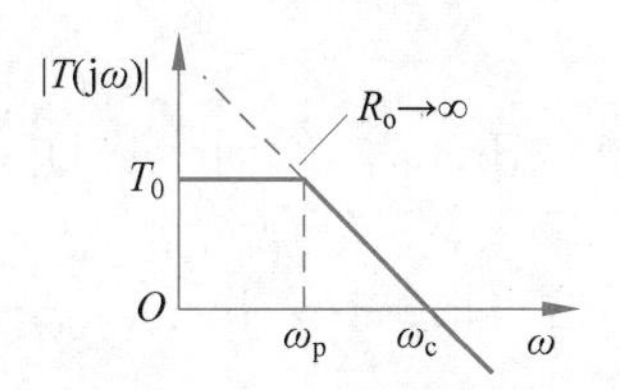

图 10-22　环路增益的幅频特性

由 $T(s)$ 的表达式可知，直流增益 $T_0 = \beta G_m R_o$。由于是一阶系统，3dB 带宽等于极点频率，即

$$\omega_p = \frac{1}{R_o C_{Ltot}}$$

幅频特性经过极点后随频率单调下降。在高频处，信号主要由电容传导，电阻趋于开路，环路增益可写为

$$T(s) = \frac{\beta G_m R_o}{1 + sR_o C_{Ltot}} \approx \frac{\beta G_m}{sC_{Ltot}}$$

计算该一阶系统的环路单位增益带宽 ω_c：

$$\left|\frac{\beta G_m}{j\omega_c C_{Ltot}}\right| = 1$$

$$\omega_c \approx \frac{\beta G_m}{C_{Ltot}} = \beta \mathrm{GBW}_{OTA}$$

可见，环路单位增益带宽约等于放大器的增益带宽积乘以反馈系数，反馈越弱，环路的单位增益带宽也越低。注意，放大器的增益带宽积与反馈网络有关，反馈网络的电容负载会影响放大器的带宽。

环路增益和相频特性如图 10-23 所示，可得单极点系统的相位裕度是 90°，因此系统是稳定的。

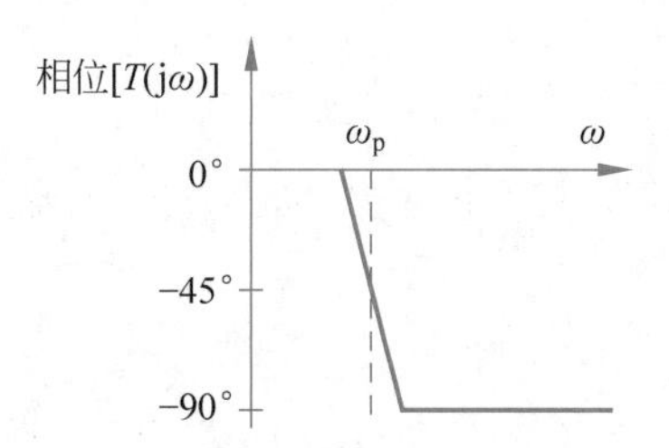

图 10-23　环路增益的相频特性

有了环路增益，可以求解电路的闭环增益，其可以表示为

$$A(s)=\frac{v_o}{v_i}=A_\infty\frac{T(s)}{1+T(s)}+\frac{d}{1+T(s)}$$

式中 A_∞ 是环路增益无穷大时的理想闭环增益；$\frac{T(s)}{1+T(s)}$ 是环路增益为有限值时引入的静态误差，这部分和图 10-1 的理想反馈框图的结论类似，即

$$A=\frac{1}{f}\frac{af}{1+af}$$

式中 $\frac{1}{f}$ 是前向增益无穷大时的理想闭环增益，而 af 对应 $T(s)$。

相比理想反馈框图的结果，这里的结论多出了 $\frac{d}{1+T(s)}$，这一项中的分子 d 表示信号的直接前馈，因为信号可以从输入直接通过反馈网络影响输出。在完全建立时，这一项影响并不大，只是会影响建立初期的输出，后面还会详细展开。

首先计算 A_∞，如图 10-24 所示。

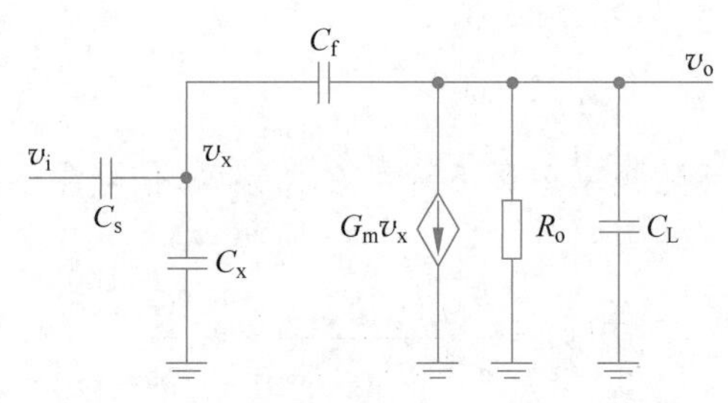

图 10-24　计算 A_∞

当前向增益无穷大时，$v_x=0$，没有电流流过 C_x，于是可以得到

$$0=v_i sC_s+v_o sC_f$$

从而得到 $A_\infty=-\frac{C_s}{C_f}$。

暂时忽略前馈直通，分析闭环系统的带宽。在较高的频率下，可以将 $T(s)$ 近似为

$$T(s)=\frac{\beta G_{\mathrm{m}} R_{0}}{1+s R_{\mathrm{o}} C_{\mathrm{Ltot}}} \approx \frac{\beta G_{\mathrm{m}}}{s C_{\mathrm{Ltot}}}=\frac{\omega_{\mathrm{c}}}{s}$$

代入闭环增益表达式中,可得

$$A(s) \approx A_{\infty} \frac{T(s)}{1+T(s)} \approx A_{\infty} \frac{\omega_{\mathrm{c}}}{s+\omega_{\mathrm{c}}}$$

可见,闭环增益的 3dB 带宽为 ω_c,即环路增益 $T(s)$的单位增益带宽,且比开环增益的极点频率高约 T_0 倍,这与前面的分析是一致的。

其次计算闭环放大器的前馈系数。由于不需要考虑放大器的前向放大作用,可以将压控流源移去,得到的前馈网络如图 10-25 所示。可以看到,输入可以不经过放大器,直接通过电容网络耦合到输出。

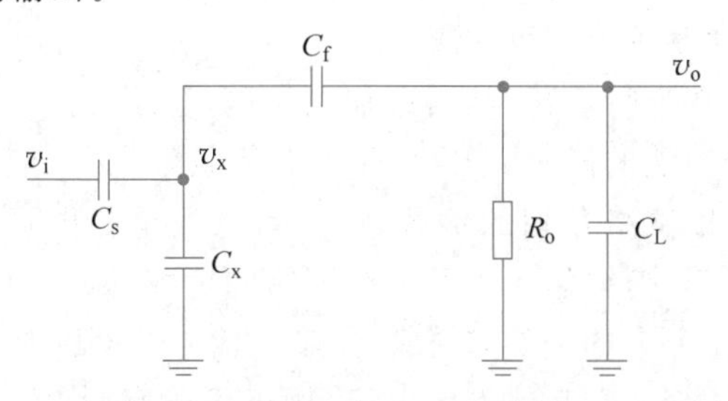

图 10-25 计算前馈系数

对前馈系数的准确推导需要依赖 KCL/KVL 公式,没有简单易行的方法。这里做一个定性分析。可以分别在极高频($\omega\to\infty$)和极低频($\omega\approx 0$)处分析极端情形。先看低频处的情形：低频时意味着电路最终进入静态建立,电容的阻抗无穷大,输入不能耦合到输出。这也是在分析最终建立精度时不考虑前馈的原因。电容的影响体现在高频,高频对应放大器刚开始工作时,此时电容的阻抗很低,而电阻的效应可以忽略不计,从输入到输出就是一个电容耦合的网络,耦合系数等于电容之间的分压比,表达式为

$$d=\frac{C_{\mathrm{s}} \beta}{C_{\mathrm{Ltot}}}$$

将计算得到的 A_{∞}、d 代入,得到闭环增益的严格表达式,即

$$A(s)=-\frac{C_{\mathrm{s}}}{C_{\mathrm{f}}} \frac{1-\dfrac{s C_{\mathrm{f}}}{G_{\mathrm{m}}}}{1+\dfrac{s C_{\mathrm{Ltot}}}{\beta G_{\mathrm{m}}}}$$

由此可发现直流增益和极点符合预期。此外,前馈会额外引入一个右半平面的零点,这表示前馈通路和放大器通路的相位是相反的。本例中前馈通路是电容网络,是一个正相通路,而放大器是共源结构,是一个反相通路,因此出现一个右半平面零点。假如前馈网络也是反相的,那么就会变成左半平面零点。同时可以看到,前馈并不影响极点,它所引入的零点频率一般也较高,在 C_L 较大时,该零点频率远大于 -3dB 带宽,因此也不会影响稳定性的结论。

对本节内容简要总结：回路比值分析方法通过切断环路中的受控源求解环路增益,

利用环路增益进一步得到其他关心的电路性能。在分析过程中有一些技巧可简化分析过程,例如,为得到低频增益,可忽略所有电容的阻抗,不过需要注意电容反馈网络的分压在低频下仍然是成立的;为了找到闭环带宽,可忽略有限的输出电阻,可得到闭环 3dB 带宽约等于环路增益的单位增益带宽;为了分析闭环系统的稳定性,可以画出 $T(s)$的波特图,找出单位增益带宽时对应的相位,得到相位裕度。

10.4.2 Middlebrook 方法

回路比值分析方法在手工推导小信号模型时非常易用,但是现在需要考虑,用 SPICE 仿真时如何断开这个受控源?读者可能会认为可以在晶体管的 SPICE 模型中找到受控源并断开。然而实际的晶体管模型往往会非常复杂,先进工艺的 SPICE 模型有上百个参数,所以这种方法基本上不可实现。

如果在晶体管输入端进行切断,然后添加测试电压,绕环路一圈得到返回电压,也能计算出返回系数。这种方法的问题在于没有考虑负载效应,不能准确地描述环路特性。为考虑前向放大器与反馈网络互相的负载效应,可以测量晶体管的输入电容,切断反馈网络后额外添加一个电容,模拟晶体管对反馈网络的负载,如图 10-26 所示。图中大电阻用于维持直流工作点,无穷大的电容用于耦合输入信号。即便如此,这个模型依然是不准确且复杂的,因为晶体管还有其他寄生电容,栅极可能有漏电,还要建立额外的模型模拟晶体管的栅极,所以不推荐用这种方法。

Middlebrook 提出一种方法:尽管受控源处断开无法实现,但仍然可以寻找一处可行的切断点,再通过一些计算来推导出系统的传递函数。以图 10-27 所示的电路为例,切断环路中的一条连接线。

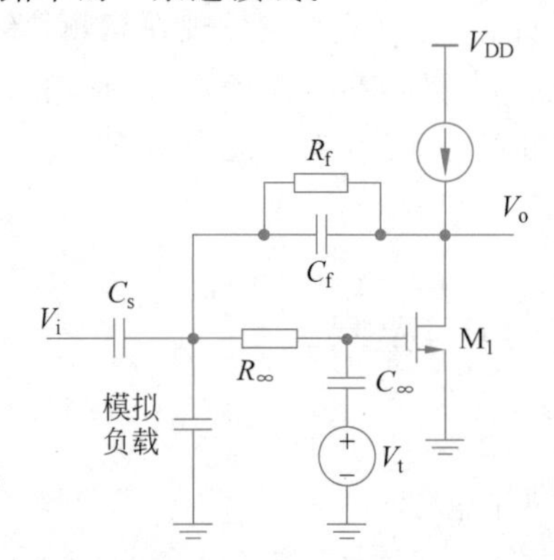

图 10-26 模拟放大器输入负载的仿真方法

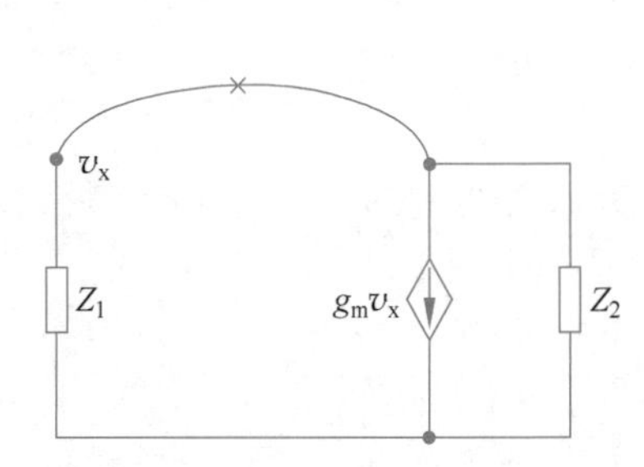

图 10-27 Middlebrook 方法示意图

如图 10-28,分别在切断点处添加测试电压和测试电流,分别计算分压和分流的比例:

$$-\frac{v_y}{v_x}=T_v=g_m Z_2+\frac{Z_2}{Z_1}$$

$$\frac{i_y}{i_x}=T_i=g_m Z_1+\frac{Z_1}{Z_2}$$

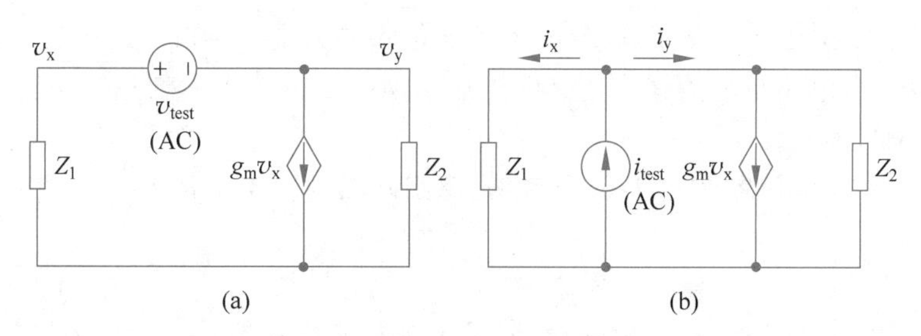

图 10-28 Middlebrook 方法：分别加入测试电压、测试电流

得到这两个比例后，就可以得到真正的环路增益：

$$T=\frac{T_v T_i-1}{T_v+T_i+2}$$

从栅漏之间断开环路，阻抗也会有所变化。然而 Middlebrook 方法有效的原因在于，其先令测试电压接受阻抗变化对其产生的影响，再使测试电流接收同样的影响，然后进行数学上的变换，把阻抗的变化抵消掉，就得到了一个精确的环路增益。

这是一种很重要的方法，可以把所有负载效应都包含进去，但是需要分别添加测试电压、电流，这种方法依然有些烦琐。不过已经有仿真软件可以自动完成这些过程，比如 Cadence Virtuoso 中的 stb 仿真。只需要在环路中加入 Probe 元件，仿真器就能按照上述方法自动计算出环路增益。

最后还要提醒的一点是，我们所讨论的稳定性分析、回路比值分析，以及进行包括 stb 在内的仿真，分析的都是小信号。在小信号分析中，认为信号只是在工作点附近的微小扰动。这里有两个假设：一是设电路能够到达预设的工作点，二是该微小扰动不会影响这个工作点。然而，在实际电路的上电过程中，电路有可能根本无法到达预设的工作点，那么在这个理想的工作点附近的小信号分析就没有实际意义。此外，大信号输入也会影响工作点。有些电路在小信号分析时具有足够的相位裕度，但是大信号阶跃响应会出现严重振荡。因此，一定还要通过瞬态仿真来检验电路的稳定性，而不是仅仅关注小信号分析，小信号下的稳定性只是电路稳定工作必要条件，而非充分条件。

10.4.3 Blackman 阻抗公式及实例

从 10.2.5 节的讨论可知，加入负反馈之后，系统的阻抗会发生改变，且阻抗改变的方向是向着有益的方向进行的：对于电压输入，反馈会将输入阻抗提升；对于电流输入，反馈会将输入阻抗降低；对于电压输出，反馈会将输出阻抗降低；对于电流输出，反馈会将输出阻抗提升。接下来讨论如何统一地定量计算负反馈带来的阻抗变换，并列举一些具体的电路实例。

可以利用如下的 Blackman 阻抗公式快速计算负反馈系统的阻抗：

$$Z_{\text{port}}=Z_{\text{port}}(k=0)\cdot\frac{1+T(\text{端口短路})}{1+T(\text{端口开路})}$$

式中 $Z_{\text{port}}(k=0)$ 为没有反馈时的端口阻抗。

实际上，由于 T(端口短路)和 T(端口开路)总有一个为 0。因此，阻抗的变换关系一

般是乘以 $1+T$ 或者除以 $1+T$,是乘的关系还是除的关系与端口短路还是开路得到的结论有关,这也是由电路是电流输出还是电压输出所决定的。下面通过几个例子更直观地理解这个公式的含义。

对于图 10-29 的电路,如果没有负反馈,源跟随器的输出阻抗为

$$R_{\text{out}}(k=0)=\frac{1}{g_{\text{m}}}$$

利用上述公式分别计算端口短路和端口开路时的环路增益。如果端口短路接地,输出就是 0,此时反馈环路实际上已经不存在了,因此反馈系数是 0;在计算环路增益时,输入也是 0,因此端口短路时的环路增益为 0。

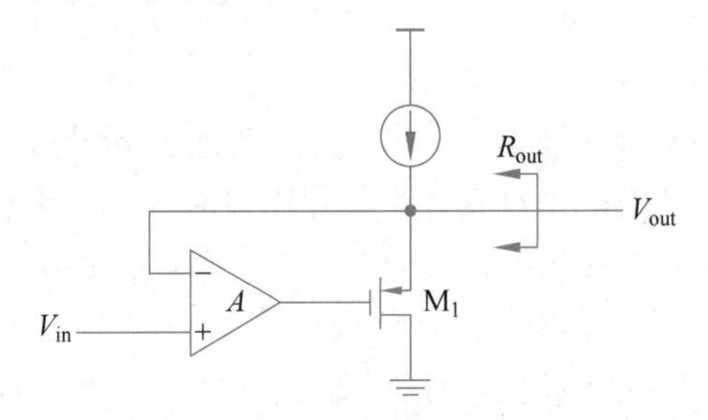

图 10-29 增强型源随器

如果端口开路,采用回路比值分析方法:放大器增益为 A,源跟随器的增益约为 1,可得到环路增益为 A。根据阻抗变换公式可得到输出阻抗为

$$R_{\text{out}}=\frac{1}{g_{\text{m}}}\frac{1}{1+A}$$

图 10-29 是增强型源跟随器。在增益方面,由于普通的源跟随器增益小于 1,因此对输出电压的钳位不准,并且输出与输入之间有 V_{GS} 的直流电压差;由于增强型源跟随器存在环路增益,从输入到输出的增益几乎等于 1,输出电压完全跟随输入电压。在输出阻抗方面,普通源随器的输出阻抗不够低,仅约为 $1/g_{\text{m}}$,而增强型源随器在此基础上降低 $(1+A)$ 倍,驱动能力相较于普通源随器也有很大的提升。这是一种能够提升跟随能力的经典电路,也可以理解为将一个放大器做成了单位增益缓冲的形式,其输出缓冲级为源跟随器。

增益增强(gain-boosting)电路如图 10-30 所示。在共源放大器上叠加共栅晶体管可以提高输出阻抗,M_1 和 M_2 晶体管构成一个复合晶体管,使本征增益得到大幅提升。但此时本征增益只有 $(g_{\text{m}}r_{\text{o}})^2$,如果需要放大器的增益超过 100dB,只采用 M_2 形成上述共源共栅结构还不够,这种情况下就可以采用图 10-30 所示的增益增强技术,该技术也称为有源共源共栅结构。其核心思想就是再额外加一个放大器将 M_1 晶体管的漏极电压钳位到 V_{B},从而大幅提高输出阻抗。

在不额外引入放大器时,如果输出端有一个扰动,如输出电压提高,M_1 的漏极电压会有所上升,导致 M_1 晶体管的电流也增大,所以输出阻抗不高。加入钳位放大器后,如果输出电压升高,那么 M_1 的漏极电压增大,此时由放大器构成的负反馈回路通过调节 M_2 晶体管的栅极电压迫使 M_1 漏极电压下降回到 V_{B}。如果 M_1 漏极电压被钳位在 V_{B},

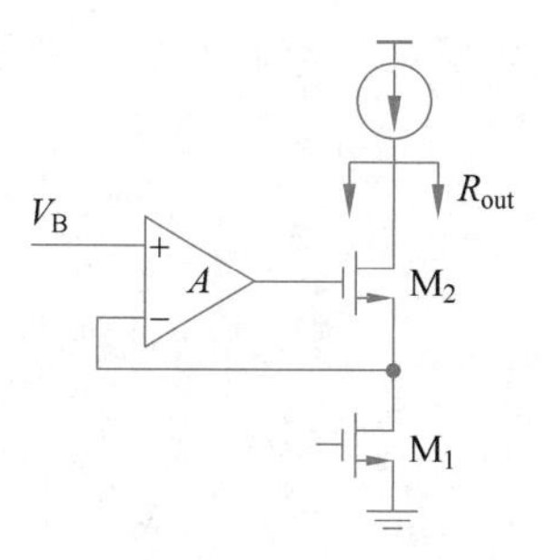

图 10-30　增益增强电路

那么 M_1 晶体管的电流将保持不变,由于 M_2 是一个电流缓冲器,并不改变整个支路的电流,因此输出电流也保持不变。在这种情况下,即使输出电压发生改变,输出电流也能近乎保持不变,从而得到了很高的输出阻抗。采用 Blackman 阻抗变换公式对输出阻抗进行分析,可得没有反馈回路时的输出阻抗为

$$R_{out}(A=0) \approx r_{o1} g_{m2} r_{o2}$$

接下来计算端口开路时的环路增益。让输出节点完全开路,由于电流源在小信号分析时开路并且输出节点也开路,支路中就不存在电流,M_1 晶体管的漏极电压为 0,所以环路没有增益,即 T(端口开路)=0。

然后计算端口短路时的环路增益。端口短路意味着输出接地,此时有电流流入晶体管,采用回路比值分析方法,放大器增益为 A,M_2 为源极跟随器,增益接近 1,因此端口短路的环路增益为

$$T(\text{端口短路}) \approx A$$

可以得到输出电阻为

$$R_{out} \approx r_{o1} g_{m2} r_{o2}(A+1) \approx r_{o1} g_{m2} r_{o2} A$$

若 $A=1000$,则输出阻抗可以提升 60dB,等效于放大器的增益提升了 60dB,所以这是一种非常好的增益增强技术,是低压放大器提升增益非常普遍的方式。

利用共源共栅技术提高增益往往需要“堆叠”更多的晶体管,但是在先进工艺下,由于电源电压较低,叠加使用更多晶体管的方法无法实现。另一种思路是通过增加放大器的级数来提高增益。然而随着级数的增加,不仅功耗和噪声会增加,稳定性也会变差,为了维持稳定性,两级运放需要进行密勒补偿,三级运放需要嵌套密勒补偿或者采用前馈补偿,这样会带来一系列额外的电路设计复杂度与成本。采用增益提升技术能够在不增加级数的前提下显著提升增益,这种技术本身不会对电源电压提出更高的要求,也不会损失信号摆幅,因此是在先进工艺下常用的技术。

构造增益增强放大器的更简单的方法如图 10-31 所示,采用一个共源放大器 M_3 构成反馈回路,环路增益约为 $g_{m3} r_{o3}$。这种钳位放大器是单端的,不需要参考电压。与图 10-30 中差分输入单端输出的放大器不同,该钳位放大器的参考电压是内生电压 V_{GS3}。然而,采用这种增益增强方式会影响整个电路的输出摆幅,进而降低信噪比。这是因为,要保证晶体管都工作在饱和区,M_1 的漏极电压需为 $V_{GS}=V_t+V_{ov}$,那么输出电压最低为 V_t+2V_{ov},在 V_t 比较大的情况下(如 0.6V),最低输出电压将达到 0.7～0.9V。

因此对于低压工艺(如电源电压约为1V),输出摆幅就会很受限,该方法难以适用。

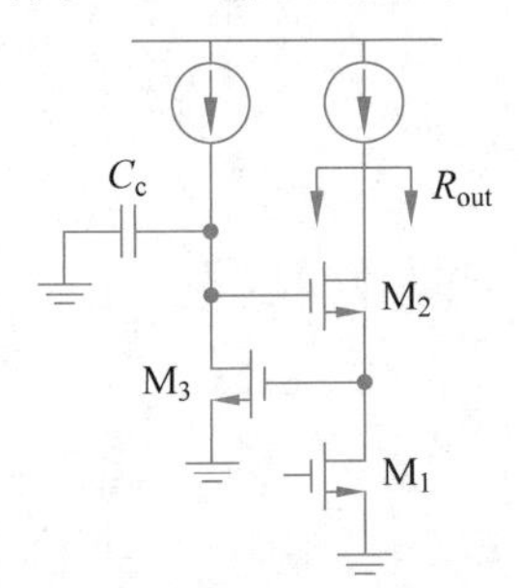

图 10-31　增益增强技术的电路实现

设计一种能够在输入共模电压非常低的情况下正常工作的放大器可以采用PMOS作为放大器输入管的折叠共源共栅结构。注意,在设计一个复杂的电路时,电路中会构成很多反馈回路,需要保证每个反馈回路都是稳定的。由于密勒反馈本身是负反馈,共源共栅结构的密勒反馈是一个内嵌的两级负反馈,其中内嵌了很多反馈回路,在实际设计中需要保证这些回路的稳定性。为保证环路的稳定,在图10-31所示的电路中额外加入了C_c电容,对主极点进行了补偿。因为M_3的漏极电阻是r_o量级的,而M_2的源极节点电阻是$1/g_m$量级的,因此通常情况下M_2的源极节点电阻比较低,M_3的漏极节点电阻比较高,主极点位于M_3的漏极,所以在该点加电容进行主极点补偿,这是经常采用的一种补偿方法。

这里不采用密勒补偿的方法是因为采用密勒补偿要求第二级有一定增益,而本例中第二级为源跟随器,其增益接近于1,跨接电容没有效果。此外,在设计源跟随器时,希望把C_{gs}、C_{gd}通过"自举"而消除,让电容两端的增益等于1。在这种情况下,跨接一个电容做密勒补偿没有效果,因为电容两端的信号传递函数近似为1,跨接的电容也会被自举消除掉。由于图10-31电路中的两个极点相距较远,并不需要极点分裂,因此主极点补偿是比较合适的方法。关于频率补偿技术的更多介绍请见第13章。

为了提高增益,增益增强是一种常用的技术。然而,增益增强支路会消耗额外的功耗,并引入额外的噪声。通常情况下,一种好的设计方法是让增益增强支路的功耗和噪声贡献占总电路的10%~20%,让主信号通路贡献主要的噪声并消耗大部分电流。

10.5 本章小结

本章学习了负反馈的概念。负反馈的引入使得电路的关键参数最终由器件的比值决定,从而利用器件间较为精确的匹配来实现高精度设计,避免了由PVT偏差导致的器件参数波动对电路性能的影响。

本章介绍了四种基本反馈模式和每种反馈模式的分析方法,研究了引入负反馈后端口阻抗会有怎样的变化,以及如何分析这种变化,从而更全面地认识到引入负反馈会得到哪些好处、付出怎样的代价。

稳定性问题是闭环系统特有且重要的问题,其决定了一个反馈电路能否正常工作。

本章介绍了三种负反馈电路稳定性判据：第一种是直接求解多项式零点的位置。这种方法最严格，但是求解难度大，实际应用中很少使用。第二种是巴克豪森判据，可以分析相位裕度和增益裕度。这个判据简单且直观，是在大多数电路设计中经常使用的，但是巴克豪森判据得到的是近似解，因此在一些特殊情况下存在失效的问题。第三种是奈奎斯特判据，通过图形化方法分析奈奎斯特曲线是否包围(−1,0)点判定电路的稳定性，其复杂度比巴克豪森判据高，但是能够得到严格解。

此外，在分析负反馈电路时，把具体电路对应到经典的反馈系统框图的传统方法局限性较大，采用KCL、KVL方法也具有一定困难。为此，本章介绍了回路比值分析法、Middlebrook方法和Blackman阻抗公式来简洁高效地分析和设计负反馈电路。

第11章

运算放大器基础

运算放大器(简称运放)是模拟电路系统中最基本,也是最重要的模块之一,运放的性能往往决定了整个电路系统的性能上限。实现性能优异的运放不仅需要扎实的电路参数设计功底,还需要具备一定的电路拓扑设计能力,并熟悉几种基本的运放结构。本章将介绍运放的基本概念与性能指标,讨论几种简单且常用的单端运放和全差分运放,并讲解共模反馈的概念和基本实现方式。

11.1 运算放大器的基本概念

运算放大器是一类具有高放大倍数(高增益)的放大电路,主要用于实现负反馈电路中的增益单元。运算放大器的历史最早可以追溯到真空管时代(20 世纪 20 年代),当时人们认识到大量的模拟信号处理功能(如加、减、微分、积分等运算)都可以通过负反馈电路实现,而负反馈电路又需要一个高增益的放大器提供环路增益,于是提出了一类通用的、高增益的反相放大器。经过十几年的发展和完善,在 20 世纪 40 年代这类放大器被正式命名为“运算”(Operational)放大器,并被定型为现代运放的差分输入形式[①]。在现代的许多模拟电路以及数模混合电路中,运放仍然是其中不可或缺的存在,用于实现各种复杂的功能。

通常说的“运放”是一种广义的称谓,而严格来说运放分为两种类型:一种为(狭义的)运算放大器(Operational Amplifier,OPA),如图 11-1(a)所示;另一种为运算跨导放大器(Operational Transconductance Amplifier,OTA),如图 11-1(b)所示。

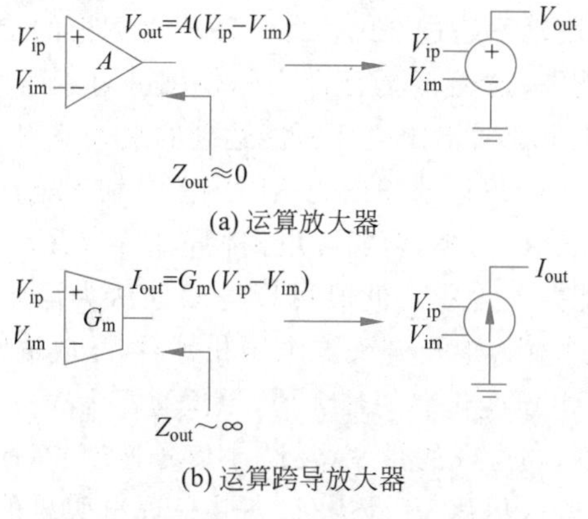

V_{ip} V_{im} A $V_{out}=A(V_{ip}-V_{im})$ $Z_{out}\approx 0$

(a) 运算放大器

V_{ip} V_{im} G_m $I_{out}=G_m(V_{ip}-V_{im})$ $Z_{out}\sim\infty$

(b) 运算跨导放大器

图 11-1　运算放大器与运算跨导放大器

两种运放有着相似的输入与输出端口:一个同相输入端、一个反相输入端以及一个(或在差分形式时有一对)输出端,并具有相似的原理图符号。二者的区别在于:运算放大器是低阻输出,它近似实现一个高增益的压控电压源。为此,运算放大器一般带有一个低阻抗的输出级,可以驱动较小的电阻负载,大部分商用单片运算放大器都是这种类型;而运算跨导放大器是高阻输出,它近似实现一个高跨导的压控电流源。运算跨导放大器的电压增益与输出负载紧密相关,在驱动小电阻负载时电压增益将显著降低,因而

① 早期的真空管运放大多只有一个反相输入端。

运算跨导放大器通常只能连接高阻负载，如电容。在集成电路中，由于开关电容电路（见第12章）的大量使用，运放驱动的往往是电容负载，因此通常使用结构相对简单的跨导放大器。接下来的章节将主要讨论运算跨导放大器。

11.2 运算放大器的基本指标 

通常使用下列基本指标对运放进行描述和定义：

(1) 直流增益：在静态直流工作点附近（小信号下），运放对直流电压信号的放大倍数，单位通常为dB。直流增益与运放的负载有较大关系（特别是对于运算跨导放大器），因此严格来说增益指标需要说明负载条件，默认下通常是指无负载条件下的增益。

(2) 输入噪声：运放中所有噪声等效到输入端的结果，通常以噪声密度（$\mathrm{nV}/\sqrt{\mathrm{Hz}}$）或一定频段的噪声积分（$\mu\mathrm{V}_{\mathrm{rms}}$）描述。关键运放的噪声水平通常决定了整体系统的信噪比。

(3) 增益带宽积（Gain-Bandwidth Product，GBP或GBW）：运放直流增益与带宽的乘积。带宽定义为运放增益下降到直流小信号增益的$1/\sqrt{2}$（即-3dB）时所对应的输入信号频率。对于常见的单主极点运放来说，增益带宽积约等于单位增益带宽（Unity Gain Bandwidth，UGB）。增益带宽积往往决定了反馈电路的最高工作频率。

(4) 摆幅：运放的有效电压输出范围。摆幅有多种定义，一种严格的摆幅定义为运放增益相对零输入时下降3dB（约30%）以内所对应的输出电压范围，即在输出摆幅范围内的电压时，运放的增益波动不超过3dB。另一种相对宽松的定义是使得运放增益满足应用需求时的输出电压范围，这通常更符合实际使用。对于商用运放，有时也会简单地定义摆幅为运放输出一定电流时输出电压所能达到的最大范围。

(5) 失调：失调电压为使得运放输出为零时的差分输入电压，在理想情况下，输入电压为零时的运放输出电压也应为零，但实际电路制造中存在的工艺偏差使得运放输入电压为零时的输出电压可能并不为零。此时可以等效地认为运放存在一个“失调”电压叠加在反相输入端上，只有当输入电压与失调电压相等时，运放输出才为零。

(6) 摆率：运放输出电压变化率的最大值，单位通常为$\mathrm{V}/\mu\mathrm{s}$。摆率反映的是运放在大信号激励下的响应速度，与运放的带宽（反映小信号速度）有所区分。当运放的输出变化率超过摆率时，运放将进入压摆（Slew）[①]状态并呈现出明显的非线性。关于压摆的内容将在第13章详细讨论。

(7) 功耗：运放所消耗的电功率。人们主要关心运放在静态直流工作点下的功耗，即静态功耗。

包含上述指标的运放行为级模型如图11-2所示。除了上述指标之外，有些应用还关心运放的输入阻抗（输入偏置电流）、开环输出阻抗、电源抑制比、共模抑制比、温漂等，在此限于篇幅不作深入讨论[②]。

---

① 压摆是指电压的匀速摆动，也有学者把Slew翻译为“转换”。

② 感兴趣的读者可以阅读 *Analysis and Design of Analog Integrated Circuits* 中相关章节。

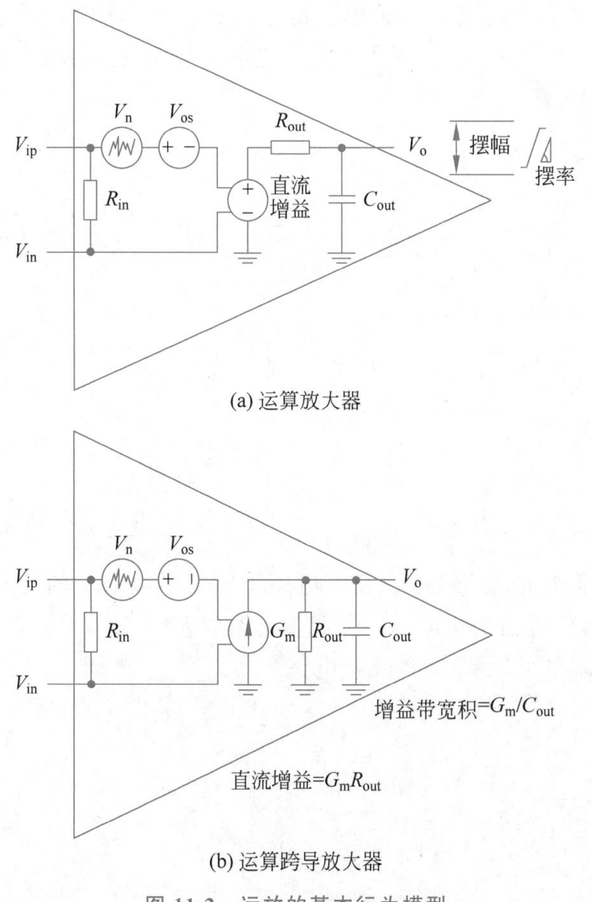

(a) 运算放大器

(b) 运算跨导放大器

图 11-2 运放的基本行为模型

11.3 基本单端运算跨导放大器

图 11-3 是一个最常见的简单 OTA，它用一个差分对（M_1、M_2）作为跨导，并用一个电流镜（M_3、M_4）作为差分对的负载实现差分电流转单端输出。当 M_1 的栅极电压有微小增加、M_2 的栅极电压有微小减小时，M_1、M_2 的漏极将产生相反的小信号电流。其中 M_1 产生的信号电流流过 M_3 晶体管后被 M_4 晶体管镜像至对侧支路，然后与 M_2 产生的信号电流叠加产生输出电流，从而实现差分转单端输出的功能。该运放仅由 5 个晶体管组成（尾电流以一个计），因此也称为单端五管运放①。

该 OTA 可以通过将输出端短接回反相输入端实现单位增益负反馈，如图 11-4 所

① 单端五管运放的增益与 11.4.1 节的差分五管运放差模增益相同，它们的主要区别之一在于高频下的频率响应：差转单的电流镜是非对称的，即右侧支路的信号电流可以直接输出，而左侧的信号电流要经过电流镜像并叠加后再输出。因此两侧的电流到达输出节点的相位存在一定差异，它们叠加后会引入额外的高频零极点。因此粗略地说，差转单电路比全差分电路的频率响应差。单端五管运放的零极点分析可参考 *Design of Analog CMOS Integrated Circuits* 中相关章节。

示。此时电路的闭环增益近似为 1，输出阻抗近似为 $1/g_m$，因此可作为单位增益缓冲器使用。该缓冲器不存在源跟随器中输入输出之间的栅源电压差，但其摆幅仍然较为受限，无法跟随较低的电压。

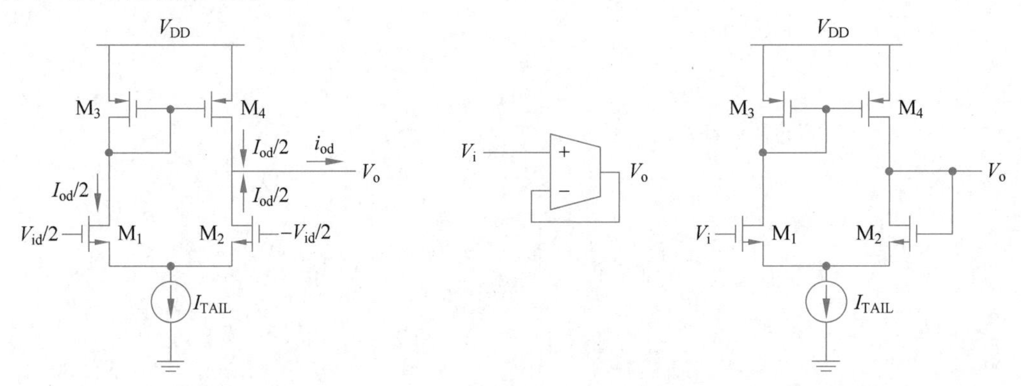

图 11-3　单级差分转单端 OTA　　　　图 11-4　差分转单端 OTA 用作单位增益缓冲器

单位增益缓冲器是单端 OTA 在反馈应用中反馈系数为 1 的特殊情况。此外，单端 OTA 也可以搭配其他适当的反馈网络形成负反馈放大器，图 11-5 展示了使用单端 OTA 和电容反馈网络构成的并联-串联负反馈电路[①]。

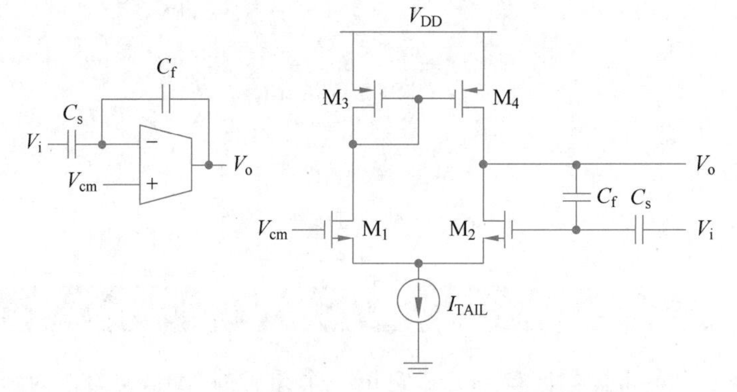

图 11-5　差分转单端 OTA 用作负反馈放大器

11.4 基本全差分运算跨导放大器 

从第 8 章的讨论可知差分电路相对单端电路的种种优势。对于差分电路中的运放，需要将其改造成全差分的形式。相比于单端运放，全差分运放具有更高的共模抑制比、更高的电源抑制比，以及更大的摆幅，因此全差分运放的使用范围更加广泛。下面介绍几种常见的全差分 OTA。

① 此电路中运放的反相输入端没有直流电压偏置，因此实际中通常还需要周期性地复位偏置电压。此部分内容将在第 12 章“开关电容电路”中讨论。在此之前，读者不妨尝试分析该电路的闭环增益。

11.4.1 五管运算跨导放大器

图 11-6 是一个基本的五管差分运算跨导放大器，其输入为差分对，而负载为两个电流源。

将图 11-6 中的理想电流源替换成实际晶体管电路，可以得到图 11-7 所示的实际五管差分 OTA 电路，其负载为两个 PMOS 负载电流源。

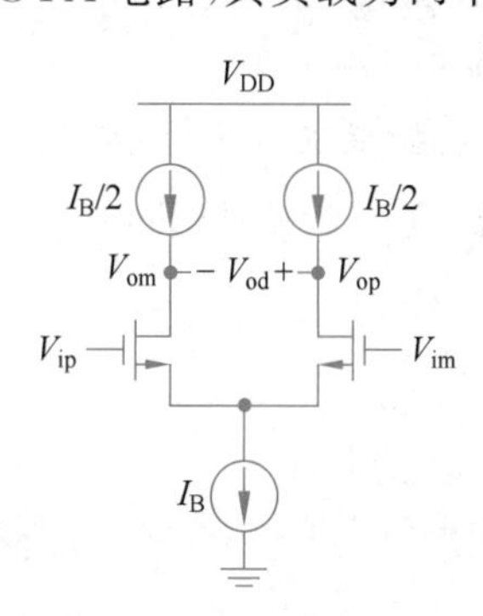

图 11-6 基本差分 OTA

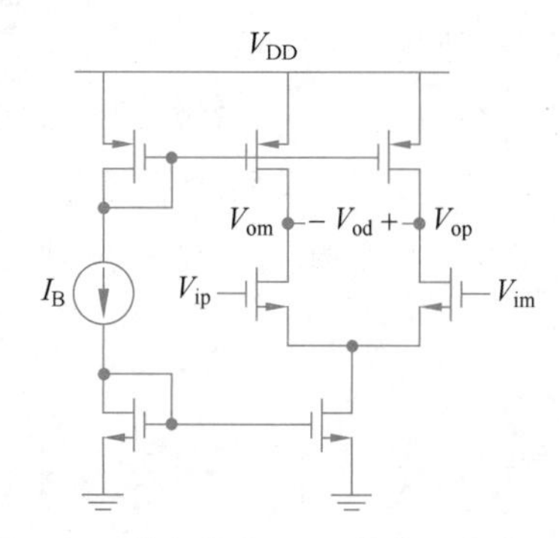

图 11-7 基本差分 OTA 的实际电路实现

值得注意的是，上方两个 PMOS 电流源的总电流被设计为与尾电流源的电流完全匹配。但实际的电流源存在工艺偏差，上下电流源的电流若不能完全匹配，将会导致共模电流输出，而又由于输出节点的阻抗很高，进而会导致输出饱和（接近 V_{DD} 或地）而无法工作。因此在实际应用中，全差分运放需要加入共模反馈（见 11.5 节）以保证上下电流源电流的完全匹配。

图 11-8 为基本全差分 OTA 及其半边等效电路。为分析其差模增益，可利用虚地点把差分电路两边分开，改为半边等效电路，进而导出其差模增益为 $g_m(r_{on}/\!/r_{op}/\!/R_{load})$。再次提醒，OTA 的电压增益与负载阻抗 R_{load} 息息相关。由差模增益公式可见，电阻性的负载会降低 OTA 的直流增益，因此 OTA 通常只用于驱动电容负载。

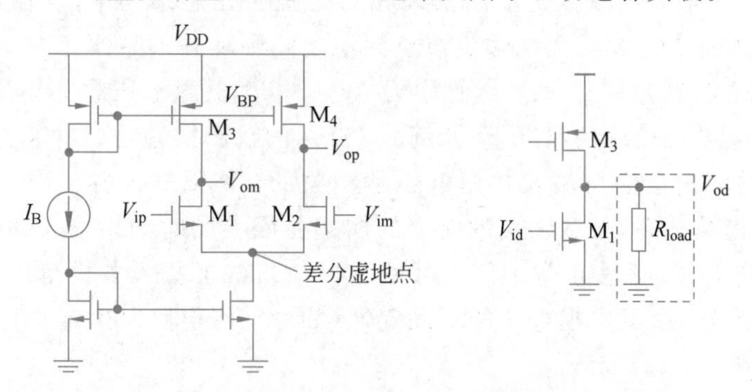

图 11-8 基本全差分 OTA 及其半边等效电路

无论是差转单还是全差分的五管 OTA，它们的电压增益即便是在无负载时，也仅仅接近晶体管的本征增益，这对于许多应用而言还不够高。虽然通过增加沟道长度可以在一定程度上提升输出阻抗从而提高增益，但获得的增益仍然较为有限，且需要较大的面积代价。为了进一步提高单级运放的增益，Cascode（共源共栅）是最常使用的技术。下面将介绍的套筒式 OTA 与折叠式 OTA 是 Cascode 技术最常见的两个应用。

11.4.2 套筒式运算跨导放大器

套筒式 OTA[①] 是在五管 OTA 的基础上，给输入差分对和负载电流镜叠加 Cascode 管，如图 11-9 所示。其中 M_9 是尾电流管，M_1、M_2 是输入管，M_3～M_6 是 Cascode 管，用于提高输出阻抗，从而提高增益。套筒式 OTA 的增益 $A_v \approx g_{m1}(g_{m3}r_{o3}r_{o1} \parallel g_{m5}r_{o5}r_{o7})$，约为 $(g_m r_o)^2$ 量级，即本征增益的平方级。而如果需要更高的增益，通过叠加更多的 Cascode 管，或利用增益增强技术，可将增益进一步提升到 $(g_m r_o)^3$ 甚至 $(g_m r_o)^4$ 量级。将在第 13 章进一步讨论增益增强技术。

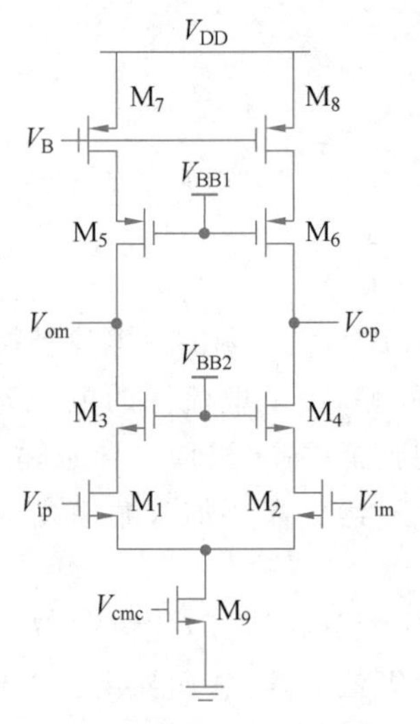

图 11-9 套筒式 OTA 结构

套筒式 OTA 最大的缺点是输出摆幅相对受限。在此结构中，从输出节点到电源之间堆叠了晶体管 M_5、M_7，而从输出节点到地之间则堆叠了晶体管 M_1、M_3、M_9，因此输出摆幅的理论上限为 $V_{DD}-2V_{ov}$，下限为 $3V_{ov}$，相比电源电压总共损失了 $5V_{ov}$ 的摆幅。因此在供电电压较低的情况下，套筒式 OTA 的输出摆幅就变得非常有限。此外，套筒式 OTA 的输出摆幅与输入共模电压是相关的：如果输入共模电压抬高，则输出电压的下限也将被抬高，导致输出的向下的摆幅受限。同时如果输入共模电压低至小于 V_t+2V_{ov}，则 OTA 无法正常工作。可见，这种 OTA 的输入共模范围很窄。对于通用目的的应用场景，由于共模电压的不确定性（如由前级电路所确定），这种 OTA 通常难以使用。

① 它之所以被称作套筒是因为该电路的原理图形似一个套筒式望远镜：OTA 的尾电流管形似望远镜的观测端，而尾电流管之上的结构形似望远镜的套筒。

如果在应用中输入信号的共模电压是已知并可控的，并且输出摆幅也相对较小，套筒式 OTA 是非常适合的选择：套筒式 OTA 只有一对差分支路，没有额外支路的功耗，而且由于 Cascode 管的噪声在低频可以忽略，套筒式 OTA 的功耗和噪声性能都较为优秀，是在追求极致功耗与噪声性能的应用中的一个非常好的选择。此外，套筒式 OTA 也常用作两级 OTA 的第一级，此部分将在第 13 章中具体讨论。

套筒式 OTA 的 NMOS Cascode 管的偏置方法有一定的技巧性：如果图 11-9 中的 V_{BB2} 是一个固定的电压，那么当 V_{BB2} 较高时输出摆幅就会受限；如果 V_{BB2} 较低且输入共模电压较高，输入晶体管又会被迫进入线性区。因此希望 V_{BB2} 的电压能够跟随输入共模电压同步变化，即输入共模电压抬高时 V_{BB2} 也相应抬高，输入共模电压降低时 V_{BB2} 也相应降低。这就需要一种机制去感受输入共模电压的高低，并且能够把输入共模电压的高低变化反映到 V_{BB2} 上。

在第 8 章中提到，差分对虚地点的电压会随着输入共模电压同步变化，因此可以使用二极管连接的晶体管在差模虚地点上叠加 $V_{GS}+V_{ov}$ 电压产生 V_{BB2}，具体实现方式如图 11-10 所示（图中省略了 PMOS Cascode 晶体管）。由于差模虚地点是输入管的源极，从源极往输入管看的阻抗约为 $1/g_m$ 量级，输入管对偏置电路的驱动能力是足够的。这条额外的偏置支路的电流通常设置为尾电流的 1/5 左右，M_{B2} 晶体管需要与 M_3 和 M_4 晶体管匹配，根据图中的电流关系可知其比例应为 1：2.5：2.5，M_{B1} 晶体管的尺寸则通常设置为 M_{B2} 的 1/5 或者 1/6，以产生一个合适的电压，具体的尺寸需要根据需要的偏置电压进行调整。

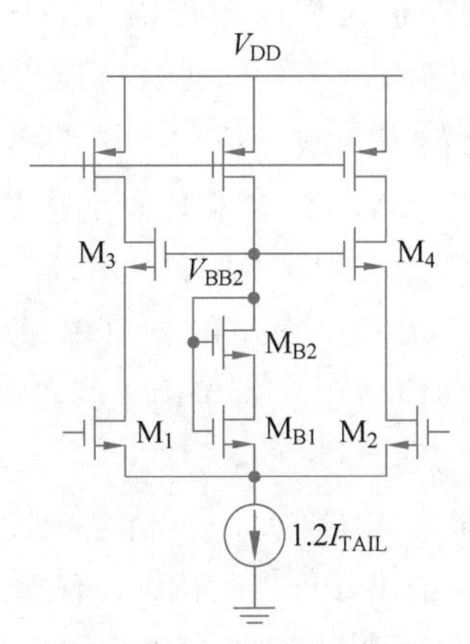

图 11-10 V_{BB2} 偏置的实现方式

这种偏置设计将输入差分对和 Cascode 管打包，使得偏置电压 V_{BB2} 能够自动跟踪输入共模电压，有效地扩大了电路的共模输入范围，是一种推荐的常用偏置方案。这种偏置也称为自举偏置或浮动偏置。

11.4.3 折叠式运算跨导放大器

折叠式 OTA 如图 11-11 所示。从直观上理解，折叠式 OTA 是把套筒式 OTA 的输入差分对“折叠”[①]到另一对独立的支路上，同时将差分对的 NMOS 改为 PMOS(或反之)。由于折叠式 OTA 存在两对消耗偏置电流的支路，在同等性能下其能效低于套筒式 OTA。

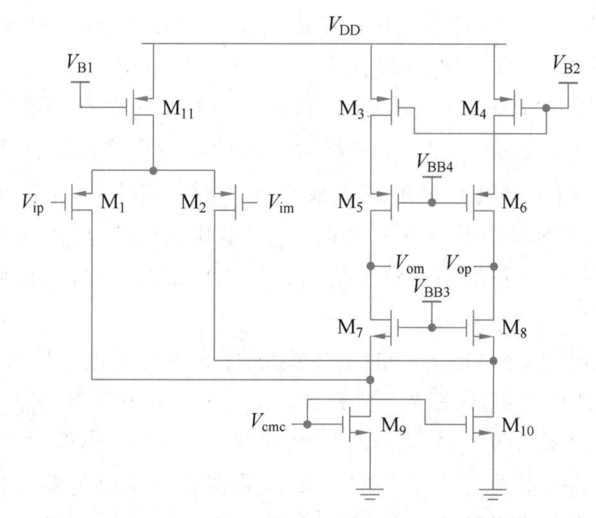

图 11-11　PMOS 输入的折叠式共源共栅 OTA

折叠式 OTA 的优势是较宽的输入和输出的共模电压范围。由于右侧的输出支路只堆叠了四个 MOS 管(而不是套筒式中的五个)，折叠式 OTA 输出摆幅比套筒式的稍大。更重要的是，输入差分对的折叠在很大程度上把输入共模和输出摆幅“解耦”了，从而大幅提高了输入信号的共模范围，输入晶体管的源极电压可以高至 $V_{DD}-V_{OV11}$，且源极电压与输入电压相差 $V_{SG1,2}$，因此输入共模电压的上限约为 $V_{DD}-2V_{OV}-V_t$；而如果 M_9 和 M_{10} 的漏极电压设定为一个 V_{OV}，那么输入共模电压甚至可以低至地电位以下(下限约为 $V_{OV}-V_t$)。同理，如果输入差分对采用 NMOS，输入共模电压则可以高至 V_{DD} 以上，如图 11-12 所示。而如果把 NMOS 输入和 PMOS 输入的折叠式共源共栅 OTA 结合，则可以实现轨到轨[②]的输入共模范围。对于输入共模电压未知的场景，采用折叠式共源共栅 OTA 是非常合适的。

折叠式共源共栅 OTA 和套筒式 OTA 的小信号模型没有太大差别，也有着相似的增益和频率响应特性。图 11-13 给出了采用 NMOS 作为输入管的两种 OTA 的交流小信号半边电路模型。两者的最主要区别是寄生电容：两种 OTA 的次主极点都在 Cascode 管的源极处，而次主极点处连接的晶体管数越多，非主极点的寄生电容则越大，

---

① “折叠”是一种实用的信号通路设计技巧。其基本思想是将一条电流信号通路 A 上的部分晶体管拆分至另一条支路 B，并利用电流源“堵住”两条支路的同一端，迫使信号电流从支路 B 折回支路 A。折叠技巧可以在几乎不改变电路小信号模型的前提下，有效分拆原支路上堆叠的电压，解除支路中各晶体管间的偏置耦合，是低压与大摆幅设计中的常用技巧。

② “轨到轨”(Rall-to-Rail)是指从最高电压电源到最低电压电源的范围，其中“轨”是对电源电平的形象比喻。轨到轨输出能力是一个非严格的定义，实际中的轨到轨电路也未必能绝对地输出电源电压，尤其是在带负载之后。通常的界定标准为电路是否能在高阻负载下输出距离电源轨数十毫伏内的电压。

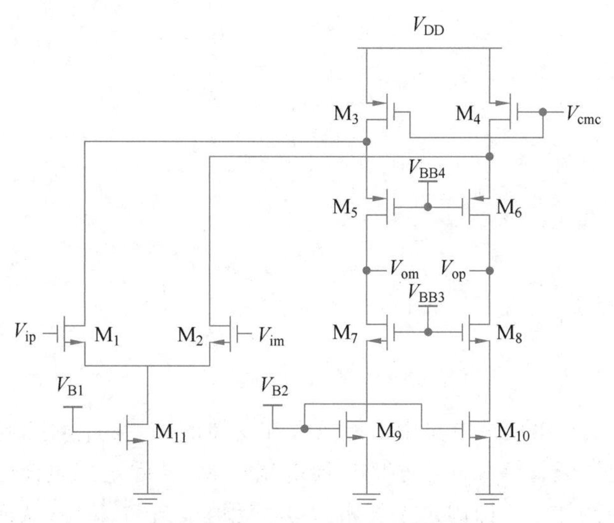

图 11-12　NMOS 输入的折叠式共源共栅 OTA

频率也越低。在套筒式 OTA 中 C_p 是两个晶体管(Cascode 管和输入管)的寄生电容，而在折叠式共源共栅 OTA 中 C_p'包含了三个晶体管(Cascode 管、输入管和电流管)的寄生电容以及多出的互联线寄生电容。因此，折叠式 OTA 的次主极点频率要比套筒式 OTA 的低，这意味着折叠式 OTA 的速度要慢于套筒式 OTA。在实际中选择何种结构要具体考虑功耗、带宽与摆幅间的取舍。

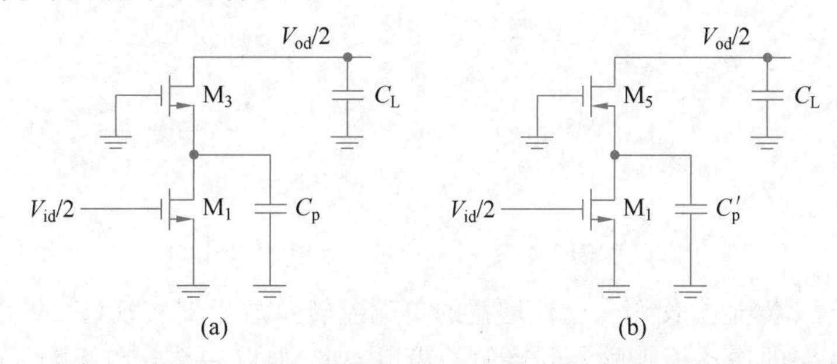

图 11-13　套筒式(对应图 11-9)和折叠式(对应图 11-12)交流小信号半边等效电路

11.5　共模反馈

由前面对五管 OTA 的介绍可知，由于电流源晶体管不可避免地带有失配，全差分 OTA 输出的共模电压难以稳定，因此需要对共模进行额外控制，即加入一个共模反馈机制。一套完整的共模反馈需要三个环节：一是感知输出共模电压(对差分输出求平均)；二是与目标共模电压进行比较和误差放大；三是反馈到电路中控制输出共模。共模反馈基本原理如图 11-14 所示，首先通过一个感知电路获得输出共模电压，然后使用一个差分放大器 A 与设定的共模电压 $V_{oc,ref}$ 进行比较和误差放大。误差被放大后用于控制一个辅助电流源 I_{ctrl} 使上拉和下拉的共模电流完全相等，从而稳定共模电压。实际中常常会让共模电压稳定在 V_{DD} 的一半，从而使差模电压的摆幅空间最大。

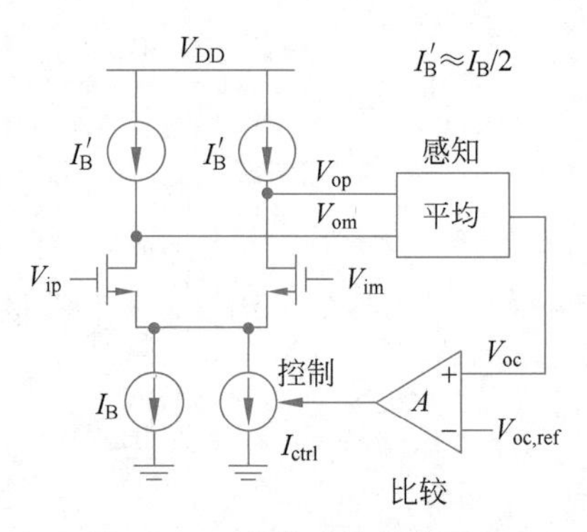

图 11-14　共模反馈基本原理

图 11-15 示出了共模反馈电路中误差放大和反馈的一种具体实现电路。一种最常用的反馈方式是在尾电流管旁加一个小的反馈电流管 M_x。固定尾电流管和反馈尾电流管的比例常被设置为约 4∶1，即固定偏置占 80%，反馈电流占 20%，从而避免共模反馈过强[①]。图 11-15 括号中 M 表示器件尺寸的相对大小关系，即 $M=4$ 是 $M=1$ 器件的 4 倍。

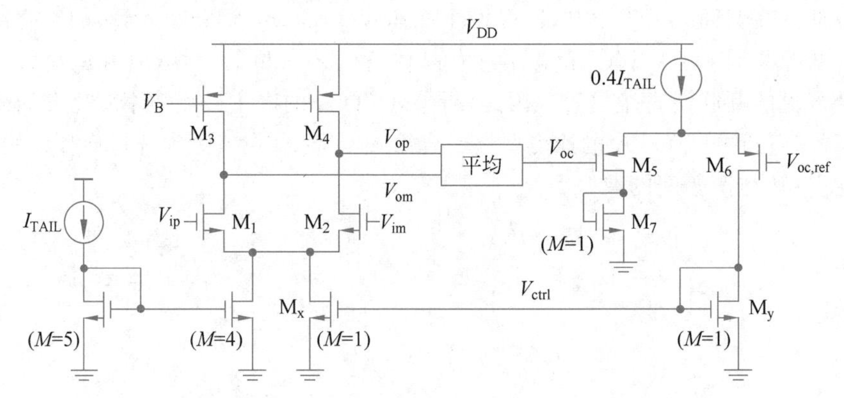

图 11-15　共模反馈中的比较 OTA(图中括号中 M 表示器件相对大小)

误差放大器(A)通常使用一个低增益的单端差转单放大器实现(由 M_5、M_6、M_7、M_y 组成)。共模环路的增益等于放大电路的差模增益 G 乘以一个比例系数 a(共模反馈尾管与所有输入管的跨导之比)，再乘以误差放大器的增益，即 $T \approx aGg_{m5}/g_{my}/2$。由于差模增益通常较高，如果共模误差放大器也有较高的增益，那么共模环路可能不稳定[②]。

对差模输出电压取平均值的一种简单的方式是使用电阻分压，如图 11-16 所示。

然而，OTA 无法有效驱动电阻负载，即电阻负载会显著降低 OTA 的增益[③]。尤其是对于使用了 Cascode 管或者增益增强技术的单级 OTA，它们的输出阻抗非常高，此时

① 器件失配引起的电流误差通常较小，存在的共模干扰通常也不会很大，因此反馈电流并不需要很大。降低共模反馈的强度(环路增益)可以使得共模反馈环路更容易稳定。

② 此处还需要注意误差放大器的极性，即需使共模反馈环路为负反馈。若为正反馈，则输出共模电压将被锁死在电源电压或地。

③ 对于部分多级 OTA/OPA，输出级的增益和输出阻抗并不高，此时引入电阻负载对整个 OTA 的增益影响相对较轻，则采用电阻感受输出共模电压是可行的。

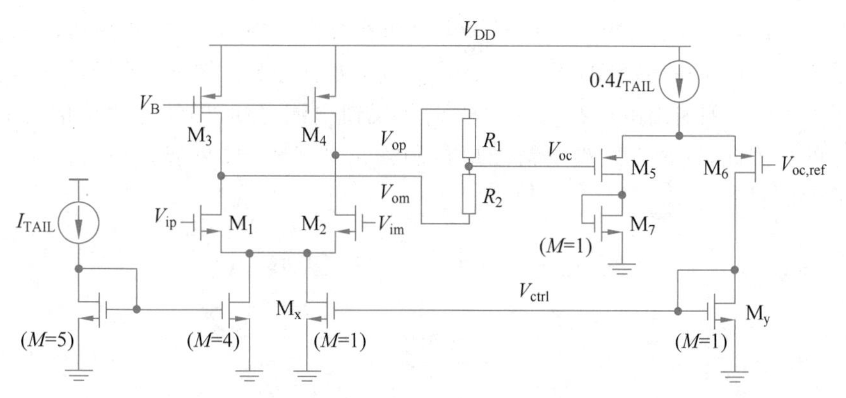

图 11-16　用电阻感受共模电压

使用电阻检测共模电压会导致严重的增益损失①。

此外，误差放大器的输入存在一定的寄生电容（图 11-16 中 M5 的栅极寄生电容）。共模分压电阻和此寄生电容会给共模反馈环路引入一个额外极点，从而可能导致共模环路的稳定性恶化。为了补偿此极点，一种常见方法是在反馈电阻上并联电容②，如图 11-17 所示。

除了直接使用电阻分压，另有三种常用的检测输出共模电压的方法：

第一种方法是在 OTA 的输出与反馈电阻之间加入源极跟随器，如图 11-18 所示。源极跟随器的高输入阻抗避免了对 OTA 增益的影响，但是引入源极跟随器会影响 OTA 的输出摆幅。例如，在采用 NMOS 源极跟随器时，为了保证源跟随器处于饱和区，OTA 输出电压的下限限定为 $V_{GS}+V_{OV}$，损失了大约一个 V_{GS} 的摆幅。

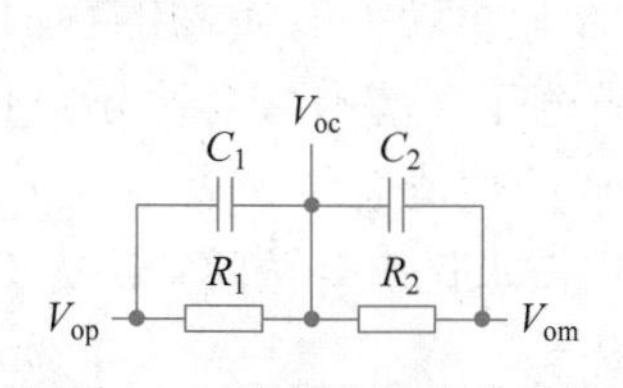

图 11-17　增加前馈电容补偿相位裕度

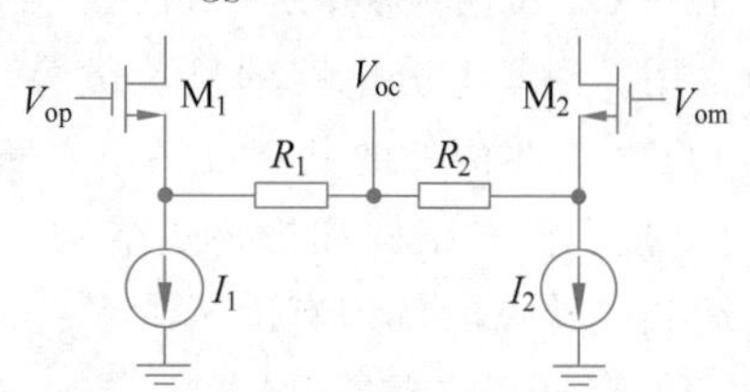

图 11-18　用源随器和电阻的方式感受共模电压

第二种方法是利用电流叠加实现信号平均：将输出电压接到两个共源极晶体管的栅极产生输出电流，再将两个电流相加反馈给 OTA 的第一级偏置电流晶体管，如图 11-19 所示。当共模电压变化时，这两个工作在深度线性区的晶体管产生的电流也会相应地改变，从而抑制共模电压变化。近似地看，两个晶体管对 OTA 输出的差模电压产生的电流正好相反，因此 OTA 差模输出并不会改变反馈的电流之和，即反馈环路只对共模有效，对差模无效。这种共模反馈不会影响 OTA 的增益，但共源极晶体管从栅电压到电流的

① 除非愿意牺牲大量芯片面积，使用高达 GΩ 量级的电阻以避免影响电路的增益。

② 在高频下，共模信号会通过电容前馈产生零点，抵消极点产生的相移。这是常用的保证共模有足够相位裕度的技术。

转换是非线性的，并不像电阻一般可对输出电压作线性平均。例如，当OTA一侧的输出电压趋近于0，另一侧的输出电压趋近于V_{DD}时，两个共模反馈晶体管的输出电流之和将远大于OTA两侧输出电压都是$V_{DD}/2$时的反馈电流之和，即使这两种情况的共模电压是一样的。因此，这种方式难以精准地控制输出共模电压，只能在输出信号摆幅较小的情况下使用。

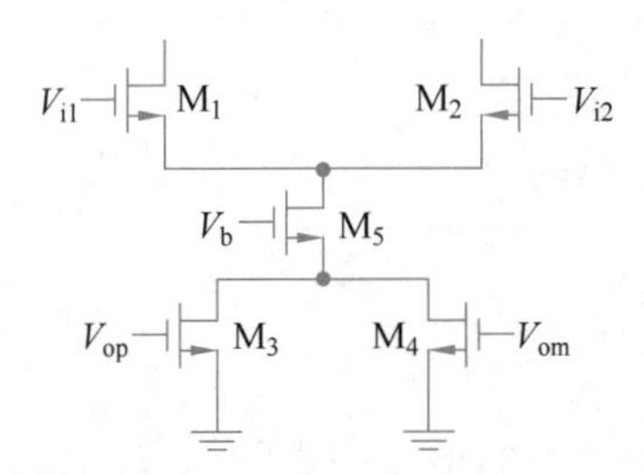

图 11-19　用电流加和的方式感受共模电压

第三种方法是采用开关电容电路，此方式将在下一章中介绍。

最后需要指出：运放的差模性能并不取决于共模反馈，但是共模反馈决定了电路能否正常工作，是运放差模性能的基本保证。因此，在设计中不能仅关注差模信号通路的设计，同样需要重视共模的稳定性，需要对OTA的共模环路进行仔细设计。

11.6　本章小结

本章对运算放大器的基础知识和基本结构进行了介绍。运放分为低阻输出的OPA和高阻输出的OTA两大类，其中OTA结构较为简单，但只能驱动电容负载，在集成电路中更为常用。由于差分电路的显著优势，全差分OTA比单端OTA应用更加广泛，但是全差分OTA需要额外的共模反馈电路稳定输出共模电压。基本的全差分OTA结构包括五管结构、套筒式结构和折叠式结构，不同结构运放的性能总结如表11-1所示。对不同结构运放优缺点的认识有助于读者针对不同的应用需求提出合适的解决方案。

表 11-1　不同结构 OTA 性能比较

运放结构	增益	速度	噪声	输出摆幅	输入共模范围
五管 OTA	低	快	低	中	中
套筒式 OTA	中	中	中	低	低
折叠式 OTA	中	慢	高	中	高

第12章 开关电容电路

在前面的章节中，电路中的信号在时间维度上都是连续变化的，这类电路系统统称为连续时间(Continuous-Time，CT)系统。但在一些应用中(如数据转换器、数字滤波器等)，人们关心的信号只在一系列分散的时刻上具有意义，即信号在时间维度上是非连续的，由一个个分离的采样点构成。这类电路系统称为离散时间(Discrete-Time，DT)系统。本章将介绍离散时间电路系统的基础——开关电容电路的概念与工作原理，学习相应的分析方法和一些常见的应用实例。

12.1 开关电容电路的基本概念

在一些应用中人们仅对特定时刻的信号感兴趣，而忽略其他时刻的信号。针对这种时间上不连续的信号，电路中需要不同于连续时间系统的处理方式。通常来说，离散时间系统中信号首先会被采样，再经过离散时间电路进行处理，以完成所需的功能。“采样”和“处理”步骤可以由开关电容电路的两个基本操作实现，即电容采样和电荷转移。MOS晶体管的双向特性使其可以用作性能优异的开关器件，而在CMOS工艺中也可方便地制造线性且匹配良好的电容，如MIM电容、MOM电容等。结合这两点优势，由MOS开关和集成电容构成的开关电容电路在CMOS工艺中被广泛应用。开关电容电路的基本组成单元包含开关、电容以及OTA等有源放大器。其中，开路电容的电荷(电压)守恒特性自然地实现了离散时间系统中的信号保持功能。而通过开关连接电容，可以很方便地实现电压采样与电荷重分配的操作。OTA等有源放大器的引入可进一步实现信号放大、电荷转移、累加等基本操作。下面将讨论几种基础的开关电容电路，它们是各种复杂开关电容电路的基本组成部分。

12.2 开关电容电路基础模块

12.2.1 开关电容电阻

用开关电容可以实现类似连续时间系统中电阻的器件，即开关电容电阻。开关电容电阻的基本结构和开关时序如图12-1所示：在电容两端放置两个开关，开关的通断分别由两个时钟信号ϕ_1(采样时钟)和ϕ_2(转移时钟)控制。这两个时钟信号由非交叠的时钟产生电路[①]产生，即ϕ_1、ϕ_2不会同时为高电平。

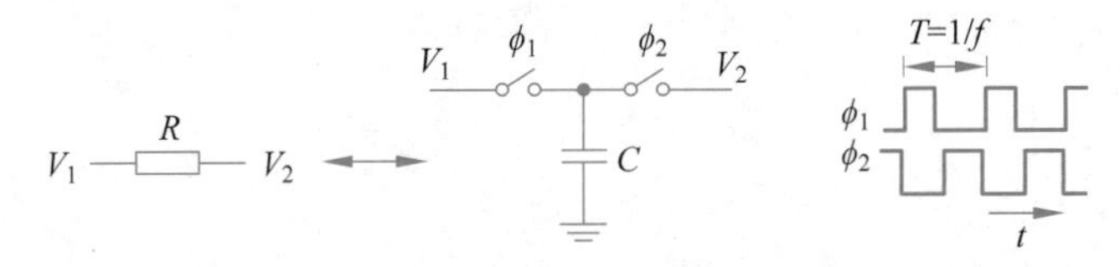

图12-1　开关电容电阻的基本结构和开关时序

① “非交叠”时钟是指两个或多个相互之间高电平不重叠的时钟信号，通常可以使用简单的组合逻辑与延时器件产生。

如图 12-1 所示，在 ϕ_1 为高电平时，电容 C 被充电至 V_1，而在 ϕ_2 为高电平时，电容被放电至 V_2（假设 $V_1>V_2$），因此在一个时钟周期内电容 C 将在 V_1 和 V_2 之间搬移一定量的电荷 Δq。令 ϕ_1 和 ϕ_2 以时钟周期 $1/f$ 交替，则电荷的周期性搬移将产生一定的平均电流，由此可以定义开关电容电路的等效电阻，即两端的电压差与一个周期内的平均电流之比。在一个时钟周期内，从输入到输出端搬移的总电荷量为

$$\Delta q=C(V_1-V_2)$$

则产生的平均电流为

$$i_{\mathrm{avg}}=\frac{\Delta q}{\Delta t}=\frac{\Delta q}{T}=fC(V_1-V_2)$$

因此，可以将图 12-1 的开关电容电路等效为一个电阻，其电阻值为

$$R_{\mathrm{avg}}=\frac{V_1-V_2}{i_{\mathrm{avg}}}=\frac{1}{fC}$$

可以看到，该等效电阻阻值与电容大小及开关频率成反比。电容越大，时钟频率越高，单位时间内的电荷搬移量也越大，等效电流也越大，等效电阻也就越小。同时，当开关电容电路的时钟频率相对越高时，开关电容电路上产生的电流也就越近似为连续的电流。

一旦可以用开关电容的方式等效地实现电阻，就可以通过将各种连续时间电路中的电阻换成开关电容电阻得到各电路的开关电容形式。接下来将讨论的开关电容滤波器便是一个典型的例子。

12.2.2 开关电容滤波器

以最简单的低通滤波器为例，连续时间的无源一阶 RC 滤波器如图 12-2 所示。如果把其中的电阻换成开关电容电阻，即可得到离散时间的一阶无源低通滤波器，如图 12-3 所示。

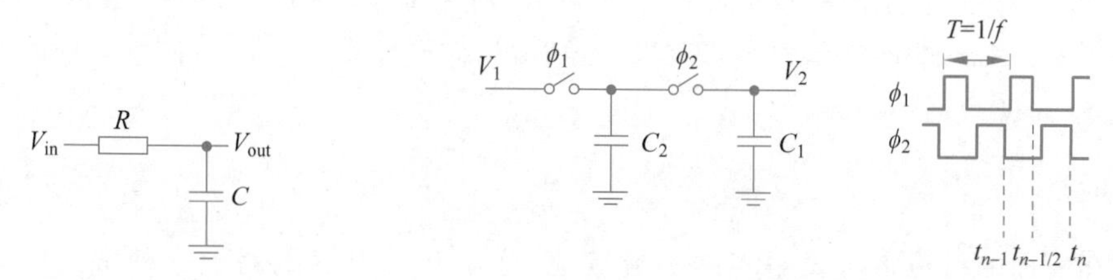

图 12-2　连续时间的无源一阶 *RC* 滤波器

图 12-3　用开关电容实现一阶低通滤波器

已知图 12-2 所示滤波器的极点频率为 $1/RC$。在实际中，制造工艺的偏差会导致电阻和电容的值偏离设计值（在 CMOS 工艺中器件参数的工艺偏差可高达 ±20%），因此极点频率与设计值相比也会有较大的偏差。但是对于图 12-3 中的开关电容滤波器，开关电容等效出的“电阻”R 值为 $1/fC_2$，因此滤波器的极点位置[①]由 $1/RC_1$ 变成 fC_2/C_1，即只

① 严格地说，开关电容电路是离散时间系统，需要在 z 域进行描述。此处在连续时间的 s 域表述零极点仅是在低频下的一种近似。

与时钟频率及电容比例相关。

也可以在离散时间域(z 域)对开关电容电路滤波器进行分析,以验证上述结论。在 $t_{n-1/2}$ 时刻整个电路的电荷量为

$$Q_1 = C_1V_2[n-1] + C_2V_1[n-1]$$

在 t_n 时刻整个电路的电荷量为

$$Q_2 = (C_1 + C_2)V_2[n]$$

根据电荷守恒 $Q_1 = Q_2$,可以得到

$$Q_1 = Q_2$$

$$\frac{V_2(z)}{V_1(z)} = \frac{z^{-1}C_2}{C_1 + C_2 - z^{-1}C_1}$$

转换到连续时间域(代入 $z = e^{sT} \approx (1+sT)$)可以得到

$$\frac{V_2(t)}{V_1(t)} = \frac{1}{e^{sT} + \frac{C_1}{C_2}(e^{sT} - 1)} \approx \frac{1}{1 + sT\frac{C_1 + C_2}{C_2}} = \frac{1}{1 + s\frac{C_1 + C_2}{fC_2}}$$

可以看到,滤波器的低频近似极点更接近 $fC_2/(C_1+C_2)$,与前面直观分析出的结论稍有不同,这主要是因为电容 C_2 引入的负载效应。当 $C_1 \gg C_2$ 时,C_2 的负载效应将变得可以忽略。

在前面章节的讨论中可知:与工艺偏差相比,电容之间的失配要小得多;此外,开关时钟可以以晶振为基准产生,其频率值非常精确。因此,开关电容电路的零极点可以被非常精确地设置,也可以简单地通过调节时钟的频率来改变零极点。这是开关电容电路的重要特点,也是连续时间电路无法比拟的巨大优势。

此外,开关电容电路还可以用于产生非常大的等效电阻,或产生巨大的时间常数。由于一个小电容产生的等效电阻值反而较大,对于需要大阻值的场合,使用开关电容比起使用真实电阻在面积上会有数量级的降低,从而有效解决了低速信号处理的面积成本问题。

12.2.3 飞电容

在前面的讨论中假设电容的一端接地,这是开关电容电路中一种常见的情形。此外,还有一类称为飞电容的开关电容电路,在这种电路中,电容的两端都将进行开关连接(也称为浮空电容),从而实现电压的搬移和堆叠。图 12-4 示出了飞电容的基本电路形式。

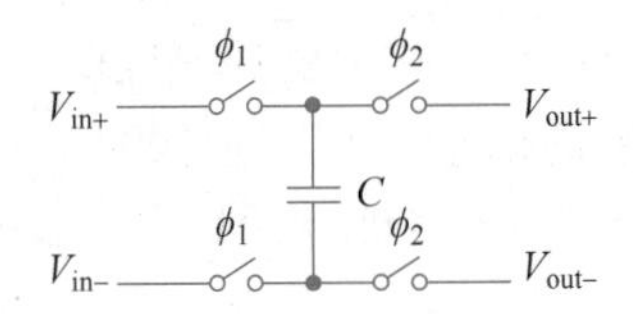

图 12-4 飞电容的基本电路形式

在 ϕ_1 阶段，电容 C 对输入侧进行采样[①]，即 $V_C=V_{in+}-V_{in-}$。而在 ϕ_2 阶段，电容被切换连接到 V_{out+} 和 V_{out-} 之间(形似从左侧“飞”到了右侧，因此而得名)。由于电容上的电压(电荷)守恒，电容将试图在 V_{out+} 和 V_{out-} 之间垫起一个相同的压差 V_C。若 V_{out} 侧的电路阻抗较高(如容性负载)，则最终电路将会稳定在 $V_{out+}-V_{out-}=V_{in+}-V_{in-}$ 的状态下。由此实现了把输入侧压差“搬移”到输出侧的操作，或者说实现了在 V_{out-} 上“堆叠”电压 V_C 的操作。

一个飞电容的经典实例是开关电容共模反馈电路。第 11 章讨论的全差分 OTA 的共模反馈是在连续时间域实现的，其问题是共模反馈电路可能会影响 OTA 的增益，或在宽信号范围内难以做到高线性度。而利用开关电容电路在离散时间域实现的共模反馈可以在很宽的信号范围内感受共模电压，同时不影响 OTA 的增益。一种简单的实现形式如图 12-5 所示。

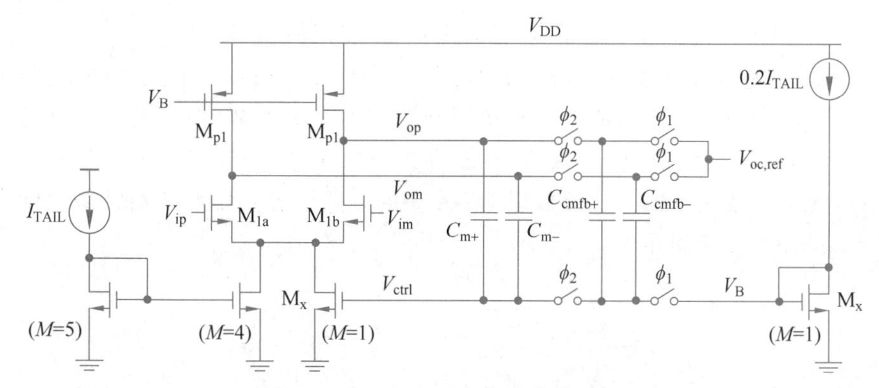

图 12-5　开关电容实现无源共模反馈

这里引入了 C_{cmfb+}、C_{cmfb-}、C_{m+}、C_{m-} 四个电容。在 ϕ_1 相位时 C_{cmfb+}、C_{cmfb-} 电容两端分别接目标共模电压 $V_{oc,ref}$ 和 V_B 电压，而在 ϕ_2 相位时 C_{cmfb+} 和 C_{cmfb-} 分别并联到 C_{m+} 和 C_{m-} 上，实现偏置电压的转移。两个 C_m 电容通过分压实现共模提取，并利用电压堆叠直接控制 M_x 的栅极形成共模反馈。经过若干周期后，两个 C_m 电容上的共模电压最终会稳定为 $V_{oc,ref}-V_B$。此时，如果输出共模电压高于 $V_{oc,ref}$，M_x 的栅电压也会高于 V_B，让输出共模降低，反之亦然，最终让输出共模电压稳定为 $V_{oc,ref}$。

虽然加入 C_m 电容后会增加输出负载电容，降低增益带宽积，但由于 C_m 电容无须很大，因此对 OTA 整体性能影响较小。这种共模反馈方案不需要误差放大器，比起图 11-14 一类的有源方案更为简单、可靠、高效。

下面分析此共模反馈方案的稳定性。共模反馈等效电路如图 12-6 所示。其中，C_x 和 C_y 是寄生电容。这个环路的主极点在输出处(C_L)，次极点在差分对的源极处(C_y)。只考虑主极点的环路单位增益带宽约为

$$\omega_c \approx \frac{1}{2}\frac{C_m}{C_m+C_x}\frac{g_{mx}}{C_L}$$

① 这种采样方式称为差分采样。差分采样可以自然地消除输入信号的共模分量，因此可以实现非常高的共模抑制比，同时比起用两个对地电容采样的“伪差分”方式，差分采样可以获得更大的等效采样电容和更高的信噪比。

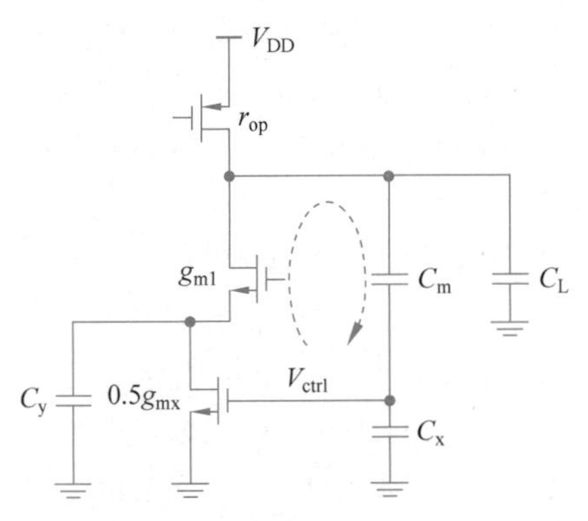

图 12-6 共模反馈等效电路

次极点的频率约为 g_{m1}/C_y。在大多数情况下，$C_x \ll C_m$，$C_y \ll C_L$，而 $g_{m1} > g_{mx}$，因此次极点频率将远高于环路单位增益带宽，该环路的稳定性得以保证。

对于多级 OTA，奇数级的 OTA 仍然可以采用图 12-5 所示的共模反馈电路，因为无源共模反馈和奇数级 OTA 形成的共模反馈环路依然是负反馈（但需要更仔细地考虑环路稳定性）。而如果是偶数级 OTA，则不能直接采用这种方式，因为对于共模信号来说偶数级 OTA 会形成正反馈。在偶数级 OTA 中的开关电容共模反馈通常需要配合有源放大器实现，如图 12-7 所示。

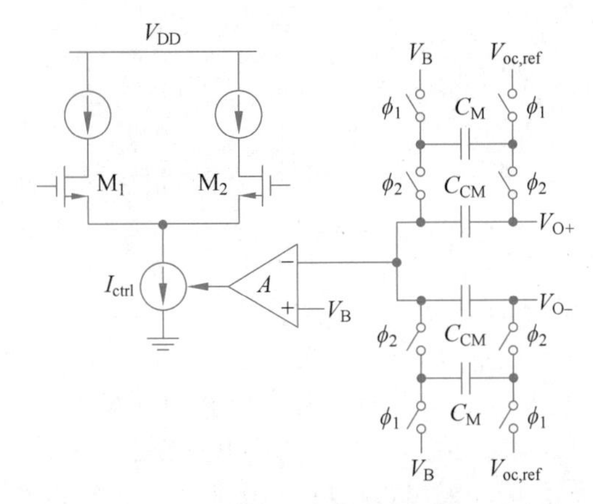

图 12-7 开关电容电路配合有源放大器实现共模反馈

电容 C_{CM} 串联分压感受 OTA 输出 V_{O+}、V_{O-} 的共模电压变化，并通过电压堆叠将共模电压的变化反映到误差放大器的输入端，进而通过改变主支路的电流来调节 OTA 的输出共模电压。飞电容 C_M 不断地刷新 C_{CM} 上的电压，使得 OTA 的输出共模电压稳定在 $V_{oc,ref}$。

另一个应用飞电容的例子是自举开关电路，利用飞电容实现开关栅电压的提升，具体实现方式如图 12-8 所示。在 ϕ_1 阶段，电容 C 被充电至 V_{DD}，晶体管 M_1 处于关断状态；在 ϕ_2 阶段，电容 C 被切换连接到晶体管 M_1 的栅极和源极之间。由于电容上的电压（电荷）守恒，电容将在晶体管 M_1 的栅源之间垫起一个电源电压 V_{DD}，且随着输入信号的变化，晶体管 M_1 的栅源电压将始终保持为 V_{DD}，从而能够有效地降低晶体管导通电阻的非线性。因此，自举开关电路常用于对线性度有较高要求的场合。注意，此电路中 M_1 的栅极电压可以超过电源电压 V_{DD}，甚至当 V_{in} 接近 V_{DD} 时，栅极电压可以达到电源电压的 2 倍，可见飞电容电路具有倍增电压的能力。

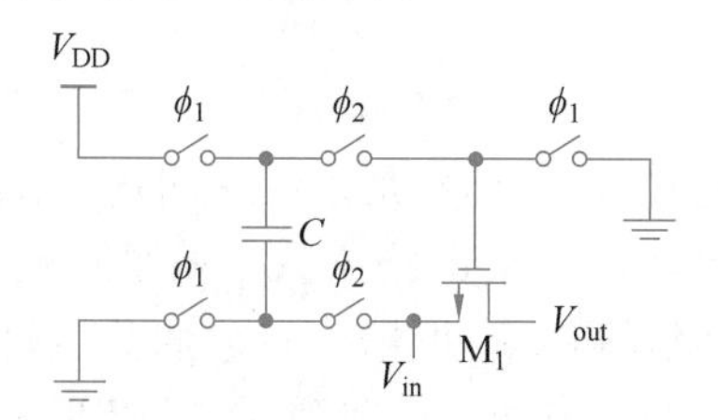

图 12-8　基于飞电容的自举开关电路

12.2.4　处理连续时间信号的有源开关电容电路

开关电容电路也可以结合 OTA 组成各种有源电路。由于电容负载不会影响 OTA 的直流增益，使用开关电容作为 OTA 的反馈网络比使用电阻更有优势。反过来说，正是由于开关电容电路的存在，OTA 才得以在集成电路中被大量使用。有源开关电容电路通常有两种类型：第一种是在 ϕ_1 相位对电容进行复位，然后在 ϕ_2 相位使用电容实现 OTA 的闭环反馈。这种类型的电路在 ϕ_2 阶段本质上仍在处理连续时间信号，图 12-9 所示的电路工作方式便属于此类；另一种是在 ϕ_1 相位使用电容进行采样和复位，然后在 ϕ_2 相位使用 OTA 进行电容间的电荷转移，这种类型的电路则真正处理离散时间信号，将在 12.2.5 节讨论。

如图 12-9 所示是一种基于开关电容和 OTA 的闭环放大器。在 ϕ_1、ϕ_2 两个相位中，ϕ_1 是复位阶段，其将电容 C_s、C_f 上的电压置零（电荷清空），ϕ_2 是连续时间放大阶段，在这个阶段通常可以忽略开关①，把电路重画成图 12-10 所示的形式，即带电容负反馈的 OTA。

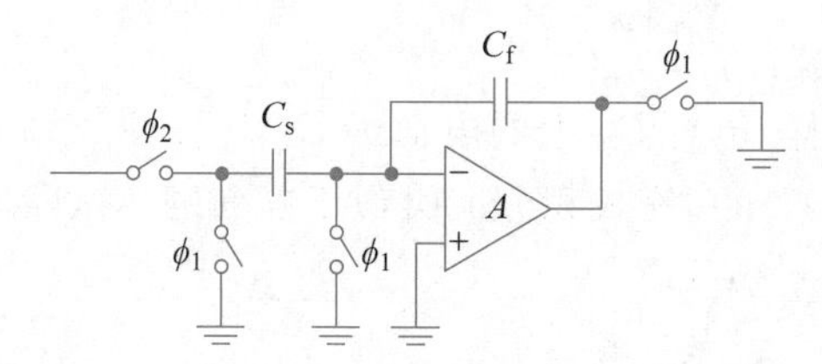

图 12-9　有源开关电容放大器（连续时间型）

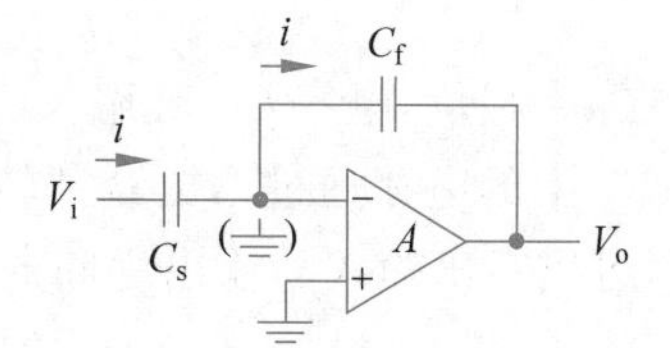

图 12-10　ϕ_2 时刻下的开关电容等效电路

简单起见，假设该电路中的 OTA 是理想的，运放的反相输入为理想虚地点，则可以得到输入与输出的电压关系为

$$i = V_i j\omega C_s$$

① 在 CMOS 工艺下开关的导通电阻通常比较小（小于 1kΩ），且随着工艺的演进，晶体管尺寸越来越小，同尺寸下的开关电阻也越来越低，所以通常假定开关为理想开关。

$$V_o = -i \frac{1}{j\omega C_f}$$

因此,该电路的增益为

$$\frac{V_o}{V_i} = -\frac{C_s}{C_f}$$

注意上述分析中输入和输出信号仍然是连续时间信号。换句话说,此电路可以放大连续时间信号,与经典的电阻反馈运放电路一致。但是比起使用电阻反馈的放大器,开关电容的方案没有额外的电阻噪声①和功耗,对运放的输出阻抗要求也大大降低(可以使用 OTA)。当然,开关电容电路需要额外的复位阶段,因此无法连续不断地处理信号,在实际应用中需要仔细地考虑和取舍。

12.2.5 处理离散时间信号的有源开关电容电路

与 12.2.4 节相对,另一类有源开关电容电路在 ϕ_1 阶段对信号进行采样,因此在 ϕ_2 阶段处理和输出的是离散时间信号。本节将讨论的开关电容积分器便属于这类电路。

经典的连续时间积分器由一个电阻和一个电容反馈的运放组成,如图 12-11 所示。不难分析其传递函数是 $1/(sRC)$,积分增益为 $1/RC$。但如前所述,在集成电路工艺中电阻和电容的值都无法做到较高的精度,因此连续时间积分器的增益通常是不准确的。

在 12.2.2 节中提到,用开关电容代替电阻可以实现非常精确的滤波器传递函数,因此在这里也可以将积分器中的电阻换为开关电容电阻,如图 12-12 所示。

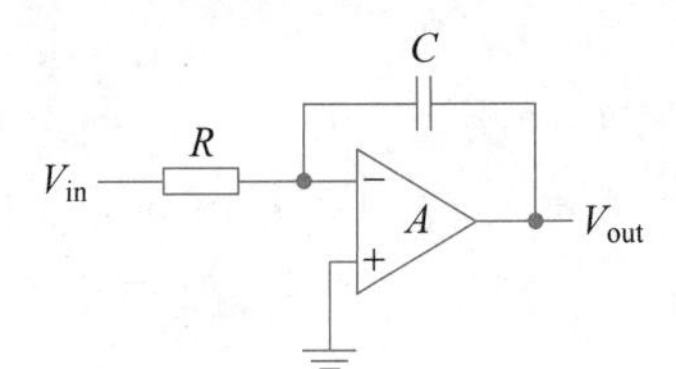

图 12-11 连续时间积分器

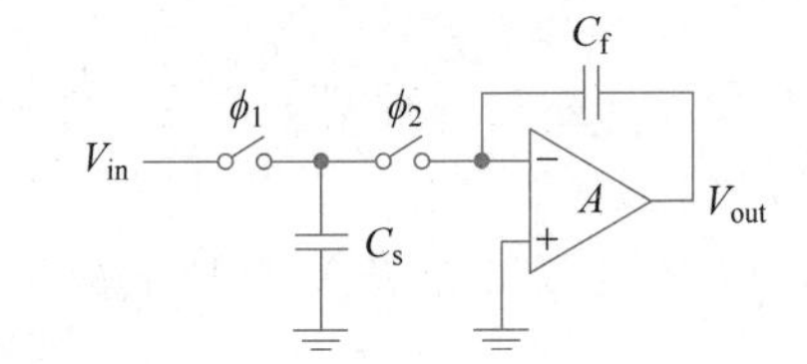

图 12-12 用开关电容做积分器

在 ϕ_1 相位,电容 C_s 对输入信号 V_{in} 采样,电容 C_s 上的电荷为 C_sV_{in}。在 ϕ_2 相位,电容 C_s 上的电荷通过运放全部转移到电容 C_f 上,完成积分。类似于前面的离散时间域分析,可以写出输入与输出之间的传递函数为

$$\frac{V_{out}(z)}{V_{in}(z)} = \frac{z^{-1}C_s}{C_f - z^{-1}C_f}$$

转换到连续时间域($z = e^{sT} \approx (1+sT)$)可以近似得到

$$\frac{V_{out}(t)}{V_{in}(t)} = \frac{C_s}{C_f e^{sT} - C_f} \approx \frac{1}{sT\dfrac{C_f}{C_s}} = \frac{1}{s\dfrac{C_f}{fC_s}}$$

与连续时间系统中的 OTA 行为不同,在离散时间系统中当开关切换时,OTA 的输

① 但是开关电容电路在复位阶段会引入 kT/C 噪声,需要另做考虑。

入是一个阶跃信号,OTA 对阶跃信号的输出响应是建立过程,因此在离散时间系统中对 OTA 更关注的是建立特性,而在连续时间系统中对 OTA 更关注的是频率响应(如带宽)。也正因为这个差异,用于连续时间电路的 OTA 和用于离散时间电路的 OTA 在设计上会略有差异,特别是在补偿方案的选取上。此部分内容将在第 13 章中更详细地讨论。

12.3 开关电容的非理想效应与底板采样技术

前面的讨论都是基于理想开关与理想电容的假设进行的,实际电路中的 MOS 开关与电容存在寄生、电荷注入等一系列非理想效应,下面对图 12-13 中引入非理想效应后的开关电容积分电路进行分析。

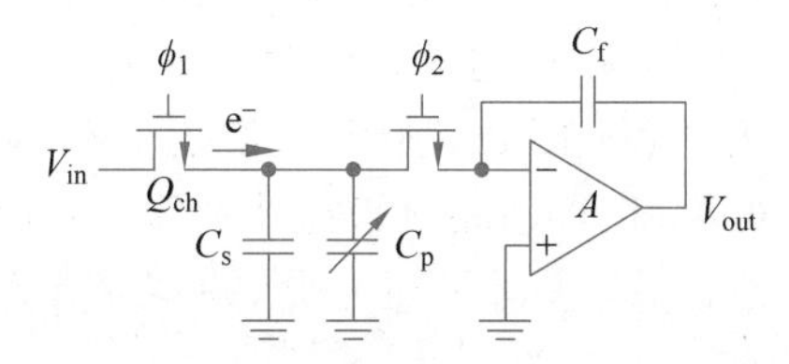

图 12-13 考虑非理想效应后的开关电容积分电路

图中,C_p 包含电容 C_s 到地的寄生电容以及 MOS 晶体管的非线性寄生电容,Q_{ch} 表示由 ϕ_1 控制的晶体管导通时的反型层电荷。根据前面的分析可知,该开关电容电路的等效电阻值为 $1/fC$,因此寄生电容 C_p 的存在不仅会影响电阻的阻值,还会使得该阻值呈现出输入相关性(非线性)。另外,ϕ_1 控制的晶体管关断时,Q_{ch} 中的部分电荷也会注入电容 C_s 上引入额外的误差,并且 $Q_{ch}=-C_{ox}WL(V_{DD}-V_{in}-V_t)$ 也呈现出输入相关性。

上述问题的根本在于电容 C_s 的底极板[①]一直保持接地,使得电容 C_s 与各种寄生电容无法区分。"底板采样"技术的提出正是为了解决这些问题。为了说明底板采样技术的核心,仍然以开关电容积分器为例,采用底板采样的开关电容积分器如图 12-14 所示,电路在电容的两端分别放置了四个开关并仍然由两个相位 ϕ_1 和 ϕ_2 控制。

图 12-14 所示的开关电容电路工作原理为:在 ϕ_1 为高电平时,电容左极板(顶板)接信号输入,右极板(底板)接地,电容 C_s 上采得信号电压 V_{in}。在 ϕ_2 为高电平时,电容左极板(顶板)接地,右极板(底板)接运放的虚地点,因此电容 C_s 上的电荷将被转移到 C_f 上。可见,该电路的功能与图 12-13 中的电路一致(但是积分的符号相反)。接下来考虑寄生电容和电荷注入(图 12-15),观察底板采样技术如何解决这些问题。

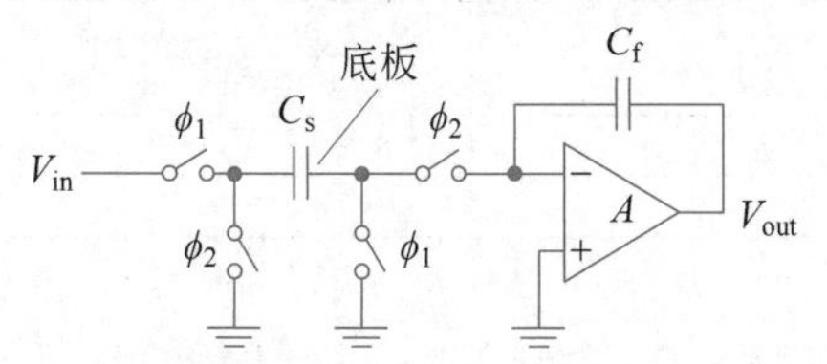

图 12-14 采用底板采样的开关电容积分器

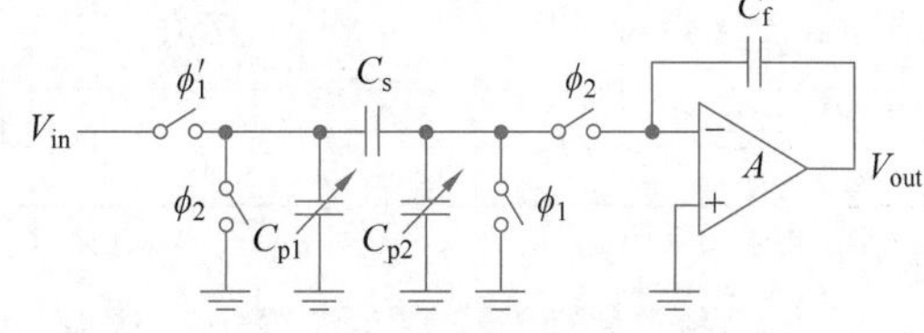

图 12-15 考虑寄生电容后的底板采样积分器

① 通常定义连接输入信号的电容极板为顶板,而连接信号地的极板为底板。

首先分析寄生电容。在 ϕ_1 复位相位时，电容 C_s 对输入信号进行采样，底板寄生电容 C_{p2} 两端接地，因此 C_{p2} 上的电荷为 0，而顶板寄生电容 C_{p1} 与输入信号 V_{in} 相连，被充入一定的信号电荷。在 ϕ_2 相位时，由于反馈的作用，OTA 的输入端虚地为 0，因此 ϕ_2 相位结束后 C_{p2} 上的电荷仍为 0，而寄生电容 C_{p1} 上的电荷则通过开关泄放到地，不进入 C_f。总的来说，寄生电容 C_{p2} 上的电荷在 ϕ_1 相位和 ϕ_2 相位结束时其上的电荷保持相同，对 C_f 上的电荷量贡献为 0，而寄生电容 C_{p1} 上的电荷则不会影响输出。因此，寄生电容的存在不会对整体电路造成影响。

底板采样同样可以解决电荷注入问题。首先需要使连接输入的开关控制时钟（图中的 ϕ_1'）稍微延时，从而保证在 ϕ_1 相位结束时电容 C_s 底板的开关先行断开。此时底板上的开关将对电容注入一定电荷 $Q_{ch,bot}$。但由于在 ϕ_1 相位结束时电容底板的电压必然为零，由开关注入的电荷 $Q_{ch,bot}$ 将是一个与输入无关的固定常量。紧接着当电容顶板的开关断开时，由于电容底板的开关已经断开，顶板开关的沟道电荷无法注入电容 C_s 中，从而不会在 ϕ_2 相位被积分。可见，在采用底板采样技术后，电荷注入产生的误差变为一个不随输入变化的常量，于是可以很容易地通过差分、调零等方式消除。

12.4 连续时间系统与离散时间系统的映射关系

在连续时间电路系统中，通常是在 s 域中采用拉普拉斯变换描述系统的传递函数，而在离散时间电路系统中，更准确地描述系统传递函数的方式是采用 z 变换。根据信号与系统的知识，z 域与 s 域的关系表示如下：

$$z=\mathrm{e}^{sT_c}=\mathrm{e}^{\mathrm{j}\omega T_c}=\mathrm{e}^{\mathrm{j}2\pi\frac{f}{f_c}}$$

式中 T_c 为时钟周期；f_c 为时钟频率；f 为信号频率。

通常来说，时钟频率会远大于信号频率，因此可以将上式幂级数展开成如下形式：

$$\mathrm{e}^{\mathrm{j}2\pi\frac{f}{f_c}}=1+\mathrm{j}2\pi\frac{f}{f_c}+\frac{\left(\mathrm{j}2\pi\frac{f}{f_c}\right)^2}{2}+\cdots$$

通常保留一阶项即可在低频下近似地描述系统在连续时间域的性质，即令 $z\approx1+sT$ 或 $z\approx1+\mathrm{j}2\pi\frac{f}{f_c}$。一些常用的 z 变换性质如表 12-1 所示。

表 12-1 常用 z 变换性质

时 域 形 式	z 变换	时 域 形 式	z 变换
$ax[n]+by[n]$	$aX(z)+bY(z)$	$nx[n]$	$-z\frac{\mathrm{d}X(z)}{\mathrm{d}z}$
$x[n-n_1]$	$z^{-n_1}X(z)$	$x[n]*y[n]$	$X(z)Y(z)$
$a^n x[n]$	$X(z/a)$		

注："*"为卷积。

12.5 开关电容电路的噪声

理想的电容没有噪声，而电阻有热噪声。用开关电容替代电阻，是否就没有噪声？下面以图 12-16 所示的开关电容电阻为例进行分析。

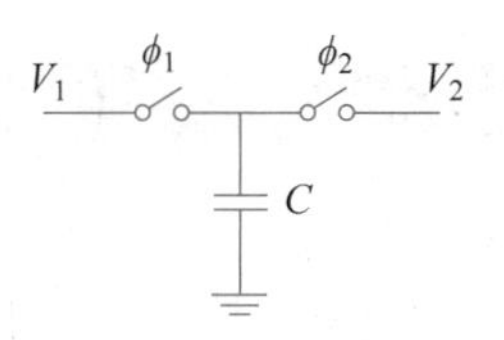

图 12-16 开关电容电阻

在一个时钟周期中，开关电容电路在 ϕ_1 与 ϕ_2 两个相位有两次操作。在 ϕ_1 相位时清除电容上原有的噪声电荷，而开关的导通电阻在电容上会产生新的噪声电压，其均方值为 kT/C，对应噪声电荷的均方值是 kTC。在 ϕ_1 时钟的下降沿到来时，这些噪声电荷会"冻结"在电容上。在 ϕ_2 相位时，电容与 V_2 相连，由于 V_2 也是低阻节点，被冻结的噪声电荷就会流出电容，等效于噪声电荷传导到了 V_2 上。除了 ϕ_1 阶段导致的噪声电荷之外，在 ϕ_2 开关闭合时又产生了新的噪声电荷，均方值也是 kTC，该噪声电荷也是 V_2 传导到电容上的。两种噪声电荷分别由不同的相位产生，彼此之间并不相关，所以在每个时钟周期 T_{CLK} 内会引入两次大小为 kTC 的噪声电荷，总噪声电荷为

$$\overline{Q_{\mathrm{nc}}^2}=2kTC=\frac{2kT}{R_{\mathrm{eq}}}T_{\mathrm{CLK}} \tag{12-1}$$

与之对应，可以计算一个连接 V_1 和 V_2 的等效电阻的噪声电流密度：

$$\frac{\overline{i_{\mathrm{n}}^2}}{\Delta f}=\frac{4kT}{R}$$

其噪声电荷量，即噪声电流积分为

$$Q_{\mathrm{nR}}=\int_0^{T_{\mathrm{CLK}}} i_{\mathrm{n}}(t)\,\mathrm{d}t$$

根据维纳过程的特性，可以计算在一个周期内噪声电荷的均方值：

$$\overline{Q_{\mathrm{nR}}^2}=\frac{1}{2}\frac{\overline{i_{\mathrm{n}}^2}}{\Delta f}T_{\mathrm{CLK}}=\frac{2kT}{R}T_{\mathrm{CLK}} \tag{12-2}$$

对比式(12-1)和式(12-2)可以发现，对一个周期内的噪声电荷进行积分，开关电容每次开关闭合产生的累计噪声电荷与在等效电阻上由连续电流产生的总噪声电荷相等，即 $\overline{Q_{\mathrm{nC}}^2}=\overline{Q_{\mathrm{nR}}^2}$，这说明用开关电容电阻代替真实电阻并不会减小噪声[①]。

对于有源开关电容电路的噪声分析可能更为复杂。但无论对于何种开关电容电路，噪声分析的关键点都是计算发生"采样"动作的电容上的噪声电荷。当电容发生采样(被断开连接)时，电容上的噪声电荷将被冻结，并在电荷转移相位传导到其他电容。根据帕塞瓦尔定理可知，噪声在时域中的均方值等于频域中对噪声功率在全频带上的积分，即每次发生采样时，全频带上的噪声能量都将被混叠到低频产生贡献。这与连续时间系统的噪声分析有明显区别，即开关电容电路噪声进行分析时不能仅考虑信号带宽内的噪声，而是全带宽内的噪声都需要考虑。这点对于指导噪声仿真的频率范围设置尤为关键。

---

① 这背后有着更本质的物理原因，感兴趣的读者可以查阅"涨落-耗散定理"的相关资料。

12.6 本章小结

开关电容电路是离散时间系统中的关键部分，理解开关电容电路的工作方式是研究更高阶电路的基础。本章对开关电容电路进行了简单的分析，介绍了开关电容电路的不同应用，包括使用开关电容电路实现滤波器、积分器、放大器等电路，以及如何用飞电容实现共模反馈和自举开关。本章还介绍了使用底板采样技术消除开关电容电路中非理想因素的影响，简单回顾了 s 域与 z 域之间的映射关系，并对开关电容电路的噪声进行了分析。

第13章 运算放大器进阶

运算放大器是模拟电路中的核心模块，在第 11 章中已经讨论了基本的单级运算放大器，了解了运算放大器的各项性能指标。本章将进一步深入研究运算放大器，认识单级运算放大器的局限性并引入多级放大器。本章还将分析放大器的大小信号响应，并在最后介绍运算放大器输出级的有关内容。

13.1 多级运算放大器

13.1.1 单级运算放大器的局限性

单级运算放大器是指只有一个增益级(一对“跨导-负载”组合)的运算放大器，它通常只有一个在单位增益带宽内的低频极点。第 11 章介绍的五管运算放大器(图 13-1)是一种典型的单级运算放大器，可以此为例说明单级运算放大器在输出摆幅和增益上的局限性。

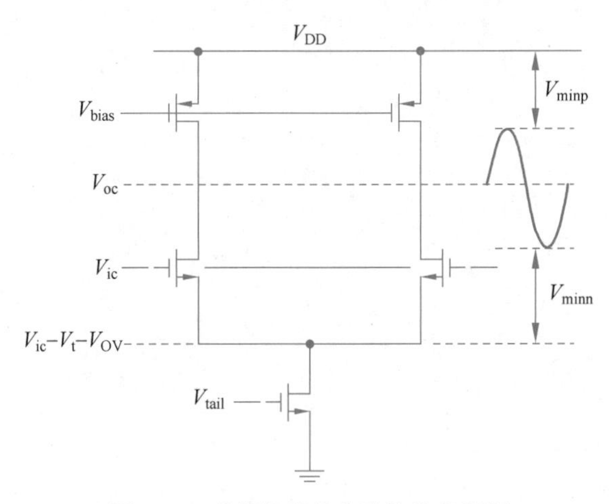

图 13-1　单级运算放大器的输出摆幅

首先，对于图 13-1 所示的单级运算放大器，输出电压向上摆动时需要保证 PMOS 不进入线性区，因此要留出一定的电压裕度 V_{minp}，约为一个过驱动电压 V_{OV}。同理，向下摆动时需要保证两个 NMOS 均不进入线性区，所以至少需要留足两个 V_{minn}，约为两个 V_{OV}，因此理论上最大单端输出摆幅约为 $V_{DD}-3V_{OV}$。

上述推论的前提是要求输入共模在一个特定的值，使得尾电流源两端的电压刚好是一个过驱动电压 V_{OV}，即 $V_{ic}=V_t+2V_{OV}$。但在实际应用中，输入共模电压往往取决于前级电路。如果输入共模较高，为了保证输入管饱和，输出电压的下限也会提高，即减小输出摆幅范围。例如，假设输入共模电压和输出共模电压被定义在 $V_{DD}/2$，如图 13-2 所示，此时运放输出电压向下摆动最低到 $V_{DD}/2-V_t$。由于输出共模电压为 $V_{DD}/2$，其单端摆幅因此被限制为 $\pm V_t$，即差分摆幅是 $\pm 2V_t$。可见，在这种情况下运放的输出摆幅被输入共模所限制，而与 V_{DD} 无关。换句话说，即使提高 V_{DD} 也无法对其改善。若 $V_t=0.5\text{V}$，则差分摆幅仅有 2V(即 $\pm$1V)，相比理想情况有很大的损失。

此外，上面提到的“摆幅”仅指不让晶体管进入线性区的输出信号幅度。但在第 11

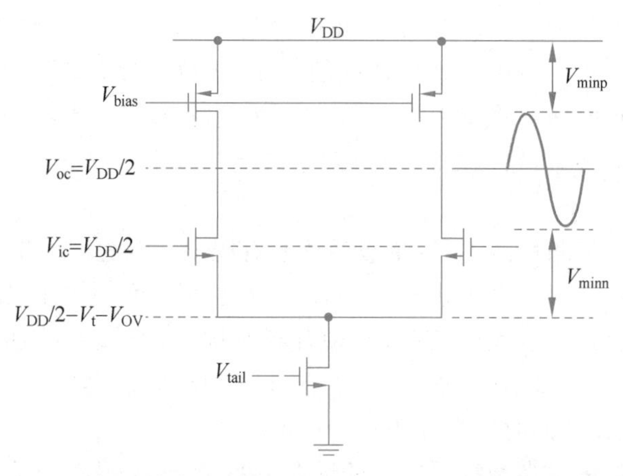

图 13-2　输入、输出共模电压都为 $V_{DD}/2$ 时单级放大器的摆幅

章提到，运放的“有效”摆幅实际上与增益有关，即在保证增益满足应用需求时的输出摆幅范围。图 13-3 示出了典型运放的小信号增益关于差模输出电压幅度的函数。由图可见，差分增益在输出差分电压为 0 时最大，这是因为此时电路处于平衡态，差分对的差模跨导最大，且晶体管的 V_{DS} 都相对较高。随着输入信号和输出信号幅度的增大，差分对的跨导逐渐降低，且电路中一些晶体管的 V_{DS} 开始降低，导致输出阻抗和增益的下降。当输出信号幅度更大时，一些晶体管甚至可能进入线性区①，使增益大幅降低。

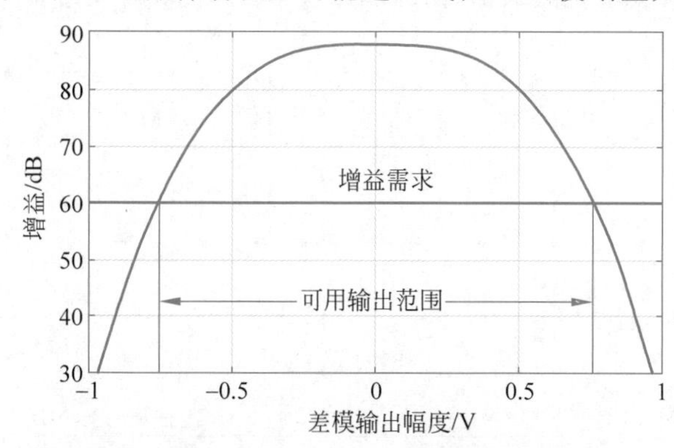

图 13-3　根据增益与差分输出幅度的关系定义摆幅

为保证足够的环路增益，必须根据增益损失的程度来定量地定义一个“有效的”输出电压范围，如图 13-3 所示。例如，如果闭环系统的环路增益需求是 1000(60dB)，那么在运放摆幅范围内运放增益都需要高于 1000，增益低于 1000 时的输出范围被认为是无效的。在这种定义下，单级运放的摆幅会变得更加受限，在先进工艺下通常只有不足 $\pm 0.5V_t$。

此外，单级运放的增益通常较低。对于图 13-1 所示的基本单级运放，放大器的差模

① 严格来说并不存在由饱和区到线性区的“突变点”，尤其是在先进工艺下。晶体管的增益随着 V_{DS} 的下降会连续地、平滑地降低。

增益大约只有本征增益的一半。在第10章中提到，负反馈电路依靠环路增益抑制误差，即误差反比于环路增益。对于一些高精度的应用，运放的增益需要达到100dB(10^5倍)甚至更高。这种量级的增益将难以用单级运放实现，即使可以用共源共栅、增益增强等技术提高单级运放的增益，增益的提高通常也只有一两个数量级，同时这些技术都会进一步限制输出摆幅。

除了输出摆幅受限和增益不足，单级运放还有很多局限性，例如11.2节中提到的摆率限制。这背后根本的原因是单级运放的设计自由度太低，运放的各种性能如增益、带宽、噪声、摆幅等都直接相互关联(耦合)，使其很难同时满足多方面的要求。例如，提高增益通常需要通过堆叠晶体管实现，而堆叠晶体管则会限制摆幅，因此增益和摆幅之间存在直接的矛盾，在设计的时候需要进行折中考虑。

为了打破单级运放中多种指标之间的耦合关系，特别是增益与输出摆幅之间的强相关性，可以通过增加运放中的放大级数来产生新的自由度，即设计多级运放。其中，两级运放是最常用和最具代表性的多级运放，是接下来讨论的重点。

13.1.2 两级运算放大器

1. 两级运算放大器的基本结构

经典的两级运算放大器是在一个单级运放之后级联一个共源放大器，如图13-4所示。它的总增益是两级增益的乘积，约为晶体管本征增益的平方。

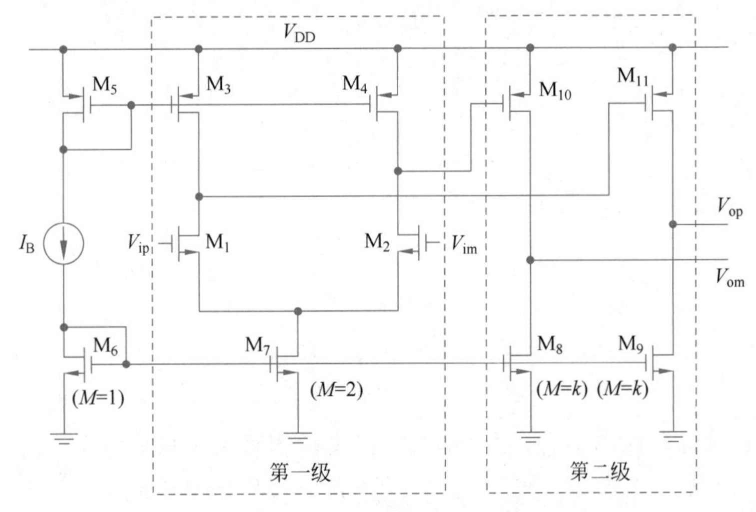

图13-4 两级运算放大器示例

虽然从增益上看两级运放的增益和使用共源共栅结构的单级运放量级一致，但两级运放可以有效提高输出摆幅：图13-4中，第二级的上下两侧各只有一个晶体管，因此输出摆幅可以接近电源轨。同时在闭环应用中，第二级的增益反过来使得第一级的输出摆幅较小，即第一级工作在小信号状态并维持高增益。可见，两级运放可同时实现高增益和高输出摆幅，或者说实现了第二级摆幅和第一级增益间的解耦。

2. 两级运算放大器的共模反馈

如第 11 章所述，全差分运放通常需要共模反馈机制，否则输出点的共模电压无法稳定在期望的值(如 $V_{DD}/2$)。对于两级运放，仍然可以使用类似于 11.5 节介绍的方法进行共模反馈，如图 13-5 所示。它的基本原理与单级放大器共模反馈一样，平均电路检测到输出共模电压，然后将其与希望的共模电压比较，再将误差放大反馈到差分放大器的尾电流源上(或电路中其他合理位置)。注意，在两级运算放大器中的误差放大器极性与单级运算放大器中的正好相反。这是因为第二级的加入使得共模传递的符号发生了改变：如果输出共模电压太高，则应减小差分对的尾电流，使第一级共模输出增大，从而减小第二级的输出；如果输出共模电压太低，则应增加差分对的尾电流，从而增大第二级的输出电压。

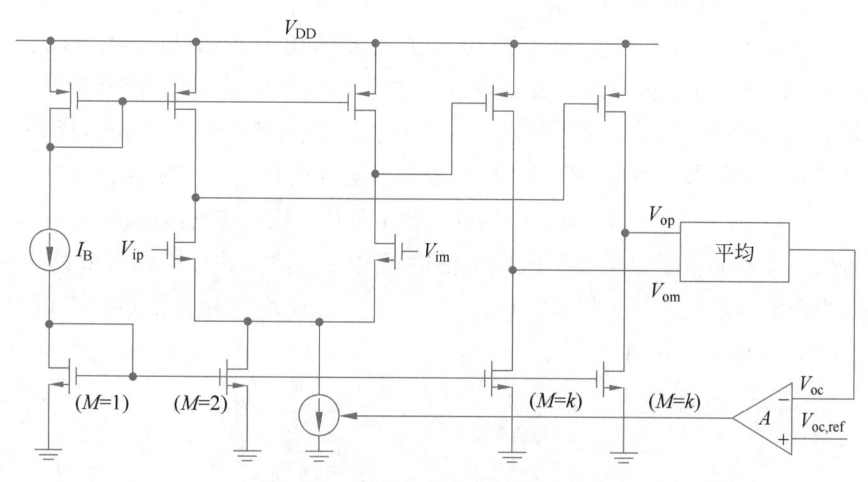

图 13-5 含有共模反馈的两级运放

图 13-5 所示的两级运放只有一个共模反馈环路却可以同时稳定两级的共模电压，这是因为在该电路中第二级放大器没有尾电流源，并不是真正的全差分电路，而是一个伪差分对(见 8.2.3 节)。第一级的输出共模电压可以“穿透”第二级到达运放的输出，从而闭合共模反馈环路。因此，共模负反馈同时稳定了两级的共模电压。

如果第二级也采用了全差分结构(差分对)，则无法通过单个共模反馈环路稳定两个放大级：全差分结构有较高的共模抑制比，此时第一级的共模电压无法传递到第二级的输出。当输出共模偏离了理想值，共模反馈电路通过调节第一级的电流源可以控制第一级的输出共模，但第一级输出共模的变化难以影响第二级的输出共模。或者从反馈的角度上讲第二级共模增益过低，使得整体共模环路的环路增益过低而失去作用。

如果出于某些设计考虑，第二级需要采用全差分结构，则需要做两套共模反馈电路分别控制两级的共模输出。尽管这种做法增加了额外的面积和功耗，但可以实现两级共模的独立控制，共模回路的稳定性也更容易保证：图 13-5 中的共模回路上包含三个极点(两个放大级各一个，共模反馈放大器一个)，因此容易造成稳定性问题。但如果拆分成每级一个独立的共模反馈，则每个环路都只包括两个极点，稳定性风险得以降低。

3. 两级运算放大器的增益增强

进一步提高两级运算放大器的增益有两种主要的改进思路：第一种思路是进一步增加运放的级数。由于级联放大器的总增益是各级放大器增益的乘积，每增加一级放大级，运放的增益就可以(近似地)提高本征增益倍数。但是，增加放大级数会带来多方面问题：首先，每加入一个增益级都将至少引入一个极点，从而引入额外的高频相移，恶化相位裕度，甚至导致运放不稳定。为了解决稳定性问题，多级运放通常需要更为复杂的补偿技术，从而增加了设计难度和面积成本。另外，每个增益级都需要消耗额外的功耗和引入额外的噪声，从而降低运放的能效。此外，新加入的增益级还会对摆率造成限制。因此在多数应用中两级运放是最常见的选择，其中增加第二级的主要目的还是增加输出摆幅和解耦输入与输出的共模关系。

第二种思路是在第一增益级中使用共源共栅结构。在第 11 章中提到，共栅管(Cascode 管)的引入可以将单级运放的增益提高大约本征增益倍数，但共栅管会消耗额外的摆幅空间，对单级运放而言具有较大的局限性。在两级运放中，由于(闭环下)第二级的增益抑制了第一级的摆幅，采用共栅管提高增益则变得较为实用(图 13-6(a))。在共栅管的基础之上，还可以引入第 10 章介绍的增益增强技术进一步提高增益，如图 13-6(b)所示。增益增强技术的本质是通过引入一个辅助运放 A_{ux} 增大共栅管的等效跨导，从而使得共栅管提升的增益变为 A_{ux} 倍，即 $G_{m.\,cascode}=g_{m.\,cascode}A_{ux}$，从而使运放整体的增益也变为 A_{ux} 倍，即 $A_{op.\,boost}=A_{op}A_{ux}$。

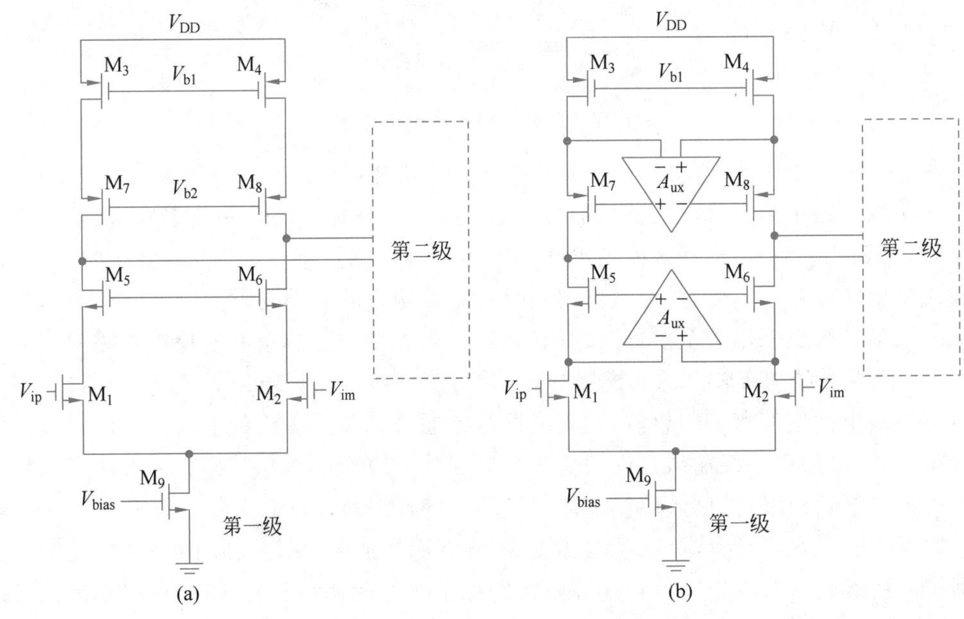

图 13-6　两级运放中的共源共栅结构和增益增强技术

与多级运放不同，在增益增强技术中引入的辅助运放并不处于运放的主信号通路中，因此它引入的极点并不会显著地改变相位裕度①。类似地，辅助运放的噪声和摆率对主运放的性能影响也都比较小。因此辅助运放的设计难度和功耗代价都较低，相比多级运放有明显的优势。不同于多级运放的是，增益增强技术只能提高低频下的运放增益，而不能提升运放的单位增益带宽，因此在闭环应用中只能改善静态建立误差而无法改善建立的速度。

13.2 小信号响应

13.2.1 运算放大器的频响分析

运算放大器的开环频率响应与许多重要指标密切关联，是运放性能的核心。掌握频率响应分析和仿真的方法对运算放大器的设计来说也尤为关键。运算放大器开环频响的分析方法与一般线性电路的分析方法基本一致，但由于运放的开环增益非常高，静态工作点难以确定，因此在分析运算放大器开环频响时通常会假设它已经工作在闭环下的静态工作点上。即首先需要分析运算放大器在闭环下的直流工作点，然后在此工作点下假设运放的反馈环路“不存在”，再在此基础上分析从运放输入端到输出端的交流小信号响应②。图13-7示出了单端输出与差分输出的运放开环频响分析的方法。

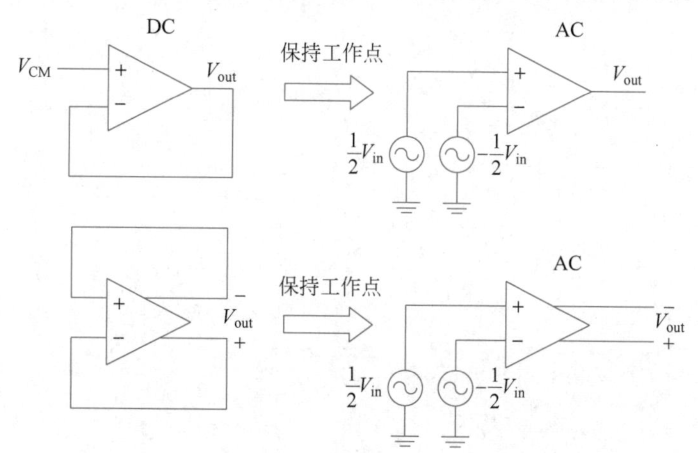

图13-7 运放开环频响分析的基本方法

① 另一种理解是辅助运放引入极点的同时也会由于共栅管的前馈在更高频率引入一个零点，此零点抵消了极点在高频下的相移。

② 这种分析方法也使用在电路仿真中，即通过合适的配置使运放的反馈环路在直流仿真和交流仿真下有所区别，或使交流仿真时运放的反馈环路不起作用。一种常见的手段是在运放的环路上插入非常大的电感，使交流信号无法通过，但允许直流信号通过闭合反馈环路。此外，也可以使用第10章中提到的Middlebrook方法，即通过在环路中插入激励，再等效地计算出运放的开环频响。

下面以几种最常见的全差分运放结构为例说明运放开环频响分析的过程。对于图 13-8 所示的五管差分运放，首先可以画出其差模和共模等效电路，然后分别画出对应的小信号等效电路，最后用小信号电路的分析方法推导出其差模和共模传递函数，即运放的开环频响。根据前面的说明，电路的静态工作点应假设为 $V_{in}=V_{out}=V_{cm}$。

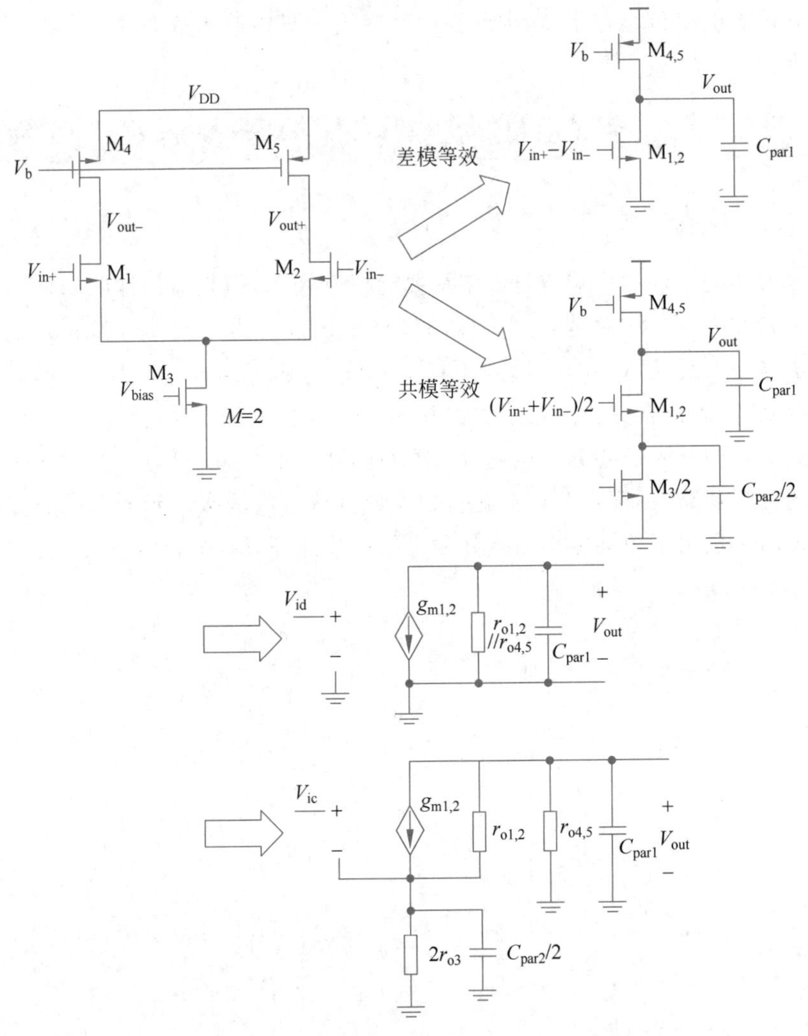

图 13-8　五管差分运放的频响分析步骤

五管差分运放的差模和共模开环传递函数为

$$V_{out,dm}/V_{in,dm}=\frac{g_{m1,2}}{g_{ds1,2}+g_{ds4,5}+sC_{par1}}$$

$$V_{out,cm}/V_{in,cm}=-\frac{g_{m1,2}}{g_{ds1,2}+(g_{ds4,5}+sC_{par1})\left(1+\dfrac{g_{m1,2}+g_{ds1,2}}{g_{ds3}/2+sC_{par2}/2}\right)}$$

式中 g_{ds} 为沟道调制电导，$g_{ds}=1/r_o$。

可见，五管运放的差模传递函数具有一个左半平面极点，其频率为$\frac{g_{\mathrm{ds1,2}}+g_{\mathrm{ds4,5}}}{2\pi C_{\mathrm{par1}}}$，这与第11章中的直观结论一致。事实上，从小信号等效电路中也可以清楚地看到每个增益级的输出总存在一个电阻与电容并联的负载网络，它贡献了增益级中最主要的极点。因此，要提高增益级的带宽(提高极点频率)，主要的方法是降低输出节点上的电阻和电容。但其中电阻与增益级的增益有关，电容则通常来自晶体管的寄生而难以降低。所以提高单级放大器的增益带宽积通常是很困难的，往往只能以牺牲功耗、加大跨导来换取。

在分析中还可以看到五管运放的共模传递函数与差模传递函数有相似的项，但同时分母上还有一个额外的抑制项 $1+(g_{\mathrm{m1,2}}+g_{\mathrm{ds1,2}})/(g_{\mathrm{ds3}}/2+sC_{\mathrm{par2}}/2)$。这体现出全差分电路对于共模信号的额外抑制能力。注意：此抑制项在高频($s\to\infty$)时逐渐减小消失，即在高频下，共模传递函数将退化成与差模传递函数一致。直观上看，这是由于 $\mathrm{M}_{1,2}$ 源端的寄生电容在高频下对地短路，将差分对退化成伪差分共源放大器。因此，差分运放的共模抑制能力通常随着频率的提高而降低，在设计中要特别注意检查运放在所需带宽的高频部分的共模抑制能力。

利用相似的方法，可以对套筒式单级运放进行分析，如图13-9所示。

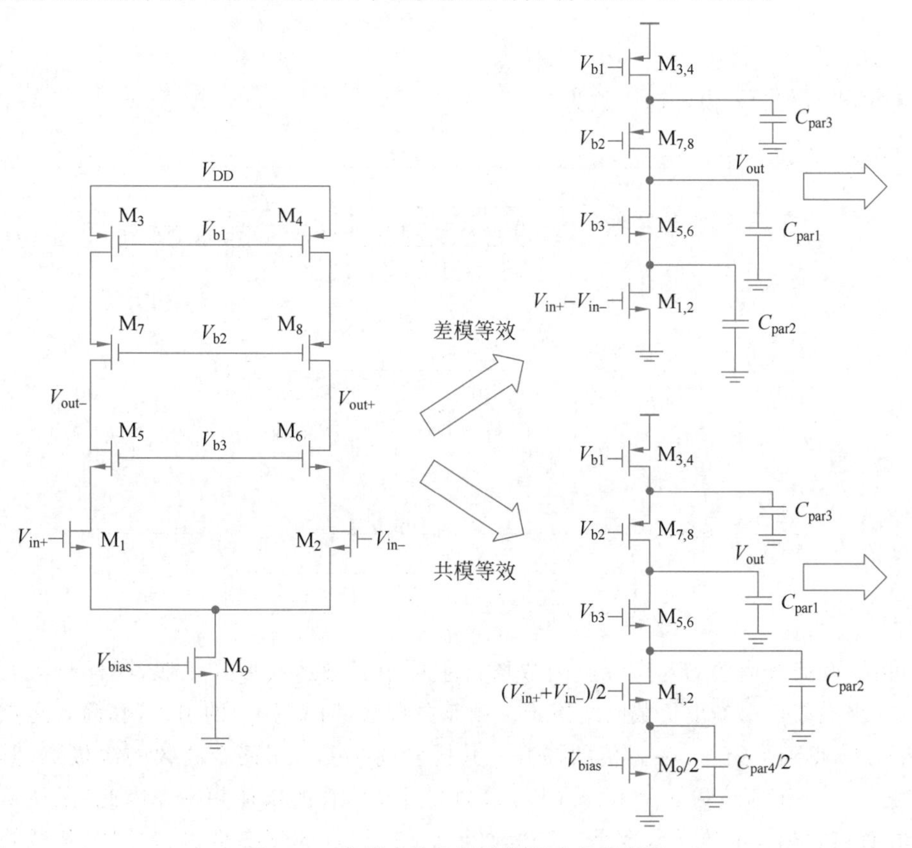

图 13-9　套筒式差分运放的频响分析步骤

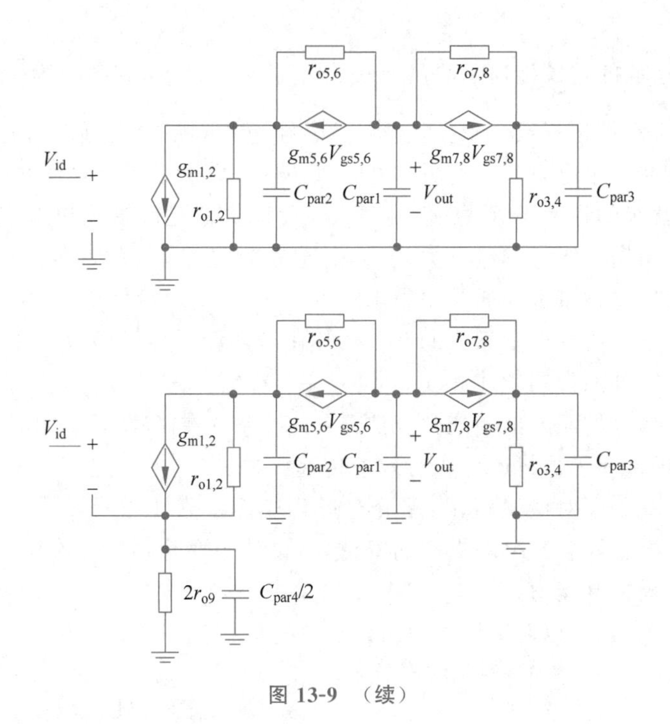

图 13-9 （续）

套筒式运放的差模传递函数为

$$\frac{V_{\mathrm{out,dm}}}{V_{\mathrm{in,dm}}}=\frac{g_{\mathrm{m1,2}}}{\left(sC_{\mathrm{par1}}+g_{\mathrm{ds5,6}}+\dfrac{g_{\mathrm{ds7,8}}}{1+\dfrac{g_{\mathrm{m7,8}}+g_{\mathrm{ds7,8}}}{sC_{\mathrm{par3}}+g_{\mathrm{ds3,4}}}}\right)\left(1+\dfrac{sC_{\mathrm{par2}}+g_{\mathrm{ds1,2}}}{g_{\mathrm{m5,6}}+g_{\mathrm{ds5,6}}}\right)-g_{\mathrm{ds5,6}}}$$

因此有

$$\frac{V_{\mathrm{out,dm}}}{V_{\mathrm{in,dm}}}\overset{s\to 0}{\approx}\frac{g_{\mathrm{m1,2}}}{g_{\mathrm{ds1,2}}\dfrac{g_{\mathrm{ds5,6}}}{g_{\mathrm{m5,6}}}+g_{\mathrm{ds3,4}}\dfrac{g_{\mathrm{ds7,8}}}{g_{\mathrm{m7,8}}}}\triangleq H_0$$

以及

$$\frac{V_{\mathrm{out,dm}}}{V_{\mathrm{in,dm}}}\approx H_0\frac{1}{\left(1+\dfrac{sC_{\mathrm{par1}}}{g_{\mathrm{ds1,2}}\dfrac{g_{\mathrm{ds5,6}}}{g_{\mathrm{m5,6}}}+g_{\mathrm{ds3,4}}\dfrac{g_{\mathrm{ds7,8}}}{g_{\mathrm{m7,8}}}}\right)\left(1+\dfrac{sC_{\mathrm{par2}}}{g_{\mathrm{m5,6}}}\right)}$$

可见，套筒式运放的差模传递函数增益主项与五管运放形式相似，同样只具有一个主极点，极点频率由输出负载网络决定。由于共栅管（$M_5\sim M_8$）的引入，套筒式运放的低频增益 H_0 得到了约 $g_{\mathrm{m}}/g_{\mathrm{ds}}$ 倍的提升。共栅管同时引入了两个高频的次极点，其频率约为 $g_{\mathrm{m5,6}}/(2\pi C_{\mathrm{par2}})$ 和 $g_{\mathrm{m7,8}}/(2\pi C_{\mathrm{par3}})$，即接近晶体管的本征频率。因此，虽然从表达式上看套筒式运放的传递函数是三阶的，但由于次极点的频率足够高，同时负载侧的共栅管也会引入一个高频零点抵消相移，在许多场合下套筒式运放可以近似地看作一阶系统，即仍然是单个增益级。不过，对于一些高频的应用，单位增益带宽可能接近次极点。

此时,次极点引入的相移可让运放的闭环特性发生一些改变,例如产生频响的鼓包或尖峰,需要额外的技术处理。

最后对两级运放进行频响分析,如图 13-10 所示。

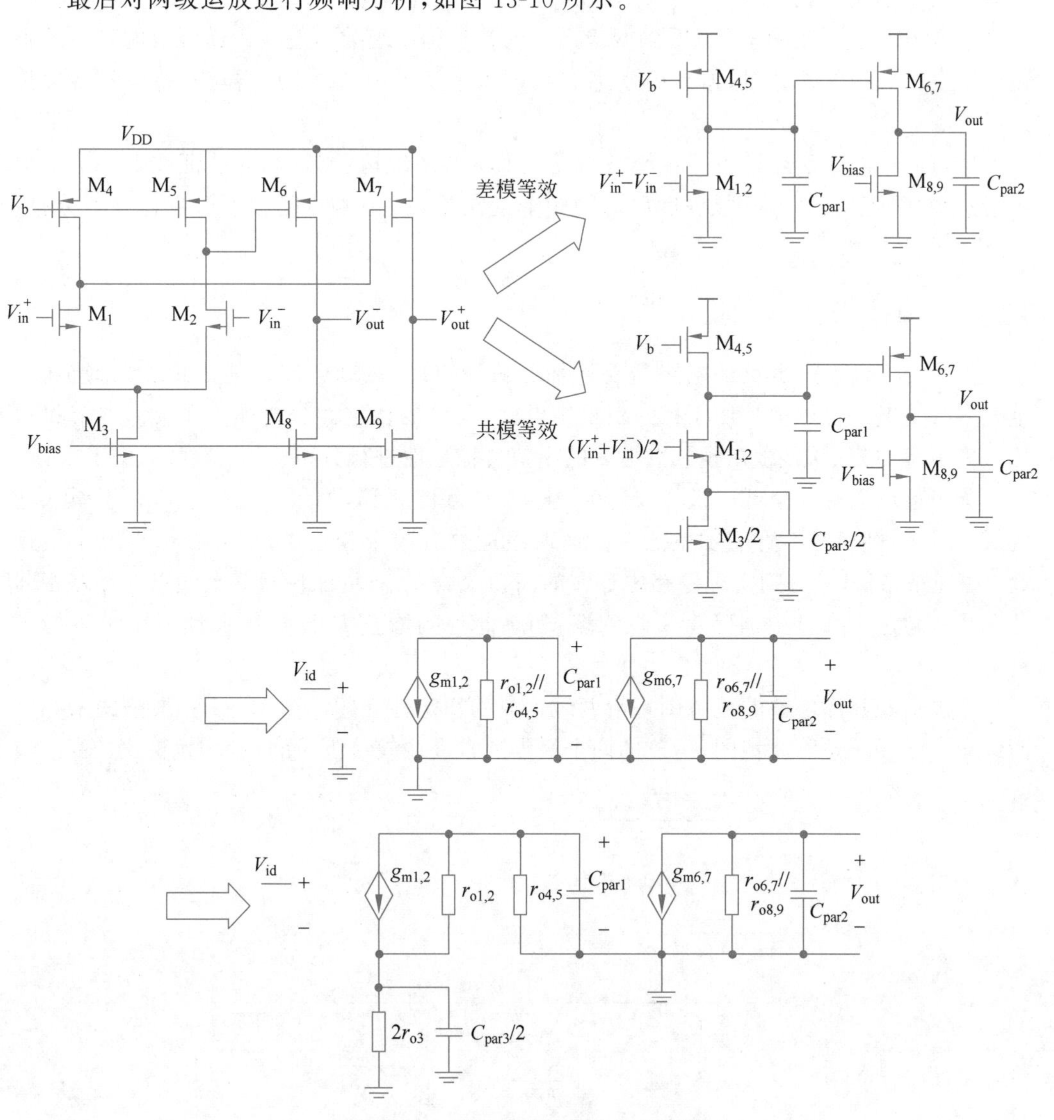

图 13-10 两级运放的频响分析步骤

经过小信号分析,可得两级运放的传递函数为

$$V_{\mathrm{out,dm}}/V_{\mathrm{in,dm}}=\frac{g_{\mathrm{m1,2}}}{g_{\mathrm{ds1,2}}+g_{\mathrm{ds4,5}}+sC_{\mathrm{par1}}}\frac{g_{\mathrm{m6,7}}}{g_{\mathrm{ds6,7}}+g_{\mathrm{ds8,9}}+sC_{\mathrm{par2}}}$$

$$V_{\mathrm{out,cm}}/V_{\mathrm{in,cm}}=\frac{g_{\mathrm{m1,2}}}{g_{\mathrm{ds1,2}}+(g_{\mathrm{ds4,5}}+sC_{\mathrm{par1}})\left(1+\dfrac{g_{\mathrm{m1,2}}+g_{\mathrm{ds1,2}}}{g_{\mathrm{ds3}}/2+sC_{\mathrm{par3}}/2}\right)}\frac{g_{\mathrm{m6,7}}}{g_{\mathrm{ds6,7}}+g_{\mathrm{ds8,9}}+sC_{\mathrm{par2}}}$$

在此可以看到两级运放的差模传递函数的一个明显特征：它具有两个独立的乘积

项，并且每个乘积项都对应一个负载网络产生的极点。这与13.1节中的直观理解一致，即新加入的增益级会引入新的极点，且这一极点频率较低，能对运放的稳定性产生明显影响。由于该极点的引入，两级运放在单位增益反馈中往往不太稳定，这一问题将在13.2.2节中讨论。此外，可以看到两级运放的共模传递函数与差模传递函数的唯一差别仍然来自第一级的差分对，这是由于第二级采用了伪差分结构，其贡献的差模和共模传递函数项完全一致。

通过同样的方法还可以分析增益增强技术下的两级运放频响，并验证在上一节中关于增益增强辅助放大器不影响运放高频频响的结论，感兴趣的读者可以自行练习分析，在此不再赘述。

13.2.2 运算放大器的稳定性

如第10章所述，负反馈电路需要仔细分析稳定性，否则电路可能出现振荡或振铃。绝大多数情况下运放都是用于搭建负反馈电路，运放的稳定性分析尤为重要。本节将基于上一小节的分析结果，在频域对运放的小信号稳定性进行分析。

单级运放只有一个低频极点，最多产生90°的环路相移，如果外部反馈电路不引入新的低频极点，则通常不可能发生振荡。而两级运放有两个相近的低频极点，可产生接近180°的环路相移，考虑到实际电路中存在的高频次极点，有可能使得某个频点的环路相移达到或者超过180°。根据巴克豪森判据，如果此处的增益大于1，则反馈系统很可能不稳定[①]。

可以借助开环增益的波特图理解两级运放的稳定性问题。图13-11是典型的未补偿两级运放的开环频响波特图，运放的两个极点通常会比较接近，而低频增益又比较高。当

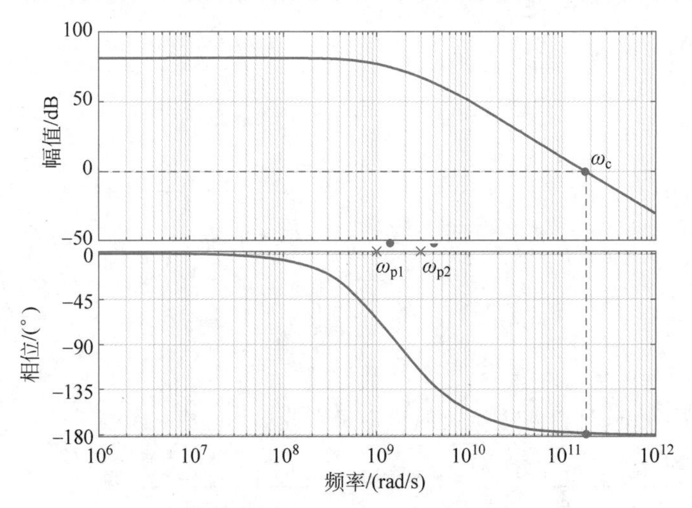

图13-11 两级运放的典型开环增益波特图

① 如第10章中提到的，巴克豪森判据存在一些反例，即在有些情况下即使环路增益超过1，同时相移超过180°，环路仍然可以维持稳定。但对于大多数的运放电路，不满足巴克豪森判据的设计具有非常高的振荡风险。

频率升高到 ω_c(增益越过 0dB 时的频率)时,附加相移已经接近 180°,相位裕度约为 0°,因此如果该运放被连接成单位增益,负反馈就会变得不稳定。一个两级运放如果不做任何处理,通常情况下是单位增益不稳定的,需要通过一些改进使其具备足够的相位裕度(一般期望是 60°～70°)。这些改进运放相位裕度的做法统称为频率补偿(简称补偿)。接下来将介绍几种常用的频率补偿技术。

13.2.3 主极点补偿

主极点补偿是最直接的频率补偿技术,它通过降低主极点频率来获得足够的稳定性。直观地理解,通过把运放中原本最低频的极点频率降到足够低,就总能使得剩余的其他极点频率相对地足够"高频",从而不太会影响相位裕度。主极点补偿前后的环路波特图如图 13-12 所示,它使得增益衰减到 0dB 时的交越频率 ω_c 接近或低于次主极点的频率,从而使得相位裕度提升。

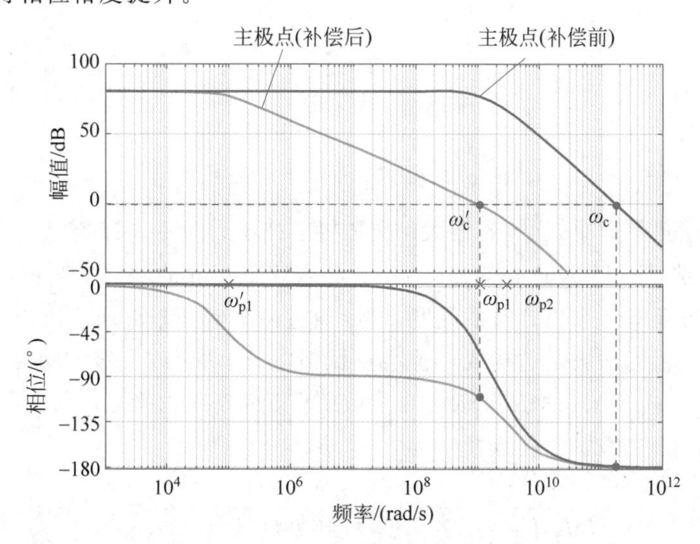

图 13-12 主极点补偿前后的环路增益波特图

对于只有两个主要极点的系统,可以计算出主极点补偿后的相位裕度:

$$\text{PM}=180°-\arctan\left(\frac{\omega_c}{\omega_{p1}}\right)-\arctan\left(\frac{\omega_c}{\omega_{p2}}\right)\approx 180°-90°-\arctan\left(\frac{\omega_c}{\omega_{p2}}\right)=\arctan\left(\frac{\omega_{p2}}{\omega_c}\right)$$

可见最终的相位裕度与主极点无关。直观上看,当频率升高到 ω_c 时,第一个主极点引入的相移已经稳定在 90°,因此决定相位裕度的只是 ω_c 和次极点频率 ω_{p2} 之间的关系。在 $\omega_{p1}\ll\omega_c$ 的情况下,ω_{p2} 与 ω_c 的比值及其对应的相位裕度如表 13-1 所示[①]。

① 一般要求 $\omega_{p2}/\omega_c>1$,相位裕度达到 45°以上,否则闭环幅频响应可能会有尖峰,引起时域响应的振铃,在开关电容电路设计中通常会避免。但如果相位裕度过大,如接近 90°,则电路的建立速度又过于缓慢。开关电容电路通常希望相位裕度为 60°～70°,此时次主极点频率为单位增益带宽的 2～3 倍。

表 13-1 相位裕度与 ω_{p2}/ω_c 的关系

ω_{p2}/ω_c	相位裕度/(°)	ω_{p2}/ω_c	相位裕度/(°)
1	45	4	76
2	63	5	79
3	72		

主极点补偿的电路实现非常简单：为了降低主极点频率，只需要加大主极点处的负载电容[①]。两级运放的第一级增益通常较高，容易形成主极点，因此在第一级的输出端加一个大的补偿电容 C_c 可有效降低主极点频率，如图 13-13 所示。在某些应用中第二级的负载电容较大，直接增加负载电容也可以起到同样的效果。总之，只要增加的 C_c 足够大，主极点的频率就能被压得足够低，使得次极点处的增益衰减到 0dB 以下。

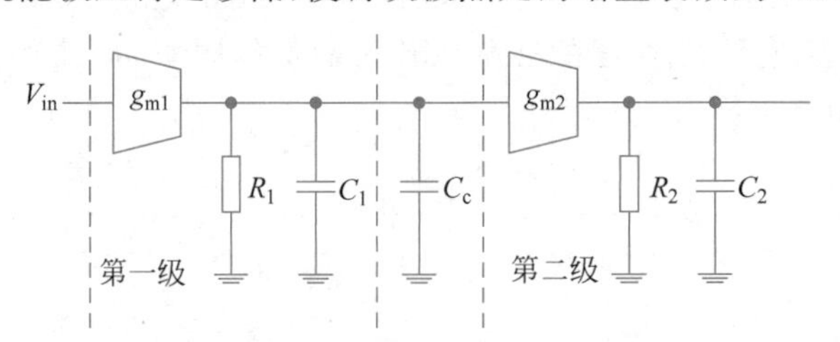

图 13-13 主极点补偿的电路实现

主极点补偿虽然简单，但有着很大的局限性：补偿后的 ω_c 实际上是运放的一个核心指标——增益带宽积，主极点补偿降低 ω_c 意味着降低运放的增益带宽积，即大大降低运放的速度。此外还有一个更严重的问题，可以通过一个例子来直观地认知：假设图 13-13 所示的主极点补偿的两级运放构成单位增益反馈电路，两个放大级的跨导和输出阻抗完全一致，为 $g_{m1}=g_{m2}=1\text{mS}$，$R_1=R_2=100\text{k}\Omega$，节点的寄生电容 $C_1=C_2=100\text{fF}$，没有额外的负载电容。第二级输出极点频率为

$$f_{p2}=\frac{1}{2\pi R_2C_2}=\frac{1}{2\times 3.14\times 100\text{k}\Omega\times 100\text{fF}}\approx 16\text{MHz}$$

假如希望相位裕度 PM=72°，则应该让交越频率满足

$$f_c=\frac{f_{p2}}{3}=\frac{16\text{MHz}}{3}\approx 5.3\text{MHz}$$

用增益带宽积(近似 f_c)除以增益得到主极点的近似频率为

$$f_{p1}\approx\frac{f_c}{g_{m1}R_1g_{m2}R_2}\approx\frac{5.3\text{MHz}}{1\text{ms}\times 100\text{k}\Omega\times 1\text{ms}\times 100\text{k}\Omega}\approx 530\text{Hz}$$

从而得到第一级所需的负载电容为

$$C_1+C_c=\frac{1}{2\pi f_{p1}R_1}=\frac{1}{2\times 3.14\times 530\text{Hz}\times 100\text{k}\Omega}\approx 3\text{nF}\approx C_c$$

---

① 读者可能会想到通过提高负载电阻来降低主极点频率。但负载电阻通常是由晶体管的沟道调制效应贡献，能自由提升的幅度有限。而更重要的是，提高负载电阻会同时提高低频增益，使得交越频率不变，因此提高负载电阻无法改善相位裕度。

可见，此运放补偿后的闭环带宽（约为 f_c）比补偿前的开环带宽（约为 f_{p2}）还要小，补偿的“效率”十分低下。而更严重的问题是需要的补偿电容 C_c 太大了。在常见的 CMOS 工艺中，MIM 电容或者 MOM 电容的密度约为 $1fF/\mu m^2$ 的量级，因此 nF 级的电容需要高达 mm^2 量级的面积，成本通常难以接受①。

13.2.4 平行补偿

主极点补偿会严重降低运放的单位增益带宽，为了改善这一问题，平行补偿技术能够在稳定环路的同时减少对带宽造成的损失。平行补偿在主极点补偿的基础上，在补偿电容 C_c 所在支路串联了一个补偿电阻 R_c，如图 13-14 所示。

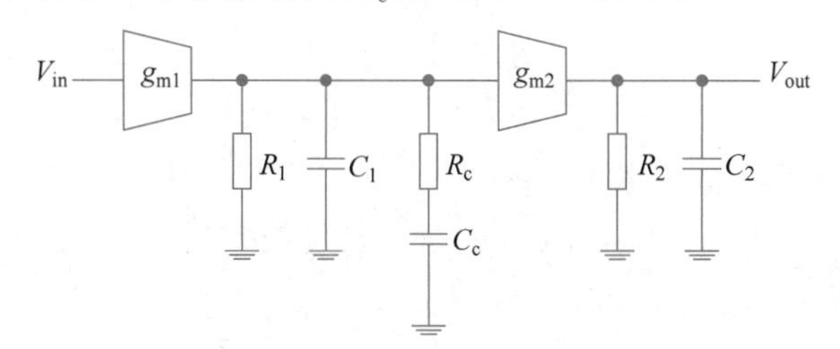

图 13-14　平行补偿示意图

直观上可以这样理解：由 R_c 与 C_c 串联组成的补偿支路在低频下由 C_c 主导，它可以将主极点压低，实现频率补偿；而高频下 C_c 近似接地，补偿支路将由 R_c 主导，R_c 与 R_1 并联，降低了该节点的电阻，从而推高了原本第一级的极点；同时 RC 串联还产生一个零点，如果该零点可以抵消第二级的极点，系统的次极点就变为第一级被推高了的极点，交越频率得以同时提高，如图 13-15 所示。

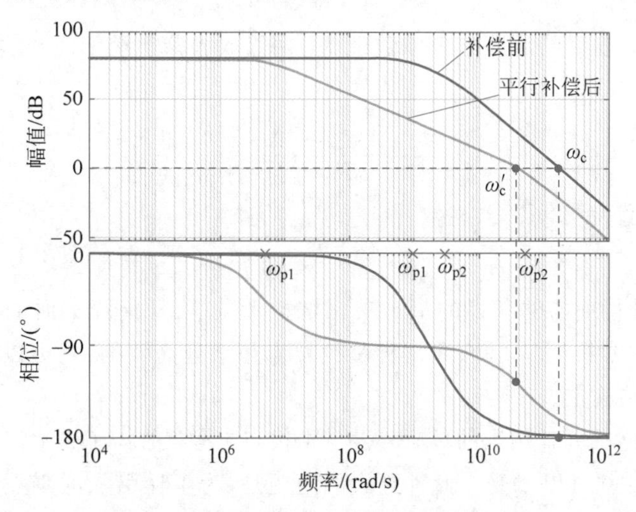

图 13-15　平行补偿前后的环路增益波特图

① 在大多数集成工艺中补偿电容不会超过 100pF。早期有部分运放产品将补偿电容放置到芯片外部（PCB 上），从而可以使用更大的容值进行补偿。但这类方案给用户增加了额外的使用成本，已经被逐渐淘汰。

补偿后的运放开环传递函数为

$$T(s)=a_1(s)a_2(s)=\frac{g_{m1}R_1(1+sR_cC_c)}{1+s(R_cC_c+R_1C_1+R_1C_c)+s^2R_1C_1R_cC_c}\frac{g_{m2}R_2}{1+sR_2C_2}$$

其中引入的零点($-1/R_cC_c$)需要消去第二级的次主极点,即让 $R_cC_c=R_2C_2$,得到

$$T(s)=\frac{g_{m1}R_1g_{m2}R_2}{1+s(R_cC_c+R_1C_1+R_1C_c)+s^2R_1C_1R_cC_c}$$

由于一般 $C_c\gg C_1$,而 $R_c\ll R_1$,传递函数可以被进一步简化为

$$T(s)=\frac{g_{m1}R_1g_{m2}R_2}{1+sR_1C_c+s^2R_1C_1R_cC_c}$$

采取主极点近似(见 13.2.5 节),得到补偿后的极点为

$$p'_1=1/R_1C_c,\quad p'_2=1/R_cC_1$$

补偿后的环路单位增益带宽为

$$\omega_c=T(0)p'_1=g_{m1}g_{m2}R_2/C_c$$

假如需要 60°的相位裕度,只需要令

$$p'_2=1/R_cC_1=2\omega_c=2g_{m1}g_{m2}R_2/C_c$$

求解出

$$R_c=\sqrt{C_2/(2C_1g_{m1}g_{m2})}$$

$$C_c=R_2\sqrt{2C_1C_2g_{m1}g_{m2}}$$

代入环路增益表达式中可得

$$\omega_c=\sqrt{g_{m1}g_{m2}/2C_1C_2}$$

可以对比补偿前后的环路单位增益带宽:两级放大器不经任何补偿时的环路增益传递函数为

$$T(s)=\frac{g_{m1}R_1\cdot g_{m2}R_2}{(1+sR_1C_1)(1+sR_2C_2)}$$

单位增益带宽为

$$\omega_{c0}=\sqrt{g_{m1}g_{m2}/C_1C_2}=\sqrt{2}\omega_c$$

ω_{c0} 代表了补偿前能够获得的最大单位增益带宽(无任何损失时的情况),平行补偿获得的 ω_c 已经非常接近 ω_{c0},因此这种补偿技术是十分高效的,它可以在几乎不损失带宽的前提下使环路稳定。

但平行补偿仍然具有相当的局限性:与主极点补偿类似,其仍然需要用到较大的补偿电容 C_c,成本往往难以承受。此外更大的问题是,为了让引入的零点与运放的原次主极点相抵消,进行平行补偿前需要确定负载电容的准确值(假设次极点在第二级)。但在实际应用中,有时候无法预先知道负载电容的值,或者负载电容的值可能发生变化。此外,在集成工艺中的电容电阻器件都将不可避免地存在工艺偏差,这都将导致零极点无法准确相消。零极点的不精确抵消会带来“零极点对”的问题,即在闭环的时域响应中产

生很长的拖尾，大大影响放大器的建立精度，是比较致命的缺陷[①]。

13.2.5 密勒补偿

主极点补偿和平行补偿均具有较大的局限性，因此在实际设计中很少被采用。本节介绍的密勒补偿技术能够有效地补偿环路，它既不会过多地影响单位增益带宽，也无须大面积地补偿电容，是实际应用最广泛的补偿技术。

密勒补偿的电路实现十分简单：只需在第二级放大器的输入、输出节点之间跨接一个补偿电容 C_c。密勒补偿后的两级运放的简化模型如图 13-16 所示。

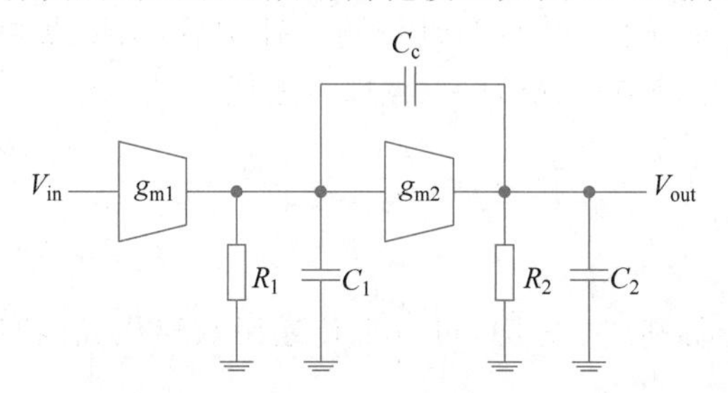

图 13-16 密勒补偿后的两级放大器

密勒补偿的原理可以这样直观理解：由于密勒效应，跨接电容 C_c 可以在第二级的输入产生较大的等效补偿电容，使得主极点降低，类似于主极点补偿的效果。同时 C_c 电容还会产生另一个效果：高频下 C_c 近似短路，g_{m2} 的栅极、漏极短接之后近似为一个二极管接法的晶体管，降低从输出端往回看的阻抗（约为 $1/g_{m2}$，而原来的输出阻抗是 R_2），所以第二级输出处的次极点会被推到更高的频率。两种作用在 s 域上的效果如图 13-17 所示，这种效果也称为极点分裂。

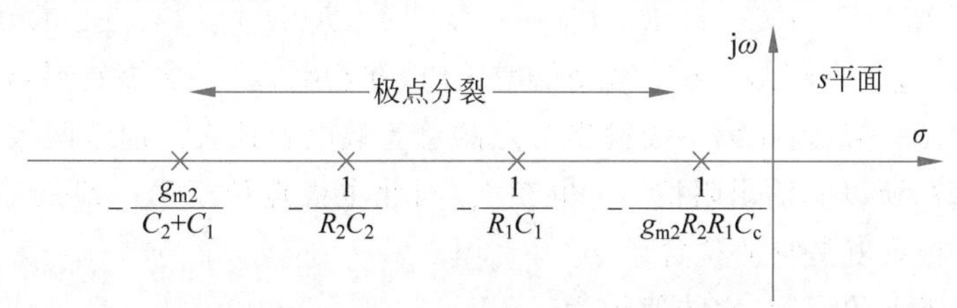

图 13-17 密勒补偿导致的极点分裂

由于密勒效应的电容倍增，密勒补偿所需的补偿电容大幅减小：假设主极点补偿需要 1nF 的补偿电容，而第二级的增益为 100，则密勒补偿下所需要的电容就只有 10pF。此外，密勒补偿并不借助零极点相消，因此不会产生零极点对的问题。

电路的完整传递函数为

$$H(s)=\frac{V_{out}}{V_{in}}$$

① 对于连续时间系统中的一些应用，如连续时间滤波器，由于放大器不需要建立，零极点对或许不会成为很大的问题，但该问题在开关电容电路等需要建立的应用场景中通常是不可接受的。

$$= \frac{g_{m1}R_1 g_{m2}R_2\left(1 - s\frac{C_c}{g_{m2}}\right)}{1 + s[(C_2 + C_c)R_2 + (C_1 + C_c)R_1 + g_{m2}R_2R_1C_c] + s^2R_1R_2(C_1C_2 + C_cC_2 + C_cC_1)} \tag{13-1}$$

式(13-1)分母上有两个极点，分子上有一个右半平面零点，该零点是补偿电容 C_c 的前馈效应引起的。

利用小信号模型推导系统传递函数进行分析是可行的，但该方法非常烦琐、冗长。为了对电路产生直观理解，可以利用主极点近似对传递函数进行简化：假设运放有一个主极点 p_1 和一个次主极点 p_2，并且在进行频率补偿后，主极点和非主极点间的距离足够远，即 $p_1 \ll p_2$，则传递函数的分母可以做以下近似：

$$D(s) = \left(1 - \frac{s}{p_1}\right)\left(1 - \frac{s}{p_2}\right) = 1 - s\left(\frac{1}{p_1} + \frac{1}{p_2}\right) + \frac{s^2}{p_1p_2} \approx 1 - s\left(\frac{1}{p_1}\right) + \frac{s^2}{p_1p_2} \tag{13-2}$$

对比式(13-1)的分母和式(13-2)，可以把传递函数转化成能明确地表示出零极点的形式：

$$H(s) \approx a_{v0}\frac{1 - \frac{s}{z}}{\left(1 - \frac{s}{p_1}\right)\left(1 - \frac{s}{p_2}\right)}$$

式中 a_{v0} 为运放的低频增益，即两个放大级低频增益的级联，$a_{v0} = g_{m1}R_1g_{m2}R_2$。$p_1$ 是主极点的位置，且有

$$p_1 \approx -\frac{1}{R_1(C_1 + C_c) + R_2(C_2 + C_c) + g_{m2}R_2R_1C_c} \approx -\frac{1}{g_{m2}R_2R_1C_c}$$

对该结果的直观理解是：由于密勒倍增效应，补偿电容 C_c 被等效到第一级输出节点时会被放大 $g_{m2}R_2$ 倍，因此第一级输出节点的总等效电容很大。通常两级运放的第一级需要提供高增益，所以其输出阻抗 R_1 也较大，因此主极点位于第一级的输出节点，倍增后的 C_c 与 R_1 相乘就是它的位置。

p_2 是次主级点的位置，它的值约为

$$p_2 \approx \frac{1}{p_1R_1R_2(C_1C_2 + C_cC_2 + C_cC_1)} = -\frac{g_{m2}}{\frac{C_1C_2}{C_c} + C_1 + C_2}$$

对于该结果的直观理解是：在高频下电容 C_c 近似于短路，此时第二级相当于一个二极管接法的跨导 g_{m2}，所以从输出节点向回看的阻抗约为 $1/g_{m2}$。第二级输出节点的等效电容是 C_2、C_c、C_1 的某种组合，其与 g_{m2} 形成了次主极点。

z 是右半平面零点的位置，它的值为

$$z = \frac{g_{m2}}{C_c}$$

该结果可以基于前馈抵消原理理解：从第二级的输入到输出共有两条电导路径，一

条是第二级的晶体管跨导 $-g_{m2}$，另一条是补偿电容电导 sC_c。在零点频率上（$s=z$），两条路径的信号相互抵消，即 $-g_{m2}+zC_c=0$，解得上述结果。

注意：该零点是一个右半平面的零点，而右半平面的零点对于系统稳定性来说通常是一种“坏”的零点。这一点可以从右半平面零点的频响特性来直观理解，如图 13-18 所示。

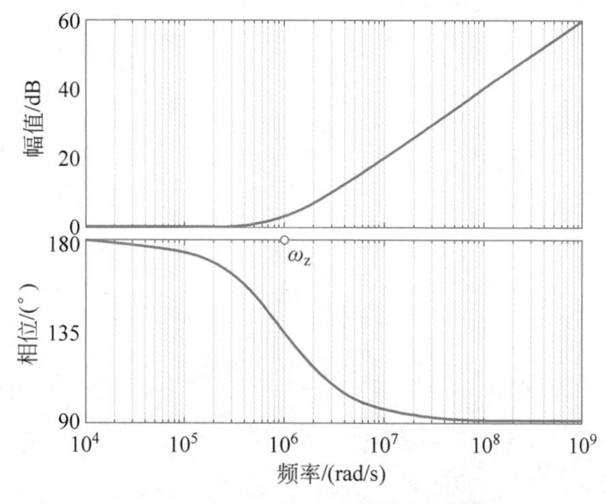

图 13-18　右半平面零点的频率响应

右半平面零点在引入 90°相位滞后的同时带来了 20dB/dec 的增益（而不是衰减），因此使得环路更容易在增益降为 0dB 之前相移超过 180°，这对反馈稳定性来说是负面的。如果密勒补偿引入的右半平面零点频率比较低，接近单位增益频率，就会对相位裕度起到反面效果，不但不能有效补偿环路，反而会导致系统更不稳定。为了让密勒补偿有效，需要设法减少或消除密勒电容引入的右半平面零点的影响。常见的方法有以下三种。

1. 提高右半平面零点的频率

如果该零点的频率远高于单位增益频率 ω_c，使得零点对 ω_c 附近的相位贡献很小，则它对系统的稳定性就几乎没有影响，已知补偿后

$$\omega_c \approx \frac{g_{m1}R_1 g_{m2}R_2}{g_{m2}R_2R_1C_c} \approx \frac{g_{m1}}{C_c}$$

令

$$\frac{\omega_z}{\omega_c}=\frac{g_{m2}}{g_{m1}} \gg 1$$

可得 $g_{m2} \gg g_{m1}$，即如果让 g_{m2} 相比 g_{m1} 足够大，就能减轻右半平面零点的影响。这种方法虽然简单可行，但可能会导致运放整体设计得不合理：由于 g_{m1} 决定环路单位增益带宽，在多数情况下往往会令 g_{m1} 较大以获得较大的闭环带宽。然而为了提高零点频率，g_{m2} 需要比 g_{m1} 大许多，这意味着第二级会消耗非常多的功耗。如果应用中需要较强的驱动能力，即原本就需要较大的 g_{m2}，那么这种方案还相对合适。如果输出驱动能力要求不高，或是对于低功耗设计，就需要更好的解决方案。

2. 消零电阻

这种方法给密勒补偿电容串联一个“消零”电阻，如图 13-19 中所示的 R_z。通过合理的取值，消零电阻可以消除密勒电容引入的右半平面零点。直观地看，该电阻“削弱”了补偿电容的前馈通路，从而让电路在更高的频率才能发生前馈相消，即提高零点的频率。而由于主极点频率很低，在低频下补偿支路仍由 C_c 主导，R_z 对于补偿效果的影响较小[①]。

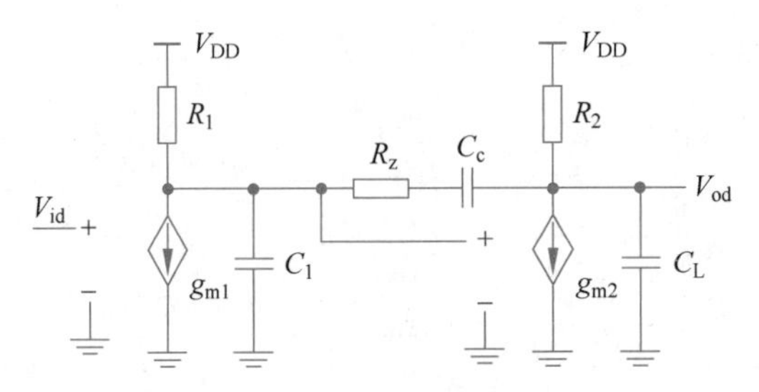

图 13-19　引入消零电阻的密勒补偿

通过假设 g_{m2} 通路和 R_z、C_c 组成的前馈通路相抵消，即 $-g_{m2}+\dfrac{1}{\dfrac{1}{zC_c}+R_z}=0$，可以解得新的零点频率为

$$z_{null}=\frac{g_{m2}}{C_c(1-R_z g_{m2})}$$

如果电阻的取值 $R_z=1/g_{m2}$，则零点可被消除(移到无穷远处)。而如果进一步增大 R_z，甚至可以把零点移动到左半平面，从而与某个极点相消进一步提高带宽。不过与平行补偿中遇到的情况类似，零极点往往难以精准相消，从而引起长拖尾响应的问题。因此在实际使用消零电阻技术时，通常只会把零点移动到足够高的频率，取值 $1/g_{m2}$ 或再稍大一些。此外，消零电阻还存在对 PVT 敏感的问题，即如果用无源电阻来实现消零，R_z 与 g_{m2} 受到 PVT 的影响将是不相关的，因此零点可能发生较大的漂移。对此，有些设计中会使用工作在线性区的晶体管实现 R_z，使得 $1/R_z$ 与 g_{m2} 在 PVT 下有相同趋势的变化。

3. 利用缓冲器切断前馈通路

第三种方法是切断密勒电容的前馈通路，即让密勒电容只能进行单方向的信号传输。一种方式是添加一个电压缓冲器，如图 13-20 所示。

由于电压缓冲器的单向特性，从补偿电容前馈的信号将被缓冲器吸收，而第二级的输出信号却仍然可以反馈到第二级的输入实现补偿效果。电压缓冲器可以用源极跟随器实现，一种典型的实现如图 13-21 所示。但是该方法一方面消耗了额外的功耗，另一方

① 如果读者尝试分析该电路的完整传递函数，会发现消零电阻还额外引入了一个极点 p_3，其频率 $\omega_{p3}\approx 1/R_zC_1\approx g_{m2}/C_1$。这个额外极点通常位于很高的频率，远大于放大器的单位增益带宽，对系统稳定性的影响很小，通常可以忽略。

面限制了输出摆幅，因此在实际应用中较少被使用。

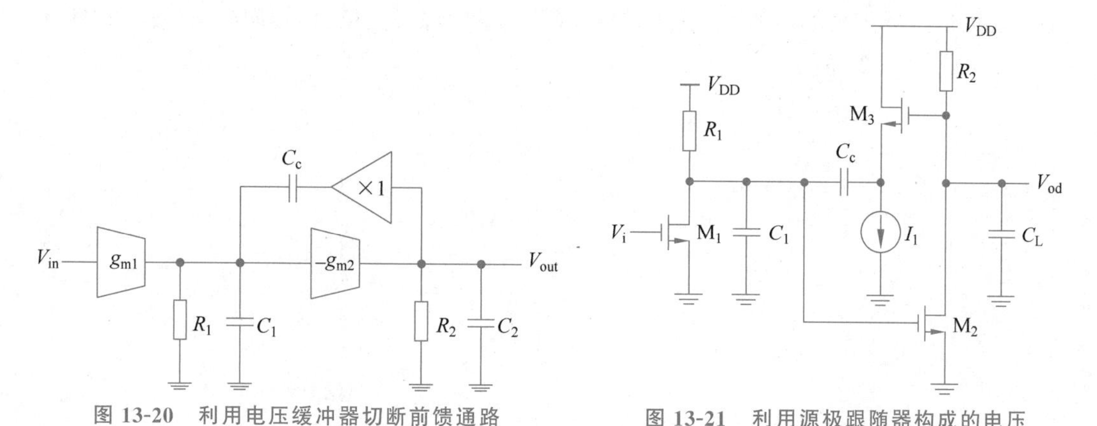

图 13-20　利用电压缓冲器切断前馈通路

图 13-21　利用源极跟随器构成的电压缓冲器切断前馈通路

另一种方式是采用电流缓冲器切断前馈通路，如图 13-22 所示。

电流缓冲器可用共栅放大器实现，如图 13-23 所示。从密勒电容 C_c 看向第一级的输出节点，阻抗是近似 $1/g_{m3}$ 的低阻，因此反馈通路基本不受影响；而从第一级的输出节点看向密勒电容，看到的是 M_3 管的漏极高阻抗，因此前馈效应被大幅减弱。由于共栅放大器的输入与输出之间隔着补偿电容，该电路也不会对输出摆幅造成影响。

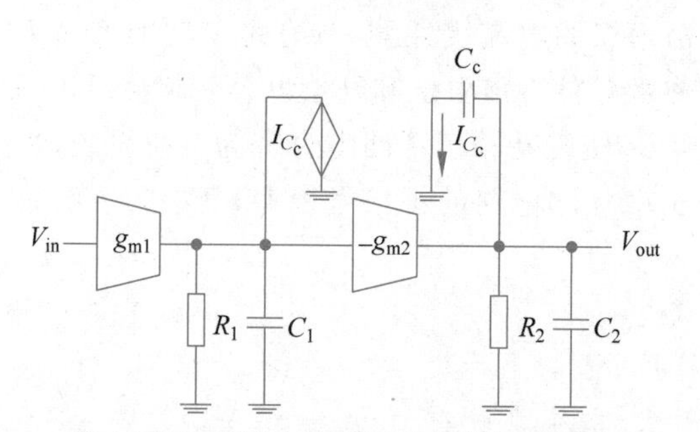

图 13-22　利用电流缓冲器切断前馈通路

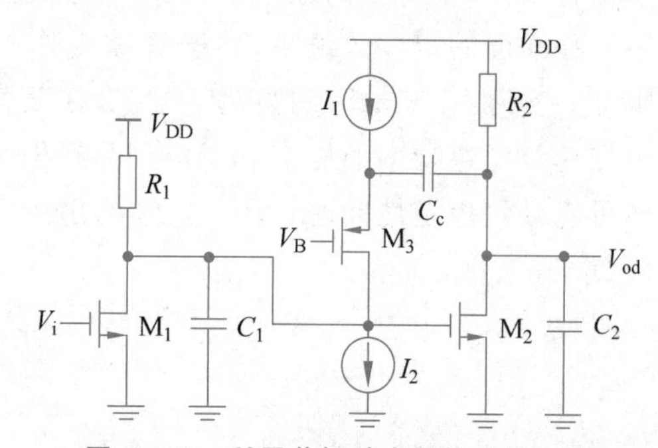

图 13-23　利用共栅放大器构成的电流缓冲器切断前馈通路

尽管与电压缓冲器方案相比，电流缓冲器方案消除了摆幅方面的局限性，但这种方法依然会消耗额外的静态功耗。为了节省功耗，一种更巧妙的改进方案是复用第一级的共栅管①作为电流缓冲器（共栅管的本质是共栅放大器，具有低输入阻抗），即将密勒补偿电容的一端从接第一级的输出改为接第一级共栅管的源极。这种方法最早由 David B. Ribner 在 1984 年提出，由于它几乎“无成本”地实现了右零点的消除，这种方法在实际产品中被大量应用。

① 此处假设运放的第一级已经采用了共源共栅或增益增强技术。事实上，共源共栅结构在大多数运放设计的第一级中都会引入。

在第一级中共栅管通常是P、N成对出现的，因此理论上存在两种不同的零点消除方案：既可以选择把密勒电容 C_c 接回PMOS共栅管的源极，也可以接回到NMOS共栅管的源极，如图13-24所示。

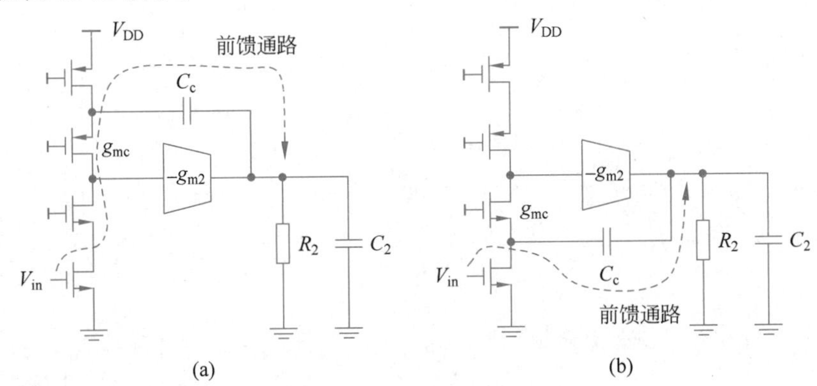

图13-24　利用共栅管消除零点的两种可能的方式

其中关键的区别点是：第一级的输入信号是先经过补偿电容的支路再到达输出节点(图13-24(b))，还是先经过主放大支路(图13-24(a))。如果采用图13-24(b)所示方式，输入信号经过NMOS共源放大器放大之后①，仍然会部分通过补偿电容 C_c 前馈到输出，因此无法有效地消除零点。而对于图13-24(a)所示方式，第一级的输出信号被PMOS的共栅管阻挡，基本上消除了前馈，因此效果要优于图13-24(b)所示方式。

在前面的定性讨论中，共栅管被视作一个理想的电流缓冲器，具有可忽略的低输入阻抗。实际上，其输入阻抗为 $1/g_{mc}$，在某些参数条件下该阻抗和补偿电容一起会引入一个在单位增益频率的极点，它具有足够的影响力，使密勒补偿环路本身变为二阶系统，进而可能导致稳定性问题。图13-25给出了图13-24(b)电路的小信号模型，其中第一级输入置零。

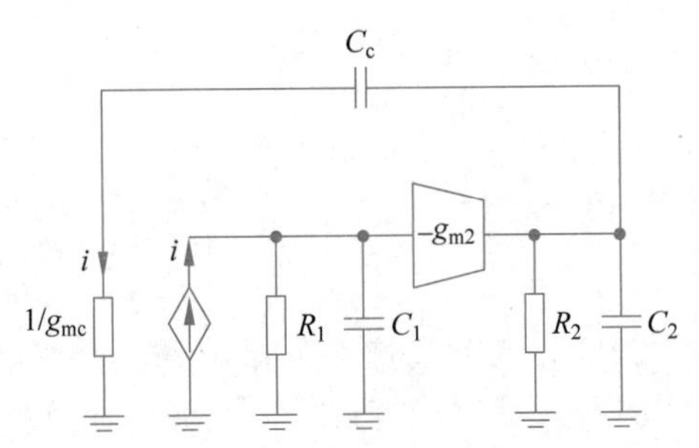

图13-25　采用共栅消零的密勒补偿电路的小信号模型

对其进行高频近似(忽略 R_1、R_2)，然后用回路比值方法进行分析，其环路增益为

$$T_{ML,CS}(s)=\frac{g_{m2}}{sC_1}\frac{g_{mc}C_c}{g_{mc}(C_c+C_2)+sC_2C_c}$$

① 若第一级为PMOS输入，则情况相反。

可见这是一个二阶系统，即密勒补偿环路自身也引入了一个次极点（注意不是整个运放的次极点）。利用主极点近似可求得密勒环路的次极点为

$$p_{2,\mathrm{ML}} \approx \frac{g_{\mathrm{mc}}(C_{\mathrm{c}}+C_2)}{C_{\mathrm{c}}C_2}$$

同时令环路增益 $T_{\mathrm{ML,CS}}(s)=1$，可以得到密勒补偿环路的单位增益频率为

$$\mathrm{UGB}_{\mathrm{ML}} \approx \frac{g_{\mathrm{m2}}}{C_1}\frac{C_{\mathrm{c}}}{C_{\mathrm{c}}+C_2}$$

为了保证环路的稳定性，需要使环路的次极点 $p_{2,\mathrm{ML}}$ 频率高于环路的单位增益频率，这要求较大的 g_{mc}。因此，如果共栅管的输入阻抗不够低，则补偿环路容易不稳定，自然不能起到稳定运放的作用。这点需要在设计采用共栅管消零技术的运放中特别注意。

对于三级或者更高级数的运放，可以“嵌套式”地应用密勒补偿技术解决稳定性问题。以图 13-26 所示的三级放大器为例，如果后两级的极点频率太过接近，则可以先对后两级应用密勒补偿（加入 C_{M1}）。经过补偿之后，后两级的极点将会分离，整体近似表现为一个单极点系统，于是就可以与第一级一起再次应用密勒补偿（加入 C_{M2}），使整体运放稳定。

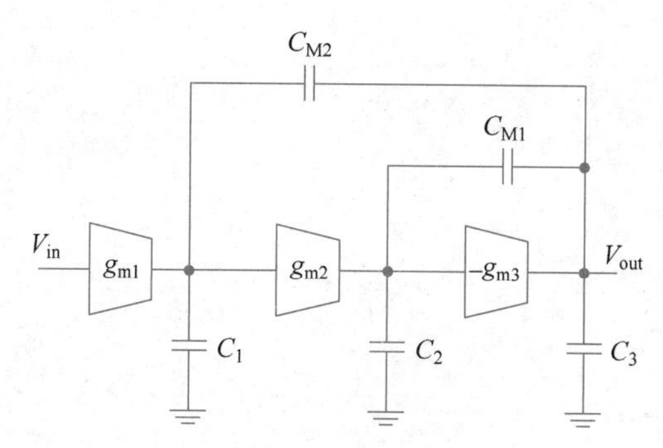

图 13-26 嵌套密勒补偿

嵌套密勒补偿需要注意跨接电容所引入反馈的极性，需要保证环路构成负反馈。对于差分电路可以通过交叉正负信号线改变极性（见 8.4.1 节）。此外，在嵌套密勒补偿中也可以使用消零电阻和共源共栅消零等技术。

13.2.6 前馈补偿

前面提到的几种补偿技术均会引起运放带宽损失，其中主极点补偿对单位增益带宽的影响很大，而平行补偿和密勒补偿的影响稍小一些。随着放大器级数的增多，补偿后运放带宽的损失将越来越大，不利于设计高增益带宽积的运放。

图 13-27 展示了与上述补偿技术完全不同的一种方法，这种补偿技术不仅不会影响运放的速度，反而可以扩宽运放的单位增益带宽。以两级运放为例，该方法不改变运放原有的极点位置，而是引入另一条前向跨导通路，直接从输入前馈到输出。这种技术称为前馈补偿。

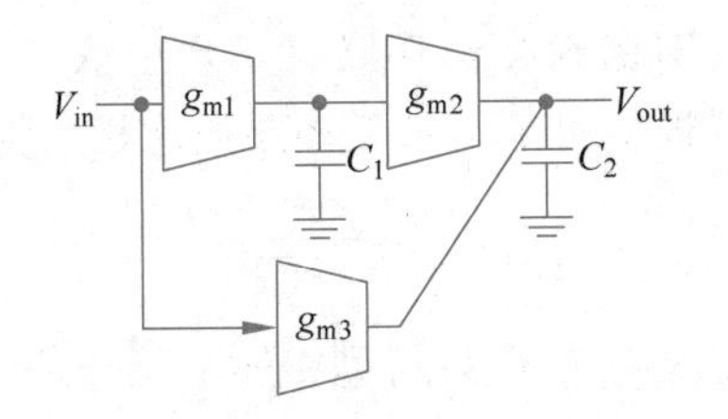

图 13-27 前馈补偿

引入的这条额外通路只有一个跨导，而没有额外的极点，因此它在高频下占主导地位，使得整体运放在高频时就像一个稳定的单级运放。而在低频下主通路的增益较高，占主导地位，能提供较高的环路增益。

前馈补偿的优点是可以把高增益的频率范围推得更宽。为了保证稳定性，密勒补偿的高增益带宽通常很窄，如果希望在信号带宽内都有很高的增益，密勒补偿通常是无法实现的，但前馈补偿能做到。当前馈补偿放大器的主通路在某个频率下已经没有增益的时候，与它并联的单级放大支路开始起作用，幅度重新以 −20dB/dec 开始下降，所以在信号带宽内它都能有较高的增益，如图 13-28 所示。受篇幅限制，在此不对前馈补偿进行理论分析，感兴趣的读者可以尝试自行推导。

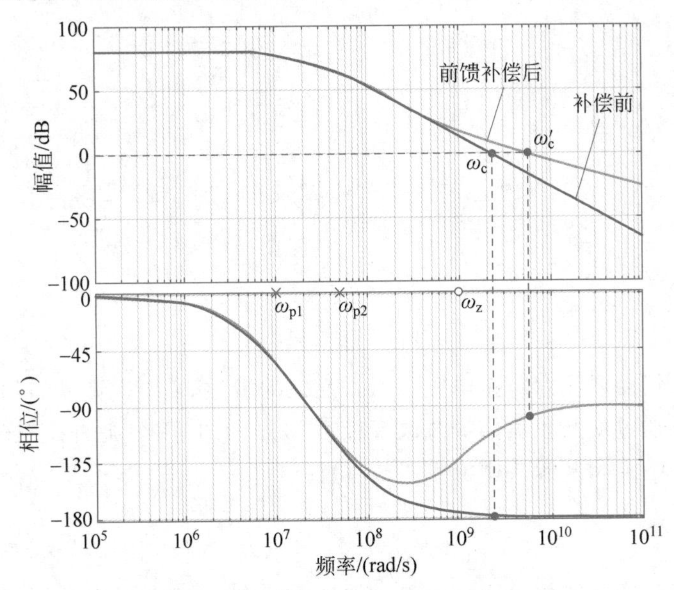

图 13-28 前馈补偿下的波特图

前馈补偿的缺点是由于前馈产生零点，有可能会产生零极点对的问题，影响建立时间和建立精度，因此这种方法在开关电容电路等离散时间系统中的应用受限。但在不需要建立的电路中前馈补偿有广泛的应用，如连续时间滤波器。

图 13-29 为前馈补偿的一个例子。放大器的主信号通路为 g_{m1}、g_{m2}，而 g_{m3} 支路直接从输入前馈到输出。该放大器不需要补偿电容。

前馈补偿也可以被拓展到多级的情况，如图 13-30 所示。

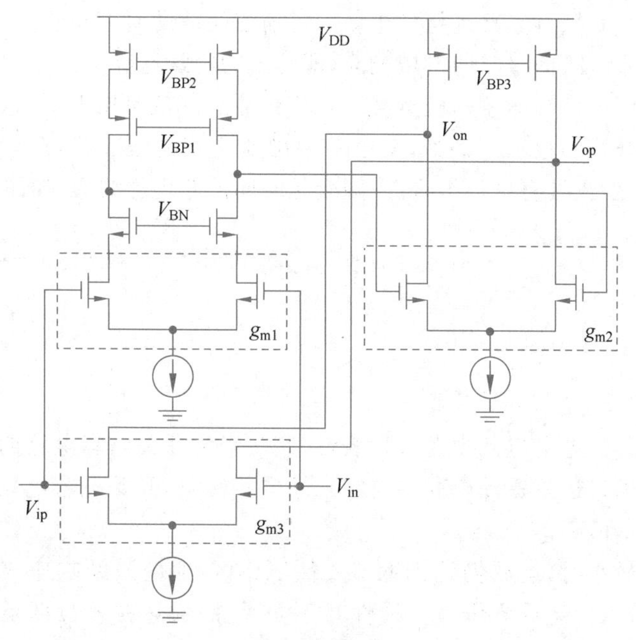

图 13-29 前馈补偿实例

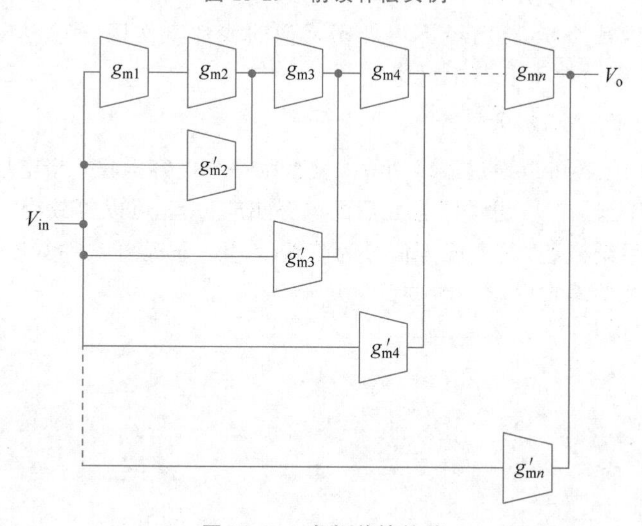

图 13-30 多级前馈补偿

13.2.7 阶跃响应

到目前为止对运放的分析仍集中在频域。虽然在频域中可以很方便地分析运放的带宽和稳定性等特性，但对于开关电容等电路，人们更关心电路对离散信号的"建立[①]过

① "建立"(Settling)是指系统对不连续变化或斜率突变的激励信号的响应过程，即从激励突变开始到系统重新回到稳态前的暂态过程。广义上的建立包括线性和非线性的部分，但对于运放而言建立通常特指线性响应的部分，而与非线性的"压摆"过程有所区分。关于压摆的内容将在13.3节中讨论。

程”。为此，需要在时域对电路进行分析。为了描述运放的时域特性，一种最常见的方法是检验运放在输入阶跃信号时的时域响应，即运放的阶跃响应。

在前面的分析中可知运放的极点会引入相位滞后。从时域上看，这种相位滞后对应信号的延时（群延时）和色散。例如，对于单位增益连接的缓冲器，在理想方波信号的激励下，输出信号将变成具有一定上升/下降变化时间的非理想波形，如图 13-31 所示。

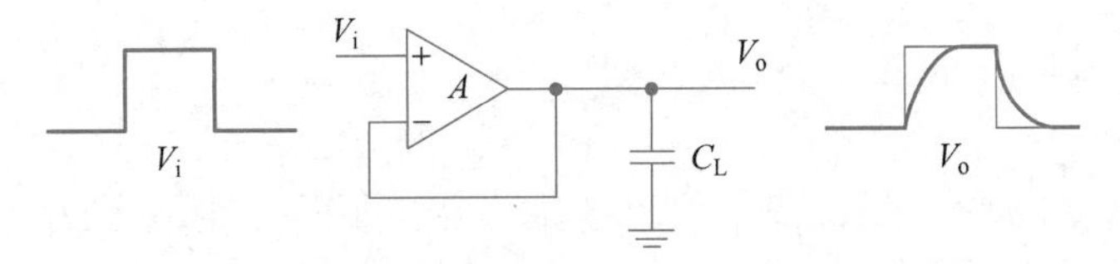

图 13-31　单位增益连接的缓冲器的阶跃响应

阶跃响应在开关电容电路中尤具代表性，这是因为开关电容电路的基本工作方式就是于时钟周期内通过运放驱动电荷在电容之间进行转移，开关电容电路中的运放所处理的信号都是突变的阶跃信号。

当阶跃激励较小时，运放仍处于近似线性工作区，此时阶跃响应与频率响应之间存在对应关系，即可以把运放当作一个线性时不变系统，通过拉普拉斯反变换求出阶跃激励下的时域解。本节将进行这种频域和时域分析，然后分析阶跃响应的误差。但是，如果阶跃信号的幅度较大，电路已经不再处于近似的线性工作区，则运放会出现新的非线性响应，这部分内容将在下一节中讨论。

1. 阶跃响应的时频分析

一个充了电的电容可以通过戴维南等效变换为一个电容串联一个电压源。图 13-32(a) 所示的开关电容积分器在 ϕ_2 开关闭合之后的电路响应过程，可以等效为一个如图 13-32(b) 所示的连续时间系统模型，其中输入信号为阶跃信号。分析图 13-32(b)电路的阶跃响应可以等效分析原开关电容电路的响应。

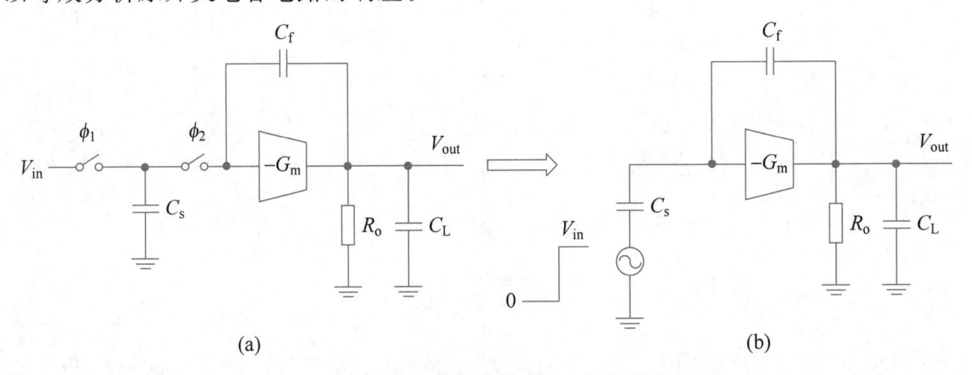

图 13-32　开关电容积分器在 ϕ_2 相位等效模型

假设图中的 OTA 为一个单级运放（或经过良好补偿后近似一个单级运放），跨导为 G_m，输出阻抗为 R_o，则它的直流增益为 G_mR_o，极点位置为 $1/R_oC_{Ltot}$，因此增益带宽积为 G_m/C_{Ltot}，其中等效负载电容 $C_{Ltot}=C_L+(1-\beta)C_f$。直观上看，电容 C_s 和 C_f 组成分压反馈网络，反馈系数 $\beta=C_f/(C_f+C_s)$。根据第 10 章中讨论的反馈电路分析结论，

该电路的整体闭环传递函数可近似为

$$A(s)=\frac{V_{\text{out}}(s)}{V_{\text{in}}(s)}\approx-\frac{C_{\text{s}}}{C_{\text{f}}}\frac{T_0}{1+T_0}\frac{1}{1+\dfrac{s}{\omega_{\text{c}}}}$$

式中低频环路增益 $T_0=\beta G_{\text{m}}R_{\text{o}}$，闭环下的主极点 $\omega_{\text{c}}\approx\beta G_{\text{m}}/C_{\text{Ltot}}$。阶跃信号的频域表达式为

$$V_{\text{in}}(s)=\frac{V_{\text{step}}}{s}$$

在 s 域中，输入信号乘以系统的传递函数就可以得到输出信号，即

$$V_{\text{out}}(s)=A(s)V_{\text{in}}(s)$$

对此做拉普拉斯反变换，可以把频域输出变换成时域响应，即

$$\begin{aligned}V_{\text{out}}(t)&=\mathcal{L}^{-1}\{A(s)V_{\text{in}}(s)\}\\&=-\frac{C_{\text{s}}}{C_{\text{f}}}V_{\text{step}}\frac{T_0}{1+T_0}(1-\mathrm{e}^{-t/\tau})\end{aligned}\tag{13-3}$$

式中 $\tau=1/\omega_{\text{c}}$ 为建立时间常数，是主极点在时域表达式中的体现。

式(13-3)表明，时域响应是一个逐渐建立的过程，输出电压随着时间上升，上升的速度呈指数衰减，从0开始，趋于终值 $-\dfrac{C_{\text{s}}}{C_{\text{f}}}V_{\text{step}}\dfrac{T_0}{1+T_0}$，如图13-33所示。在此图的例子中，$C_{\text{s}}=C_{\text{f}}=C_{\text{L}}=1\text{pF}$，$\beta=0.5$，$G_{\text{m}}=1\text{mS}$，$R_{\text{o}}=50\text{k}\Omega$，$V_{\text{step}}=-10\text{mV}$。

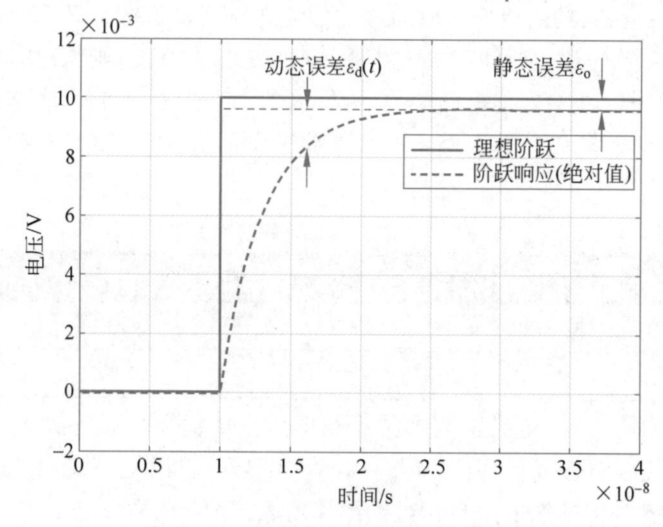

图13-33 开关电容积分器的阶跃响应

2. 阶跃响应中的误差

理想情况下，运放的开环增益无穷大、响应速度无穷快，则其阶跃响应该在 $t=0$ 时刻从0跳变到理想输出 $V_{\text{out,ideal}}=-C_{\text{s}}/C_{\text{f}}V_{\text{step}}$，即输入信号经过反馈电容与输入电容的分压作用直接产生输出信号，不存在任何误差与延时。但是式(13-3)表明，阶跃响应存在

$T_0/(1+T_0)$和$1-e^{-t/\tau}$两项非理想因素。其中第一项在第10章中已经讨论过，是因为运放的开环增益有限，环路增益不足而引入的误差。而第二项则是因为运放的带宽有限。直观来看，电路中任何节点都存在对地的等效电容（如来自寄生电场），节点电压的变化都需要对其等效电容充放电，而无法瞬间跳变，因此第二项误差也是电路中普遍存在的。

这两项非理想因素导致的误差分别被称为静态误差ε_o和动态误差ε_d，如图13-33所示。“动态”是指该误差在阶跃响应的初期占主导因素，随着时间的推移而迅速减小。“静态”是指在一段时间之后输出信号达到稳态，剩余误差不再随时间变化。

静态误差是由环路增益决定的，其绝对值$|\varepsilon_o|\approx 1/T_0$。如果开关电容电路的精度要求为0.1%，那么要求环路增益达到1000倍(60dB)量级，考虑到反馈系数β的影响，运放的开环增益应该更大。因此，静态精度要求越高，对运放的开环增益要求也越高。

动态误差则是由建立时间t_s和时间常数τ之比决定的。可以增加建立时间t_s，等待动态误差衰减。如果时间常数已定，也可以根据可容忍的动态误差$\varepsilon_{d,tol}$来计算所需的建立时间t_s：

$$\varepsilon_{d,tol}=e^{-t_s/\tau}$$

$$t_s=-\tau\ln(\varepsilon_{d,tol})$$

建立时间的线性增加，可以换取动态误差的指数减小。通常用时间常数的倍数来衡量建立时间，常见的动态误差需求与所需建立时间的关系如表13-2所示。如果对动态误差的要求是小于1%，大约需要5个时间常数的建立时间；如果需要千分之一的精度，大约需要7个时间常数的建立时间；如果需要百万分之一的精度，则大约需要14个时间常数的建立时间。因此，在给定的时间常数下，要求的动态误差越小，则所需的建立时间越长。对于开关电容电路，这意味着整个时钟周期需要延长，时钟频率要降低，即系统的工作速度变慢。

表13-2 动态误差与时间常数关系

$\varepsilon_{d,tol}/\%$	t_s/τ	$\varepsilon_{d,tol}/\%$	t_s/τ
10^{-2}	4.6	10^{-4}	9.2
10^{-3}	6.9	10^{-6}	13.8

当然，也可以通过减小时间常数来减小相同建立时间下的动态误差，但这意味着提高运放的增益带宽积(GBW)。由于$1/\tau=\omega_c\approx\beta\mathrm{GBW}$，假设$t_s=T_{CLK}/2=1/2f_{CLK}$（建立时间为开关电容时钟周期的一半），可以计算出运放的带宽积需求：

$$t_s=-\frac{1}{2\pi\beta\mathrm{GBW}}\ln(\varepsilon_{d,tol})<\frac{1}{2f_{CLK}}$$

$$\frac{\beta\mathrm{GBW}}{f_{CLK}}>-\frac{\ln(\varepsilon_{d,tol})}{\pi}$$

通常用时钟频率的倍数来衡量运放所需的增益带宽积，常见的动态误差需求与所需放大器带宽频率如表13-3所示。在反馈系数为1的最好情况下，如果要求建立误差小于

1%,运放的增益带宽积应该高于时钟频率的1.5倍；如果要求百万分之一的精度,则运放的增益带宽积应该高于时钟频率的4.4倍。而如果反馈系数小于1,则对于运放增益带宽积的要求还会相应地提高。

表 13-3 动态建立误差与时钟频率的关系

$\varepsilon_{d,tol}/\%$	$\beta GBW/f_{CLK}$	$\varepsilon_{d,tol}/\%$	$\beta GBW/f_{CLK}$
10^{-2}	1.5	10^{-4}	2.9
10^{-3}	2.2	10^{-6}	4.4

上述结论也可以用于粗略地估算某个工艺下开关电容电路的最高工作频率。在高速运放设计中,单位增益带宽(f_c,大约对应增益带宽积)通常被设计为非主极点频率f_{nd}的1/3～1/2,以提供60°～70°的相位裕度,即$f_c \approx f_{nd}/3$。通常希望建立起极点频率与特征频率f_T的关系以进行工艺评估。f_T是在晶体管没有任何负载电容的情况下得到的,而非主极点处通常接有多个晶体管,且存在互联的寄生电容,因此非主极点的频率通常会小于晶体管特征频率的1/3,即$f_{nd} < f_T/3$,由此进一步可得$f_c < f_T/9$。假设电路的建立误差需要在万分之一以内,则需要$f_c > 2.9f_{CLK}$,于是可以导出开关频率的理论上限[①]：

$$f_{CLK,max} = \frac{1}{2.9}\frac{f_T}{9} \approx \frac{f_T}{30}$$

因此,若晶体管的特征频率$f_T = 30\text{GHz}$,则用它搭建的开关电容电路极限工作频率约为1GHz；而若特征频率$f_T = 300\text{GHz}$,则开关电容电路的极限工作频率可以接近10GHz。对极限频率的估算可以反过来指导工艺的选择,例如需要设计工作频率为1GHz、建立精度0.1%的开关电容电路,则需要特征频率f_T至少为50GHz量级,因此需要90nm、65nm或者以下的工艺,选用180nm工艺就会比较困难,而在250nm中不采取特殊设计则基本无法实现。此外,频率要求对g_m/I_D的选取也有一定的指导意义,例如,用65nm工艺实现时钟频率为1GHz的开关电容电路,则应该选择较低的g_m/I_D值以得到较高的f_T,而在28nm工艺下则可以选取更高的g_m/I_D值以获取更好的能量效率。

3. 更精确的阶跃响应

上面的分析中做了许多较为理想的近似,首先假设运放为一个理想的OTA,除了输出极点内部没有其他极点。但实际运放中可能存在多个次极点,因此整体闭环电路也并不是一个纯粹的单极点系统,存在的许多高频零极点会影响电路的建立过程。以最简单的运放内含一个次极点的情况为例,根据运放相位裕度的不同,闭环后的双极点系统存在几种可能的阶跃响应,如图13-34所示。可以看到当相位裕度接近90°时,建立波形与单极点的情况基本一致,而随着相位裕度的下降,建立开始出现振荡(振铃)。对于不同

① 在实际电路中还会有其他非理想因素进一步限制最高时钟频率,如PMOS的较低迁移率、时钟占空比偏斜、高阶极点影响等,通常实际的最高时钟频率小于$f_T/50$。但是上述分析假设电路只存在一阶的建立,如今有许多先进的运放设计可以实现更快的建立过程。

动态建立误差的要求，归一化建立时间与相位裕度的关系如图 13-35 所示(假设为双极点系统)。可见相位裕度在 70°附近时归一化建立时间取到最小值，通常认为这是“最优”的建立过程。有趣的是，此时输出波形是先经过一个小幅度的过冲再进入平稳，而这比完全没有过冲的一阶建立过程更快一些。

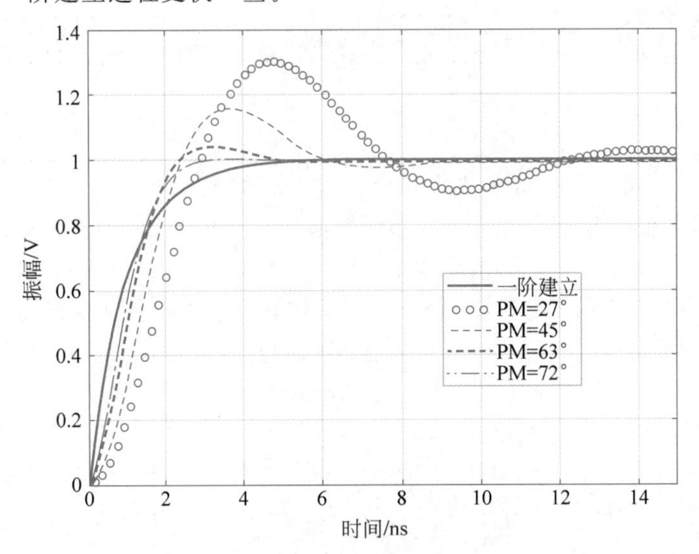

图 13-34 双极点系统的阶跃响应波形

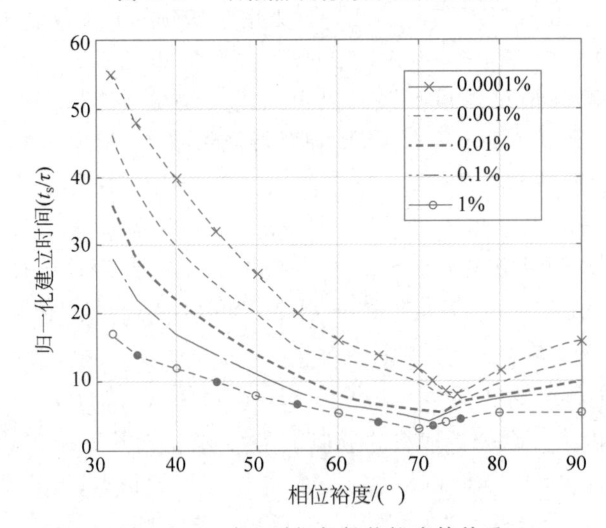

图 13-35 建立时间与相位裕度的关系

除了运放内生极点之外，在前面的分析中还对反馈电路做了近似，分析中忽略了电容反馈网络的前馈作用。事实上，如果对图 13-32 所示的电路做严格的电路方程求解，将得到如下结果：

$$\frac{V_{\text{out}}(s)}{V_{\text{in}}(s)}=\frac{-g_{\text{m}}C_{\text{s}}+sC_{\text{s}}C_{\text{f}}}{g_{\text{m}}C_{\text{f}}+s(C_{\text{L}}C_{\text{s}}+C_{\text{L}}C_{\text{f}}+C_{\text{s}}C_{\text{f}})} \tag{13-4}$$

可见，由于反馈网络的前馈，传递函数中存在一个右半平面的零点。在阶跃激励下，该零点将引起反向过冲的响应波形[①]，如图 13-36 所示。在此图的例子中，$C_s=C_f=C_L=1\mathrm{pF}$，$\beta=0.5$，$g_m=1\mathrm{mS}$，$R_o=\infty$，$V_{step}=-10\mathrm{mV}$。

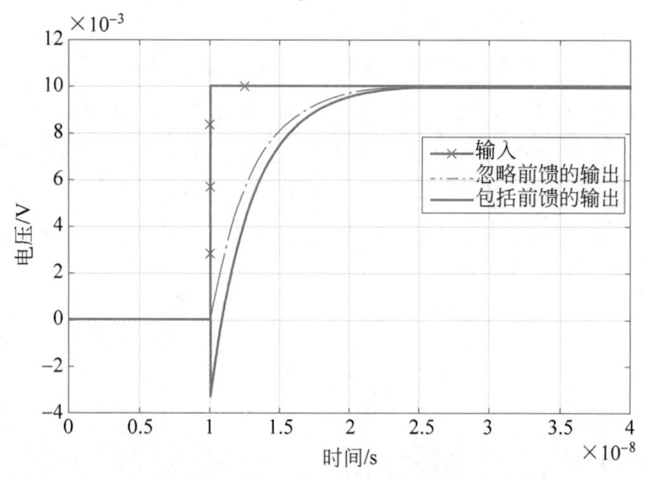

图 13-36　负载电容变为 300fF 的仿真结果

直观地看，在 $t=10\mathrm{ns}$ 时刻施加的阶跃信号含有非常高频的部分，而电容对于高频成分来说是低阻通路，与电容并联的电阻以及跨导都变得"不起作用"，电容网络的响应将占主导。此时对应的等效电路如图 13-37 所示，瞬间的电压传递函数就是电容分压比：

$$\frac{V_{odstep}}{V_{idstep}}=\frac{C_s}{C_s+\dfrac{C_f C_L}{C_f+C_L}}\frac{C_f}{C_f+C_L}=\frac{C_s C_f}{C_s C_f+C_s C_L+C_f C_L}=\frac{V_{out}(\infty)}{V_{in}(\infty)}$$

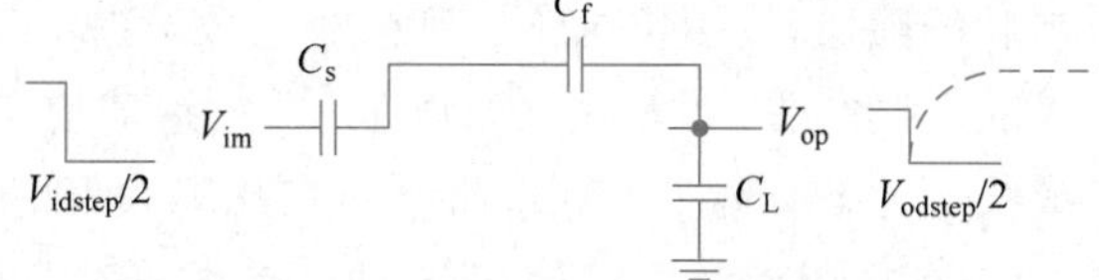

图 13-37　电路的高频等效模型

若考虑阶跃响应中的反向过冲，可以将建立时间公式修正为

$$t_s=-\frac{1}{\omega_c}\ln\left(\varepsilon_{d,tol}\left(1-\beta\frac{C_f}{C_f+C_L}\right)\right)$$

注意，线性建立的时间常数并没有改变，只是前面多了一个修正项。由于修正项在自然对数中，因此其影响很微弱，基本上可以忽略不计。

13.3　大信号响应 

13.3.1　压摆

在 13.2 节中基于线性化的小信号模型对运放的阶跃响应进行了分析，其中假设运

① 具有这种反向过冲响应的系统也称为非最小相位系统，这是系统存在右半平面零点的典型特征。

放的响应过程只是在静态工作点附近的一个微扰，即在整个过程中运放的工作点并不变化，因此响应是一个线性过程。但如果阶跃信号的幅度很大，运放的线性化模型可能不再成立，在阶跃响应的过程中将出现非线性现象。

一种常见的非线性响应是压摆，即输出电压的变化速率受到限制。这种电压变化的速率上限称为压摆率(SR)。以一个理想 OTA 组成的单位增益反馈电路为例，从上节的分析中得知其阶跃响应是一阶的指数衰减波形。其中在响应最开始的部分，输出波形的斜率(对时间的导数)为 $V_{step}/\tau = V_{step}\omega_c$。但是当 V_{step} 足够大时，该理论斜率会超过运放的压摆率限制，从而使运放输出以恒定的变化率变化。图 13-38 示出了以上过程的响应波形忽略前馈，其中 $V_{step}=1V$，$\omega_c=10Mrad/s$，$SR=2.5V/\mu s$。

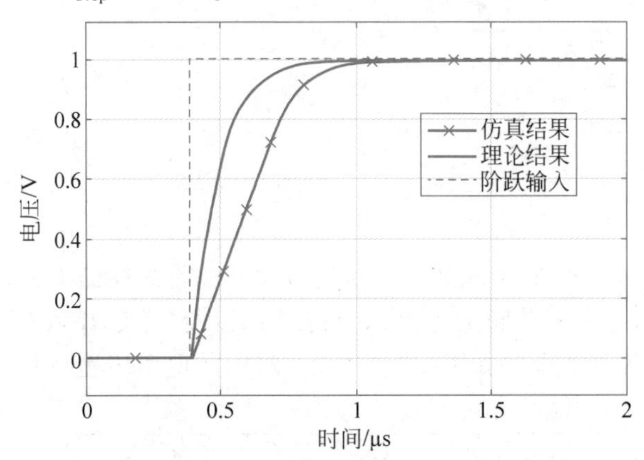

图 13-38　响应变化率受限导致的压摆现象

可见，受压摆率限制后的响应波形不再符合理想的指数衰减，其中波形的初始阶段的斜率是恒值，为一条直线，因此引入了非线性的误差①。直到理论响应斜率变得小于压摆率后，电路才会恢复成线性的阶跃响应波形，而电路在压摆过程中的时间定义为压摆时间，用 t_{slew} 表示。因此当存在压摆时，电路的建立过程将包括压摆和线性建立两部分，总的建立时间 t_s 等于压摆时间 t_{slew} 与线性建立时间 t_{lin} 之和。其中线性建立是指数衰减过程，与信号幅度大小弱相关，特别是对于建立高精度的情况，可以认为线性建立时间与没有压摆的情况相近。虽然线性建立的时间几乎没有被缩短，但是增加了额外的压摆时间，所以一旦发生压摆，电路的建立过程就会被拉长，电路的最高工作频率将下降。此外，在连续时间电路中，压摆的存在使得连续时间信号的变化率受到限制，也就是限制了信号的最高频率。因此，压摆是一种影响电路速度的非理想效应。

1. 单级运放的压摆率与压摆时间

压摆的具体成因与运放的电路设计息息相关。在单级运放中，压摆率通常是由运放

① 形如“一条直线”的响应波形却会引入非线性的误差，这一点看似矛盾，但实则无误。“线性”是指满足叠加性与均匀性(也称齐次性)的系统，其中均匀性是指响应随输入等比例变化，即如果输入信号增大 1 倍，输出信号也增大 1 倍。而此处电路受到压摆率的限制，无论输入阶跃信号的幅度多大，输出波形的斜率总是恒定，因此不满足均匀性。

的最大输出电流对负载电容的充电速度决定。以图13-39所示的单级运放为例，当输入差分信号足够大时，输入差分对的一侧晶体管将完全关断（此例中为 M_1），没有电流流过，而所有的尾电流 I_{TAIL} 将流过另一侧的晶体管（此例中为 M_2）。负载电流源 M_3、M_4 则始终提供恒定的电流 $I_{TAIL}/2$。所以输出端对负载电容充电、放电的电流都是 $I_{TAIL}/2$。于是，由负载电容的充电速度可导出压摆率为

$$SR=\frac{dV_{od}}{dt}=\frac{I_{TAIL}}{C_L}$$

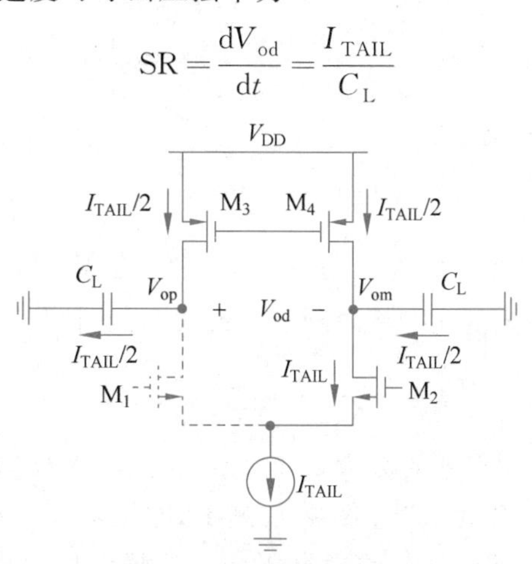

图13-39　单级运放的压摆

上述结果表明，单级运放的压摆率与尾电流直接相关。在负载电容一定的条件下，如果需要较高的压摆率，则只能通过提高尾电流并增加功耗，因此单级运放存在功耗和速度之间的直接折中。

随着压摆过程的进行，运放的输入最终会回到较小的范围，使得差分对中原本关断的管子（此例中的 M_1）被重新开启，运放的输出电流重新变得与输入呈线性关系，压摆过程结束[①]。所以压摆过程持续时间 t_{slew} 等于压摆过程中输出信号的变化幅度除以压摆率 SR，其中压摆的幅度为输入的阶跃信号幅度减去差分对的线性输入范围。

2. 两级运放的压摆率与压摆时间

当单级运放发生压摆时，正负两侧的输出电流绝对值相同（都为 $I_{TAIL}/2$），因此输出共模电压不会发生变化，这种压摆过程是对称的、平衡的。但是，对于一个两级运放情况可能有所不同。图13-40示出了一个带密勒补偿的两级运放的压摆过程。两级运放的压摆有两个来源：第一级和第二级的充电电流限制，而最终运放整体的压摆率是二者之中的较小值。此例中运放的第一级是全差分结构，当进入压摆状态时，输入管的一侧完全关闭（M_1），另一边打开（M_2），于是左侧产生 $I_{TAIL}/2$ 的电流流入 C_c 电容，右侧从 C_c 电容吸收 $I_{TAIL}/2$ 的电流。由于第二级的增益抑制，第一级的输出电压几乎不变，因此第一级对 C_c 电容充电的速率就是第一级对输出造成的压摆率限制。

① 实际上压摆与线性建立之间是平滑过渡的，并不存在严格的分界点。当 M_1 晶体管刚被重新导通时，差分对仍然处于非常不线性的状态下，此时运放的响应也并非完全的线性建立。直到差分对的输入电压越来越小，差分对的跨导越来越线性之后，运放的响应才会更加接近理论的线性建立过程。同理，t_{slew} 也仅是一个近似定义的时间。

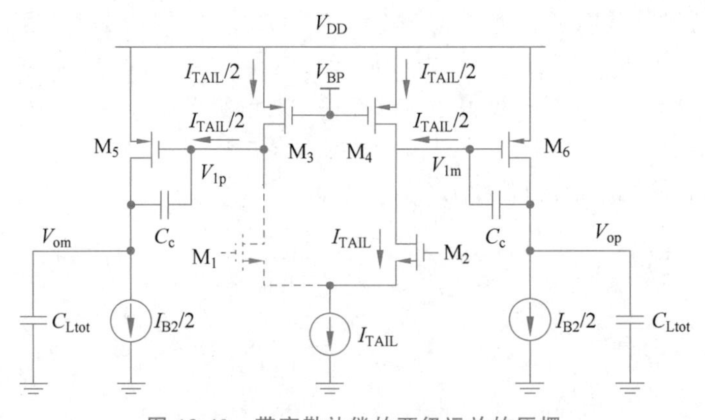

图 13-40　带密勒补偿的两级运放的压摆

第一级对正负输出产生的压摆率限制是一致的，向上和向下的压摆率都为

$$\mathrm{SR}_1=\frac{I_{\mathrm{TAIL}}/2}{C_{\mathrm{c}}}$$

但运放第二级的压摆率分析有较大差异：第二级是 PMOS 输入的共源放大器，被电流源 $I_{B2}/2$ 偏置。发生压摆时，流过图中右侧 PMOS 输入管(M_6)的电流为 $I_{B2}/2+I_{TAIL}/2\times(1+C_{Ltot}/C_c)$，此时 M_6 的栅电压会稍微降低以提供额外的 $I_{TAIL}/2\times(1+C_{Ltot}/C_c)$电流，对摆率没有额外限制。而对于左侧的 PMOS 输入管(M_5)，流过的电流理论上应该为 $I_{B2}/2-I_{TAIL}/2\times(1+C_{Ltot}/C_c)$，即一部分偏置电流被第一级电流和负载电流“抢占”，使得流过 M_5 的电流减小，M_5 的栅极电压也会因此升高。然而，即使左侧 PMOS 的栅极电压已经升高到将电流完全关断，第二级输出的最大下拉电流也只有 $I_{B2}/2$。所以第二级的最大向下压摆率为①

$$\mathrm{SR}_{2,-,\mathrm{MAX}}=\frac{I_{\mathrm{B2}}/2-I_{\mathrm{TAIL}}/2}{C_{\mathrm{Ltot}}}$$

二级 OTA 整体的最大下摆率是第一级产生的压摆率和第二级的最大向下压摆率之间的最小值：

$$\mathrm{SR}_{-}=\frac{\mathrm{d}(V_{\mathrm{om}}-V_{\mathrm{1p}})}{\mathrm{d}t}=\min\left\{\frac{I_{\mathrm{TAIL}}/2}{C_{\mathrm{c}}},\frac{I_{\mathrm{B2}}/2-I_{\mathrm{TAIL}}/2}{C_{\mathrm{Ltot}}}\right\}$$

而右侧向上摆的情况则不受第二级限制，即使 $I_{TAIL}/2$ 很大，M_6 也可以通过降低栅极电压来提供这个压摆电流。所以 OTA 输出信号 V_{op} 的最大上摆率就是第一级的压摆率：

$$\mathrm{SR}_{+}=\frac{\mathrm{d}(V_{\mathrm{op}}-V_{\mathrm{1m}})}{\mathrm{d}t}=\frac{I_{\mathrm{TAIL}}/2}{C_{\mathrm{c}}}$$

可见，带密勒补偿的二级运放的上、下压摆率可能是非对称的，这将使得运放在压摆时输出共模电压发生变化。为了避免这个问题，一方面可以加入足够强的共模反馈电路

① 读者可能疑惑当 $I_{TAIL}>I_{B2}$ 时似乎摆率会变成负数。实际上，如果 $I_{TAIL}>I_{B2}$，那么第一级的 PMOS 电流源(M_3)将会被迫进入线性区，此时第一级的输出电压将约为 V_{DD}，而第二级的摆率将为 $I_{B2}/(C_c+C_{Ltot})/2$。不过在绝大多数设计中由于稳定性和输出能力的考虑，不会出现 $I_{TAIL}>I_{B2}$ 的情况。

来钳制输出共模电压，防止不平衡的压摆导致输出共模电压的偏移甚至振荡；另一方面可以让第二级的压摆率高于第一级的压摆率，即

$$\frac{I_{\text{TAIL}}/2}{C_{\text{c}}} \leqslant \frac{I_{\text{B2}}/2 - I_{\text{TAIL}}/2}{C_{\text{Ltot}}}$$

即需要第二级的偏置电流足够大。从功耗与噪声的折中关系角度上讲，这并不是好的设计思路：两级运放的噪声通常是由第一级决定的，而从能效角度出发，功耗应该分配在噪声占比最高的位置，但是此处为了压摆率，却让第二级的功耗比第一级大。

除了增大第二级的偏置电流 I_{B2}，也有部分设计把 I_{B2} 换成一个可变的偏置，即让 $V_{1\text{p}}$ 也驱动偏置电流管 NMOS 的栅极。如此一来，如果 $V_{1\text{p}}$ 电压比较高，NMOS 也可以提供一个较大的下拉电流，这便是推挽输出结构的基本思想，将在稍后讨论。

3. 连续时间电路中的压摆

到目前为止的分析仅考虑了阶跃激励下的压摆过程，这主要针对的是开关电容电路等离散时间应用。事实上，在连续时间电路中压摆同样会造成一定的非线性误差。图 13-41 是一个用 OTA 构成的连续时间单位增益缓冲器的例子。在这个电路中没有开关操作，其输出信号跟随输入连续变化：

$$V_{\text{out}}(t) = V_{\text{in}}(t)$$

假设输入信号为一正弦信号，令

$$V_{\text{out}}(t) = V_{\text{in}}(t) = A\sin(\omega t)$$

则驱动负载电容的瞬时输出电流为

$$i_{\text{out}}(t) = C_{\text{L}}\frac{\text{d}V_{\text{out}}(t)}{\text{d}t} = \omega C_{\text{L}} A\cos(\omega t)$$

显然，如果负载电容 C_{L} 或信号摆幅 A 比较大，或者信号频率 ω 比较高，则需要很大的瞬时电流对电容充放电才能让输出电压准确跟踪输入电压。而如果 OTA 无法输出相应大小的电流，输出电压就无法及时地跟踪输入信号，导致输出信号出现失真，在频谱上表现为谐波失真。这就是压摆在连续时间激励下的表现形式，如图 13-42 所示。

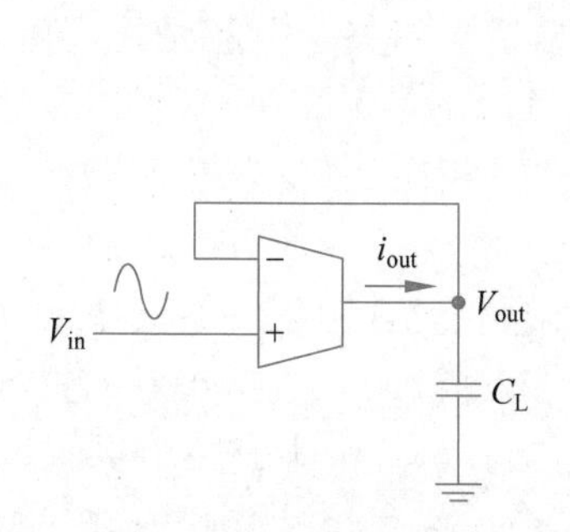

图 13-41 连续时间单位增益缓冲器

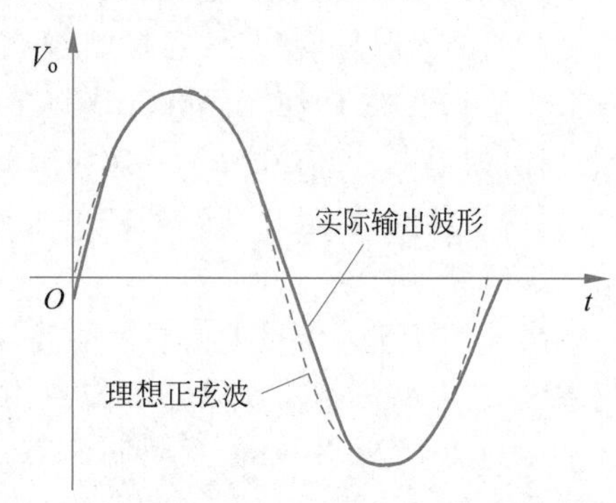

图 13-42 连续时间电路的压摆

连续信号激励与阶跃激励下的压摆过程在成因上是一致的，都是运放无法为负载电容或内部电容提供足够的充放电电流，导致输出电压变化率受限。对于阶跃激励，通常

主要关心建立所需的时间和可达到的精度；而对于连续信号激励，则通常主要关心最大斜率限制。对于一个正弦信号，它在波形过零点附近的斜率最大，即过零点附近是最可能产生压摆的时刻。在设计运放时，不论是应用于离散时间电路还是连续时间电路，都需要仔细考虑压摆的影响。

4. 压摆的设计考虑

运放设计的初始阶段就需要考虑压摆，特别是压摆会占用部分的建立时间，导致运放需要更高的带宽（往往还意味着更高的功耗）来完成线性建立。例如，在给定 10ns 建立时间下，一个 OTA 本来可以需要 10ns 建立时间达到给定的精度要求，但如果对大信号输入有一半的时间在压摆，那么就只剩 5ns 可以用来线性建立。此时就要求 OTA 的增益带宽积提升 1 倍，从而功耗也需要提升 1 倍。

压摆实际的优化往往需要综合考虑多个指标进行折中取舍，通常有三种做法：一是可以考虑提高压摆率，这往往需要付出提高静态电流、增加功耗的代价；二是可以降低输入信号的摆幅，这意味着牺牲信噪比；三是可以降低负载电容 C_L，这往往意味着噪声的增加（开关电容中噪声的形式通常为 kT/C）。

在电路设计时，如果一开始就假设电路只有线性建立，计算出的带宽通常是不够的。更实用的做法是假设压摆时间与线性建立时间各占一半，以此把运放的带宽设计得偏大一些，为压摆留出一定裕量，再根据仿真结果进行迭代调整。例如，对于建立时间为 10ns 的电路，则可以先按照 5ns 压摆、5ns 线性建立的假设来计算所需带宽和压摆率。在迭代优化之后，最终一个设计良好的电路大约会在 30%的时间里发生压摆，而剩余 70%的时间用于线性建立。

13.3.2 大信号稳定性

大信号激励除了会带来压摆问题，还可能会影响运放的稳定性。在前面几个小节中讨论了判断系统稳定性的几个常用判据，并介绍了一些常用的频率补偿技术。但是这些讨论均假设信号不会影响运放的工作点，环路的幅频和相频特性都是不随输入变化的量。但更真实的情况是，在较大摆幅的输入信号下，电路的参数都可能随着当时的信号大小发生改变。因此，即使在静态工作点上的小信号分析表明整个电路是稳定的，当有大信号过程（如上电、大信号输入）发生时，电路依然有可能不稳定。换句话说，在直流工作点附近分析电路的稳定性实际上并不全面，如果电路不稳定，也就根本不存在直流工作点用于小信号分析。

为解决工作点在大信号下偏移可能导致的不稳定问题，通常采用一些无源或者有源的钳位方法，让电路只能在预设的工作点附近工作，而无法出现远离工作点的情况。无源钳位常见的例子是引入二极管限制静态点的电压范围。全差分电路中的共模反馈可以被理解为一种有源钳位。另一种思路是使电路在一个很宽的信号范围内都保持相对线性，即使得小信号模型的适用范围足够宽泛。

由于大信号稳定性涉及非线性过程，无法使用前面所提及的各种小信号方法分析，通常使用瞬态仿真进行大信号稳定性的检查，即通过在瞬态仿真中添加不同种类的大摆幅输入,在时域响应上观察系统是否稳定。测试时,通常要设计一些包括大摆幅正弦、方波、斜坡、高斯随机信号在内的测试用例,以全面验证系统的大信号稳定性。

13.4 输出级

在有些应用中,运放需要驱动阻性负载,如连续时间 *RC* 滤波器、传输线驱动器、片外阻性负载驱动器等。这些典型应用的负载阻值可能低至几十欧,如果把这种低阻负载直接连接在一个普通 OTA 的输出端,OTA 的输出阻抗会大幅降低,从而大幅损失增益。这种情况称为放大器的驱动能力不足。为此需要给运放设计一个输出级,以提高运放驱动阻性负载的能力。这类带有输出级的运放也称为 OPA。

容易想到的一种简单输出级是源极跟随器,源极跟随器具有高输入阻抗和较低的输出阻抗,可以级联在 OTA 的输出起驱动缓冲作用。但源极跟随器的栅源压降会限制运放的最高输出电压,使得输出摆幅降低。另一种常用的输出级是共源放大器,虽然在驱动低阻负载时,共源放大器的增益会降低,但只要跨导足够大,共源放大器的整体增益就可以大于 1,且可以将负载与前级运放隔离。不论是源极跟随器还是共源放大器,驱动小负载电阻都需要较大的跨导,因此需要较大的偏置功耗。更先进的输出级设计可以在提供足够驱动能力的同时,使用更高效的方法对电路进行偏置,从而降低功耗。因此,输出级的基本折中关系是驱动能力和偏置功耗[①]。

13.4.1 输出级的分类

输出级的关键指标之一是效率,而效率主要取决于驱动晶体管的导通角,即当输出一个正弦信号时,驱动晶体管在每个信号周期内导通的时间比例,通常以对应正弦信号的相位角度范围来描述。直观来看,导通角越大说明输出晶体管导通了更长的时间比例,因此耗费了更多的偏置功耗,从而效率较低。根据导通角的不同,可以对输出级进行分类(图 13-43): A 类输出级,导通角为 100%(2π),即其由静态电流偏置,输出级在整个信号周期内都导通。常见的源极跟随器(图 13-44)或共源放大器都可以组成 A 类输出级。由于其晶体管一直工作在饱和区,所以线性度相对较高; 但是同时也需要较大的静态功耗,能量效率较差; B 类输出级,导通角为 50%(π),即其输出晶体管只在半个信号周期内导通,另半周期完全截止; AB 类输出级,介于 A 类和 B 类之间,即导通角在 50%～100%; C 类输出级,导通角小于 50%,效率相对最高。

从图 13-43 中也可以看出,虽然导通角越小的输出级效率越高,但其输出波形的失真程度也越大。事实上,只要导通角不是 100%,输出波形都会存在明显的截断失真,在实际应用中的非 A 类输出级需要采取一些方法弥补这一问题,以消除波形失真。

---

① 需要注意区分输出级的偏置功耗和总功耗: 对于给定的负载条件和输出信号,在负载上消耗的功率总是固定的,对此部分任何输出级电路都需要从电源获得同等的功率并转移到负载。而不同输出级电路的区别仅在于电路自身消耗的额外功耗,即用于偏置内部电路的功耗。可以广义地定义,总功耗=偏置功耗+负载功耗,效率=负载功耗/总功耗。

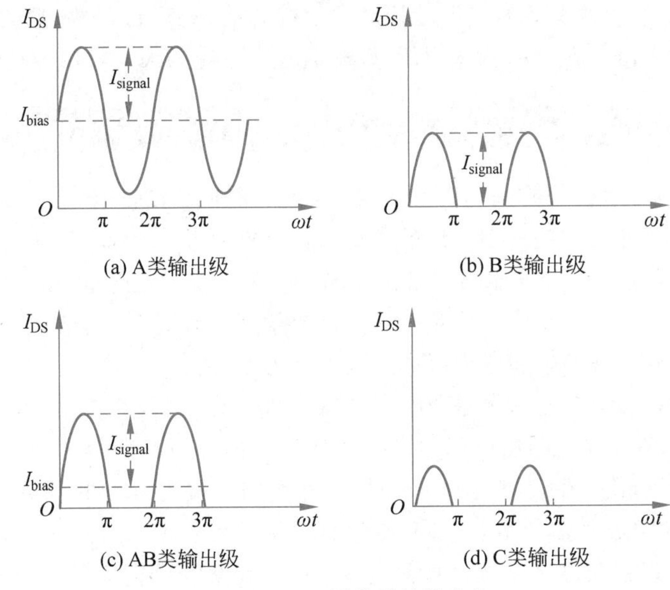

图 13-43 不同类型的输出级

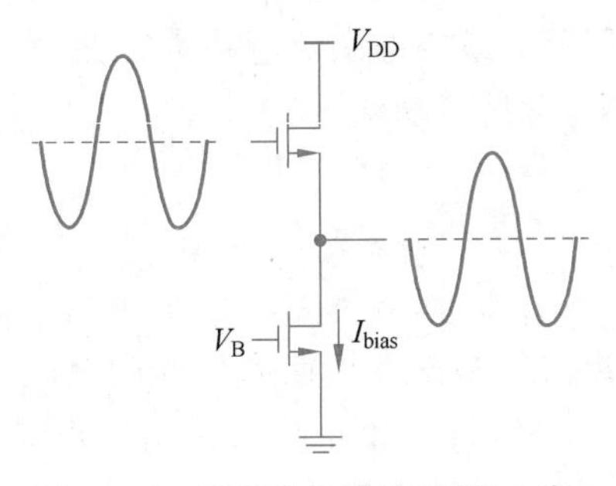

图 13-44 源极跟随器输出级(A 类)

除了 A、B、C 三类输出级之外，还有一些特殊的基于调制的输出级，被命名为 D 类、E 类等。其中 D 类输出级通过一些脉冲调制技术，把输入信号调制成不同脉宽的 0、1 脉冲波形，并使用 CMOS 开关输出，如图 13-45 所示。由于开关只有完全导通和完全截止两个状态，开关晶体管本身的功耗近乎为零，因此 D 类输出级的效率非常高，理论上可做到 100%(实际中通常也可以做到 90%以上)。为此，D 类输出级在手机等电池供电设备中被广泛地应用于音频功放。虽然 D 类输出级的输出波形只有两个电平方波，但通过合适的调制手段，输出波形中的低频部分可以精确地还原输入信号①，而高频部分的调制噪声则可以使用输出滤波器滤除。

还有一类有趣的输出级是 G 类输出级，这是一类采用“电源调制”技术的输出级，如图 13-46 所示。G 类输出级实时检测输入信号的幅度，在信号为大摆幅时用高压提高驱动能力，在信号为小摆幅时用低压节省功耗，以此达到提升 AB 类输出级效率的目的。

---

① 事实上，如今先进的 D 类输出级的线性度可以达到 A 类输出级的水平，甚至更高。

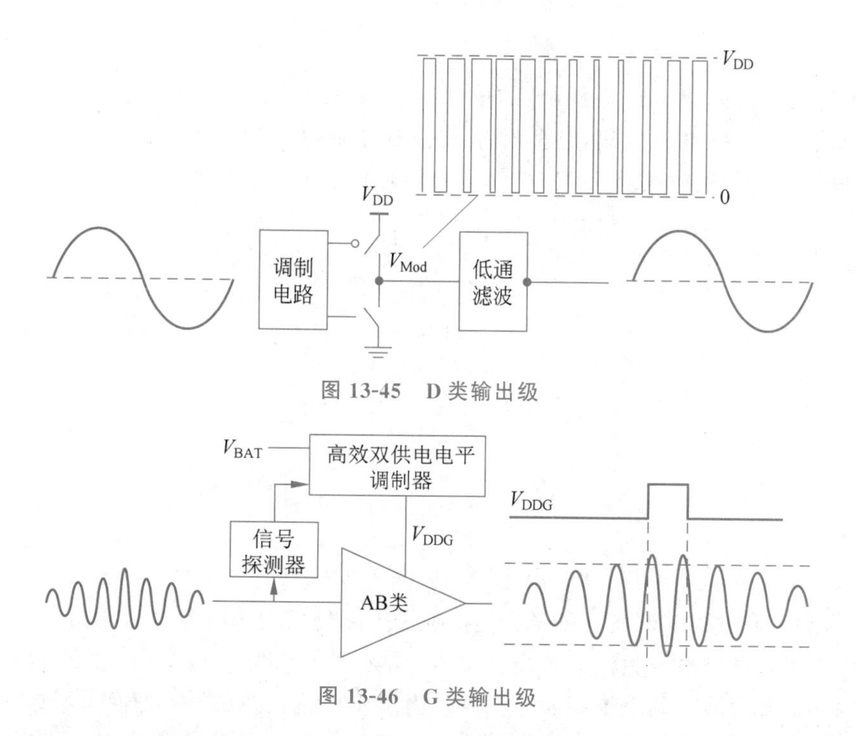

图 13-45　D 类输出级

图 13-46　G 类输出级

13.4.2　推挽互补输出级

在 13.4.1 节中提到，除了 A 类以外的输出级均存在明显的截断失真，引入显著的非线性，因此要在实际使用中需要设法解决截断失真的问题。对于 B 类和 AB 类的输出级，最常见的方案是采用推挽结构，也称为互补结构。

推挽结构的基本思想是将分别由 PMOS 和 NMOS 构成输出管的两个输出级组合，通过让两个输出级各占一部分导通角来实现信号截断部分的互补。以 B 类输出级为例，将 PMOS 源随器和 NMOS 源随器并联，就可以得到一种简单的推挽 B 类输出级，如图 13-47 所示。

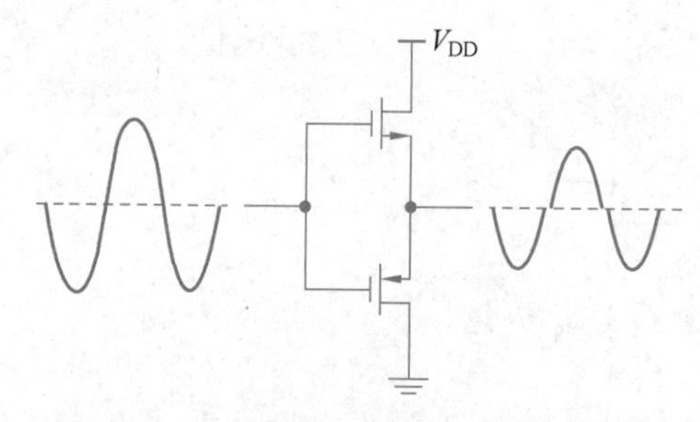

图 13-47　基于源跟随器的 B 类推挽输出级

根据输入信号的高低，两个 MOS 管将轮流导通驱动输出，即对于每个晶体管而言，导通时间只有一半，因而其能效较高。不过图 13-47 的电路存在两管均不导通的“死区”，即当输出电压接近输入电压时，两管的 V_{GS} 将均小于 V_t（均不导通），此时输出级的驱动能力几乎消失，使得输出电压与输入电压之间存在一个死区误差，引入了额外的非线性失真。

为了解决死区问题，可以用额外的偏置结构（通常是两个二极管连接的 MOS 管）将两个输出晶体管的栅电压分离，使其分别被偏置在临界导通状态，如图 13-48 所示。此时，两个晶体管的导通时间将大于 50%，因此该输出级属于 AB 类，其能效略低于 B 类。

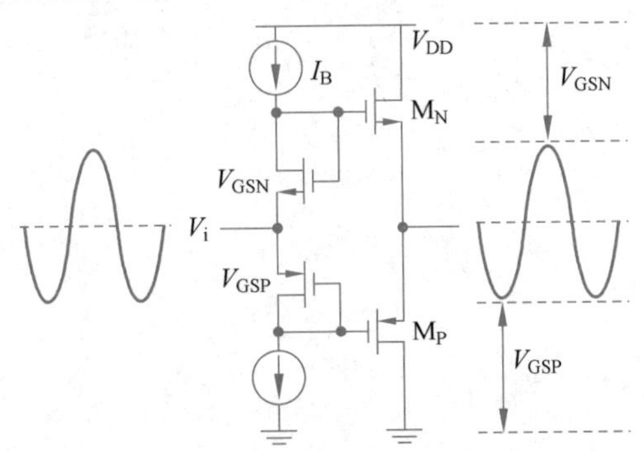

图 13-48　基于源跟随器的 AB 类推挽输出级

但是，基于源极跟随器实现的 AB 类推挽输出级仍然无法避免输出摆幅的限制问题，即由于跟随器的栅极电压无法高于电源电压（或无法低于地电压），跟随器的输出幅度总是被限制在电源轨减去两个 V_{gs} 的范围内。为了实现轨到轨的输出摆幅，需要使用共源组态实现 AB 类推挽级输出。一个经典的共源 AB 类推挽输出级设计是霍格沃斯特（Hogervorst）输出级，如图 13-49 所示，它于 1994 年由 Ron Hogervorst 提出，在实际产品中被广泛地采用。

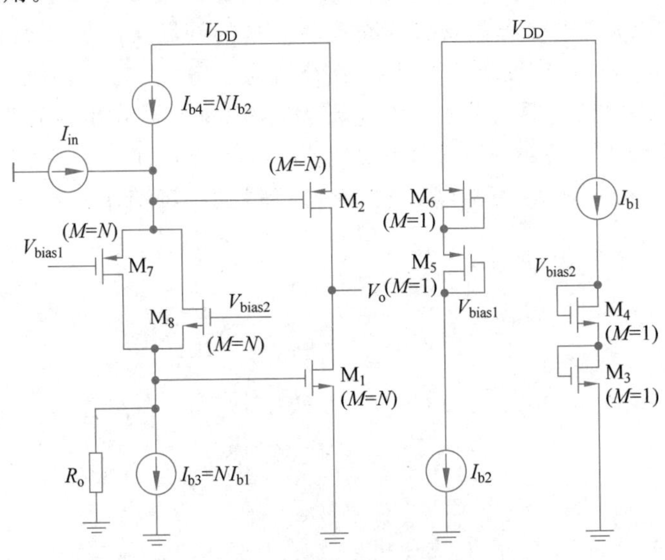

图 13-49　霍格沃斯特输出级

霍格沃斯特输出级的主体是两个输出共接的共源放大器（由 M_1、M_2 组成），拓扑上类似一个反相器。该输出级的输入为电流，通常由前级的 OTA 驱动，而电流流入后会通过内部电流源的输出电阻 R_o 产生一定的电压增益用于驱动共源放大器。两个共源放大器的静态偏置电流被设计得较小，即当输入置零时，M_1、M_2 为弱导通。而当输入电流增大时，内生的电压增益将使 M_1、M_2 其中一个晶体管的栅压迅速增大进入强导通，另一个晶体管的栅压迅速降低至截止状态。此时的输出电流完全由其中一个晶体管的强导通电流提供，其值可远高于静态偏置电流，而内部直通的偏置电流则降为零。因此，霍格沃斯特输出级的电流输出能力非常强，且效率很高，巧妙地突破了静态功耗与驱动能力之间的折中。此外，由于在满幅输出时晶体管处于强导通态，霍格沃斯特输出级可以输出非常接近电源轨的电压。

值得一提的是，霍格沃斯特输出级的偏置电路设计也十分巧妙，其中有许多可以借鉴的技巧。电路中 M_1、M_2 管的栅极分别由 M_7 和 M_8 组成的两个源极跟随器偏置，而源极跟随器的栅压则由两个镜像偏置电路产生。由镜像偏置的原理，M_1、M_2 的电流将由 I_{b1} 乘以倍增因子 N 设定，而与 PVT 条件无关。最巧妙的一点是两个用于偏置的源极跟随器采用了并联组态，使得它们在小信号的意义上类似双向的共栅管，不仅能将 M_1、M_2 管的栅极信号短路起来，而且让输入电流能传递到 R_o 上产生增益。因此，这种电路常用于对直流上分离、而交流上短路的两个节点进行独立偏置。

13.5 本章小结

作为对第 11 章内容的延续，本章讨论了多种运放的高级设计方法以及分析方法。在一开始的分析中，我们看到了单级运放的局限性，由此引入了多级运放，实现了电路自由度的增加和折中关系的解耦。然后在对运放的小信号分析中我们意识到了运放的稳定性问题，并依次讨论了主极点补偿、平行补偿、密勒补偿和前馈补偿四种常见的补偿技术，包括它们的优劣和适用场景。在对运放的大信号分析中讨论了压摆过程的成因和摆率的计算方法，并讨论了大信号下的稳定性问题。最后对运放的输出级进行了简单讨论，介绍了 AB 类输出级的基本结构和优势。

第14章 运算放大器设计实践

运算放大器设计是模拟电路设计的基础，本章将在基于跨导效率的设计方法以及运放结构的基础上，分别以单级套筒式放大器和用于开关电容电路的两级跨导运算放大器设计为例，介绍根据设计指标要求分析放大器核心设计参数、利用跨导效率确定晶体管的尺寸并结合电路仿真完成设计的流程。本章仿真设计采用 40nm CMOS 工艺，以便读者体会先进工艺下的模拟电路设计方法。

运算放大器设计的基本流程如下：

(1) 分析指标、确定放大器结构。

(2) 根据直流增益对晶体管本征增益的要求确定晶体管沟道长度。

(3) 根据带宽、噪声要求确定跨导以及晶体管沟道宽度。

(4) 设计偏置电路。

(5) 搭建电路进行仿真。仿真的顺序：DC 分析检查直流工作点→AC 分析、STB 分析确定带宽与稳定性，通过设计迭代满足带宽需求→瞬态仿真确认建立速度与精度→噪声分析。

建议读者阅读本章时遵循该流程进行实践，体会运放设计的基本思路。仿真方法可参考附录 D。

14.1 套筒式共源共栅放大器设计

本节将以图 14-1 所示的套筒式共源共栅放大器的设计为例，设计指标如下：

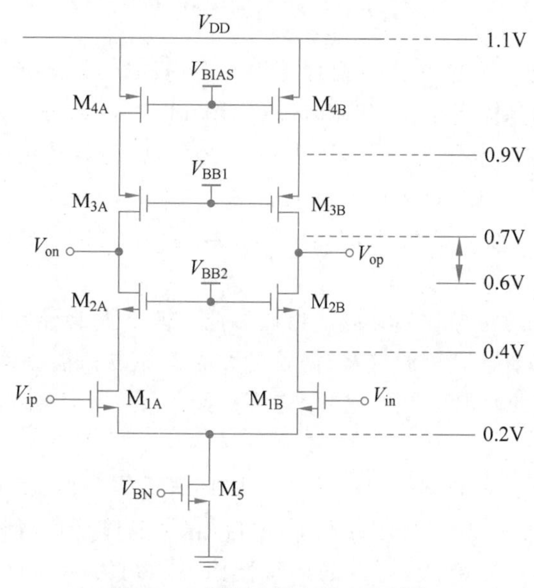

图 14-1 套筒式放大器电路结构

(1) 电源电压为 1.1V；

(2) 开环差分小信号直流增益大于 100(40dB)；

(3) 单位增益带宽为 500MHz；

(4) 输出单边负载电容为 1pF。

14.1.1 指标分析

根据开环差分小信号直流增益的设计需求，先分析晶体管本征增益的要求。根据第11章的内容，假设所有晶体管的本征增益相同，有

$$|A_{DC}|=g_{m1}(g_{m2}r_{o2}r_{o1} /\!/ g_{m3}r_{o3}r_{o4})\approx\frac{1}{2}g_m^2r_o^2$$

考虑到留有一定设计裕度，按增益大于200计算，有

$$\frac{1}{2}g_m^2r_o^2\geqslant 200$$

由此得出晶体管的本征增益需要大于20。若按增益大于100计算，则可以得到晶体管本征增益应大于14。

根据单位增益带宽的设计需求 $GBW\geqslant 500MHz$，若不考虑晶体管的寄生电容，可以得出

$$GBW=|A_{DC}|f_{-3dB}=\frac{g_{m1}}{2\pi C_L}$$

代入负载电容 $C_L=1pF$，可以得到 g_{m1} 需要大于3.14mS。实际由于晶体管寄生电容的影响，按此跨导设计得到的GBW将会小于500MHz，先用这一粗略的跨导估计进行尺寸设计，稍后将讨论如何通过仿真迭代修正这一影响。

14.1.2 尺寸设计

因为电源电压仅有1.1V，为保证晶体管工作在饱和区，需要考虑如何分配晶体管的漏源电压，以保证所有晶体管工作在饱和区。如图14-1所示，分配输出节点的两个共栅晶体管 M_2 与 M_3 的漏源电压为250mV以获得较大的摆幅，其余晶体管的漏源电压为200mV。在接下来的设计中，将采用漏源电压 $V_{DS}=200mV$ 仿真获得跨导效率与本征增益、特征频率的曲线。当 V_{DS} 增大时，本征增益与特征频率都会略微提高，因此用200mV获得的增益是保守的估计。

相同跨导下，更大的跨导效率可以使功耗降低。但更大跨导效率的代价是更大的晶体管寄生电容，因此若要达到相同带宽，需要更大的跨导以补偿晶体管带来的寄生电容。若需要设计达到最小的功耗，需同时考虑对跨导效率与晶体管寄生电容的影响进行优化[①]。

为简单起见，假设所有晶体管的跨导效率为 $15.0V^{-1}$。如图14-2所示，此时过驱动电压 $V_{dsat}\approx 100mV$，因此200mV的漏源电压可以保证晶体管在饱和区。另外，所用工艺晶体管的阈值电压约为400mV，因此晶体管栅源电压约为500mV，由此可得到图14-1中输入共模电压约为0.7V，$V_{BB1}\approx 0.4V$，$V_{BB2}\approx 0.9V$，均是偏置电路可以容易实现的范围（在 $0\sim V_{DD}$ 之间，并且与电源轨有至少一个过驱动电压的距离）。在此特别提醒，基于

① 优化方法将在14.2节的设计中进行介绍，那时将看到对于开关电容电路，放大器输入端的寄生电容还会导致反馈系数降低，从而使跨导效率与带宽间的关系更复杂。

跨导效率的设计方法相比利用长沟道公式的设计方法，考虑的关键量不再是过驱动电压而是跨导效率，但是，在实际设计中仍需要考虑阈值电压与过驱动电压的影响，因为这关系到直流偏置是否可行。如在低电源电压下，由于漏源电压的限制，为了保证晶体管工作在饱和区，在设计中很难使用很小的 g_m/I_D，因为这会导致过高的 V_{GS} 和 V_{dsat}。

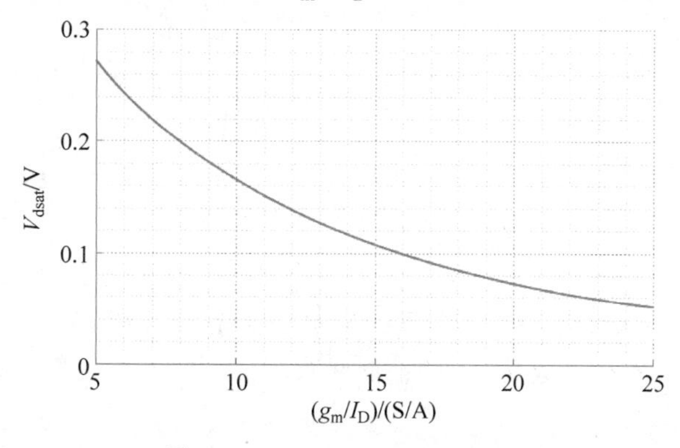

图 14-2　NMOS V_{dsat}-g_m/I_D 图

由本征增益的要求可以确定最小的沟道长度 L。仿真可得到不同 L 下 NMOS 本征增益随 g_m/I_D 变化曲线，如图 14-3 所示。取 $g_m/I_D=15.0V^{-1}$ 时的本征增益，可得 $L=400$nm 时本征增益约为 20。因此取 M_1、M_2 的沟道长度为 400nm。

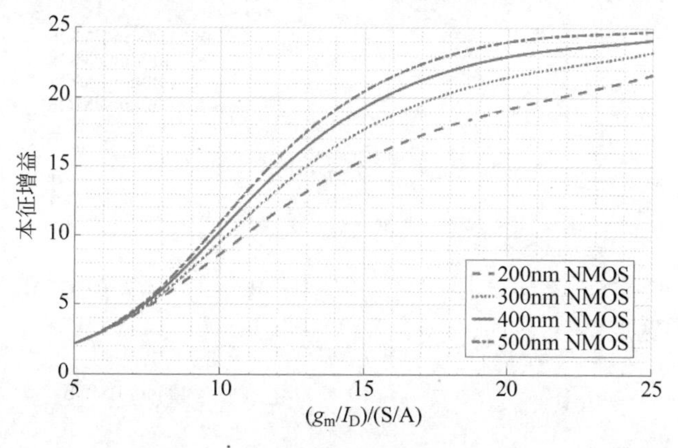

图 14-3　NMOS g_m/g_{ds}-g_m/I_D 图

由 $g_{M1}=3.14$mS，$g_m/I_D=15.0V^{-1}$，可以得到 $I_D=210\mu A$。由图 14-4 所示的电流密度与 g_m/I_D 的关系可知，对于 400nm NMOS，$g_m/I_D=15.0V^{-1}$ 对应 $I_D/W\approx 3.6\mu A/\mu m$，则 M_1 与 M_2 的宽度 $W\approx 58\mu m$。尾电流管 M_5 也采用 400nm 的栅长[①]，则尺寸 $W_5\approx 58\mu m\times 2=116\mu m$。

与分析 NMOS 类似，取 $V_{DS}=200$mV，仿真不同 L 下 PMOS 本征增益随 g_m/I_D 变化曲线，如图 14-5 所示。可以看出，单纯通过增大 L 提高本征增益的效果有限，如 L 从

① 在实际设计中，尾电流管栅长的考量主要与共模抑制比、面积及共模反馈环路速度有关，此处为设计简便，取与其余 NMOS 相同的栅长。

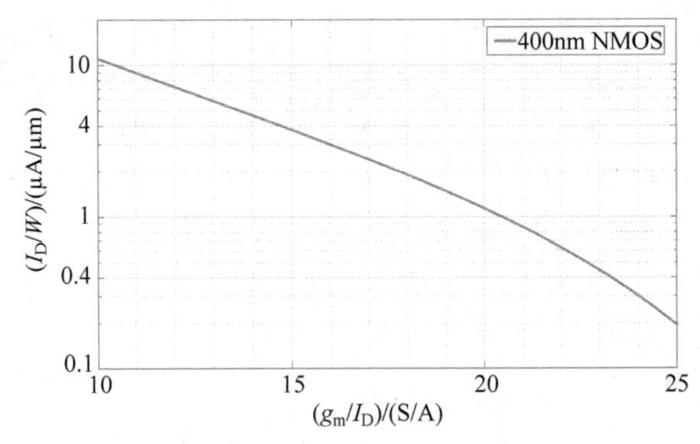

图 14-4　400nm NMOS I_D/W-g_m/I_D 图

400nm 增大到 800nm，$g_m/I_D=15.0V^{-1}$ 时的本征增益仅从 17 增大到 19。此处选取 $L=400nm$，已超过了本征增益为 14 的最低要求。

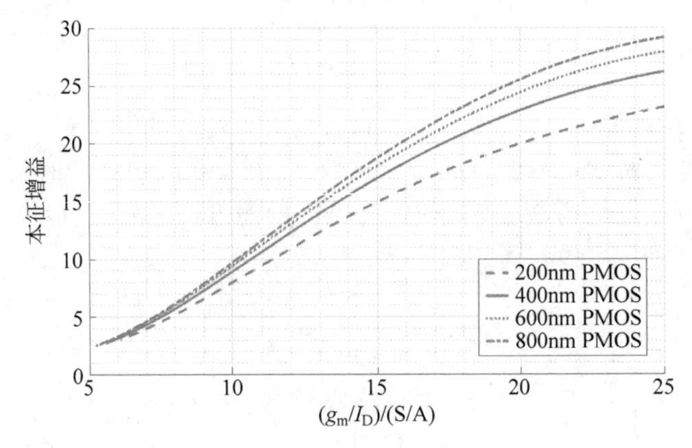

图 14-5　PMOS g_m/g_{ds}-g_m/I_D 图

如图 14-6 所示，当 $g_m/I_D=15.0V^{-1}$ 时，$I_D/W\approx1.1\mu A/\mu m$。由 $I_D=210\mu A$ 可以得到 M_3 与 M_4 的宽度 $W\approx191\mu m$。

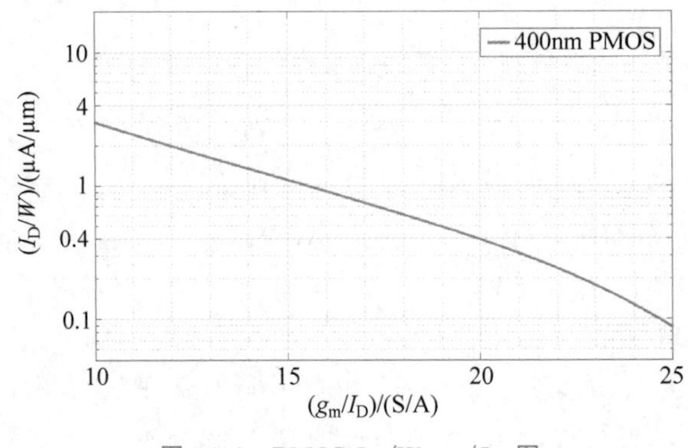

图 14-6　PMOS I_D/W-g_m/I_D 图

得到 M_1 与 M_2 两组 NMOS 的总宽度为 $58\mu m$，M_3 与 M_4 两组 PMOS 的总宽度为 $191\mu m$，PMOS 与 NMOS 宽度比约为 3.3。可以取 NMOS 的插指宽度为 $1\mu m$，PMOS 的

插指宽度为3.3μm,因而 M_1、M_2、M_3 与 M_4 均有58个插指,以便于接下来的偏置电路设计。

14.1.3 偏置电路及共模反馈电路设计

在确定了主要晶体管参数后,还需要设计偏置电路,有 V_{BIAS}、V_{BB1}、V_{BB2}、V_{BN} 四处需要偏置。另外,还需要产生放大器的输入共模电压 V_{CMI}。注意,这些电压的实际大小与晶体管的阈值电压是直接相关的,因此在一个稳健的设计中,这些偏置电压都需要由电流偏置产生。V_{BIAS}、V_{BB1}、V_{BN} 与 V_{CMI} 的偏置电路如图14-7所示,图中标注了具体的晶体管尺寸 W/L(单位为μm)。

PMOS电流镜中 V_{BIAS}、V_{BB1} 电压采用了低压共源共栅电流镜及其偏置电压生成的电路。为减小失配、噪声的影响,一般将电流镜的镜像比控制在1∶10以内,因而此处选取PMOS宽度为33μm,约为主支路电流的1/6。

对于 V_{BN} 产生,可以加入晶体管 M_D,其栅极接入电压 V_{CMI}(约为700mV),使得其下方晶体管漏源电压约为200mV,从而减小沟道调制效应对电流镜像准确度的影响[①]。V_{CMI} 通过如图14-7最右侧支路所示的电路产生,用两个串联的NMOS产生约为 $V_{GS}+V_{DS}$ 的电压,从而使图14-1中尾电流管 M_5 的漏源电压约为200mV。

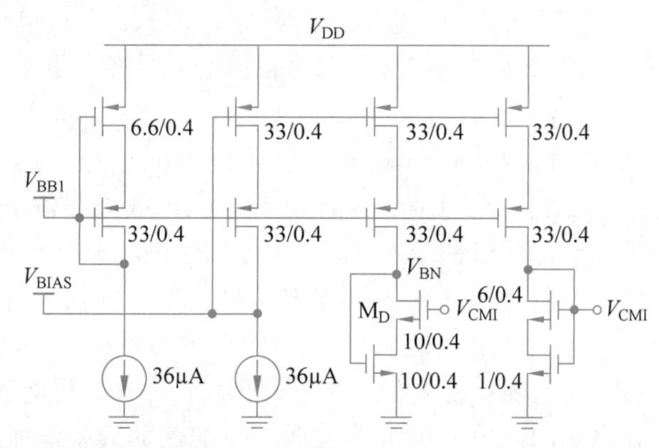

图14-7 套筒式共源共栅放大器偏置 V_{BIAS}、V_{BB1}、V_{BN} 与 V_{CMI}(单位为μm)

对于 V_{BB2} 的产生,如果 V_{BB2} 是一个固定的电压,那么当 V_{BB2} 较低且输入共模电压较高的时候,输入晶体管 $M_{1A/B}$ 会进入线性区,而当 V_{BB2} 电压较高时晶体管 $M_{2A/B}$ 会进入线性区,所以 V_{BB2} 最好能够跟输入共模电压同步变化。采用图11-10所示的结构产生 V_{BB2},该部分偏置电路如图14-8中间电路所示,注意该支路的电流需要额外增大尾电流管 M_5 提供。

---

① 此处可以理解为 M_1 与 M_5 构成了共源共栅电流镜,M_1 为Cascode管,因此 V_{BN} 的产生与共源共栅电流镜中共源处偏置产生的方式相同。类似图3-32,区别在于为了让 V_{cmi} 达到希望的电压值,而减小了最右侧支路(对应图3-32最左侧支路)的宽度,以使 V_{cmi} 垫得更高。

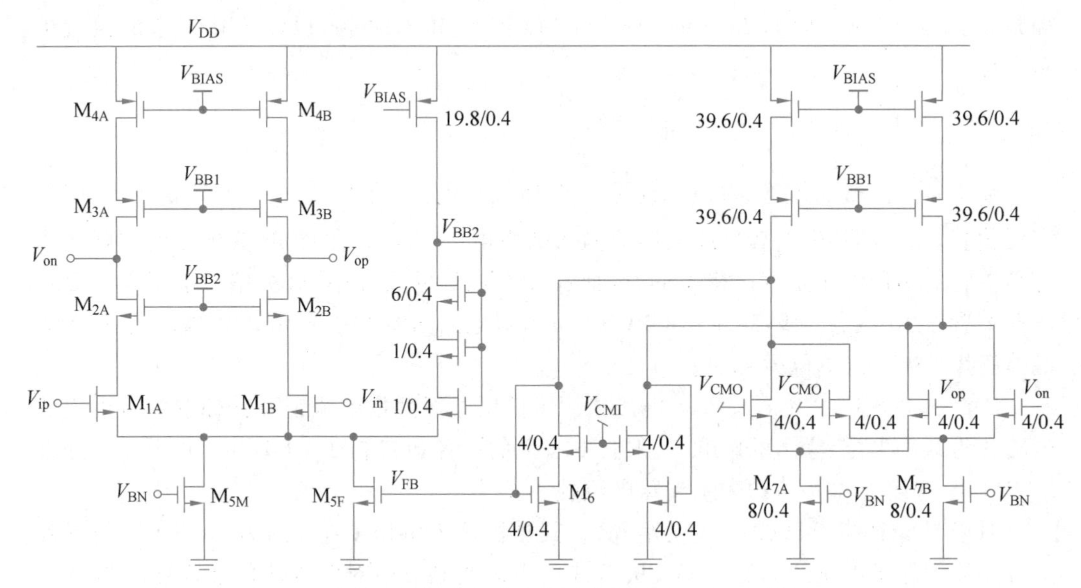

图 14-8 套筒式共源共栅放大器及共模反馈电路(单位为 μm)

接下来需要设计共模反馈电路。将晶体管 M_5 拆分为主偏置支路 M_{5M} 与反馈支路 M_{5F},比例为 3∶1。由增益至少为 100 以及输入跨导为 3.14mS,可以计算得到放大器输出阻抗至少为 32kΩ。因此,此处应使用大于 100kΩ 电阻,用较小电阻感受共模会减小输出阻抗,从而降低放大器增益。

由于套筒式 OTA 输出摆幅很小,此处可以采用电流域相加的方式感受共模,在 11.5 节最后讨论过这一方式。如图 14-8 右侧电路所示,取放大器输出共模电压 V_{CMO} = 650mV(由于该部分电压与晶体管阈值电压无关,可以将电源电压用电阻分压产生),共模误差放大器部分可以采用 NMOS 输入。在误差放大器一侧输入将 NMOS 分为相等的两部分,分别接到 V_{op} 与 V_{on},并将这两个 NMOS 管的漏极相连,这样它们的总漏极电流就不随差模电压变化,而只随共模变化。注意,此处将 NMOS 尾电流管拆分为 M_{7A} 与 M_{7B} 两部分,是为了在更宽的差模电压范围内取得更准确的共模电压(读者可以自行对比将 M_{7A} 与 M_{7B} 合并,且将其漏极相连的情形)。由于误差放大器的输出将反馈到 NMOS 尾电流管 M_{5F},因此需要采用二极管接法的 NMOS 有源负载来提供合适的输出偏置电压以及稳定的增益,所以共模误差放大器采用了图 14-8 所示的折叠式结构。

假设反馈放大器不影响共模环路带宽且其增益近似为 1,又由 M_{5M} ∶ M_{5F} = 3∶1,则共模环路的增益带宽积约为主放大器增益带宽积的 1/4,即 125MHz。为保证共模反馈环路的稳定性,需要让此处的极点频率至少高于 2 倍共模环路 GBW(63°相位裕度)。仿真得到 M_{5F}(29μm/0.4μm)的 C_{gg} = 80fF。因此,共模环路 V_{FB} 处极点频率约为

$$f_{p,FB} \approx \frac{g_{m6}}{2\pi C_{gg}} \geqslant 250(\text{MHz})$$

由此可得 $g_{m6} \geqslant 125\mu S$,相比主放大器的输入跨导,这是一个较小的值。由 $g_m/I_D = 15.0V^{-1}$ 可得 $I_D = 8.3\mu A$,再由 $I_D/W \approx 3.6A/m$ 可得 $W \approx 2.3\mu m$,因此共模环路的稳

定性很容易满足[①]。此处为避免 M_{5F} 与 M_6 比例过大，取 $W_{M6}=4\mu m$，即 4 个插指。

在初步设计中，主支路的晶体管尺寸见表 14-1。

表 14-1 主支路的晶体管尺寸（一）

晶体管	长度 $L/\mu m$	宽度 $W/\mu m$	插指宽度/μm	插指数
$M_{1A/B}$，$M_{2A/B}$	0.4	58	1	58
$M_{3A/B}$，$M_{4A/B}$	0.4	191.4	3.3	58
M_{5M}	0.4	93	1	93(87+6)
M_{5F}	0.4	29	1	29

注意在尾电流管 M_{5M} 中还包含了 6 个插指，提供 V_{BB2} 产生支路的电流，因此共有 93 个插指。

14.1.4 电路仿真

首先进行 DC 仿真验证工作点，这一步主要是检查电路中的连接错误以及确认电路的偏置状态。其中主要晶体管的工作点见表 14-2，可见所有晶体管都工作在饱和区。

表 14-2 主要晶体管的工作点

晶体管	$\|V_{GS}\|$/mV	$\|V_{DS}\|$/mV	$\|V_{dsat}\|$/mV
$M_{1A/B}$	495	227	105
$M_{2A/B}$	521	208	105
$M_{3A/B}$	494	277	93
$M_{4A/B}$	500	168	96
M_{5M}	467	219	103

接下来进行 AC 分析，得到交流小信号增益如图 14-9 所示。得到直流增益 $|A_{DC}|\approx 46.0dB\approx 199.2$。单位增益带宽 UGB≈449MHz<500MHz。在设计过程中没有考虑晶体管的寄生电容导致了 UGB 不及预期。当然，希望在设计初始就考虑所有的寄生电容，从而一次设计即满足带宽的要求。但是，当晶体管尺寸尚未确定时，又如何得到寄生电

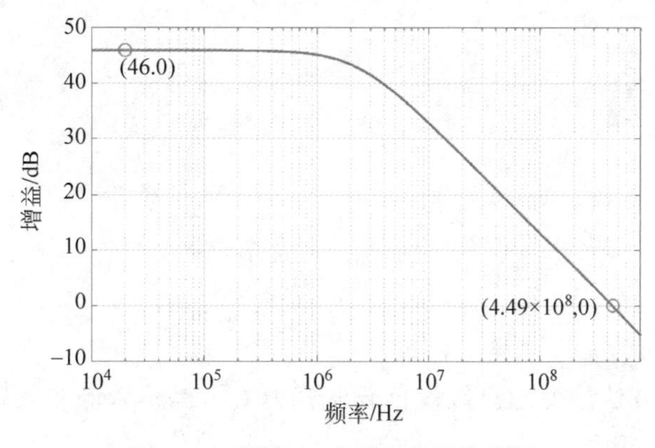

图 14-9 设计 1：交流小信号增益图

① 这主要是因为共模误差放大器采用了二极管接法的有源负载使得增益较低，共模环路增益较低。

容的信息？另外，为了精确估计，还需要同时考虑 M_1、M_2、M_3 与 M_4 的寄生影响，这样导致设计初始就需要考虑很多参数，较难实用。

为解决这一问题，在此介绍一种迭代的方法。进一步增大跨导（等比例增大主支路电路宽度）可以提高带宽，但是由于晶体管尺寸增大，其寄生也会等比例增大，那么需要将主支路增大多少？为此，引入尺寸因子 k：

$$k=\frac{1}{2-\dfrac{\mathrm{UGB_{spec}}}{\mathrm{UGB_{raw}}}}$$

式中 $\mathrm{UGB_{spec}}$ 为目标的带宽；$\mathrm{UGB_{raw}}$ 为目前实际的带宽。

将给电路中所有非偏置的晶体管沟道宽度乘此因子进行迭代。在本例中

$$k=\frac{1}{2-\dfrac{500\mathrm{MHz}}{449\mathrm{MHz}}}\approx 1.13$$

之前的设计中 $M_1 \sim M_4$ 为 58 个插指，迭代后为 66 个（$58\times k\approx 66$）。

迭代后其余部分电路不变，主支路的晶体管尺寸见表 14-3。

表 14-3　主支路的晶体管尺寸（二）

晶体管	长度 $L/\mu m$	宽度 $W/\mu m$	插指宽度/μm	插指数
$M_{1A/B}$，$M_{2A/B}$	0.4	217.8	3.3	66
$M_{3A/B}$，$M_{4A/B}$	0.4	66	1	66
M_{5M}	0.4	105	1	105
M_{5F}	0.4	33	1	33

在迭代一次后，增益如图 14-10 所示，由于晶体管宽度等比例增大，因此本征增益不变，UGB 达到 498MHz，基本满足了设计指标。

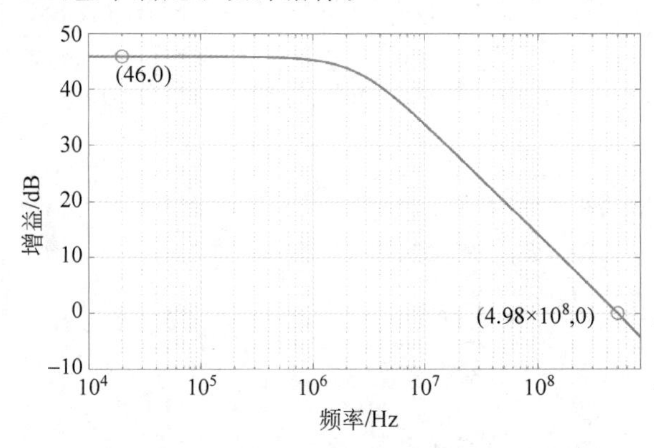

图 14-10　设计 1：迭代后交流小信号增益图

在此处推导该方法的原理。假设负载电容为 C_L，晶体管的等效寄生电容为 C_p，可以得到带宽为

$$\mathrm{UGB_{raw}}=\frac{g_m}{2\pi(C_L+C_p)}$$

设计时，有

$$\mathrm{UGB_{spec}}=\frac{g_{\mathrm{m}}}{2\pi C_{\mathrm{L}}}$$

由此可以解得

$$C_{\mathrm{p}}=\frac{\mathrm{UGB_{spec}}-\mathrm{UGB_{raw}}}{\mathrm{UGB_{raw}}}C_{\mathrm{L}}$$

当用尺寸因子将晶体管尺寸放大 k 倍后，由于偏置状态不变，g_{m} 与 C_{p} 都同时放大为 k 倍，因此此时的带宽为

$$\mathrm{UGB_{update}}=\frac{kg_{\mathrm{m}}}{2\pi(C_{\mathrm{L}}+kC_{\mathrm{p}})}$$

需要让 $\mathrm{UGB_{update}}=\mathrm{UGB_{spec}}$，由此可以解得

$$k=\frac{1}{2-\dfrac{\mathrm{UGB_{spec}}}{\mathrm{UGB_{raw}}}}$$

下一步，切断 V_{FB} 处环路插入 Probe 进行稳定性分析，可以获得共模反馈环路的增益及相位，如图 14-11 所示。正如前边所分析，共模环路增益比差模增益低 4 倍(12dB)，该环路的相位裕度很容易满足，误差放大器尺寸考量主要是降低电流镜的复制比，共模反馈环路约有 65°相位裕度。

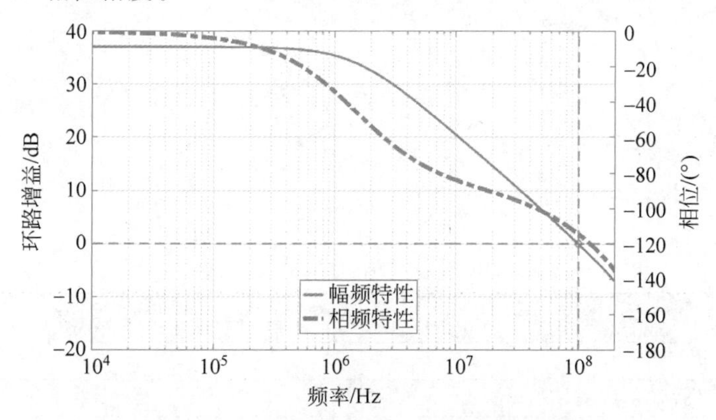

图 14-11　设计 1：共模反馈环路频率响应

套筒式结构的一个主要缺点是输出摆幅较小。通过直流仿真扫描输入差模电压获得直流增益随差模输出电压的变化，如图 14-12 所示。由图可看到，输出摆幅(相对零差模输出增益降低 3dB 时的差模输出电压)约为±0.28V，不到电源电压 1.1V 的 1/3。

至此完成该放大器电路设计，回顾本节的设计流程如下：

(1) 根据结构与指标确定基本设计参数(主通路晶体管本征增益与跨导)；

(2) 根据增益指标以及本征增益确定栅长；

(3) 根据带宽要求确定跨导并由跨导效率查表计算得到晶体管宽度；

(4) 搭建电路进行仿真，根据仿真结果迭代达到指标要求。

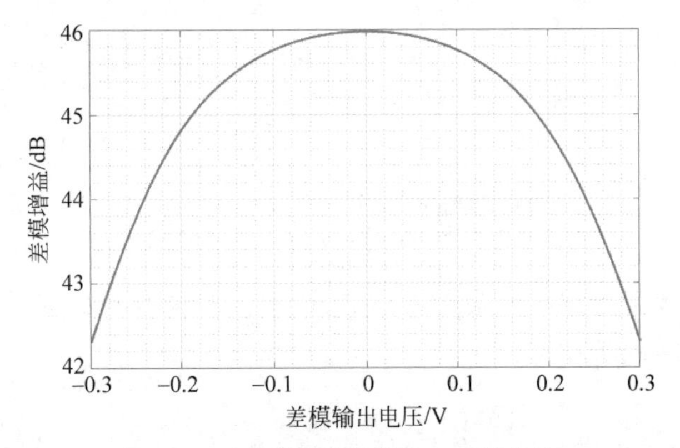

图 14-12　差模增益随输出电压的变化

14.2 全差分两级跨导运算放大器设计

本节将根据如图 14-13 所示开关电容电路的性能指标设计相应的跨导运算放大器，其中 C_s 和 C_f 构成了放大器的负反馈环路，C_L 为输出端所接的负载电容，此结构在之前的章节已经分析过。设计的性能指标要求如表 14-4 所示。

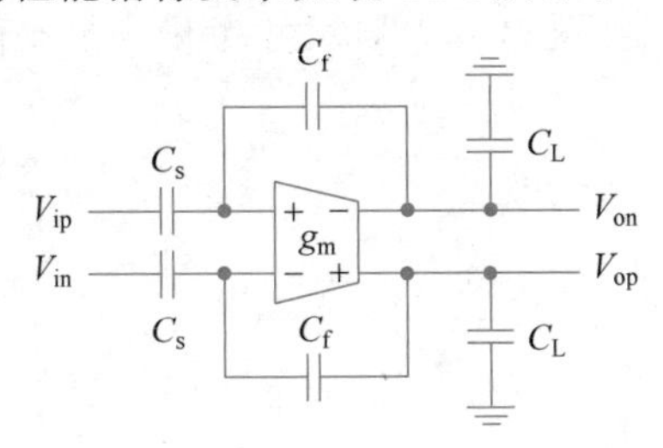

图 14-13　开关电容电路结构

表 14-4　开关电容电路性能指标

指　　标	要　　求
电源电压/V	1.1
负载电容(C_s,C_f,C_L)/pF	1
静态建立误差/%	<0.1
动态建立误差/%	<0.1
单端输出摆幅/V	>0.6
环路相位裕度/(°)	>60
建立时间/ns	<10
总输出噪声(RMS)/μV	<300
总功耗	尽可能小

接下来将根据表 14-4 所列的指标分析运放的指标要求。

14.2.1　指标分析

考虑到输出摆幅要求在 0.6V 以上，使用单级放大电路难以满足摆幅的要求，所以此处必须考虑采用两级结构，第一级放大电路提供高增益，第二级放大电路提供高摆幅。如第13章所讨论的，此时需要仔细考虑稳定性的问题。此处我们使用密勒补偿解决此问题。两级OTA的单端拓扑结构如图14-14所示，接下来参照此模型分析主要参数的取值。

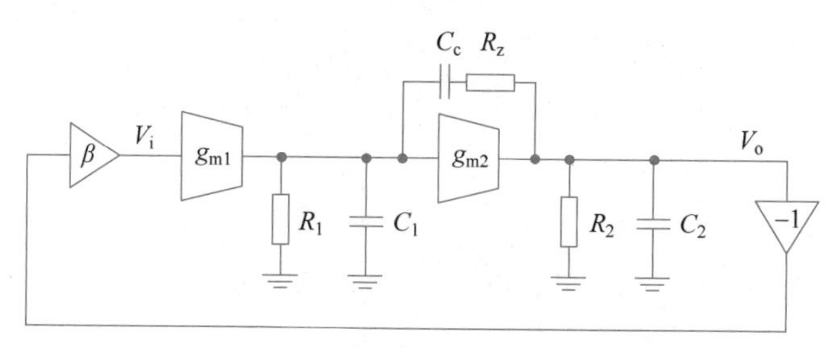

图 14-14　两级运放单端拓扑结构

静态建立误差决定了对运放直流增益的要求。放大器的直流环路增益的表达式为

$$T(0)=\beta g_{m1}R_1g_{m2}R_2$$

式中 g_{m1}、g_{m2} 分别为第一、二级放大电路的跨导；R_1、R_2 分别为第一、二级放大电路的输出阻抗。

直流环路增益决定了静态建立误差 $|\varepsilon_0|$，性能指标要求为

$$|\varepsilon_0|\approx\frac{1}{T(0)}=\frac{1}{\beta g_{m1}R_1g_{m2}R_2}\leqslant 0.1\%$$

所以两级跨导运放的直流闭环增益 $T(0)$ 需要大于1000，由于反馈系数 $\beta<0.5$，放大器开环直流增益至少为2000。如果设计电路为两级共源放大器级联的结构，假设所有晶体管本征增益 g_mr_o 都相同，则其开环增益为

$$A_v=g_{m1}R_1g_{m2}R_2\approx(g_mr_o)^2/4$$

因此，晶体管本征增益的要求为

$$g_mr_o\geqslant 90$$

由14.1节设计过程可知，对于40nm工艺，单个晶体管无法达到这么大的本征增益，所以不能使用两级共源放大器级联结构。考虑到第一级放大器输出摆幅要求很低，可以使用增益更大的套筒式放大器。第二级放大器仍然采用共源放大器保证高输出摆幅，如图14-15所示。此时增益为

$$A_v=A_{v1}A_{v2}=\frac{1}{2}(g_mr_o)^2\cdot\frac{1}{2}g_mr_o=\frac{1}{4}(g_mr_o)^3\geqslant 2000$$

此时，晶体管本征增益的要求为

$$g_mr_o\geqslant 20$$

这是可以满足的。假设第一级增益约为200，第二级增益约为10，则对第一级的输出摆幅要求是整体输出摆幅除以第二级增益，这小于60mV。由上一节的经验可知这是可以满足的。

接下来分析动态误差和建立时间的要求，这取决于运放带宽与压摆率。首先假设不存在压摆，即只有线性建立过程，则动态误差<0.1%需要建立时间大于 6.9τ，其中 τ 为

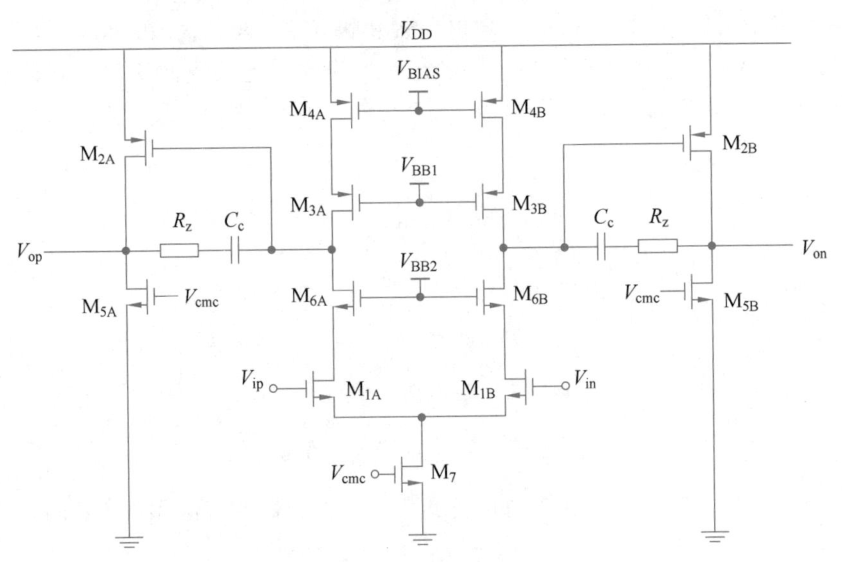

图 14-15　两级放大器主通路电路图

环路的建立时间常数，因此有

$$6.9\tau < 10\text{ns}$$

可得 $\tau<1.4\text{ns}$。由对 τ 的要求，可以得到环路单位增益带宽为

$$\omega_c=\beta\frac{g_{m1}}{C_c}>\frac{1}{\tau}\approx 0.72\text{Grad/s}=114\text{MHz}$$

接下来考虑压摆率的问题，读者可以先回顾一下 13.3.1 节对压摆的分析。假设两级运放的最大压摆率由第一级限制(后续分析会验证由于非主极点频率对输出级跨导的要求①，运放的最大压摆率不被第二级限制)，此时有压摆率：

$$\text{SR}=\frac{I_1}{C_c}=\frac{g_{m1}}{g_{m1}}\frac{I_1}{C_c}=\frac{\omega_c}{\beta}\frac{I_1}{g_{m1}}$$

由上式可见，压摆率与单位增益带宽 ω_c 成正比，与第一级的跨导效率成反比。假设第一级的跨导效率为 15V^{-1}，$\beta\approx\dfrac{1}{2}$，计算可得 $\text{SR}=\dfrac{2}{15\text{V}^{-1}\tau}$。由刚才计算中 $\tau<1.4\text{ns}$，可得 $\text{SR}=95\text{V}/\mu\text{s}$。

对于运放在最大输出摆幅 0.6V 的建立过程，若全过程为线性建立，其最大的电压变化率为建立初始时刻：

$$\left|\frac{\text{d}(0.6\text{V}\times \text{e}^{-\frac{t}{\tau}})}{\text{d}t}\right|_{(t=0)}=0.6\text{V}\times\frac{1}{\tau}=430\text{V}/\mu\text{s}$$

① 第二级的压摆率 $\text{SR}_2\approx\dfrac{I_2}{C_{\text{L,tot}}}=\dfrac{g_{m2}}{g_{m2}}\dfrac{I_2}{C_{\text{L,tot}}}\approx\omega_{p2}\dfrac{I_2}{g_{m2}}\approx 3\omega_c\dfrac{I_2}{g_{m2}}$。因此对于本例单位电容负反馈 $\beta\approx\dfrac{1}{2}$ 的情况，这个假设是成立的。但对于更小反馈系数，往往第二级会限制压摆率，此时采用 AB 类推挽输出级就能有效提高输出级压摆率，降低静态功耗。

这显然超过了运放的压摆率限制，因此实际建立会出现压摆。运放脱离压摆状态时的输出为

$$\mathrm{SR} \times \tau = \frac{2}{g_{m1}/I_1} = 0.13(\mathrm{V})$$

这是一个与带宽无关的值。因此，压摆时间为

$$t_{\text{slew}} = \frac{0.6\mathrm{V} - 0.13\mathrm{V}}{\mathrm{SR}} = \frac{0.6\mathrm{V} - 0.13\mathrm{V}}{95\mathrm{V}/\mu\mathrm{s}} = 5\mathrm{ns}$$

由于存在5ns的压摆，10ns建立时间中只有5ns留给了线性建立，这只有约3.5个时间常数τ，只能达到3%的动态建立精度。为达到0.1%的动态建立精度，需要考虑压摆的影响，将在现有分析结果的基础上进行迭代。假设目前的压摆时间为5ns，将增益带宽提高为α倍，可以使τ与t_{slew}同时降低为$1/\alpha$。[①]

因此有

$$\frac{6.9 \times 1.4\mathrm{ns} + 5\mathrm{ns}}{\alpha} < 10\mathrm{ns}$$

由上可知，需要将单位增益带宽ω_c增大$\alpha=1.5$倍，即

$$\omega_c = 1.1\mathrm{Grad/s} = 175\mathrm{MHz}$$

此时第一级压摆率SR=143V/μs。优化后的压摆时间约为5/1.5=3.3(ns)。若第二级不限制压摆率，需要对第二级电流有约束$\dfrac{I_2}{C_{\mathrm{L,tot}}} > 143(\mathrm{V}/\mu\mathrm{s})$，由输出负载电容$C_{\mathrm{L,tot}} \approx 1.5\mathrm{pF}$，因此可得到第二级电流$I_2 > 215\mu\mathrm{A}$。

使用密勒补偿的两级放大器(图14-14)，非主极点频率为

$$\omega_{p2} \approx \frac{g_{m2}}{C_1 + C_2 + \dfrac{C_1 C_2}{C_c}}$$

为了提供70°相位裕度，需要$\omega_{p2} \approx 3\omega_c > 3.3\mathrm{Grad/s} = 525\mathrm{MHz}$。

注意：此处的相位裕度是指闭环的相位裕度，由于此处不是单位负反馈，这与运放开环的相位裕度是不同的[②]。稍后将详细讨论ω_c与ω_{p2}与功耗优化间的关系，在此之前可以先根据直流增益要求确定晶体管的沟道长度。

14.2.2 尺寸设计与优化

首先根据本征增益的要求确定沟道长度。与14.1节相同，需要仿真获得不同L下NMOS与PMOS本征增益g_m/g_{ds}随g_m/I_D变化曲线。由图14-3与图14-5可以得到第一级NMOS管M_1、M_6与PMOS管M_3、M_4沟道长度取500nm可满足第一级放大器

---

① 实际上由于压摆过程中输出已部分建立，线性建立过程并不需要6.9τ即可达到0.1%的建立精度，此处为计算简便及留有一定设计裕量，忽略这一影响。

② 对于通用运放，需要考虑单位负反馈情形下的相位裕度；而对于确定反馈系数(小于1)的应用，运放设计可以适当降低开环相位裕度的要求，以节省功耗。如此例，若考虑单位负反馈，非主极点频率还需至少推高2倍。

增益约为200的要求，第二级PMOS管M_2沟道长度取200nm可满足第二级放大器增益大于10的要求[①]。取NMOS电流源M_5、M_7沟道长度为400nm。

还需要注意，由于第一级选用了套筒式OTA，由14.1节的设计可知，对于1.1V电源电压，第一级输出范围为0.6～0.7V。因此M_2的栅源电压$|V_{GS}|$的范围为0.4～0.5V，如图14-16所示，仿真得到PMOS的栅源电压与跨导效率间的关系，因此M_2跨导效率应为15～20V^{-1}。

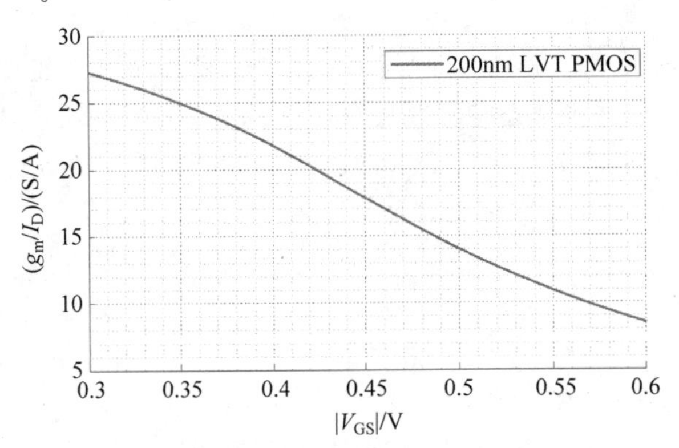

图 14-16　低阈值电压PMOS栅源电压与g_m/I_D的关系

接下来需要确定晶体管的宽度，这里的切入点是ω_c与ω_{p2}的约束：

$$\omega_c \approx \beta \frac{g_{m1}}{C_c} > 1.1\text{Grad/s}$$

$$\omega_{p2} \approx \frac{g_{m2}}{C_1 + C_2 + \frac{C_1 C_2}{C_c}} > 3\omega_c > 3.3\text{Grad/s}$$

式中

$$C_1 \approx C_{gg2}, \quad C_2 = C_L + (1-\beta)C_f, \quad \beta = \frac{C_f}{C_f + C_s + C_{gg1}}$$

代入C_1、C_2与β的表达式后可以发现，ω_c、ω_{p2}与参数g_{m1}、g_{m2}、C_{gg1}、C_{gg2}和C_c有关。当C_{gg1}、C_{gg2}和C_c确定之后，可以推导出β，并进而推导出g_{m1}和g_{m2}。如果晶体管的g_m和C_{gg}确定后，就可以得到晶体管的f_T，进而查图表反推得到跨导效率、电流密度，从而计算晶体管的宽度W(长度L已确定)。因此，本设计实例中两级放大器优化的核心变量是C_{gg1}、C_{gg2}和C_c。

接下来需要回答的问题是：在上述约束下，C_{gg1}、C_{gg2}和C_c如何取值，可使得功耗最低，即I_1+I_2最小？在下一步操作之前，先来直观分析几个变量取值的权衡，以便对变量扫描的范围有大致的估计。将之前的公式展开如下：

---

① 此设计选取的沟道长度较大，若要充分利用先进工艺的优势，可以考虑应用增益增强技术提高第一级增益，降低对MOS本征增益的要求，从而选取更短的沟道长度。

$$\omega_c \approx \frac{C_f}{C_f + C_s + C_{gg1}} \frac{g_{m1}}{C_c}$$

$$\omega_{p2} \approx \frac{g_{m2}}{C_{gg2} + C_L + (1-\beta)C_f + \frac{C_{gg2}[C_L + (1-\beta)C_f]}{C_c}}$$

对 C_{gg1} 和 C_{gg2} 取值的权衡。首先,当 C_{gg1} 很小时,相同 g_{m1} 情况下对应输入管有着更小的宽度 W,从而跨导效率 g_{m1}/I_1 更低,放大器第一级功耗会增大。当 C_{gg1} 很大时,反馈系数 β 会很小,为维持相同的 ω_c,需要更大的 g_{m1},在跨导效率不变的情况下也会导致 I_1 升高,从而增大第一级功耗,因此 C_{gg1} 不能太大也不能太小。可以推断其最优解应该在 1pF 附近,即 C_{gg1} 与 C_f 大小相当时,在 C_{gg1} 还没有严重影响 β 的前提下获得了尽量大的第一级跨导效率,可以取扫描范围为 0.1～1pF。

对 C_{gg2} 取值也有类似的权衡。当 C_{gg2} 很小时,相同 g_{m2} 情况下对应更大的 f_{T2},从而跨导效率 g_{m2}/I_2 更低,I_2 更高,增大放大器第二级功耗。当 C_{gg2} 很大时,为维持相同的 ω_{p2} 需要更大的 g_{m2},在跨导效率不变的情况下也会导致 I_2 升高,增大第二级功耗。因此 C_{gg2} 的最优解应该和 C_{Ltot} 接近,可以取扫描范围为 0.1～2pF。

对 C_c 取值的权衡。当 C_c 很小时,为维持相同的 ω_{p2} 需要更大的 g_{m2},在跨导效率不变的情况下也会导致 I_2 升高,增大第二级功耗。当 C_c 很大时,为维持相同的 ω_c 需要更大的 g_{m1},在跨导效率不变的情况下也会导致 I_1 升高,增大第一级功耗。合适的 C_c 取值应该与 C_L 在相同量级。

注意,C_c 的取值不但要考虑到带宽,还要考虑到噪声的限制。C_c 的取值直接与放大器噪声相关,此处的噪声表达式可以利用 7.6 节介绍的方法进行计算:

$$\overline{v_{o,tot}^2} = \frac{kT}{C_c}\frac{\gamma}{\beta}\left(1 + \frac{g_{m11}}{g_{m1}}\right) + \frac{kT}{C_2}\left[1 + \gamma\left(1 + \frac{g_{m22}}{g_{m2}}\right)\right] \leqslant \frac{(300\mu V)^2}{2}$$

此处除 2 是考虑到放大器差分输出噪声是单端噪声功率的 2 倍。g_{m11} 和 g_{m22} 分别代表第一级和第二级放大器有源负载管的噪声贡献。在这个噪声计算中,忽略了共栅管的噪声贡献。为便于计算,假设 $\gamma=1$,$g_{m11}=g_{m1}$,$g_{m22}=g_{m2}$,由此可得

$$\overline{v_{o,tot}^2} = \frac{kT}{C_c} \cdot \frac{2}{\beta} + \frac{kT}{C_2} \cdot 3 \leqslant \frac{(300\mu V)^2}{2}$$

不妨估计 $\beta \approx 0.4$,$C_2 \approx 1$pF,则由于噪声指标,需要 $C_c \geqslant 0.63$pF。因此,扫描范围可取 0.6～2pF。

由于上述 ω_c 与 ω_{p2} 的约束较复杂,且有三个变量,直接找到最优解并不容易。可以借助 MATLAB 程序扫描 C_{gg1}、C_{gg2} 和 C_c 的值(前边所分析的范围缩小了搜寻空间),利用跨导效率与 f_T、电流密度关系的数据表来寻找功耗最低点。同时还需要去除第二级 PMOS 的跨导效率超出 15～20 范围的结果。

选取一组 C_{gg1}、C_{gg2} 和 C_c 的值后,可以通过如下步骤找到此时的功耗:

(1) 计算得到此时 $\beta \approx \frac{C_f}{C_f + C_s + C_{gg1}}$。

(2) $g_{m1}=\dfrac{\omega_c C_c}{\beta}$,并有 $f_{T1}=\dfrac{g_{m1}}{2\pi C_{gg1}}$。通过查阅跨导效率与 f_T 关系,得到此时 M_1 跨导效率 g_{m1}/I_1,计算得到 I_1。

(3) $g_{m2}=\omega_{p2}\left(\dfrac{C_{Ltot}C_{gg2}}{C_c}+C_{gg2}+C_{Ltot}\right)$,并有 $f_{T2}=\dfrac{g_{m2}}{2\pi C_{gg2}}$。通过查阅跨导效率与 f_T 关系,得到此时 M_2 跨导效率 g_{m2}/I_2,计算得到 I_2。

(4) 两级放大器的总电流为 $2(I_1+I_2)$。

选取多组 C_{gg1}、C_{gg2} 和 C_c 的值,通过上述步骤计算各组选值对应的总电流后,寻找取得最小电流时的 C_{gg1}、C_{gg2} 和 C_c 取值。C_c、C_{gg2} 取最优值时电流随 C_{gg1} 变化的曲线如图 14-17 所示。当 C_{gg1} 很小时,需要第一级晶体管有很高的本征频率,因而跨导效率很低;当 C_{gg1} 过大时虽然跨导效率高,但会影响反馈系数。

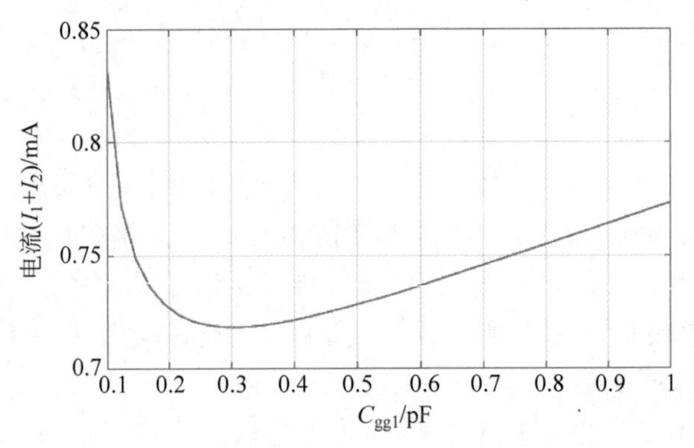

图 14-17 两级放大器功耗随 C_{gg1} 变化的情况

通过上述优化,最终获得的 C_{gg1}、C_{gg2} 和 C_c 的最优解分别为

$$C_{gg1}=0.33\text{pF},\quad C_{gg2}=0.41\text{pF},\quad C_c=1.1\text{pF}$$

此时有

$$\beta\approx\frac{C_f}{C_f+C_s+C_{gg1}}\approx 0.43$$

由此得到

$$g_{m1}=\frac{\omega_c C_c}{\beta}\approx 2.8(\text{mS})$$

$$f_{T1}=\frac{g_{m1}}{2\pi C_{gg1}}\approx 1.3(\text{GHz})$$

此时 M_1 跨导效率约为 17.9V^{-1}。可以计算出

$$C_{Ltot}=C_L+(1-\beta)C_f=1.57(\text{pF})$$

可以得到

$$g_{m2}=\omega_{p2}\left(\frac{C_{Ltot}C_{gg2}}{C_c}+C_{gg2}+C_{Ltot}\right)\approx 8.5(\text{mS})$$

$$f_{T2}=\frac{g_{m2}}{2\pi C_{gg2}}\approx 3.3(\text{GHz})$$

此时 M_2 跨导效率为 $15V^{-1}$。若没有跨导效率在 $15\sim20V^{-1}$ 的约束，优化将得到 M_2 的跨导效率为 $14.4V^{-1}$，与约束后的结果很接近。由前边所得跨导效率及跨导可计算得到第一级电流 $I_1=154\mu A$，第二级电流 $I_2=565\mu A$，这是优化步骤(4)中就已计算得到的。注意此时的 I_2 已大于前边计算所得的第二级不限制压摆率的要求($I_2>215\mu A$)。

由跨导效率和电流密度 I_D/W 的关系，可得 M_1 的 $I_D/W=1.6\mu A/\mu m$，M_2 的 $I_D/W=1.9\mu A/\mu m$。最终可以得到 M_1 宽度 $W_{1n}=96\mu m$，M_2 宽度 $W_{2n}=295\mu m$。

接下来需要设计 PMOS 负载 M_3、M_4 以及 NMOS 电流源 M_5、M_7 的宽度。对于负载管，在源漏电压允许的范围内，一般应选择更小的跨导效率以减小噪声及寄生电容。对于本设计，每个晶体管的源漏电压都约为 200mV。根据图 14-2，跨导效率为 $15V^{-1}$ 是较合适的取值。

由跨导效率为 $15V^{-1}$，得到 M_3、M_4 的 $I_D/W=1.1\mu A/\mu m$，NMOS 电流源 M_5、M_7 的 $I_D/W=3.6\mu A/\mu m$。因此得到 M_3、M_4 宽度 $W_{p,3,4}=140\mu m$，第一级 NMOS 电流源 M_7 宽度 $W_{n,7}=86\mu m$，第二级 NMOS 电流源 M_5 宽度 $W_{n,5}=157\mu m$。取第一级为 40 个插指，因此 M_1、M_6 插指宽度为 $2.4\mu m$，PMOS M_3、M_4 插指宽度为 $3.5\mu m$。取 M_7 为 40 个插指，插指宽度为 $2.1\mu m$。由于需要 M_5、M_7 电流源匹配，M_5 插指宽度也为 $2.1\mu m$，共有 75 个插指。取 M_2 也为 75 个插指，因此 M_2 插指宽度为 $295/75\approx4\mu m$。

图 14-15 中晶体管尺寸如表 14-5。

表 14-5 图 14-15 中晶体管尺寸

晶体管	长度 $L/\mu m$	宽度 $W/\mu m$	插指宽度$/\mu m$	插指数
$M_{1A/B}$，$M_{6A/B}$	0.5	96	2.4	40
$M_{3A/B}$，$M_{4A/B}$	0.5	140	3.5	40
$M_{2A/B}$	0.2	300	4	75
$M_{5A/B}$	0.4	157	2.1	75
M_7	0.4	84	2.1	40

偏置电压 V_{BIAS}、V_{BB1}、V_{BB2}、V_{BN} 的产生与 14.1 节完全相同，在此不再赘述。

对于两级放大器稳定性，添加 1.1pF 补偿电容 C_c 后，还需要串联 $R_z=1/g_{m2}$ 的调零电阻消除零点，取 $R_z=120\Omega$。若不用调零电阻，也可以使用 Cascode Miller 补偿减少前馈，感兴趣的读者可以尝试。

14.2.3 共模反馈电路设计

由于第二级为伪差分放大器，因此可以检测第二级输出共模并反馈到第一级，将 M_7 拆分为 3∶1 的两部分 M_{7M} 与 M_{7F}，其中 M_{7M} 为主电流源，M_{7F} 用于反馈共模，如图 14-18 所示。希望输出共模为 $V_{DD}/2$ 以获得最大的输出摆幅，然而 550mV 的输出共模使得如 14.2.2 节的差分输入的共模误差放大器难以设计，因为差分放大器输入共模至少应为 $V_{GS}+200mV$，在所用工艺中约为 650mV。另外，由于输出摆幅很大，V_{op} 与 V_{on} 最大可相差0.6V,14.2.2节中电流域平均取共模的方法在此处也难以使用。图14-18右侧给出了希望实现的共模反馈电路的理想模型,需要对输出 V_{op} 与 V_{on} 进行平均后与期望的共模电压(550mV)进行比较(相减),再经过误差放大器产生 M_{7F} 的控制电压 V_{cmfb}。

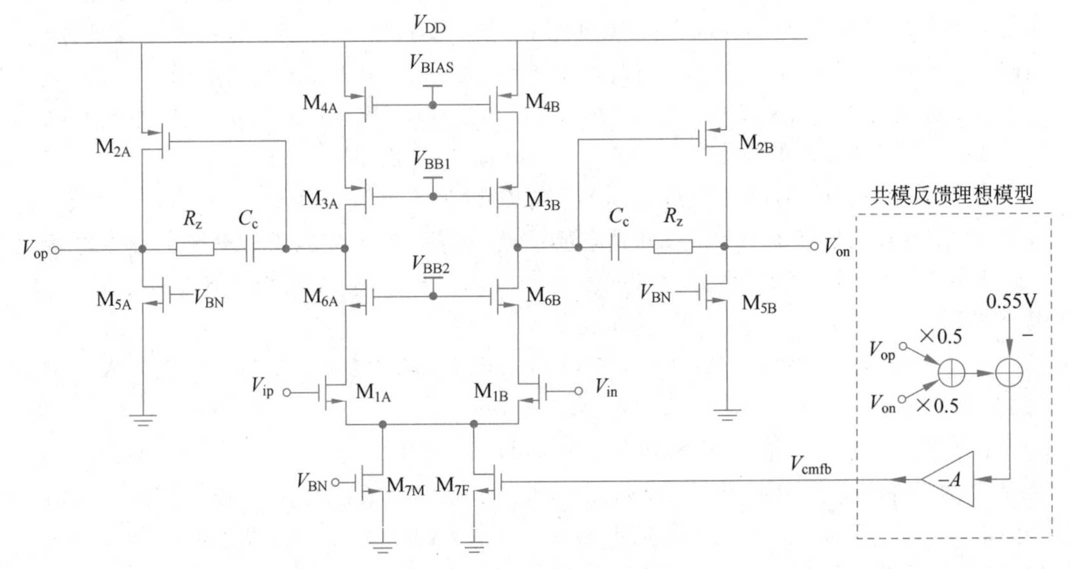

图 14-18　考虑共模反馈的两级放大器

在此处可以使用开关电容共模反馈的方法,如图14-19所示。12.2.3节介绍过该方法,ϕ_1 与 ϕ_2 为两相不交叠时钟,在 ϕ_1 时,C_{sw} 上、下极板分别接入 V_{BIAS} 与550mV共模参考;在 ϕ_2 时,C_m 与 C_{sw} 进行电荷分享。若不考虑 M_8 的栅极寄生及开关的非理想效应,图14-19实现的正是图14-18中的理想模型中的功能。选取 $C_m=100\text{fF}$,$C_{sw}=20\text{fF}$。在进行直流、交流及稳定性分析等稳态分析时,可以应用图14-18中的共模反馈理想模型进行仿真,考虑到 C_M 与 C_{sw} 的负载,放大器负载电容此时等效为增大了120fF,相对于原先约1.5pF的输出电容,此部分的影响很小。

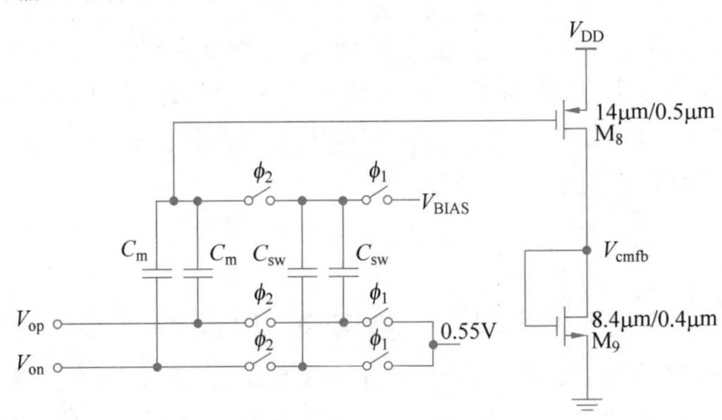

图 14-19　两级放大器开关共模反馈电路

共模反馈环路模型与图 14-14 是相同的，补偿电容 C_c 对共模环路同样具有补偿作用，主极点也将在第一级输出节点。由于 M_{7M} ∶ $M_{7F}=3$ ∶ 1 且图 14-19 中共模反馈放大器的增益约为 1(M_8 与 M_9 的跨导效率均为 15)，因此此处反馈系数 $\beta \approx 1/4$，因而共模反馈直流环路增益约为差分环路的 1/2，可以保证环路的稳定。

14.2.4 电路仿真

晶体管尺寸确定后可以对放大器进行仿真验证。与 14.1 节一样，首先检查工作点，工作点符合预期后，仿真放大器小信号增益，结果如图 14-20 所示，得到直流增益 $A_{vd0}=73.8$dB。放大器单位增益带宽为 310MHz，开环相位裕度为 55°，注意此相位裕度与闭环时环路增益的相位裕度是不同的。

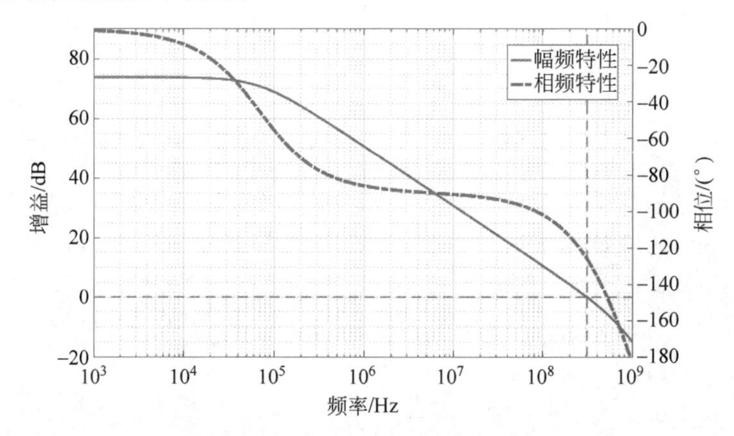

图 14-20 放大器开环增益与相位

之后需要验证放大器在环路中的稳定性，测试环境如图 14-21 所示。在仿真中通过很大的电感 L(1H)对放大器输入共模进行偏置，设定 $V_{ic}=650$mV。在实际开关电容电路中，此处共模是在采样相位采样到电容 C_s 右极板的。将放大器环路在输出点切断，加入差分 Probe(图中的 diffstbprobe)进行稳定性仿真。

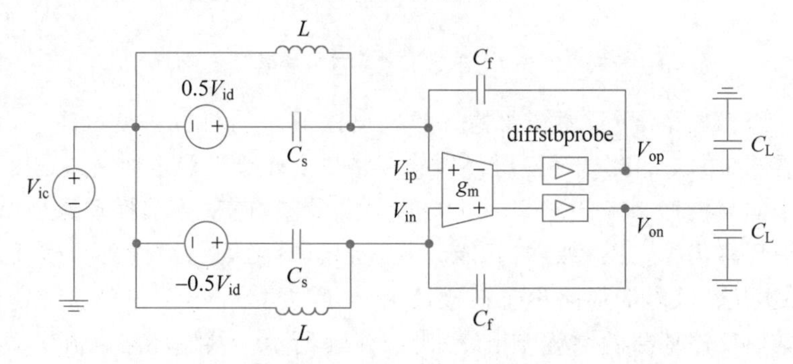

图 14-21 STB 分析测试环境

仿得差模环路增益和相位如图 14-22 所示，可以得到环路直流增益为 65.7dB(约为 1900)，这满足了由静态误差小于 0.1%所得的环路增益大于 1000 的要求。环路增益单位增益带宽为 145MHz，小于设计时的 175MHz，此时相位裕度为 73°。这主要是因为在

计算 C_c 时，没有排除第二级输入 PMOS 的 C_{gd} 的影响。设计优化后得到的第二级 $C_{gg2} \approx$ 400fF，因此按 $C_{gd}=C_{gg}/3$ 估算，此处的 $C_{gd} \approx 130$fF。另外，第一级 PMOS 与 NMOS 也存在寄生电容。因此可以将 C_c 电容从 1.1pF 减小至 900fF，即 1.2 倍(175MHz/145MHz)。

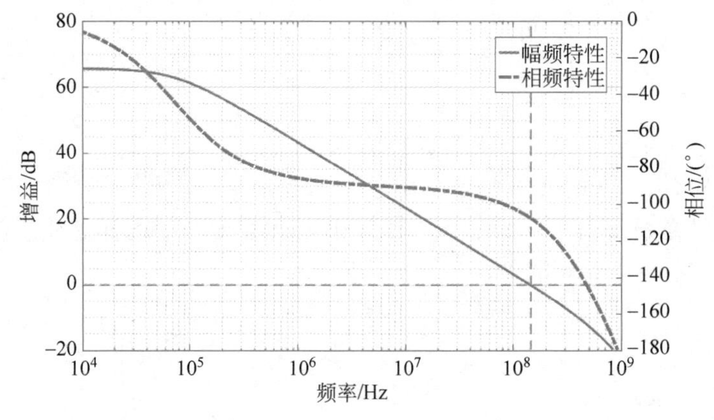

图 14-22 差模环路频率响应

更新后差模环路的增益与相位如图 14-23 所示，单位增益带宽为 172MHz，相位裕度约为 63°，满足相位裕度的要求。

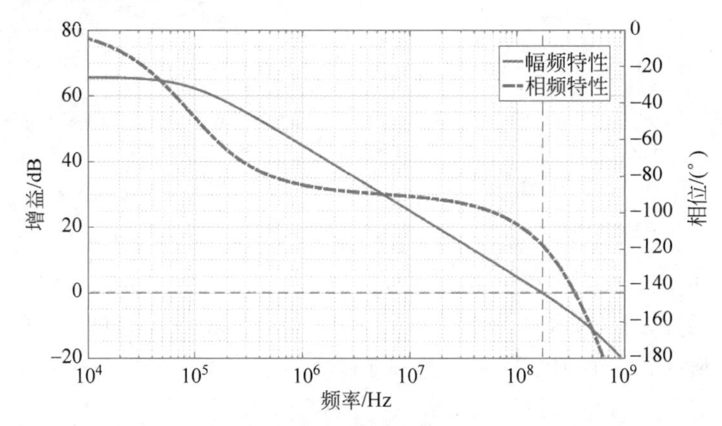

图 14-23 更新 C_c 电容取值后的差模环路频率响应

除差模环路相位裕度外，还需要检查共模反馈环路的相位裕度。注意，共模环路稳定性不能只看图 14-21 的测试环境所得到的整体共模环路的稳定性。这是因为由于第一级全差分带来的共模抑制降低了这一环路的共模增益，使整体共模环路通常稳定，但是内部共模反馈环路仍存在不稳定的可能。尤其对于检测第二级输出共模并反馈到第一级的共模反馈方法，该内部环路中有三级放大器，需要格外小心环路的稳定性。检查运放开环时的共模反馈环路的增益和相位如图 14-24 所示。共模环路直流增益为 62.6dB，单位增益带宽为 56.5MHz，相位裕度为 71°，满足共模环路稳定的要求。

接下来进行瞬态仿真，检查放大器的建立过程。输入差分幅度为 600mV 的差分阶跃，观察建立过程如图 14-25 所示。其静态误差：

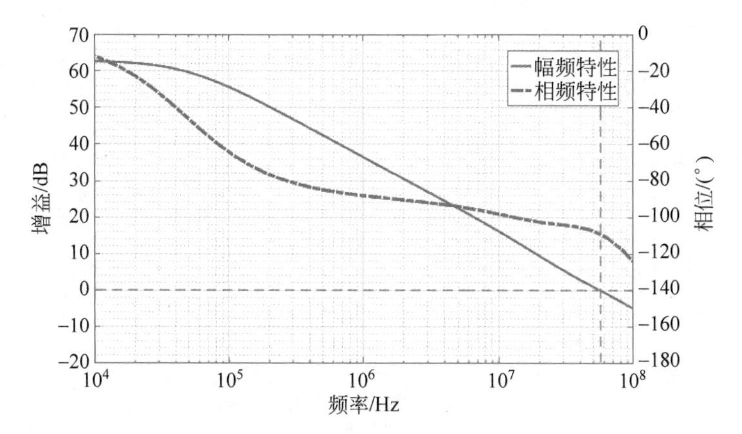

图 14-24　共模环路增益、相位

$$\varepsilon_s = \frac{600 - 599.639}{600} \approx 0.06\% < 0.1\%$$

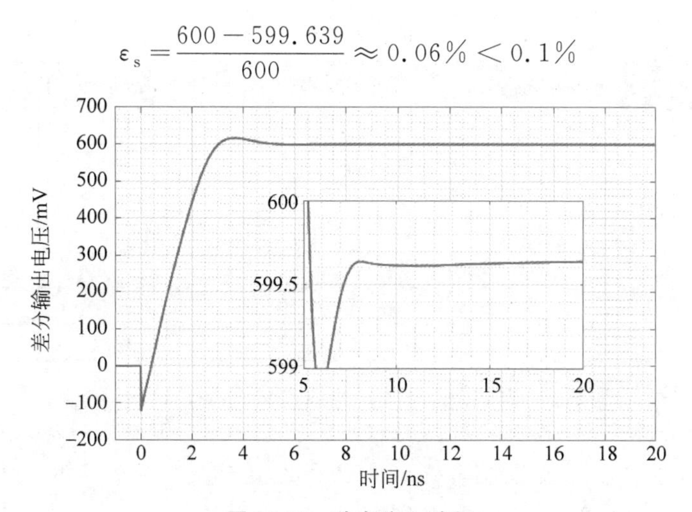

图 14-25　动态建立过程

静态建立精度满足了设计指标。建立过程在10ns时刻的动态误差：

$$\varepsilon_d = \frac{599.639 - 599.618}{599.639} \approx 0.004\% < 0.1\%$$

由上可知，动态建立精度也满足了设计指标。注意，这里的压摆阶段约为2.5ns，与之前在指标分析时的估算(3.3ns)很接近。

利用.noise仿真噪声，仿真原理图同图14-21。将输出噪声谱从1kHz到10GHz积分，可得总输出噪声均方值$V_{nout,rms} \approx 191\mu V < 300\mu V$。其中输入级$M_{1A/B}$贡献了53%的噪声，第一级PMOS电流源$M_{4A/B}$贡献了22%的噪声。

类似14.1节，通过直流仿真扫描输入电压，获得图14-26，得到输出摆幅约为0.85V，满足了大于0.6V的设计要求。

至此，完成了满足表14-4指标要求的两级运放设计。放大器的总电流约为1.9mA。总结本设计放大器主要的晶体管尺寸如表14-6所示。

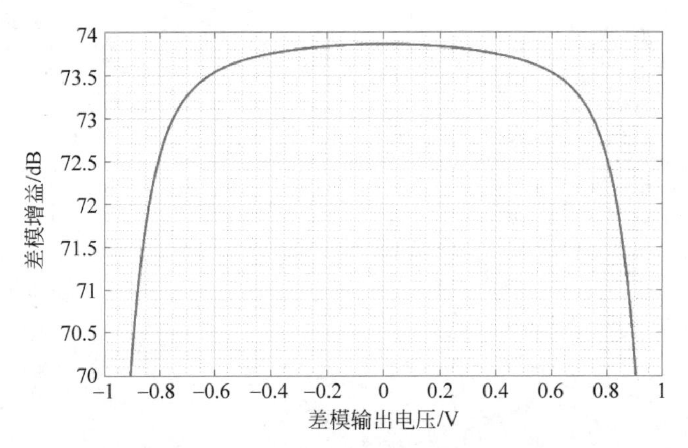

图 14-26　两级放大器输出摆幅仿真

表 14-6　本设计放大器主要的晶体管尺寸

晶体管	长度 $L/\mu m$	宽度 $W/\mu m$	插指宽度/μm	插指数
$M_{1A/B}$,$M_{6A/B}$	0.5	96	2.4	40
$M_{3A/B}$,$M_{4A/B}$	0.5	140	3.5	40
$M_{2A/B}$	0.2	300	4	75
$M_{5A/B}$	0.4	157	2.1	75
M_7	0.4	84	2.1	40
M_8	0.5	14	3.5	4
M_9	0.4	8.4	2.1	4

回顾本节的设计流程如下：

(1) 根据指标确定运放基本设计参数(直流增益、带宽、输出摆幅等)；

(2) 根据直流增益、输出摆幅等确定采用运放的结构；

(3) 根据增益指标以及本征增益确定栅长；

(4) 根据带宽要求，对关键参数 C_{gg1}、C_{gg2} 和 C_c 进行优化；

(5) 确定跨导并由跨导效率查图表计算得到晶体管宽度；

(6) 设计偏置电路；

(7) 设计共模反馈电路；

(8) 搭建电路进行仿真，根据仿真结果迭代达到指标要求。

14.3 本章小结 

本章展示了两个放大器的设计实例。在掌握了指标分析与晶体管的尺寸设计优化方法后，模拟电路设计的核心主要是各项指标的取舍，如图 14-27 所示。下面简单总结各个指标间的取舍。

首先，功耗、噪声和带宽三者之间存在着本质的权衡。在 14.2 节的设计中，看似没有格外对噪声进行优化，但噪声要求其实隐含在负载电容大小中。在不改变带宽的前提下降低噪声，往往需要增大负载电容与跨导，从而使功耗增加。在不改变直流功耗的前

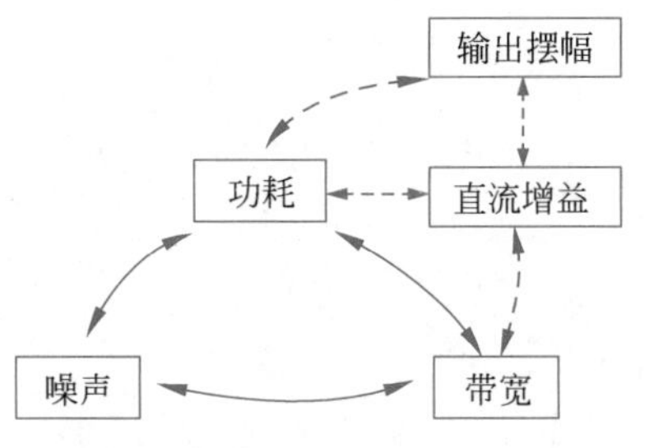

图 14-27 放大器设计的折中

提下降低噪声,则需要增大负载电容压低带宽。

更高的直流增益往往需要更大的晶体管栅长,这导致需要更低的跨导效率才能满足本征频率的要求,从而使功耗增加。同时较大的栅长也直接限制了放大器可能达到的最大带宽。

输出摆幅和功耗也存在折中:大摆幅往往难以单独使用套筒式等高增益的结构,需要大摆幅的输出级;而额外的一级则意味着额外的功耗,同时也需要解决多级放大器的稳定性问题。

第15章 基准源

在电路设计中，常需要能够提供稳定电流或电压的电路，即电压基准源或电流基准源。本章将介绍如何产生受环境因素（电源电压或温度）和工艺偏差（工艺角或器件失配）影响较小的电流基准源和电压基准源。首先介绍电流基准源设计，并引入自偏置技术；随后将介绍并分析电压基准源电路，即带隙基准源。

15.1 基准源设计原理

前面章节中的电路常使用理想电流、电压源来提供偏置。在实际电路中，这些理想偏置电路必须用实际器件来实现。图15-1是最简单的电流偏置电路，由一个电压源、一个电阻和两个晶体管组成。假设 M_1 和 M_2 完全匹配，那么偏置电路输出电流为

$$I_{OUT} \approx I_{IN} = \frac{V_{DD} - V_t - V_{OV}}{R}$$

这种偏置电流产生电路结构简单而且使用方便（输出电流可以通过调节 R 的阻值调整），但是精确度有限。在实际电路中，电源电压 V_{DD} 通常会有±10%的浮动，不同工艺下的晶体管阈值电压 V_t 会发生改变（如±100mV），电阻 R 也会变化（如±20%）。这些偏差都会影响输出电流 I_{OUT}，因此得到的电流值会存在较大的偏差。或者说，该电路输出的电流值并不稳定，很容易受到电源电压偏差、工艺角和器件失配等非理想因素的影响。

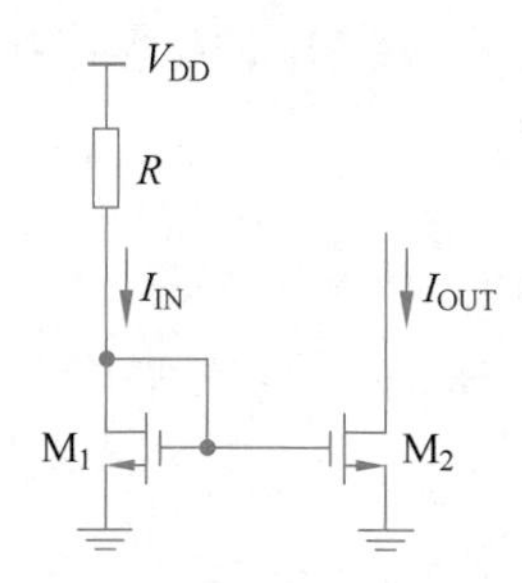

图15-1 简易偏置电路设计举例

为了定量地评估输出电流对某一参数的敏感度，首先定义参数 y 对参数 x 的敏感度，即

$$S_x^y = \frac{\partial y/y}{\partial x/x} = \frac{x}{y}\frac{\partial y}{\partial x} = \frac{\partial \ln y}{\partial \ln x}$$

S_x^y 反映的是 x 的百分比变化所引起的 y 的百分比变化。若 y 和 x 成正比，则 x 变化1%，y 也变化1%，对应的敏感度是1。即对于所有的线性相关关系 $y=ax$，敏感度都是1，而与线性相关的比例系数 a 无关。若 $y=ax^2$，则敏感度就是2，因为 x 变化1%，y 会变化2%。

对于该电路来说，输出电流对电源电压的敏感度为

$$S_{V_{DD}}^{I_{OUT}} \approx \frac{V_{DD}}{I_{OUT}}\frac{\partial I_{OUT}}{\partial V_{DD}} \approx \frac{V_{DD}}{V_{DD} - V_t - V_{OV}}$$

假设 $V_{DD}=1.8\text{V}$，$V_{OV1}=0.1\text{V}$，$V_{t1}=0.6\text{V}$，则输出电流 I_{OUT} 对电源电压 V_{DD} 的敏

感度为164%。

15.1.1 基于MOS管阈值电压V_t的电流偏置

不同于图15-1所展示的结构，如图15-2所示的基于MOS管阈值电压V_t的电流偏置电路能够抑制电源电压偏差对输出电流的影响，提供更稳定的偏置电流。

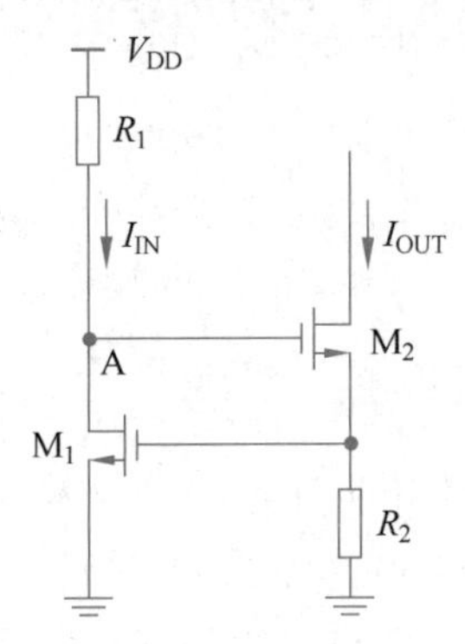

图15-2 基于MOS管阈值电压V_t的电流偏置电路设计举例

M_1、M_2的组合与10.4.3节提到的增益增强结构有一些相似，此时从I_{OUT}端往下看的输出阻抗非常高，所以输出电压变化导致的电流变化较小。

输入电流I_{IN}为M_1提供偏置，决定M_1的栅源电压V_{GS1}，同时V_{GS1}与R_2共同决定输出电流I_{OUT}，即

$$I_{OUT}=\frac{V_{GS1}}{R_2}$$

由于M_1、M_2组成了一个负反馈回路，需要考虑环路的稳定性。与前面介绍的增益增强结构环路稳定性分析相似，有

$$T(s)\approx g_{m1}R_1\frac{g_{m2}R_2}{1+g_{m2}R_2}\frac{1}{1+\frac{s}{\omega_{p1}}}\frac{1}{1+\frac{s}{\omega_{p2}}}$$

为了保证环路的稳定性，两个极点需要离得足够远。考虑到A点的阻抗很高，可以这一点为主极点进行补偿。

下面分析该电路输出电流对电源电压的敏感性。定性来看，晶体管M_1的阈值电压V_{t1}与I_{IN}无关，由于过驱动电压V_{OV1}与I_{IN}的开方成正比，所以V_{GS1}是I_{IN}的弱函数，即

$$I_{OUT}=\frac{V_{GS1}}{R_2}=\frac{V_{t1}+V_{OV1}}{R_2}\approx\frac{V_{t1}+\sqrt{\dfrac{2I_{IN}}{\mu C_{ox}\dfrac{W_1}{L_1}}}}{R_2}$$

若在设计电路时将晶体管M_1的宽长比取得比较大，则过驱动电压V_{OV1}明显小于阈值电压V_{t1}，I_{IN}的变化对I_{OUT}的影响就变得很小，即I_{OUT}对电源V_{DD}的变化不敏

感了。

定量来看，I_{OUT} 对电源的敏感度为

$$S_{V_{DD}}^{I_{OUT}}=S_{V_{DD}}^{I_{IN}}S_{I_{IN}}^{I_{OUT}}\approx 1\cdot\frac{I_{IN}}{I_{OUT}}\cdot\frac{\partial I_{OUT}}{\partial I_{IN}}\approx\frac{1}{2}\frac{V_{OV1}}{V_{t1}+V_{OV1}}\approx\frac{V_{OV1}}{2V_{t1}}$$

假设 $V_{OV1}=0.1\text{V}$，$V_{t1}=0.6\text{V}$，则输出电流 I_{OUT} 对电源电压 V_{DD} 的敏感度为 8%。

虽然该电路结构中输出电流 I_{OUT} 对电源电压的敏感度比先前电路大幅下降，但 I_{OUT} 与 M_1 的阈值电压 V_{t1} 和电阻 R_2 还是强相关的。V_{t1} 和 R_2 会随着温度的改变而改变，且会随工艺角偏移，所以该电路对温度、工艺的稳定性仍然不够好。

15.1.2 基于双极型晶体管 V_{BE} 的电流偏置

基于双极型晶体管 V_{BE} 的电流偏置电路结构如图 15-3 所示。

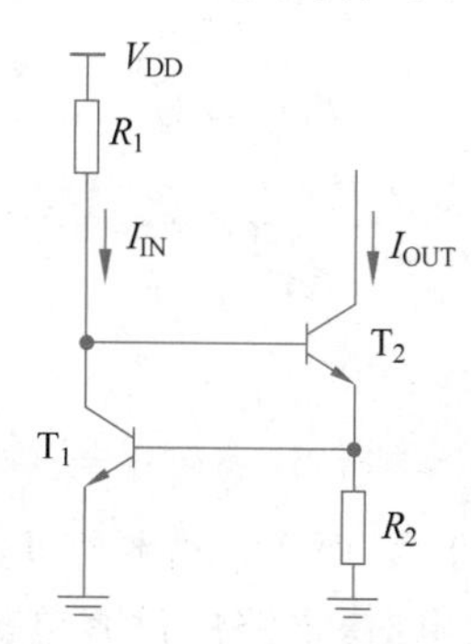

图 15-3 基于双极型晶体管 V_{BE} 的电流偏置电路设计举例

其工作原理与 MOS 管电路相似，但由于双极型晶体管中 I_{IN} 与 V_{BE} 是对数的关系，I_{IN} 变化带来的 V_{BE} 变化相对于 CMOS 的 V_{GS} 来说更小，因此该电路具有更好的电源电压稳定性。忽略 I_b 漏电，这种结构下的输出电流可表示为

$$I_{OUT}=\frac{V_{BE1}}{R_2}=\frac{1}{R_2}\frac{kT}{q}\ln\left(\frac{I_{IN}}{I_S}\right)$$

I_{OUT} 对 V_{DD} 的敏感度为

$$S_{V_{DD}}^{I_{OUT}}=S_{V_{DD}}^{I_{IN}}S_{I_{IN}}^{I_{OUT}}\approx 1\cdot\frac{I_{IN}}{I_{OUT}}\cdot\frac{\partial I_{OUT}}{\partial I_{IN}}\approx\frac{I_{IN}R_2}{V_{BE1}}\frac{\frac{kT}{q}}{R_2}\cdot\frac{1}{I_{IN}}=\frac{\frac{kT}{q}}{V_{BE1}}$$

假设 $V_{BE1}=700\text{mV}$，常温下 $kT/q=26\text{mV}$，则敏感度为 3.7%，相比于 MOS 管电路得到了一定的提升。此外，从工艺的角度考虑，双极型晶体管的 V_{BE} 的工艺控制比 MOS 管的 V_t 更为精确，电路受工艺偏差的影响较小。

15.2 自偏置电流基准源

虽然基于 MOS 管阈值电压 V_t 或双极型晶体管阈值电压 V_{BE} 的参考偏置电路可以降低输出电流对电源电压 V_{DD} 的敏感性，但由于输入电流 I_{IN} 总是与 V_{DD} 强相关，还是

无法根除 V_{DD} 对输出电流 I_{OUT} 的影响。在高精度电路中，往往希望 I_{OUT} 对 V_{DD} 的敏感度能控制在百万分之一的水平上。那么如何打破 I_{IN} 与 V_{DD} 的强相关性，进而得到更加稳定的 I_{OUT}？

如图 15-4 所示的自偏置电路将输出电流 I_{OUT} 通过由 M_4、M_5 组成的电流镜复制到输入端，这样输入、输出形成一个闭环，即输入电流 I_{IN} 通过偏置电路产生输出电流 I_{OUT}，输出电流 I_{OUT} 又通过电流镜反过来产生输入电流 I_{IN}。通过分析可以得到，该电路结构中的 I_{IN} 对 V_{DD} 不敏感，也就从源头上解决了 I_{OUT} 对 V_{DD} 敏感的问题。

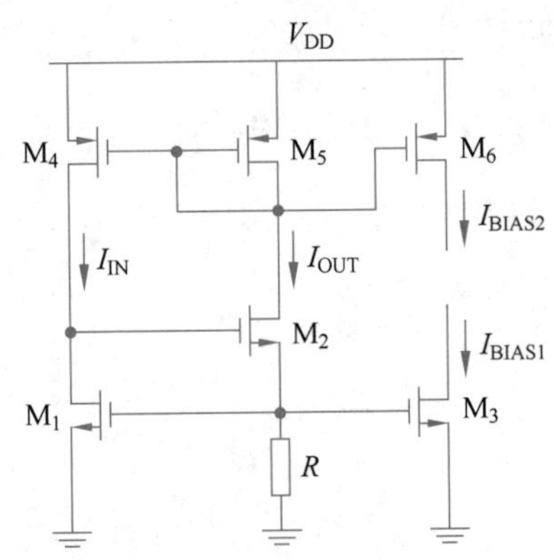

图 15-4　自偏置电流基准源电路设计举例

但是，由于 I_{OUT} 需要靠 I_{IN} 产生，而 I_{IN} 需要靠 I_{OUT} 产生，这就面临着一个"鸡生蛋还是蛋生鸡"的问题。若在刚上电时，电路中没有电流，晶体管都是关断的，则电路锁在没有电流的状态下。因此需要一个启动电路，帮助电路进入正常工作状态。

15.2.1　自偏置电路的启动电路

为了避免电路锁在晶体管关断状态，需要为自偏置电路设计启动电路。对启动电路的要求：在上电时如果电路中没有电流，启动电路可以推动电路进入正常的工作状态；而在达到这个状态后，启动电路又不会干扰主电路工作。

图 15-5 中给出了一种启动电路的实现方法。当 $V_{DD} > V_t$ 时，初始状态下，如果 $I_{IN} = I_{OUT} = 0$，A 点为低电压。经过 M_7、M_8 组成的反相器后，输入到 B 点的电压为高电压，M_9 下拉，M_4、M_5 开始导通。当电路中电流逐渐增大时，A 点的电压逐渐升高，B 点电压逐渐降低，使 M_9 关断，电路达到稳态。

该自启动电路存在一个问题：当达到稳态后，M_7、M_8 组成的反相器输入端电压与 M_1 的栅源电压 V_{GS} 相同。此时反相器导通，存在静态功耗。为了解决这一问题，可以把 M_8 的宽长比调得比较小，使得稳态下 M_8 几乎不导通，降低静态的工作电流。

此外，还有其他种类的启动电路。例如，在上电时输入一个脉冲，当脉冲信号为高电平时，启动电路工作，使得电路进入正常工作状态；之后脉冲信号回到 0，启动电路关断，从而不产生额外的功耗。但是，这种做法具有一定的风险，如果工作过程中存在巨大的干扰，导致电路暂时停止工作，就无法立刻重新启动电路。当然，也可以增加一个监测模块，如果发现一段时间内芯片没有响应，就再输入一个脉冲，重新启动芯片。

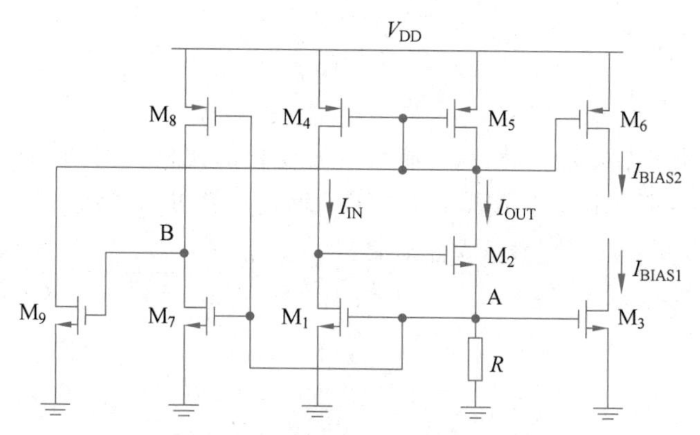

图 15-5 自偏置电路启动电路设计举例

15.2.2 基于 V_{BE} 的自偏置电流基准源

为了得到更精准的电流输出，也可以在电路中使用双极型晶体管。即使是最基本的CMOS工艺，也可以利用p型有源区(射极)、N阱(基极)和p型衬底(集电极)构成一个寄生的PNP晶体管。这种PNP晶体管不需要额外增加任何工艺步骤和成本，因此被认为是CMOS工艺“免费”提供的双极型晶体管，在模拟集成电路中经常被使用。但是，需要注意的是该PNP晶体管是有局限性的：首先由于它的集电极是衬底，因此必须接芯片的最低电位(地)；其次它的电流增益 β 通常较低(小于5)。使用寄生PNP管构成的基于 V_{BE} 的自偏置电流基准源如图15-6所示。

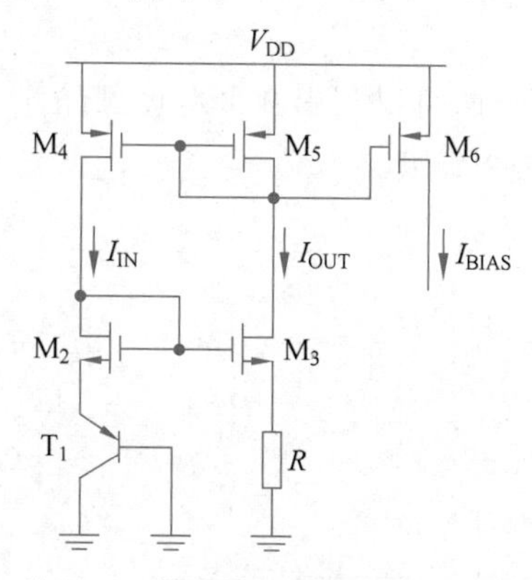

图 15-6 基于 V_{BE} 的自偏置电流基准源电路设计举例

图中 M_2 与 M_3 的尺寸相等、电流相等，所以 M_3 将 M_2 的源极电压 V_S 复制到该支路上，有

$$I_{OUT} = \frac{V_{BE1}}{R}$$

此时，电路的输出电流对电源电压不敏感，与温度却是强相关的。定义偏置电路的温度系数为

$$\mathrm{TC_F} = \frac{\dfrac{\partial I_{\mathrm{OUT}}}{\partial T}}{I_{\mathrm{OUT}}}$$

温度系数反映了温度每变化 1℃,输出电流变化的比例。例如,如果温度上升 1℃,输出电流变化 1%,那么温度系数就是 1%/K。通过计算可以得到

$$\frac{\partial I_{\mathrm{OUT}}}{\partial T} = \frac{1}{R}\frac{\partial V_{\mathrm{BE1}}}{\partial T} - \frac{V_{\mathrm{BE1}}}{R^2}\frac{\partial R}{\partial T} = I_{\mathrm{OUT}}\left(\frac{1}{V_{\mathrm{BE1}}}\frac{\partial V_{\mathrm{BE1}}}{\partial T} - \frac{1}{R}\frac{\partial R}{\partial T}\right)$$

于是,有

$$\mathrm{TC_F} = \frac{1}{V_{\mathrm{BE1}}}\frac{\partial V_{\mathrm{BE1}}}{\partial T} - \frac{1}{R}\frac{\partial R}{\partial T}$$

其中,双极型晶体管 V_{BE} 的温度系数为负,约为 $-2\mathrm{mV/K}$,则

$$\frac{1}{V_{\mathrm{BE1}}}\frac{\partial V_{\mathrm{BE1}}}{\partial T} \approx \frac{-2\mathrm{mV/K}}{600\mathrm{mV}} \approx -0.33\%/\mathrm{K}$$

而电阻温度系数通常为正。对于常见的多晶硅电阻而言,有

$$\frac{1}{R}\frac{\partial R}{\partial T} \approx 0.2\%/\mathrm{K}$$

将上述两项做差之后,总的温度系数约为 $-0.53\%/\mathrm{K}$。也就是说,假设温度改变 100K,电流将变化 -53%。这样的变化在很多电路中是不能承受的,所以需要寻找对温度变化不敏感的电流偏置设计方法。

15.2.3 基于 ΔV_{BE} 的电流参考电路

为了实现更好的温度稳定性,可以利用两个双极型晶体管 V_{BE} 的差值 ΔV_{BE} 来构造电流参考电路,其结构如图 15-7 所示。

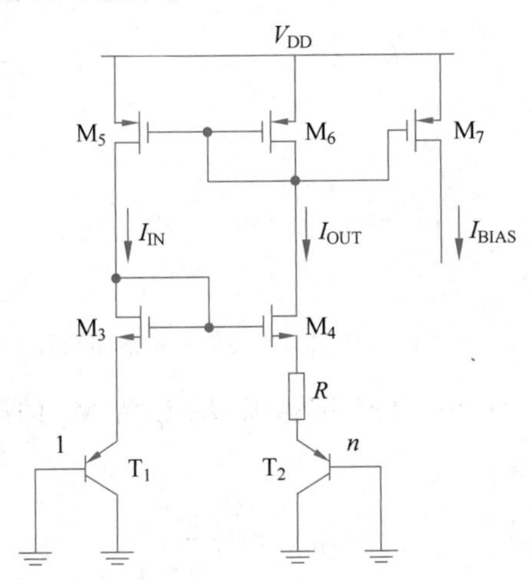

图 15-7 基于 ΔV_{BE} 的电流参考电路

由于 M_5 与 M_6 尺寸相等,可以得出 $I_{\mathrm{IN}} = I_{\mathrm{OUT}}$。再根据 M_3 与 M_4 尺寸相同,可以得到 M_3 和 M_4 的源极电压相同。忽略 I_b 漏电,可以得出

$$\begin{aligned} I_{\text{OUT}}R &= |V_{\text{BE1}}| - |V_{\text{BE2}}| \\ &= \frac{kT}{q}\ln\left(\frac{I_{\text{IN}}}{I_{\text{S1}}}\right) - \frac{kT}{q}\ln\left(\frac{I_{\text{OUT}}}{I_{\text{S2}}}\right) = \frac{kT}{q}\ln\left(\frac{I_{\text{S2}}}{I_{\text{S1}}}\right) \end{aligned}$$

由于 T_1 和 T_2 尺寸比例为 $1:n$，它们的反向饱和电流的比例 $I_{\text{S2}}=nI_{\text{S1}}$，因此有

$$I_{\text{OUT}}R = \frac{kT}{q}\ln\left(\frac{I_{\text{IN}}}{I_{\text{S1}}}\frac{I_{\text{S2}}}{I_{\text{OUT}}}\right) = \frac{kT}{q}\ln(n)$$

即

$$I_{\text{OUT}} = \frac{1}{R}\frac{kT}{q}\ln(n) = \frac{V_{\text{T}}}{R}\ln(n)$$

式中 V_{T} 为热电压，$V_{\text{T}}=\dfrac{kT}{q}$。

于是可以得到

$$\frac{\partial I_{\text{OUT}}}{\partial T} = \ln(n)\frac{R\dfrac{\partial V_{\text{T}}}{\partial T} - V_{\text{T}}\dfrac{\partial R}{\partial T}}{R^2} = \ln(n)\frac{V_{\text{T}}}{R}\left(\frac{1}{V_{\text{T}}}\frac{\partial V_{\text{T}}}{\partial T} - \frac{1}{R}\frac{\partial R}{\partial T}\right)$$

所以温度系数为

$$\text{TC}_{\text{F}} = \frac{1}{V_{\text{T}}}\frac{\partial V_{\text{T}}}{\partial T} - \frac{1}{R}\frac{\partial R}{\partial T} = \frac{1}{T} - \frac{1}{R}\frac{\partial R}{\partial T}$$

式中右侧两项都是正温度系数。常温下，第一项约为 0.33%/K，第二项约为 0.2%/K。二者做差时可以互相抵消一部分，总的温度系数约为 0.13%/K，这在一定程度上提升了输出电流对温度的稳定性。

15.2.4 基于 ΔV_{GS} 的电流参考电路

把 ΔV_{BE} 电流参考电路中的双极型晶体管换成 MOS 管，可以得到 ΔV_{GS} 电流参考电路，如图 15-8 所示。

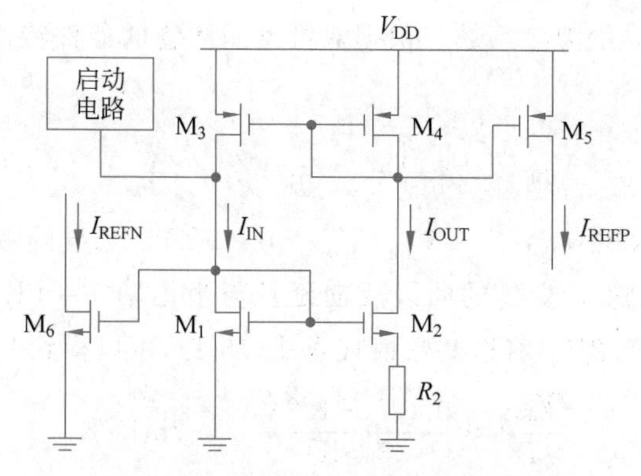

图 15-8 基于 ΔV_{GS} 的电流参考电路

其工作原理与 ΔV_{BE} 电流参考电路类似，输出电流由 M_1、M_2 的 ΔV_{GS} 和 R_2 确定，有

$$I_{\text{REFN}}=I_{\text{REFP}}=\frac{V_{\text{GS1}}-V_{\text{GS2}}}{R_2}=\frac{V_{\text{OV1}}-V_{\text{OV2}}}{R_2}\approx\frac{V_{\text{OV1}}\left(1-\frac{1}{\sqrt{n}}\right)}{R_2}$$

M_1 的跨导为

$$g_{\text{m1}}=\frac{2I_{\text{D1}}}{V_{\text{OV1}}}=\frac{2I_{\text{REFP}}}{V_{\text{OV1}}}=\frac{2\left(1-\frac{1}{\sqrt{n}}\right)}{R_2}$$

确定 M_1、M_2 尺寸的比值 n 后，跨导 g_{m} 就只与 R_2 有关。如果选用一个温度系数很小的 R_2，则可以锁定 g_{m} 值，进而获得更加稳定的噪声、增益带宽积等性能。上述特性使得该电路得到了比较广泛的应用。由于该电路可以得到一个稳定的跨导，也经常称它为"恒定跨导偏置电路"。

注意：M_1、M_2 的失配会导致锁定 g_{m} 的值不准，在设计时，可以增大晶体管面积来降低失配的影响。另外，为了降低背栅效应对 M_2 阈值电压的影响，可以将 R_2 取得小一些。

15.3 带隙基准源原理

前面介绍了稳定的电流参考电路，那么如何产生一个稳定的电压参考？带隙基准电路通过将正温度系数和负温度系数的电压相加，将一阶温度系数相抵消，从而实现与温度无关的稳定电压输出。下面将分别介绍正、负温度系数电压的产生，以及带隙基准电路的实现。

零温度系数电压产生的原理如图 15-9 所示，其中热电压 $V_{\text{T}}=kT/q$ 是一个正温度系数的量(电压温度系数约为$+0.086\text{mV/K}$)，V_{BE} 是一个负温度系数的量(电压温度系数约为-2mV/K)。将 V_{T} 放大 $M\approx23$ 倍，使得二者的温度系数等量，再将二者相加就可以得到一个温度系数为 0 的输出电压。

下面定量分析 V_{BE} 的温度系数。根据双极型晶体管的器件特性，V_{BE} 与温度的关系可被拟合为

$$V_{\text{BE}}(T)\approx V_{\text{G0}}-\frac{T}{T_0}(V_{\text{G0}}-V_{\text{BE0}})\tag{15-1}$$

式中 T_0 为室温，$T_0=300\text{K}$；$V_{\text{BE0}}=V_{\text{BE}}(T_0)\approx0.6\text{V}$；$V_{\text{G}}$ 为硅的带隙电压，是温度 T 的弱函数；V_{G0} 为将 V_{G} 随 T 变化的曲线反向延长与坐标轴 $T=0\text{K}$ 的交点。如图 15-10 所示，硅材料的 $V_{\text{G0}}\approx1.2\text{V}$。将这些数值代入式(15-1)，可以得到 V_{BE} 的温度系数为

$$\frac{\partial V_{\text{BE}}}{\partial T}\approx\frac{0.6\text{V}-1.2\text{V}}{300\text{K}}=-2\text{mV/K}$$

经过以上分析可以得到 V_{BE} 的温度系数。那么如何通过实际电路产生一个与热电压 V_{T} 成正比的电压，再将这一电压调整到与 V_{BE} 温度系数绝对值相等的状态并与 V_{BE} 相加？下面根据一些具体的带隙基准电路对此进行详细说明。

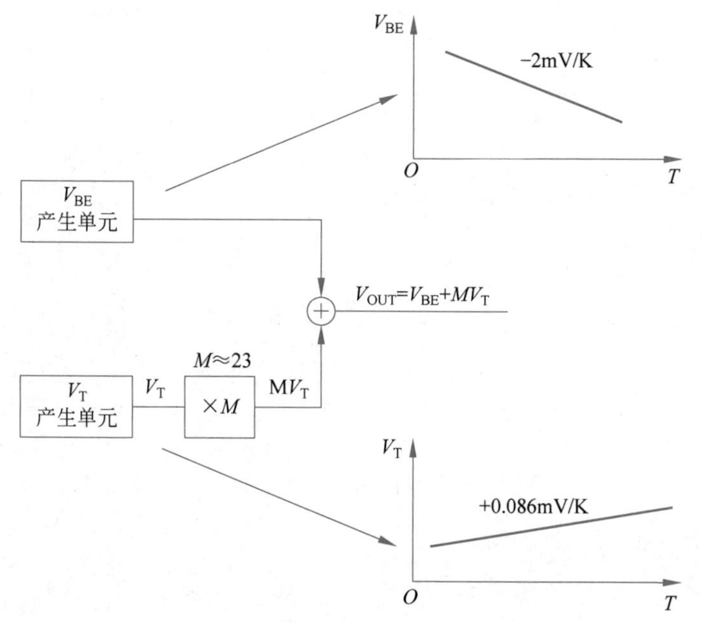

图 15-9 零温度系数电压的产生原理

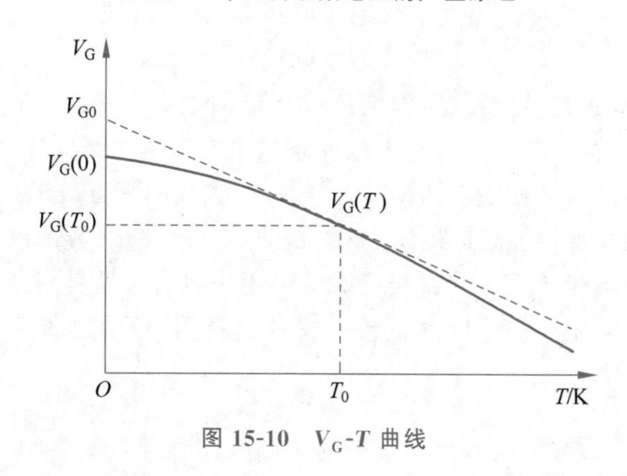

图 15-10 V_G-T 曲线

15.3.1 基本带隙基准电路

图 15-11 给出了一种简单的带隙基准电路实现方法，其中电流 $I_1=I_2$，由 ΔV_{BE} 与电阻 R_1 决定，在忽略 I_b 漏电的情况下有

$$I_1=I_2=\frac{|\Delta V_{BE}|}{R_1}=\frac{1}{R_1}\frac{kT}{q}\ln(n) \tag{15-2}$$

上述电流具有正温度系数，除了 R_1 以外，其余参数都是确定的，对工艺、环境等因素不敏感。对于一个高增益运放，两个输入端电压近似相等。此时 A 点电压为 V_{BE1}，于是输出电压为

$$V_{OUT}=|V_{BE1}|+\frac{R_2}{R_1}\frac{kT}{q}\ln(n) \tag{15-3}$$

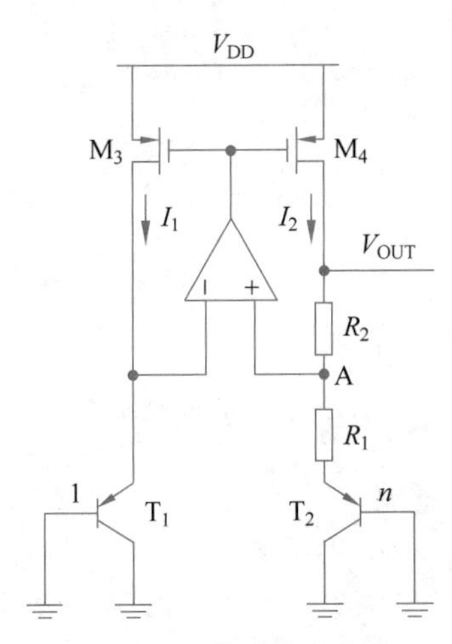

图 15-11　带隙基准电路

调节 R_1、R_2 和 n 的取值，满足

$$\frac{R_2}{R_1}\ln(n)=\frac{\partial V_{BE}}{\partial T}\frac{q}{k}\approx 23$$

可使得式(15-3)中两项的温度系数绝对值相等，进而得到

$$V_{OUT}=V_{G0}$$

此时输出电压对工艺及温度、电源电压等环境因素都不敏感。V_{G0} 与硅的带隙电压相近，由硅的物理特性决定，因而这种零温度系数电压产生电路也称为带隙基准电路。

在设计细节上，为了方便版图匹配，n 一般取为整数的平方减 1。将 T_1 放在 T_2 的中间，有助于抵消一阶梯度误差，如图 15-12 所示(对应 $n=8$)。为确保双极型晶体管能够正常工作，一般来说电流 I_1、I_2 为微安量级。近年来也有一些针对超低功耗带隙基准电路的研究，采用纳安甚至皮安量级的电流以降低功耗，代价是器件非理想性导致温度稳定性会有所降低。

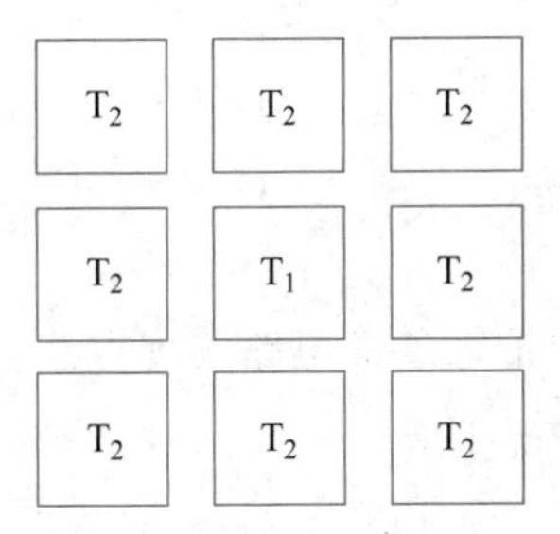

图 15-12　T_1、T_2 版图示例

15.3.2　低电压的带隙基准电路

前面介绍的带隙基准电路输出电压约为 1.2V，那么电源电压需要大于 1.2V 才能正常工作。先进工艺下电源电压约为 1V，甚至更低。为了能够在低电源电压下产生零温度系数的基准电压，可以采用如图 15-13 所示的电路结构。

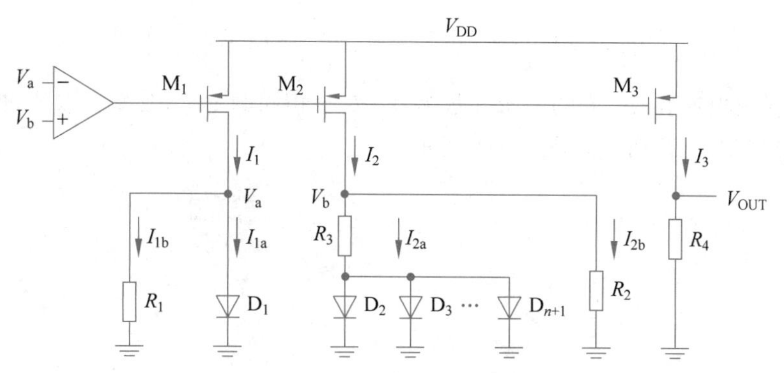

图 15-13　低电压的带隙基准电路

不同于传统带隙基准电路通过堆叠的方式进行电压相加，这种低电压的带隙基准电路在电流域实现正负温度系数的电流相加。若运放输入两端的 $V_a = V_b$，则可以在 I_1、I_2 支路实现电流的相加，得到不随温度变化的电流。图 15-13 中 M_2 支路电流为

$$I_2 = I_{2a} + I_{2b} = \frac{V_{BE}}{R_2} + \frac{|\Delta V_{BE}|}{R_3}$$

再将电流复制到 I_3 输出，则输出电压可表示为

$$V_{OUT} = R_4\left(\frac{V_{BE}}{R_2} + \frac{\frac{kT}{q}\ln n}{R_3}\right)$$

通过调整 R_2、R_3、n 值可以获得零温度系数的电压输出。通过调整 R_4 与 R_2、R_3 的比例，可以调整输出电压的幅度。这种电路输出电压可调，且不需要多个晶体管堆叠，因此适合用于低电压的应用。

15.3.3　带隙基准电路的非线性与补偿

式(15-1)中对 $V_{BE}(T)$ 的描述是线性近似，$V_{BE}(T)$ 更精确的表达式如下：

$$V_{BE}(T) = V_{G0} - \frac{T}{T_0}(V_{G0} - V_{BE0}) - (\eta - \alpha)\frac{kT}{q}\ln\frac{T}{T_0}$$

式中 η 是器件系数，约为 4；α 的取值取决于集电极电流 I_C 与温度 T 的关系，即

$$\alpha = \ln\frac{I_C(T)}{I_C(T_0)}\ln\frac{T}{T_0} \tag{15-4}$$

如果 I_C 与 T 无关，则 $\alpha = 0$。如果 I_C 与 T 成正比，则 $\alpha = 1$。如果 I_C 与 T 成反比，则 $\alpha = -1$。

式(15-1)只考虑了上式的前两项。当希望带隙基准电路的温度系数精确到百万分之一水平时，就必须考虑第三项的影响：

$$(\eta - \alpha)\frac{kT}{q}\ln\frac{T}{T_0} = (\eta - \alpha)\frac{kT}{q} + (\eta - \alpha)\frac{kT}{q}\left(\ln\frac{T}{T_0} - 1\right)$$

式中右式的第一项为线性项，可以通过调整 M 值进行修正。修正后，带隙基准电路的输出电压为

$$V_{\mathrm{OUT}}(T)=V_{\mathrm{G0}}-(\eta-\alpha)\frac{kT}{q}\left(\ln\frac{T}{T_0}-1\right) \tag{15-5}$$

此时,输出电压在 T_0 处的一阶导数为 0。对于相同的 V_{G0},改变 α 取值,抵消一阶温度项后,得到 V_{OUT}-T 曲线如图 15-14 所示。

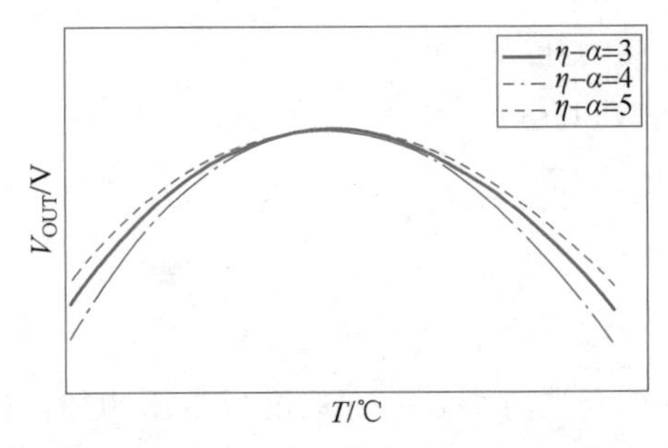

图 15-14　不同 $\eta-\alpha$ 取值下的 V_{OUT}-T 曲线

可以看到,V_{OUT} 随温度变化的曲线发生了弯曲。为了消除这种弯曲,可以设法生成这一非线性项,进而对弯曲进行抵消,这种方法通常称为曲率补偿。

考虑到当 I_{C} 独立于温度时,有 $\alpha=0$;而当 I_{C} 正比于温度时,$\alpha=1$。通过设置不同的偏置电流,可以得到两种 V_{BE}:

$$V_{\mathrm{BE1}}(T)=V_{\mathrm{G0}}-\frac{T}{T_0}(V_{\mathrm{G0}}-V_{\mathrm{BE0}})-(\eta-1)\frac{kT}{q}\ln\frac{T}{T_0}$$

$$V_{\mathrm{BE2}}(T)=V_{\mathrm{G0}}-\frac{T}{T_0}(V_{\mathrm{G0}}-V_{\mathrm{BE0}})-(\eta-0)\frac{kT}{q}\ln\frac{T}{T_0}$$

将二者做差可得

$$V_{\mathrm{BE1}}(T)-V_{\mathrm{BE2}}(T)=\frac{kT}{q}\ln\frac{T}{T_0}$$

于是便得到了 V_{BE} 中的非线性项,将其放大一定倍数并与 V_{BE} 做差,就可以抵消 V_{OUT} 中的非线性特性,即

$$V_{\mathrm{OUT}}^{*}=V_{\mathrm{OUT}}+(\eta-\alpha)(V_{\mathrm{BE1}}(T)-V_{\mathrm{BE2}}(T))=V_{\mathrm{G0}}+(\eta-\alpha)\frac{kT}{q}$$

虽然抵消后的输出电压中残留了一个线性项,但这一问题可以通过调整图 15-9 中 M 来进行消除。图 15-15 中给出了一种补偿带隙基准电路非线性的电路实现,其中 T_1 支路上的电流为正温度系数电流,其 V_{BE} 为

$$V_{\mathrm{BE1}}(T)=V_{\mathrm{G0}}-\frac{T}{T_0}(V_{\mathrm{G0}}-V_{\mathrm{BE0}})-(\eta-1)\frac{kT}{q}\ln\frac{T}{T_0}$$

T_3 支路上的电流复制自 M_2 支路上的电流之和,是不随温度变化的,其 V_{BE} 为

$$V_{\mathrm{BE3}}(T)=V_{\mathrm{G0}}-\frac{T}{T_0}(V_{\mathrm{G0}}-V_{\mathrm{BE0}})-(\eta-0)\frac{kT}{q}\ln\frac{T}{T_0}$$

通过电阻 R_4 将 V_{BE1} 与 V_{BE3} 做差,即可得到非线性项。通过调整 R_4、R_5 与其他电阻的比例,将非线性项乘以一定的系数反馈回 M_1、M_2 支路,即可实现对非线性项的补偿。通常情况下,使用曲率补偿可以将带隙基准电路的温度敏感性降低数倍。

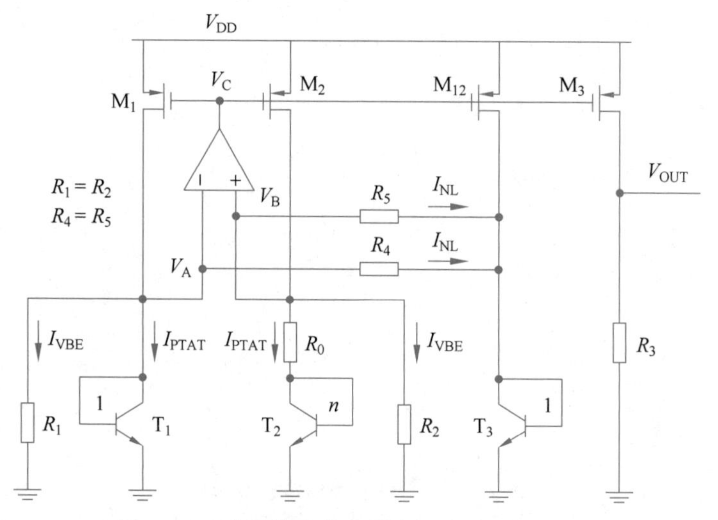

图 15-15 补偿带隙基准电路非线性的电路示例

15.3.4 应力对带隙基准电路的影响

塑料封装芯片成本低,适合大规模自动化生产,是一种常见的封装方式。在塑封芯片时,塑料有一个从加热到冷却的过程。由于塑料的膨胀系数很大,而硅的膨胀系数很小,在冷却的过程中,塑料会发生收缩,而硅芯片的体积几乎不变。这一差异导致塑料会对硅芯片施加一个大约 200MPa 的应力,使得芯片的载流子迁移率、本征载流子密度等关键参数发生改变,进而使得带隙基准电路的温度特性出现漂移。

为了解决这一问题,可以使用膨胀系数较低的陶瓷对芯片进行封装,但这样会显著提升封装成本,不适合在消费类产品中应用。另外,使用压力传感器检测芯片应力并进行校准也是一种解决这一问题的可行的方法,但压力传感器需要占用额外的芯片面积和功耗,并且其设计复杂度比带隙基准电路本身更高。另一种简单的解决方案是在芯片外增加一层有弹性的聚酰亚胺膜。在封装过程中,塑料产生的收缩压力将被这一层软膜吸收,从而降低对芯片的应力。使用这一技术后,基准源电压随温度的变化可以显著降低。

15.3.5 带隙基准电路中的失调

如图 15-16 所示,运放中晶体管的失配会在运放输入端引入失调电压 V_{OS},此时运放两个输入端之间的电压存在偏差,导致输出电流中带有失调电压项,即

$$I_1 = I_2 = \frac{|\Delta V_{BE}|}{R_1} = \frac{1}{R_1}\left(\frac{kT}{q}\ln n + V_{OS}\right)$$

同样输出电压也就包含失调电压:

$$\begin{aligned} V_{OUT} &= |V_{BE1}| + V_{OS} + \frac{R_2}{R_1}\left(\frac{kT}{q}\ln n + V_{OS}\right) \\ &\approx V_{G0} + V_{OS}\left(\frac{R_2}{R_1} + 1\right) \end{aligned}$$

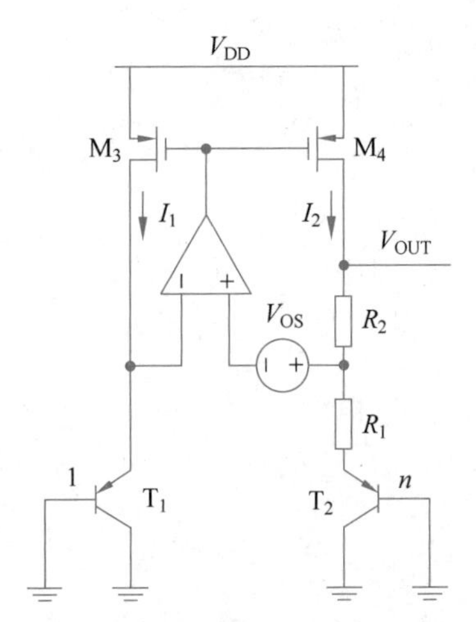

图 15-16　带隙基准电路中的失调

假设失调电压为 5mV,R_2 与 R_1 的比值为 8,则输出电压的误差可以达到 45mV。由于CMOS 工艺中的失调电压 V_{OS} 会随温度变化,相应地,输出电压对温度的稳定性也变差。

为了减小失调对带隙基准电压的影响,可以使用低失调的双极型晶体管作运放输入级。还可以增大两个双极型晶体管的尺寸比例 n,从而减小 R_2 与 R_1 的比例,降低失调电压对输出电压的影响。双极型晶体管还有一个特点是它的失调电压和热力学温度成正比,因此如果在室温下用一个反比于热力学温度的电压对双极型晶体管的失调电压进行补偿,就可以同时消除失调电压的温度系数。这种补偿方法通常称为"单点校准",即在一个温度点下(通常是室温),可以同时校准输出电压的绝对值和温度系数。注意,因为MOS 管失调电压的温度系数与失调电压的相关性很低,这种方法并不适合 MOS 晶体管。

消除失调电压还可以采用动态抵消的方法,如自归零技术、斩波技术等。图 15-17 给出了一种失调电压抵消技术。这一带隙基准电路将输出电压在时域上分为两相进行输出。若运放增益足够大,在放大器失调电压采样相位,运放按单位增益负反馈结构连接,

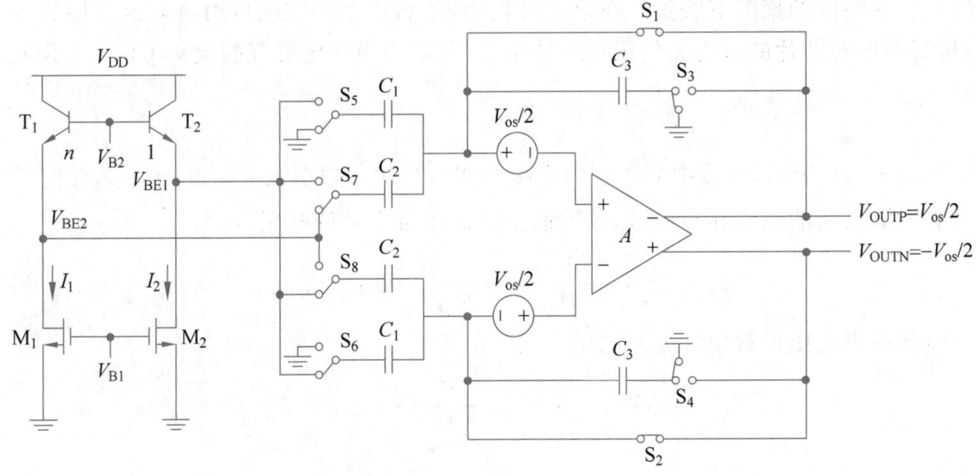

图 15-17　带隙基准电路失调抵消技术(失调电压采样相位)

输出电压为

$$V_{\mathrm{OUT1}}=V_{\mathrm{OS}}$$

在基准电压输出相位时(图 15-18),电容 C_1、C_2 上级板电压与失调电压互相抵消,输出电压为

$$V_{\mathrm{OUT2}}=\frac{2}{C_3}(C_1V_{\mathrm{BE1}}+C_2\Delta V_{\mathrm{BE}})$$

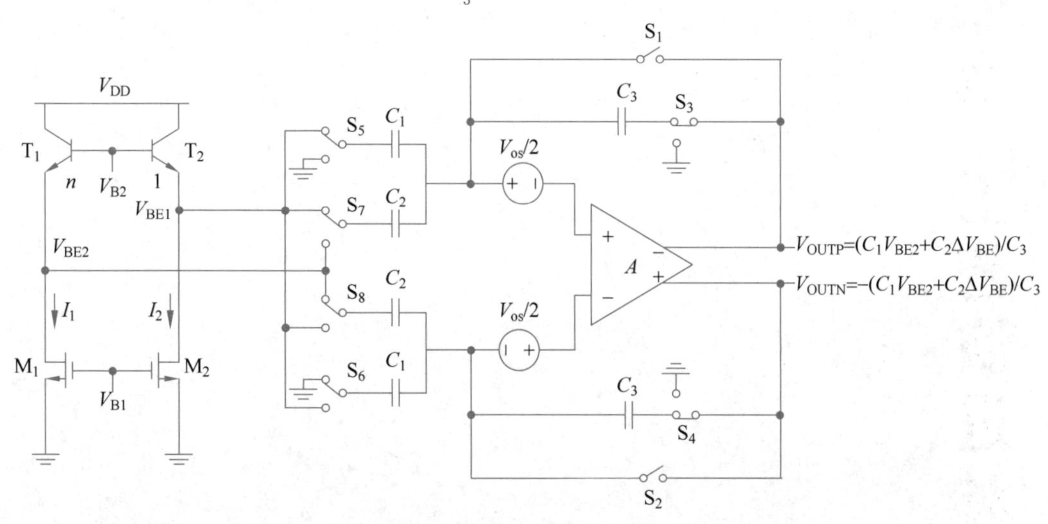

图 15-18 带隙基准电路失调抵消技术(输出相位)

失调电压的影响被显著抑制。这种电路的缺点是只能在第二个相位输出带隙基准电压,无法连续时间输出。

15.4 本章小结

采用基本的偏置电流产生电路可以得到受到环境变化影响较小的参考电流。在此基础上采用自偏置技术能够进一步消除电流与电源电压之间的关系,使得电流更为稳定。另外,为产生不随温度变化的参考电压,可以分别产生随温度升高和随温度降低的电压,并将其以合适的权重相加,这便是带隙基准源的基本思想。同时,本章还介绍了非线性、应力、失调等非理想因素对带隙基准电路的影响以及相应的解决方案。

第16章 工艺演进对模拟电路的影响

在电路设计前,需要根据设计指标、成本等因素决定流片工艺。本章将介绍工艺演进对模拟电路设计的影响,主要内容包括摩尔定律的内在逻辑以及器件性能随工艺演进的变化趋势,并从精度、速度、功耗等角度分析工艺演进给模拟电路设计带来的机遇与挑战。

16.1 理解摩尔定律

1965 年,英特尔创始人戈登·摩尔预测,集成电路上可以容纳的晶体管数目大约每两年会增加 1 倍。迄今为止,工艺的指数型演进仍在继续,如图 16-1 所示。越来越小的特征尺寸、越来越高的开关速度、越来越低的晶体管制造成本使得集成电路走进了千家万户,广泛应用于人们生活的各个方面。

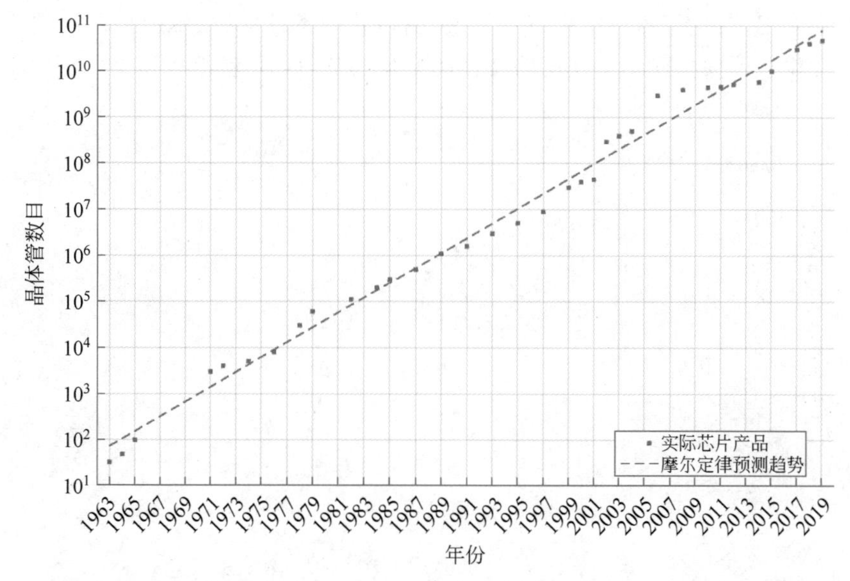

图 16-1 1963—2019 年片上晶体管数量

摩尔定律并不是一个物理定律,而是一个经济规律,关乎成本和经济效益。如图 16-2 所示,指数型增长的背后是一连串正反馈:半导体制造技术的发展带来更好的产品,更好的产品带来更高的营收,更高的营收带来更多的研发投入,更多的研发投入进一步推动技术进步,如此形成一个良性循环,推动半导体工艺演进和经济增长。

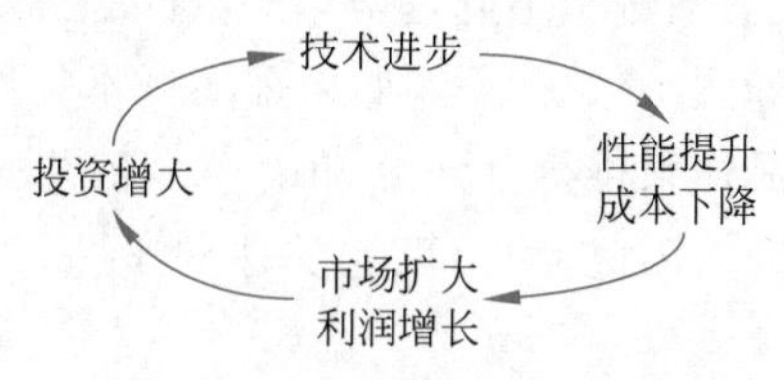

图 16-2 工艺演进背后的正反馈

正反馈系统随时间变化呈指数关系。摩尔定律中所说的“晶体管数目每两年翻一番”就对应着这个正反馈环路的时间常数。这个正反馈系统以几乎相同的时间常数运行了超过 56 年，在片上集成晶体管数量上产生了累计产生了 $2^{(56/2)} \approx 2\times10^{9}$ 的变化。摩尔定律什么时候会失效，即什么时候这个正反馈环路的时间常数变长，这里需要查看主因（主极点的位置）以及它目前的变化规律。一种观点是技术进步是主极点。比如，即使增大研发投入，也无法在技术上进一步提升集成度，那么摩尔定律自然就会失效。另一种观点是，制造技术不是问题，但集成度提升并不能带来足够的性能提升或成本下降，抑或是市场不能继续扩大，没有足够需求，那么摩尔定律也会减速或停滞。考虑到摩尔定律本质上是一种经济规律，后一种情况的可能性并不能忽略。

16.2 工艺演进下电路特性的变化

随着工艺的演进，特征尺寸呈指数型减小，图 16-3 示出了各个工艺节点及其开始量产的年份。新工艺技术、器件结构不断发展，晶体管的本征频率、本征增益等性质也发生了显著的变化。下面将介绍一些电路特性的变化趋势，以及这些变化的潜在影响。

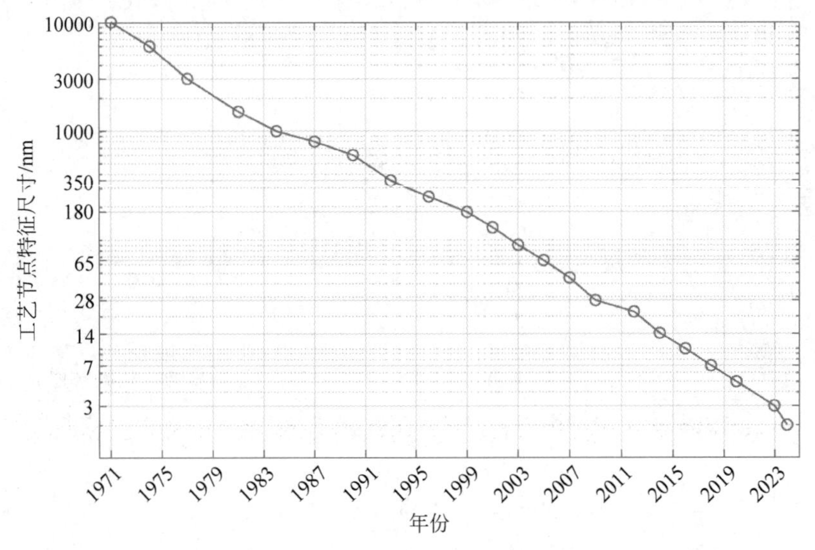

图 16-3 工艺节点及其开始量产年份

如图 16-4 所示，随着工艺进步，晶体管的本征频率显著提升，这使得电路在高速、超高速领域的发展成为可能。同时，由于寄生电容增加，FinFET 工艺本征频率有所下降。

晶体管的本征增益随工艺演进呈下降趋势，亚微米级工艺下几十、上百的本征增益，到纳米级以后大约只有十，如图 16-5 所示。如果采用低本征增益的晶体管设计高增益运放，往往需要更多级或更多晶体管堆叠。注意，FinFET 工艺极大地减小了漏极对沟道的影响，使得本征增益有所提升。因此，相比更老的体硅工艺，更先进的 FinFET 工艺反而使得放大器更容易设计。

工艺演进过程中，晶体管栅氧厚度减小，耐压降低，因此电源电压也必须下降。图 16-6 示出了工艺演进中的电源电压变化。一方面低电压有助于低功耗设计，另一方面给模拟电路设计带来了一些限制。

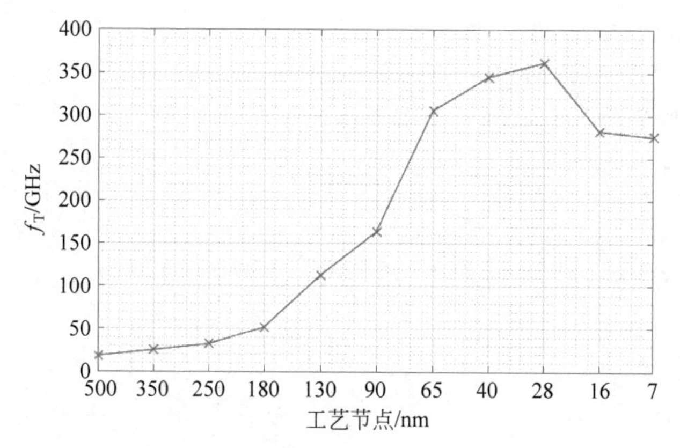

图 16-4 不同工艺节点下晶体管的本征频率

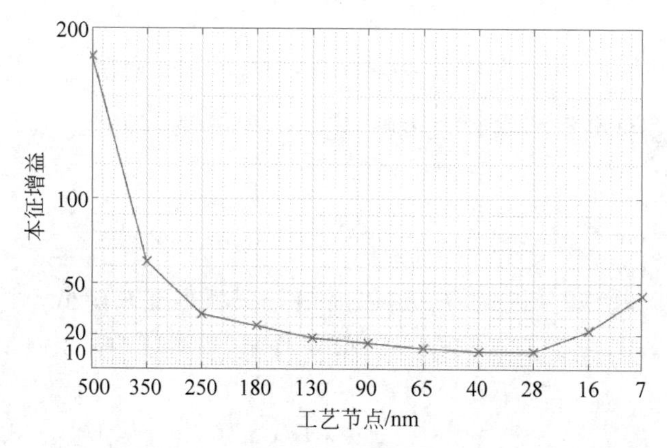

图 16-5 不同工艺下晶体管的本征增益

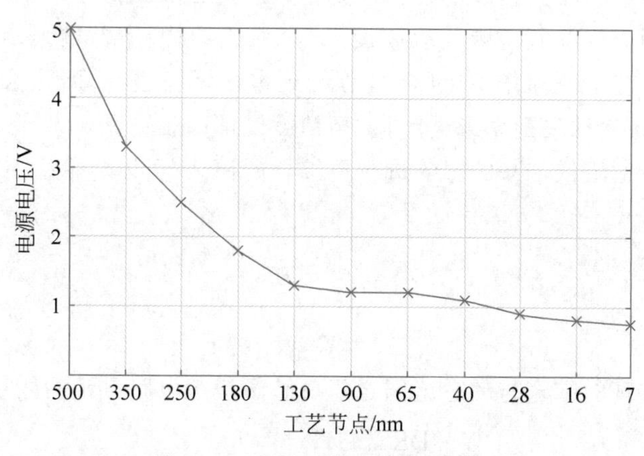

图 16-6 不同工艺下的电源电压

16.3 从模拟电路设计看摩尔定律

推动摩尔定律的主要力量是大规模数字电路，尤其是CPU、存储等需求巨大的产品，工艺演进带来的集成度提高、成本下降、功耗降低、速度上升能够有效地提升产品的竞争

力。不过,对模拟电路来说,工艺演进是一件喜忧参半的事情。

以图 16-7 所示的输出级为例,为了得到最大的输出摆幅,需要把输出级晶体管偏置在亚阈值区。亚阈值区的电流-电压关系表达式为

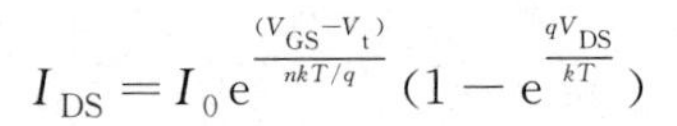

$$I_{DS}=I_0\,e^{\frac{(V_{GS}-V_t)}{nkT/q}}\left(1-e^{\frac{qV_{DS}}{kT}}\right)$$

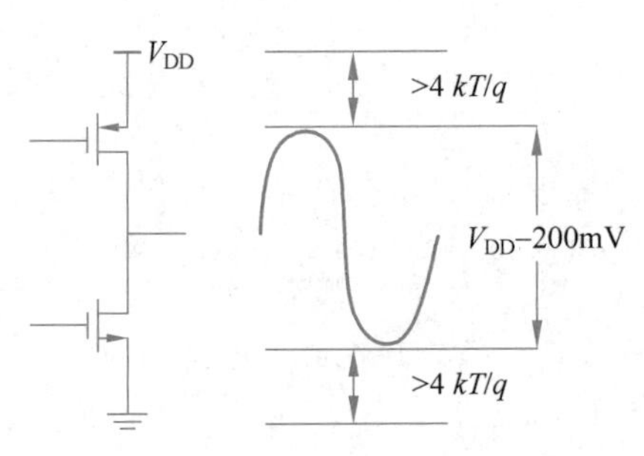

图 16-7　轨到轨输出级及其摆幅

为了避免 V_{DS} 对电流产生较大影响,V_{DS} 至少需要 $4kT/q$。所以,输出信号摆幅 V_{SW} 至少需要满足

$$V_{SW}<V_{DD}-8\frac{kT}{q}\approx V_{DD}-200\mathrm{mV} \tag{16-1}$$

随着工艺演进,电源电压逐步降低,因而信号摆幅也逐渐降低,对于相同的噪声条件,信噪比将渐渐恶化。信号的动态范围 DR 与摆幅、热噪声的关系满足

$$\mathrm{DR}\propto\frac{{V_{SW}}^2}{kT/C}$$

如果摆幅折半,只有将电容增大到原来的 4 倍才可以保持原本的动态范围。此外,电源电压降低限制了传统的高增益运放设计,套筒式结构、增益增强结构等高增益运放结构难以在先进工艺下发挥作用。同时,考虑到本征增益也在降低,且器件失配与面积成反比,尺寸缩减带来的失配越来越严重,高精度设计困难重重。

为了对电源电压降低带来的影响进行更综合的评估,可以将带宽 BW 与功耗 P 纳入分析:

$$\mathrm{BW}\propto\frac{g_m}{C}$$

$$P\propto V_{DD}I_D$$

单位功耗可实现的带宽与动态范围之积反映了模拟电路设计的能量效率:

$$\frac{\mathrm{BW}\cdot\mathrm{DR}}{P}\propto V_{DD}\left(\frac{V_{SW}}{V_{DD}}\right)^2\frac{g_m}{I_D}$$

这个效率值越大越好,说明在取得相同带宽(速度)和动态范围(信噪比)下所需的功耗越小。然而,工艺演进使得 V_{DD} 显著下降。根据式(16-1)分析,V_{SW}/V_{DD} 也随 V_{DD} 明显下降。虽然 g_m/I_D 略有提升,但是变化较为微小,而且存在上限(q/kT)。因此,综合考虑,对于模拟电路来说,这个核心的效率值不但没有提升反而下降了。特别是对于低

速、高精度模拟电路，这意味着在先进工艺下电路需要消耗更大的功耗。

此外，为了更加准确地描述器件，仿真模型的参数越来越多，仿真时间越来越长，但由于晶体管尺寸实在太小，模型精度有所下降；再加上先进工艺对版图的约束越来越多，寄生效应的影响越来越明显，模拟电路的设计难度进一步增大。

工艺演进对模拟电路的影响并非完全是负面的。本征频率的提升大幅提高了模拟电路的速度，使得 GHz 甚至 THz 电路成为可能。如图 16-8 所示，为了达到 40GHz 的本征频率，180nm 工艺下的 $g_m/I_D \approx 6\text{S/A}$，40nm 工艺下的 $g_m/I_D = 16\text{S/A}$，也就是说，在先进工艺下，只需要较低的过驱动电压就可以达到目标速度，从而提高 g_m/I_D，因此不断提升的本征频率可以降低高速电路的功耗。

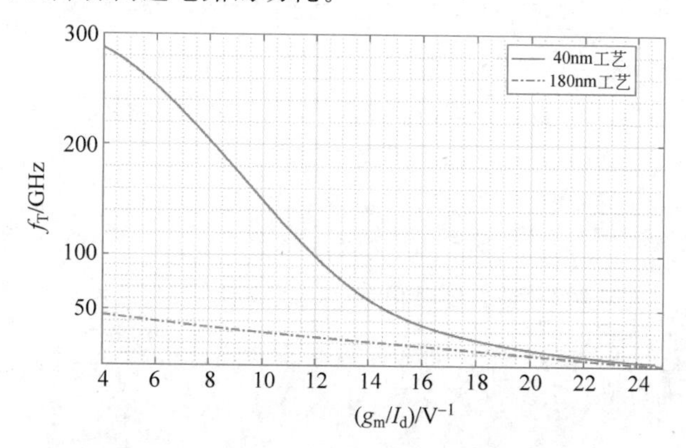

图 16-8 不同工艺下 g_m/I_d 与 f_T 的关系

16.4 本章小结

摩尔定律是一项经济定律，它的终点可能并不在于物理极限，而在于研发投入能否转化为更高的营收。工艺演进使得电源电压降低、本征增益降低，给高精度模拟电路设计带来了困难，却使得高速、低精度模拟电路设计变得越来越容易。近年来，为了应对工艺演进带来的各种挑战，越来越需要低电压设计、先进工艺友好型设计，以期实现更高的精度、更快的速度和更低的功耗。

附录 A　饱和区晶体管电容容值的推导

在饱和区，沿沟道建立坐标轴，则在 x 处的电荷密度为

$$Q_n(x)=C_{ox}[V_{GS}-V_t-V(x)] \tag{A-1}$$

沿沟道分布的总电荷为

$$Q_c=WC_{ox}\int_0^L[V_{GS}-V_t-V(x)]dx \tag{A-2}$$

在推导晶体管电流时，有如下微分方程：

$$I_D dx=\mu WC_{ox}[V_{GS}-V_t-V(x)]dV$$

对上式两端同乘$[V_{GS}-V(x)-V_t]$，再同除 I_D，有

$$[V_{GS}-V_t-V(x)]dx=\frac{\mu WC_{ox}}{I_D}[V_{GS}-V_t-V(x)]^2 dV \tag{A-3}$$

将式(A-3)代入式(A-2)，求得沟道总电荷为

$$Q_c=\frac{\mu W^2C_{ox}^2}{I_D}\int_0^{V_{GS}-V_t}[V_{GS}-V_t-V(x)]^2 dV=\frac{\mu W^2C_{ox}^2}{3I_D}(V_{GS}-V_t)^3$$

再由

$$I_D=\frac{1}{2}\mu C_{ox}\frac{W}{L}(V_{GS}-V_t)^2$$

得到

$$Q_c=\frac{2}{3}WLC_{ox}(V_{GS}-V_t)$$

最终可得

$$C_{gs}=\frac{\partial Q_c}{\partial V_{GS}}=\frac{2}{3}WLC_{ox}$$

附录B 跨　　容

对于一个两端口器件而言，根据电荷守恒原理，两个端口的电荷大小相等、极性相反。电荷量只与两个端口之间的电压差有关，即

$$C=\frac{\mathrm{d}Q_1}{\mathrm{d}(V_1-V_2)}=\frac{\mathrm{d}Q_2}{\mathrm{d}(V_2-V_1)}$$

因此，两个端口之间的电容效应可以用接在两端口之间的一个理想电容来建模。这种建模方式十分直观且准确，上述表达式可以完整地表述两个端口之间的电容效应。

对于像晶体管这样的多端口器件，对其各个端口之间的电容效应的建模就变得更为复杂。以三端口器件为例，三个端口编号为1、2、3。端口1的电荷可以同时由端口1电压、端口2电压以及端口3电压共同控制，需要用一个电容矩阵来描述：

$$\begin{bmatrix}\mathrm{d}Q_1\\ \mathrm{d}Q_2\\ \mathrm{d}Q_3\end{bmatrix}=\begin{bmatrix}C_{11} & C_{12} & C_{13}\\ C_{21} & C_{22} & C_{23}\\ C_{31} & C_{32} & C_{33}\end{bmatrix}\begin{bmatrix}\mathrm{d}V_1\\ \mathrm{d}V_2\\ \mathrm{d}V_3\end{bmatrix}$$

即

$$C_{ij}=\frac{\mathrm{d}Q_i}{\mathrm{d}V_j}$$

称为端口j到端口i的“跨容”。

根据电荷守恒定律，有

$$\mathrm{d}(Q_1+Q_2+Q_3)=0$$

可推得

$$\sum_i C_{ij}=0$$

由于电荷仅由电压差产生，则

$$\sum_j C_{ij}=0$$

如果仍然使用三个端口之间的理想电容进行建模，必定有$C_{ij}=C_{ji}$。但通过上述两个约束关系，并不能得到$C_{ij}=C_{ji}$的结论。所以这种简单的电容建模方式对多端口器件来说已经不再适用。

假设某器件三个端口g、s、d之间具有如下的电荷关系，

$$Q_{\mathrm{g}}=Q(V_{\mathrm{gs}}),\quad Q_{\mathrm{d}}=Q_{\mathrm{s}}=-0.5Q(V_{\mathrm{gs}})$$

即三个端口的电荷都由电压V_{gs}控制，栅端电荷为$Q(V_{\mathrm{gs}})$，源、漏端电荷为$-0.5Q(V_{\mathrm{gs}})$，则

$$C_{\mathrm{gd}}=\frac{\mathrm{d}Q_{\mathrm{g}}}{\mathrm{d}V_{\mathrm{d}}}=0$$

$$C_{\mathrm{dg}}=\frac{\mathrm{d}Q_{\mathrm{d}}}{\mathrm{d}V_{\mathrm{g}}}=-0.5\,\frac{\mathrm{d}Q}{\mathrm{d}V_{\mathrm{g}}}\neq 0$$

即栅漏电容 C_{gd} 和漏栅电容 C_{dg} 并不相同。

在我们给出的手工分析模型中，晶体管的栅漏电容 C_{gd} 与漏栅电容 C_{dg} 是一样的。SPICE 等仿真器采用更为准确的跨容模型对晶体管电容进行建模，如图 B-1 所示。栅漏电容 C_{gd} 是指漏端电压变化对于栅极电荷的控制作用，当源端电压变化时，有 $C_{\mathrm{gd}}\mathrm{d}V_{\mathrm{D}}/\mathrm{d}t$ 的电流流入栅端。而漏栅电容 C_{dg} 是指栅极电压变化对漏端电荷的控制作用，两者物理定义完全不同，取值也不同。可以通过查询手册来获取相关参数的取值。

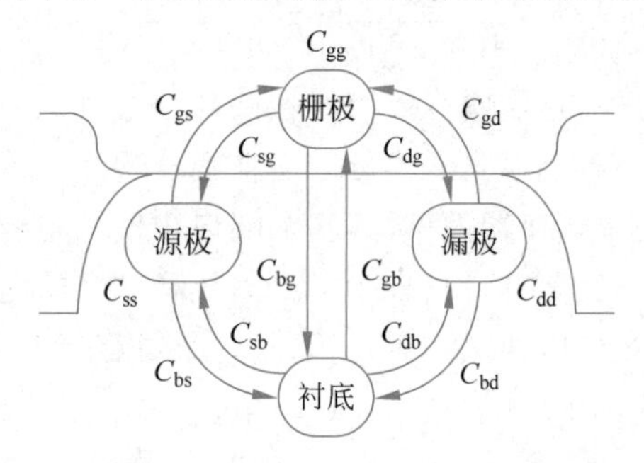

图 B-1　SPICE 中的电容模型

在 SPICE 仿真结果中，栅源电容 C_{gs} 的取值为负，这也是由定义决定的：源端电压和栅端电荷量的变化方向是相反的，当源端电压上升时，栅端的电荷量减小。为了便于手工分析，可以直接取其绝对值。

附录C　工艺演进与设计图

C.1　40nm 工艺仿真曲线

在 SPICE 中做仿真得到 NMOS 跨导效率 g_m/I_D 和特征频率 f_T 随过驱动电压 V_{OV} 变化的设计图如图 C-1 所示，仿真时以 20nm 晶体管长度变化为步长，40～180nm 扫描出曲线族，其中随过驱动电压 V_{OV} 增大而降低的为跨导效率 g_m/I_D 扫描曲线族，随过驱动电压 V_{OV} 增大而增大的为特征频率 f_T 扫描曲线族。由于跨导效率 g_m/I_D 与晶体管长度 L 几乎无关，所以扫描曲线族几乎重合。而特征频率 f_T 与晶体管长度 L 成负相关，扫描曲线族分离，且晶体管长度 L 越小，曲线纵坐标越高。从中电路设计人员可得到启示：如果设计低功耗电路，用先进工艺（更小的晶体管长度）相比用一个老工艺（更大的晶体管长度）并没有明显的性能提升，但是更先进的工艺可以显著提升电路的速度，对高速电路的设计十分有意义。

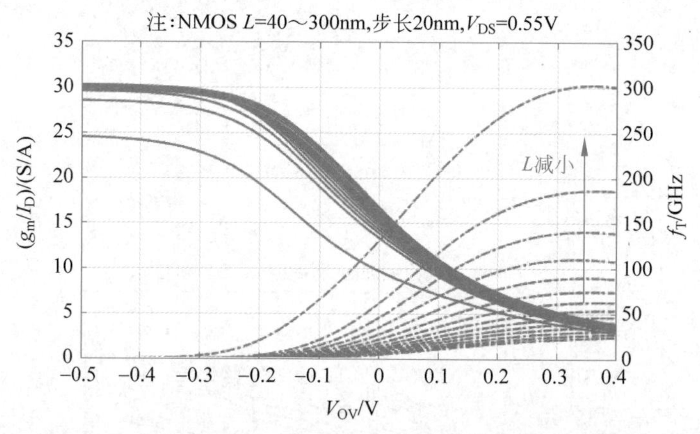

图 C-1　NMOS g_m/I_D 和 f_T 随 V_{OV} 变化的设计曲线族

在 SPICE 中做仿真得到 PMOS 跨导效率 g_m/I_D 和特征频率 f_T 随过驱动电压 V_{OV} 变化的设计图如图 C-2 所示，与 NMOS 仿真曲线类同，但明显特征频率 f_T 扫描曲线族的高度整体低于 NMOS，这是由于 PMOS 的载流子迁移率低于 NMOS。

在 SPICE 中做仿真得到 NMOS 特征频率 f_T 随跨导效率 g_m/I_D 变化的设计图如图 C-3 所示。特征频率 f_T 与跨导效率 g_m/I_D 成负相关，并且晶体管长度越小，器件速度越快，特征频率 f_T 越高。当晶体管 L 较小时，当 g_m/I_D 较大时，随着 g_m/I_D 的升高，特征频率 f_T 会快速下降。

在 SPICE 中做仿真得到 NMOS 本征增益 $g_m r_o$ 随跨导效率 g_m/I_D 变化的设计图如图 C-4 所示。晶体管长度越大，曲线纵坐标越高。

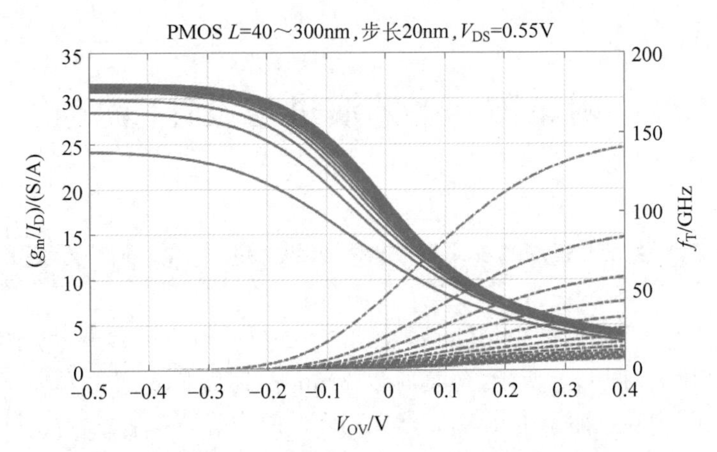

图 C-2　PMOS g_m/I_D 和 f_T 随 V_{OV} 变化的设计曲线族

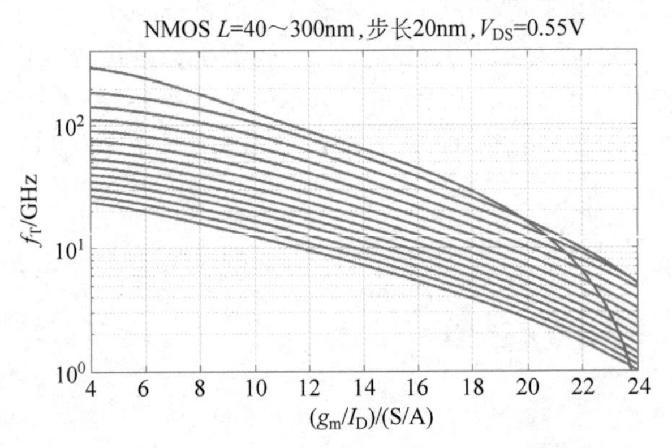

图 C-3　NMOS f_T 随 g_m/I_D 变化的设计曲线族

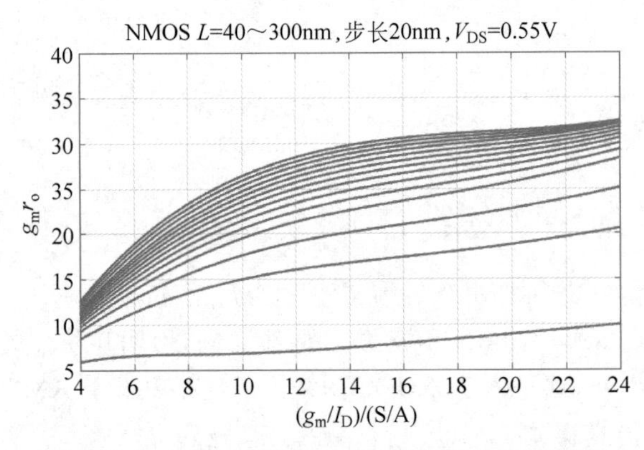

图 C-4　NMOS $g_m r_o$ 随 g_m/I_D 变化的设计曲线族

在 SPICE 中做仿真得到 NMOS 电流密度 I_D/W 随跨导效率 g_m/I_D 变化的设计图如图 C-5 所示，电流密度与晶体管长度成负相关。

在 SPICE 中做仿真得到 NMOS C_{gd}/C_{gg} 和 C_{dd}/C_{gg} 随跨导效率 g_m/I_D 变化的设计图如图 C-6 所示。

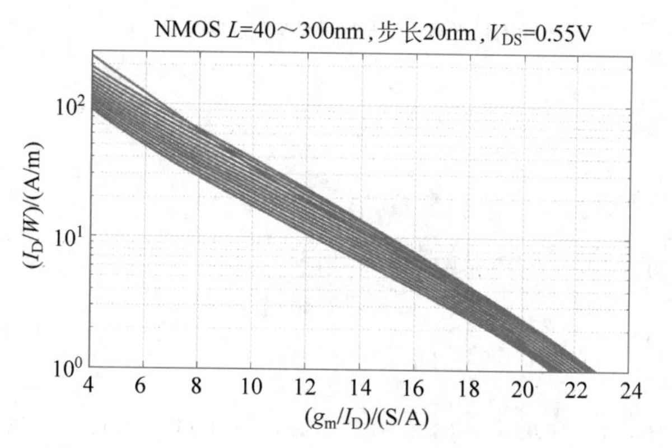

图 C-5　NMOS I_D/W 随 g_m/I_D 变化的设计曲线族

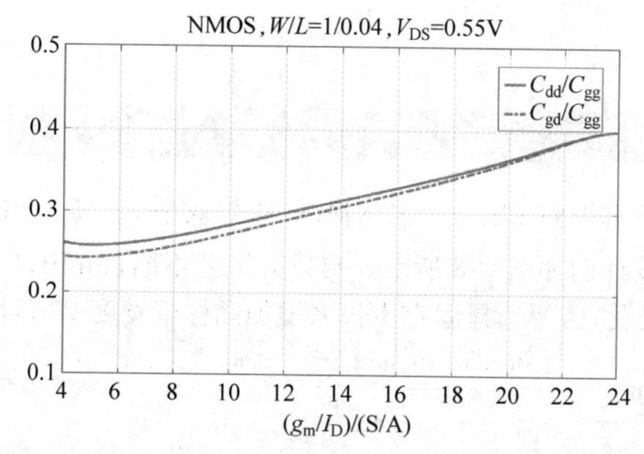

图 C-6　NMOS C_{gd}/C_{gg} 和 C_{dd}/C_{gg} 随 g_m/I_D 变化的设计曲线

当跨导效率取 16S/A 时 NMOS 和 PMOS C_{gd}/C_{gg} 和 C_{dd}/C_{gg} 随 L 变化的设计图如图 C-7 所示。

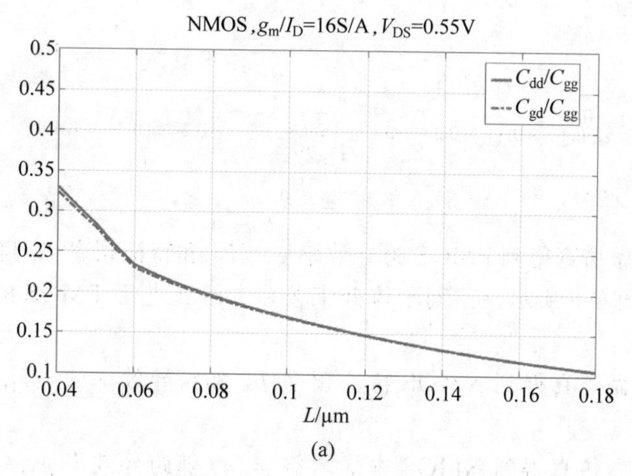

图 C-7　NMOS 和 PMOS C_{gd}/C_{gg} 和 C_{dd}/C_{gg} 随 L 变化的设计曲线

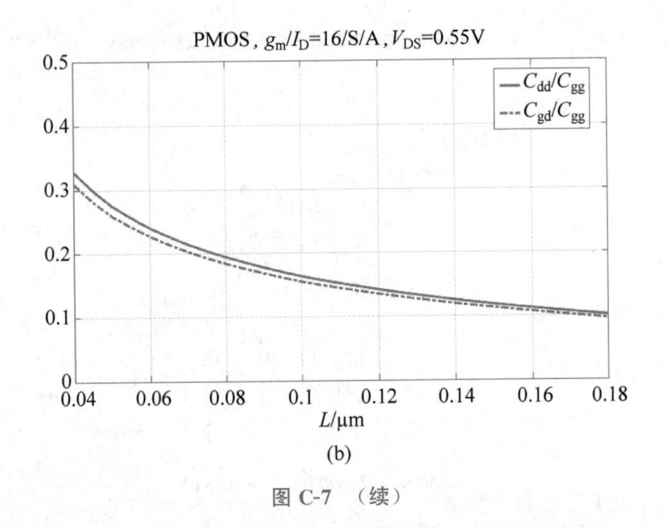

(b)

图 C-7 （续）

C.2 12nm FinFET 工艺仿真曲线

在 SPICE 中做仿真得到 12nm 工艺 NMOS 跨导效率 g_m/I_D 和特征频率 f_T 随过驱动电压 V_{OV} 变化的设计图如图 C-8 所示。与体硅工艺不同，FinFET 中晶体管的宽度 W 和长度 L 不能连续变化，需要选择固定步长来增加晶体管宽度 W 和长度 L。

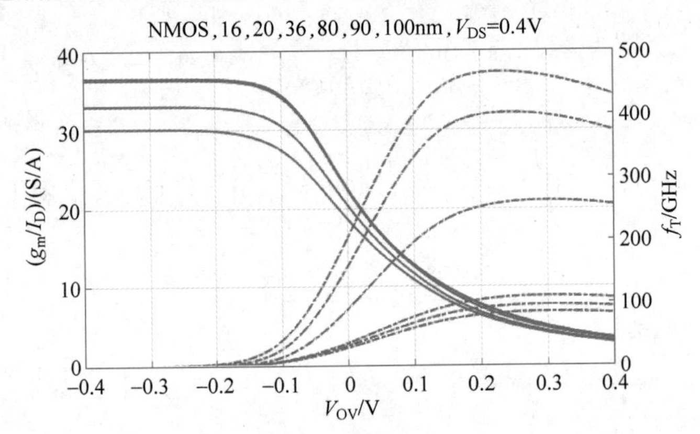

图 C-8　NMOS g_m/I_D 和 f_T 随 V_{OV} 变化的设计曲线族

在 SPICE 中做仿真得到 PMOS 跨导效率 g_m/I_D 和特征频率 f_T 随过驱动电压 V_{OV} 变化的设计图如图 C-9 所示。不同于体硅工艺，12nm 工艺下 PMOS 的特征频率 f_T 与 NMOS 几乎一致。

在 SPICE 中做仿真得到 NMOS 特征频率 f_T 随跨导效率 g_m/I_D 变化的设计图如图 C-10 所示。

在 SPICE 中做仿真得到 NMOS 本征增益 $g_m r_o$ 随跨导效率 g_m/I_D 变化的设计图如图 C-11 所示。

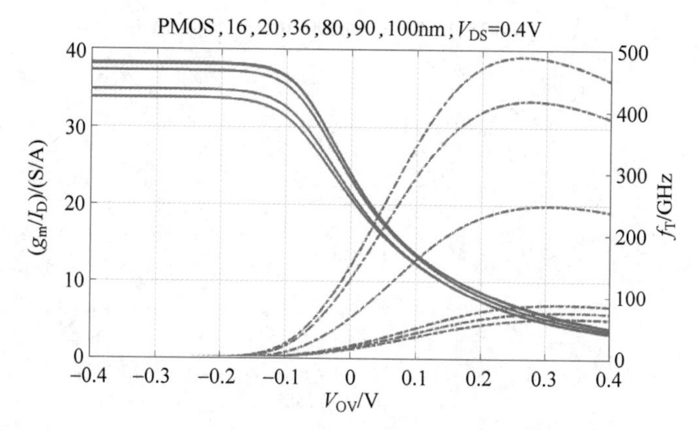

图 C-9　PMOS g_m/I_D 和 f_T 随 V_{OV} 变化的设计曲线族

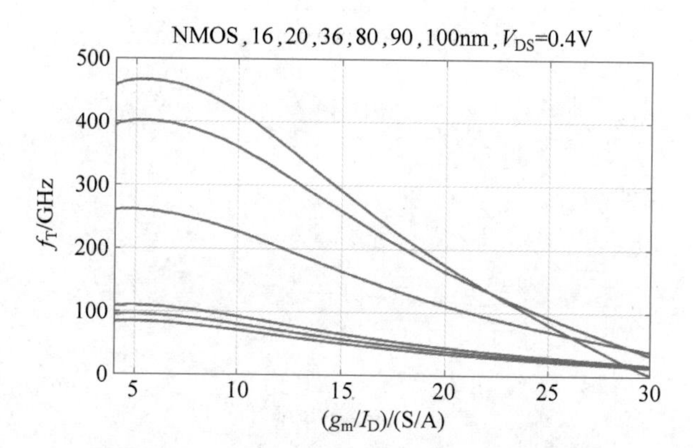

图 C-10　NMOS f_T 随 g_m/I_D 变化的设计曲线族

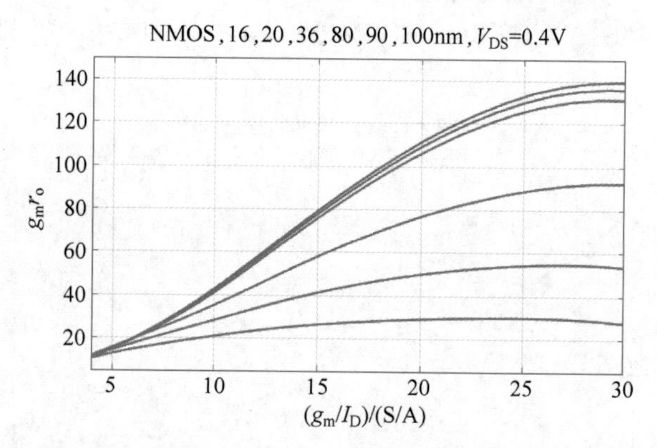

图 C-11　NMOS $g_m r_o$ 随 g_m/I_D 变化的设计曲线族

在 SPICE 中做仿真得到 NMOS 电流密度 I_D/W 随跨导效率 g_m/I_D 变化的设计图如图 C-12 所示。电流密度与晶体管长度成负相关。

在 SPICE 中做仿真得到 NMOS C_{gd}/C_{gg} 和 C_{dd}/C_{gg} 随跨导效率 g_m/I_D 变化的设计图如图 C-13 所示。

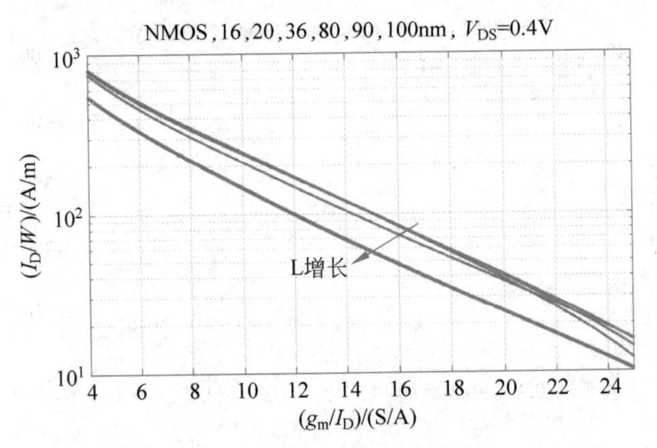

图 C-12 NMOS I_D/W 随 g_m/I_D 变化的设计曲线族

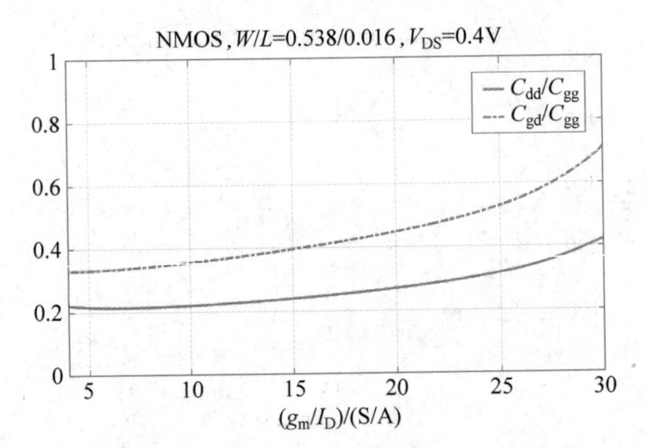

图 C-13 NMOS C_{gd}/C_{gg} 和 C_{dd}/C_{gg} 随 g_m/I_D 变化的设计曲线

当跨导效率取 16S/A 时 NMOS 和 PMOS C_{gd}/C_{gg} 和 C_{dd}/C_{gg} 随 L 变化的设计图如图 C-14 所示。

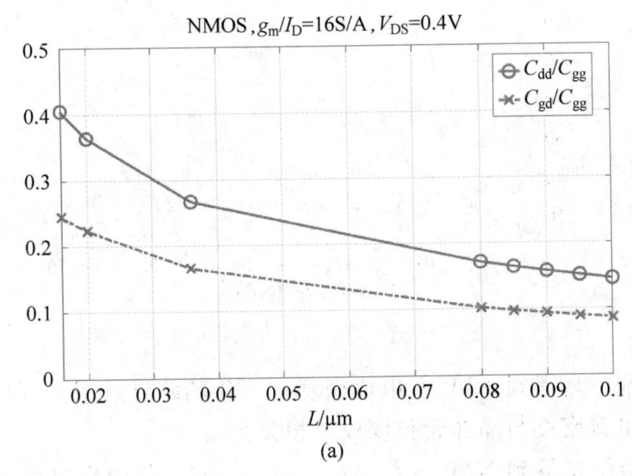

图 C-14 NMOS 和 PMOS C_{gd}/C_{gg} 和 C_{dd}/C_{gg} 随 L 变化的设计曲线

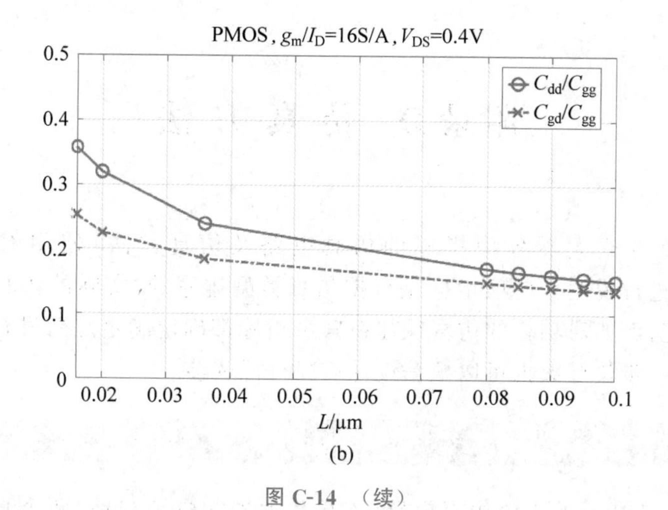
PMOS, g_m/I_D=16S/A, V_{DS}=0.4V
C_{dd}/C_{gg}
C_{gd}/C_{gg}
0.5
0.4
0.3
0.2
0.1
0
0.02
0.03
0.04
0.05
0.06
0.07
0.08
0.09
0.1
L/μm

(b)

图 C-14 （续）

附录D 仿真方法

这里对全差分放大器各项指标的仿真电路及仿真方法(使用 Cadence 公司的 Virtuoso 软件)进行说明。各项指标是根据仿真类型排序的,实际的仿真顺序应根据设计情况自行决定,例如对功耗的仿真往往在其余指标都确定满足之后进行。括号内标注的参数扫描范围、步长等数据可以根据设计情况自行调整。

D.1 直流分析

搭建如图 D-1 所示的直流仿真电路,连接放大器的电源与地,两个直流电压源接到放大器的正、负输入端,直流电压分别设定为 $V_{ic}+V_{id}/2$ 和 $V_{ic}-V_{id}/2$。

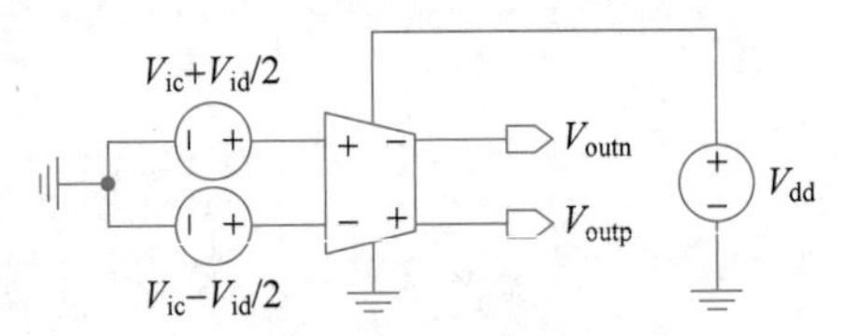

图 D-1 直流分析仿真电路

通过直流分析可以仿真得到放大器的以下指标:

1. 功耗、输出共模电压

设定 V_{ic} 为输入共模电压,$V_{id}=0$。运行仿真,可以通过 *Results-Print-DC Operating Points* 并选择电源查看放大器的总功耗。为了进一步得到放大器内部各模块的功耗,可以使用 *Results-Annotate-DC Operating Points* 标注出流经每个晶体管的电流,从而计算各模块的功耗。

此时放大器正负两端输出电压相等,即为输出共模电压。

2. 直流小信号增益、输出摆幅

放大器的输出摆幅定义为放大器的大信号差模增益与最大值之差不超过 3dB 时对应的差模输出范围。根据以下步骤测量放大器的直流小信号增益与输出摆幅:

(1) 设定 V_{ic} 为输入共模电压,$V_{id}=0$。

(2) 在 *dc analysis* 的设置页面勾选 *Sweep Variable* 选项卡下的 *Design Variable* 选项。设定 *Variable Name* 为 V_{id},在 *Sweep Range* 栏目下设定扫描范围与步长。可以先设定较大的范围与步长(−1～1mV,10μV)确定输出摆幅的大致范围,再选取较小的步长(0.1μV)进行精确测量。

(3) 运行仿真,在 *Calculator* 中通过以下表达式计算差模增益: *dB*20((*VS*("/*VOUTP*")-*VS*("/*VOUTN*"))/(*VS*("/*VINP*")-*VS*("/*VINN*"))),其中节点名称由具体的电路决定。将增益与输出电压画在同一张图上之后,再右击 x 坐标轴,选择 Y *vs* Y

选项作出大信号差模增益随输出电压的变化曲线，从而确定直流点附近的差模增益(A_{DM})以及输出摆幅。

3. 输入共模范围

放大器的输入共模范围定义为放大器的直流增益与设定输入共模电压下的增益之差不超过 3dB 时对应的输入共模电压范围。

设定 V_{ic} 为输入共模电压，V_{id} 为一个较小值(0.1μV)。在 *dc analysis* 的设置页面将扫描参数设置为 V_{ic} 并设定扫描范围与步长(0～1.1V，1mV)。运行仿真，作出差模增益随共模电压变化的曲线，从而确定输入共模电压的范围。

D.2 交流分析

搭建如图 D-2 所示的交流仿真电路，连接放大器的电源与地。一个直流电压源接到放大器的正、负输入端，直流电压设定为输入共模电压。负载电容 $C_{L,tot}=C_L+C_s // C_f$。

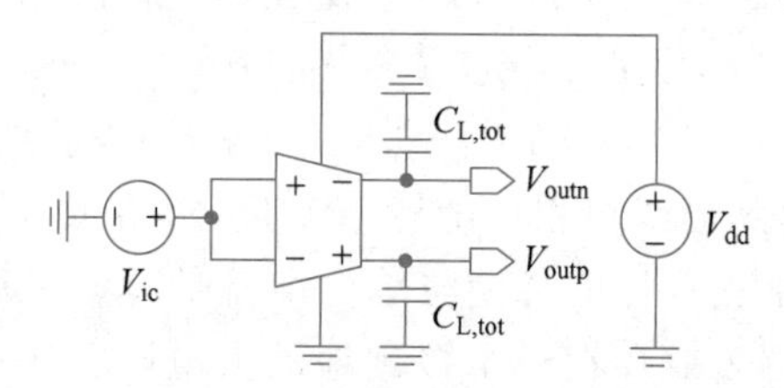

图 D-2 交流分析仿真电路

通过交流分析可以仿真得到放大器的共模抑制比与电源抑制比，步骤如下：

(1) 在 *ac analysis* 的设置页面选择 *Sweep Variable* 选项卡下的 *Frequency* 选项，设定扫描范围、扫描方式以及步长(1Hz～10GHz，*Logarithmic*，100 *Points Per Decade*)。

(2) 测量共模抑制比时，设定输入源的 *AC magnitude* 为 1，电源的 *AC magnitude* 为 0；测量电源抑制比时，则设定电源的 *AC magnitude* 为 1，输入源的 *AC magnitude* 为 0。

(3) 运行仿真，通过 *Results-Direct Plot-AC dB*20 并选择任意一个输出端查看共模增益(A_{CM})或电源增益(A_{VDD})随频率变化情况。并求得共模抑制比与电源抑制比，记录直流(低频)值。

D.3 稳定性分析

搭建如图 D-3 所示的稳定性仿真电路，其中放大器的电源和地被省略。一个直流电压源通过 L_∞ 接到放大器的正、负输入端，直流电压设定为输入共模电压。L_∞ 表示一个大电感，用来给放大器的输入端提供直流偏置，在交流仿真中则视为开路。这里使用 *analogLib* 库中的 *dcfeed* 元件。该元件在交直流仿真中可以直接为无穷大电感，而在瞬态仿真中，由于无穷大电感会导致仿真不收敛，所以仿真器将其视为普通电感，电感值可以设定为 1H。使用 *analogLib* 库中的 *diffstbprobe* 元件指定要仿真的环路。

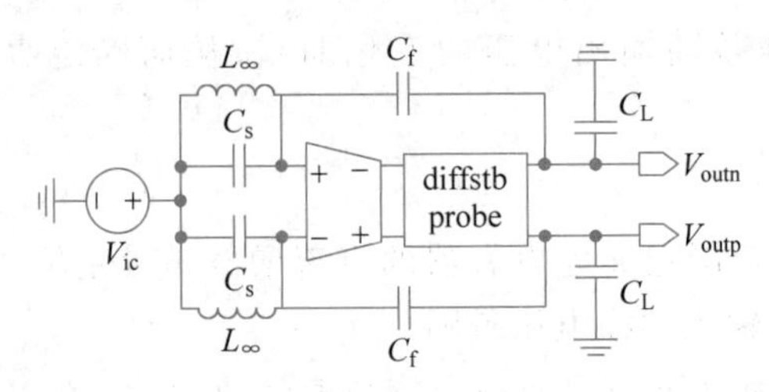

图 D-3 稳定性分析仿真电路

通过稳定性分析可以仿真得到放大器的低频环路增益、环路单位增益带宽与环路相位裕度,步骤如下:

(1) 在 *stb analysis* 的设置页面选择 *Sweep Variable* 选项卡下的 *Frequency* 选项,设定扫描范围、扫描方式以及步长(1Hz～10GHz, *Logarithmic*, 100 *Points Per Decade*)。

(2) 在下方的 *Probe Instance/Terminal* 栏目单击 *Select* 选择原理图中的 *diffstbprobe* 元件,并选择 *Mode Type* 为 *differential*。

(3) 运行仿真,在 *Results-Direct Plot-Main Form* 中查看结果。可以在 *Function* 栏目中选择 *Loop Gain* 并得到幅度与相位随频率变化,求得低频环路增益($\beta \cdot A_{DM}$);在 *Stability Summary* 栏目中查看相位裕度与单位增益带宽。注意,由于晶体管的栅极存在漏电流,放大器的输入端等效存在一个接到地的大电阻。在小信号分析中,该电阻与 C_s 并联,导致在极低频率时放大器输入端近似接地,使得环路增益降低。请选取环路幅频响应较为平坦的频点测量环路增益。

D.4 噪声分析

搭建如图 D-4 所示的噪声仿真电路,其中放大器的电源和地被省略。一个直流电压源通过 L_∞ 接到放大器的正、负输入端,直流电压设定为输入共模电压。

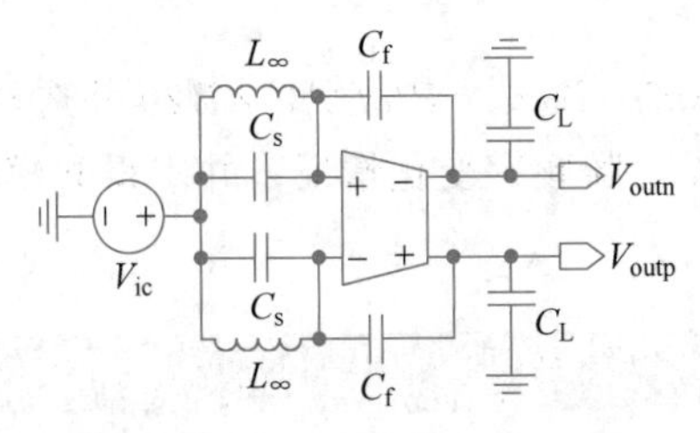

图 D-4 噪声分析仿真电路

通过噪声分析可以得到放大器的闭环输出噪声,步骤如下:

(1) 在 *noise analysis* 的设置页面选择 *Sweep Variable* 选项卡下的 *Frequency* 选项,设定扫描范围、扫描方式以及步长(100kHz～100GHz, *Logarithmic*, 100 *Points Per Decade*)。

(2) 在下方 *Output Noise* 选项卡内选择 *Voltage*,并指定正负输出端为放大器的正、负输出端。在 *Input Noise* 选项卡内选择 *None*。

(3) 运行仿真，在 *Results-Print-Noise Summary* 中查看结果。选择噪声类型为 *Integrated Noise*，单位为 V^2，积分范围为 100kHz～100GHz。在 *FILTER* 内选择 *Include All Types*。*truncate by number* 设定为要显示噪声明细的器件数目(20)。

D.5 瞬态分析

搭建如图 D-5 所示的瞬态仿真电路，其中放大器的电源和地被省略，两个脉冲源通过 L_∞ 接到放大器的正、负输入端。

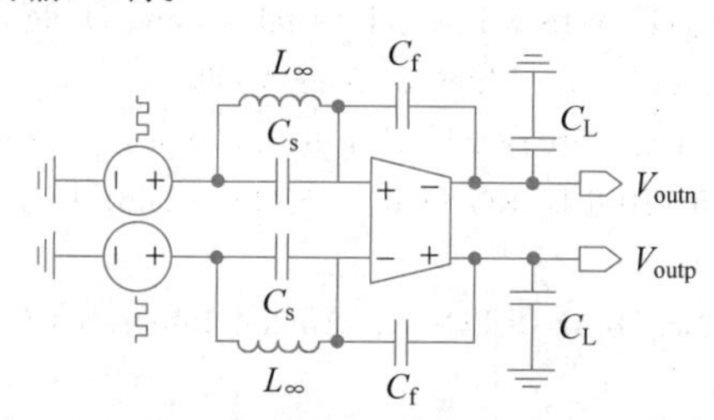

图 D-5 瞬态分析仿真电路

放大器的建立时间定义为阶跃响应动态建立误差等于 0.1% 的时刻。通过以下步骤仿真得到放大器静态建立误差、建立时间与动态建立误差：

(1) 设定正输入端对应的脉冲源参数 *Voltage1*=V_{ic}，*Voltage2*=V_{ic}+0.25V；负输入端 *Voltage1*=V_{ic}，*Voltage2*=V_{ic}−0.25V，其中 V_{ic} 为设计的输入共模电压。两个脉冲源的其余参数一致，*Period*=400ns，*Delay time*=200ns，*Rise time*=10ps，*Fall time*=10ps，*Pulse width*=200ns。

(2) 在 *tran analysis* 的设置页面设置 *Stop Time* 为 600ns，选择仿真精度为 *conservative*。在 *Options* 选项内设置 *maxstep* 为 10ps 以保证仿真精度。

(3) 运行仿真，单击 *Results-Direct Plot-Transient Difference* 并依次单击放大器的正、负输出端，作出瞬态波形。测量放大器的静态建立误差、建立时间以及 40ns 时的动态建立误差。

参考文献

[1] BEHZAD R. Design of Analog CMOS Integrated Circuits[M]. New York: McGraw-Hill,2016.

[2] GRAY P R, HURST P J,LEWIS S H,et al. Analysis and Design of Analog Integrated Circuits [M]. Hoboken,New Jersey: John Wiley & Sons,2009.

[3] HUIJSING J. Operational amplifiers[M]. Dordrecht: Springer,2016.

[4] ALLEN P E,DOBKIN R,HOLBERG D R. CMOS Analog Circuit Design[M]. Amsterdam: Elsevier,2011.

[5] CARUSONE T C,JOHNS D,MARTIN K. Analog Integrated Circuit Design[M]. Hoboken, New Jersey: John Wiley & Sons,2011.

[6] RAZAVI B. Fundamentals of Microelectronics[M]. Hoboken,New Jersey: John Wiley & Sons, 2021.

[7] SEDRA A S,SMITH K C,CARUSONE T C,et al. Microelectronic Circuits[M]. Oxford: Oxford University Press,2011.

[8] 高文焕,李冬梅.电子线路基础[M].2版.北京:高等教育出版社,2005.

[9] 池保勇.模拟集成电路与系统[M].北京:清华大学出版社,2009.

[10] JESPERS P G A,MURMANN B. Systematic Design of Analog CMOS Circuits: Using Pre-Computed Lookup Tables[M]. Cambridge: Cambridge University Press,2017.

[11] MURMANN B. Analysis and Design of Elementary MOS Amplifier Stages[M]. Allendale,NJ: NTS Press,2013.

[12] MURMANN B. EE214B: Advanced Analog Integrated Circuit Design[Z]. Stanford: Stanford University,2017.

[13] SANSEN W M. Analog Design Essentials[M]. Dordrecht: Springer,2007.

[14] 黑田彻,周南生.晶体管电路设计与制作——单管、双管电路以及各种晶体管应用电路[M].北京:科学出版社,2006.

[15] KIM J. Linear CMOS Power Amplifier using Continuous Gate Voltage Control[J/OL]. Microwave and optical technology letters,2018,60(2): 337-341.

[16] MALATHI D,GOMATHI M. Design of Inductively Degenerated Common Source RF CMOS Low Noise Amplifier[J/OL]. Sadhana (Bangalore),2019,44(1): 1-9.

[17] XUE W,GUO Y,ZHANG Y,et al. Exact Settling Performance Design for CMOS Three-Stage Nested-Miller-Compensated Amplifiers[J/OL]. Circuits, systems, and signal processing, 2023, 42(3): 1327-1351.

[18] HURST P J,LEWIS S H,KEANE J P,et al. Miller Compensation using Current Buffers in Fully Differential CMOS Two-stage Operational Amplifiers[J/OL]. IEEE transactions on circuits and systems. 1,Fundamental theory and applications,2004,51(2): 275-285.

[19] RÍO R del,MEDEIRO F,PÉREZ-VERDÚ B,et al. CMOS Cascade Sigma-Delta Modulators for Sensors and Telecom[M/OL]. 1. Aufl. Dordrecht: Springer-Verlag,2006.

[20] HSIEH-HUNG HSIEH,PO-YI WU,CHEWN-PU JOU,et al. 60GHz High-gain Low-noise

Amplifiers with A Common-gate Inductive Feedback in 65nm CMOS[C/OL]. 2011 IEEE Radio Frequency Integrated Circuits Symposium. IEEE, 2011: 1-4.

[21] KAUKOVUORI J, KALTIOKALLIO M, RYYNäNEN J. Analysis and Design of Common-gate Low-noise Amplifier for Wideband Applications[J/OL]. International journal of circuit theory and applications, 2009, 37(2): 257-281.

[22] SAINI R, SHARMA K, SHARMA R. A Low-Noise High-Gain Recycling Folded Cascode Operational Transconductance Amplifier Based on Gate Driven and Quasi-Floating Bulk Technique[J/OL]. Journal of circuits, systems, and computers, 2022, 31(6).

[23] NATH V, MANDAL J K. A 2-10 GHz Common Gate UWB Low Noise Amplifier in 90 nm CMOS[M/OL]. Microelectronics, Communication Systems, Machine Learning and Internet of Things: Volume 887. Singapore: Springer, 2022.

[24] RAZAVI B. The cross-coupled pair[J]. IEEE Solid-State Circuits Magazine, 2014, 6(3): 7-10.

[25] ENZ C C, TEMES G C. Circuit Techniques for Reducing the Effects of op-amp Imperfections: Autozeroing, Correlated Double Sampling, and Chopper Stabilization[J]. Proceedings of the IEEE, 1996, 84(11): 1584-1614.

[26] HARRISON R R, CHARLES C. A Low-power Low-noise CMOS Amplifier for Neural Recording Applications[J]. IEEE Journal of solid-state circuits, 2003, 38(6): 958-965.

[27] CARVAJAL R G, RAMIREZ-ANGULO J, LOPEZ-MARTIN A J, et al. The Flipped Voltage Follower: A Useful Cell for Low-voltage Low-power Circuit Design[J]. IEEE Transactions on Circuits and Systems I: Regular Papers, 2005, 52(7): 1276-1291.

[28] FOTY D P. MOSFET Modeling with SPICE: Principles and Practice [M]. Prentice-Hall, Inc., 1997.

[29] TAUR Y, NING T H. Fundamentals of Modern VLSI Devices [M]. Cambridge: Cambridge university press, 2021.

[30] TSIVIDIS Y. Operation and Modeling of The MOS Transistor [M]. New York: McGraw-Hill, 1987.

[31] CHOI T C, KANESHIRO R T, BRODERSEN R W, et al. High-Frequency CMOS Switched-Capacitor Filters for Communications Application[J]. IEEE Journal of Solid-State Circuits, 1983, 18(6): 652-664.

[32] SACKINGER E, GUGGENBUHL W. A High-Swing, High-Impedance MOS Cascode Circuit[J]. IEEE Journal of Solid-state Circuits, 1990, 25(1): 289-298.

[33] JUNG W. Op Amp Applications Handbook[M]. Amsterdam: Elsevier, 2005.

[34] LEE K L, MAYER R G. Low-Distortion Switched-Capacitor Filter Design Techniques[J]. IEEE Journal of Solid-State Circuits, 1985, 20(6): 1103-1113.

[35] GREGORIAN R, MARTIN K W, TEMES G C. Switched-Capacitor Circuit Design [J]. Proceedings of the IEEE, 1983, 71(8): 941-966.

[36] FELDMAN A R, BOSER B E, GRAY P R. A 13-bit, 1.4-MS/s Sigma-Delta Modulator for RF Baseband Channel Applications [J]. IEEE Journal of solid-state Circuits, 1998, 33 (10): 1462-1469.

[37] ABO A M. Design for Reliability of Low-Voltage, Switched-Capacitor Circuits[M]. University of California, Berkeley, 1999.

[38] MONTICELLI D M. A Quad CMOS Single-Supply Op Amp with Rail-To-Rail Output Swing[J]. IEEE Journal of Solid-State Circuits, 1986: 1026-1034.

[39] HOGERVORST R, et al. A Compact Power Efficient 3V CMOS Rail-To-Rail Input/Output Operational Amplifier for VLSI Cell Libraries[J]. IEEE Journal of Solid-State Circuits, 1994: 1505-1513.

[40] PALMISANO G, PALUMBO G, SALERNO R. CMOS Output Stages for Low-Voltage Power Supplies[J]. IEEE Transation Circuits and Systerm Ⅱ, 2000: 96-104.

[41] TUINHOUT H P. Characterization of Matching Variability and Low-Frequency Noise for Mixed-Signal Technologies[J]. Proceedings of the IEEE 2013 Custom Integrated Circuits Conference, 2013: 1-111.

[42] PELGROM M, et al. Matching Properties of MOS Transistors[J]. IEEE Journal of Solid-State Circuits, 1989.

[43] DRENNAN P G, et al. Understanding MOSFET Mismatch for Analog Design[J]. IEEE Journal of Solid-State Circuits, 2003.

[44] HOOK T B, et al. Lateral Ion Implant Straggle and Mask Proximity Effect[J]. IEEE Transactions on Electron Devices, 2003, 50(9): 1946-1951.

[45] BODEH. Network Analysis and Feedback Amplifier Design[M], Van Nostrand, New York, 1945.

[46] MIDDLEBROOK R D. Measurement of Loop Gain in Feedback Systems[J]. International Journal of Electronics, 1975, 38(4): 485-512.

[47] ROSENSTARK S. Loop Gain Measurement in Feedback Amplifiers[J]. International Journal of Electronics, 1984, 57(3): 415-421.

[48] HURST P J. Exact Simulation of Feedback Circuit Parameters [J]. Trans. on Circuits and Systems, 1991: 1382-1389.

[49] HURST P J, LEWIS S H. Simulation of Return Ratio in Fully Differential Feedback Circuits[J]. CICC, 1994: 29-32.

[50] KUNDERT, KENNETH S. A Test Bench for Differential Circuits[EB/OL], 2006. http://www.designers-guide.com/Analysis/diff.pdf.

[51] TIAN M, et al. Striving For Small-signal Stability[J]. IEEE Circuits and Devices Magazine, 2001: 31-41.

[52] BANBA H, SHIGA H, UMEZAWA A, et al. A CMOS Bandgap Reference Circuit with Sub-1-V Operation [J]. IEEE Journal of Solid-State Circuits, 1999, 34(5): 670-674.

[53] MALCOVATI P, MALOBERTI F, FIOCCHI C, et al. Curvature-compensated BiCMOS Bandgap with 1-V Supply Voltage [J]. IEEE Journal of Solid-State Circuits, 2001, 36(7): 1076-1081.

[54] WIDLAR R J. New Developments in IC Voltage Regulators [J]. IEEE Journal of Solid-State Circuits, 1971, 6(1): 2-7.

[55] PIERRET ROBERT F. Advanced Semiconductor Fundamentals [M]. 2rd ed. Boston: Pearson, 2002.

[56] NICOLLINI G, SENDEROWICZ D. A CMOS bandgap reference for differential signal processing [J]. IEEE Journal of Solid-State Circuits, 1991, 26(1): 41-50.

[57] COLLAERT N. 2020 IEEE International Solid- State Circuits Conference [C]. San Francisco: IEEE, 2020: 25-29.

[58] SCHALLER R R. Moore's Law: Past, Present and Future [J]. IEEE Spectrum, 1997, 34(6): 52-59.

[59] 华成英. 模拟电子技术基本教程[M]. 北京：清华大学出版社，2006.

[60] 董在望，李冬梅，王志华，等. 高等模拟集成电路[M]. 北京：清华大学出版社，2006.

[61] 江缉光. 电路原理[M]. 北京：清华大学出版社，1996.
[62] 张泽鲲. 单级放大器中晶体管的"本征增益"的应用[J]. 中国集成电路，2019，28(9)：16-20.
[63] 冼立勤，高献伟. MOS 管短沟道效应及其行为建模[J]. 实验室研究与探索，2007，26(10)：14-16.
[64] 郭维芹，孙秋冬，周政新. 半导体三极管的统一小信号跨导模型[J]. 上海第二工业大学学报，2003，20(2)：29-34.
[65] HILLEBRAND T，SCHAFER T，HELLWEGW N，et al. Design and Verification of Analog CMOS Circuits Using the G M/I D-Method with Age-Dependent Degradation Effects[C]//2016 26th International Workshop on Power and Timing Modeling，Optimization and Simulation (PATMOS). IEEE，2016：136-141.
[66] GIRARDI A，BAMPI S. Power Constrained Design Optimization of Analog Circuits Based on Physical Gm/ID Characteristics[C]//Proceedings of the 19th annual symposium on Integrated circuits and systems design. 2006：89-93.
[67] JESPERS P. The gm/ID Methodology，A Sizing Tool for Low-Voltage Analog CMOS Circuits：The Semi-Empirical and Compact Model Approaches[M]. Singapore：Springer Science & Business Media，2009.